LE TIBET EST-IL CHINOIS ?

Sous la direction de
Anne-Marie Blondeau
et Katia Buffetrille

LE TIBET EST-IL CHINOIS ?

Réponses à cent questions chinoises

Ouvrage publié avec le concours
du Centre national du Livre

Sciences des religions
Albin Michel

La collection « Sciences des religions » est née d'un projet éditorial de la section des sciences religieuses de l'École pratique des hautes études, la Sorbonne (Paris), visant à donner à un large public une intelligence des religions historiques et contemporaines, proches et lointaines. Les auteurs de cette collection, membres ou proches de la section, sont des savants convaincus du devoir de vulgariser leurs travaux, convaincus que cette vulgarisation doit être accomplie par eux-mêmes, convaincus, enfin, que cette entreprise peut être conduite de manière commune. Par leur érudition, leur indépendance intellectuelle vis-à-vis des institutions et des dogmatismes, leur volonté de s'adresser au public non spécialiste, ils sont à même de répondre aux questions que chacun se pose aujourd'hui : quelles sont les religions du monde ? comment les appréhender ? de quels outils dispose-t-on pour le faire ?

La collection est dirigée par Martine van Woerkens et Patrick Menget.

22, rue Huyghens, 75014 Paris

www.albin-michel.fr

ISBN : 2-226-13201-5

L'historien de la Chine contemporaine qui considère rétrospectivement les événements d'il y a trois ans, d'il y a dix ans, d'il y a vingt ans, est pris de vertige : c'est chaque fois la même histoire – le scénario est identique, il suffit seulement de changer les noms de quelques acteurs. Le sinistre carrousel ne mène nulle part, il tourne en rond, de plus en plus grinçant et délabré ; sa machine sanglante se contente de broyer toujours plus brutalement une population de plus en plus assoiffée de liberté.

Simon LEYS,
Les Habits neufs du président Mao,
préface de 1989.

Nous aimerions mieux avoir le dalaï-lama que Mao Zedong.

Nous aimerions mieux avoir son Cabinet que le Comité préparatoire.

Nous aimerions mieux avoir le bouddhisme que le communisme.

Nous aimerions mieux avoir l'armée tibétaine que l'armée populaire de libération.

Nous aimerions mieux utiliser nos bols en bois que les tasses chinoises.

Chant de rue à Lhasa, 1957
(Tséring Shakya, *The Dragon*..., p. 160)

Conventions et prononciations

La transcription du tibétain adoptée ici est un compromis destiné à faciliter la lecture à des francophones :

- toutes les consonnes finales se prononcent comme s'il y avait un « e » muet (ex. : Sein[e]) ;
- « c » et « ch » se prononcent « tch » ;
- « g » est toujours prononcé « gue » comme dans « guerre » ;
- « j » se prononce « dj » ;
- « ng » final est dur, comme dans « langue » ;
- « ö » se prononce comme « eux » ;
- « s » est toujours sourd, comme dans « salle », même entre deux voyelles (ex : Lhasa) ;
- « u » se prononce « ou » ;
- « ü » est le « u » français (ex. : musée).

Pour les termes chinois, on suit la transcription officielle pinyin.

Les toponymes connus et les noms propres conservent leur orthographe usuelle : Lhasa, etc., ainsi que les noms mongols : Koubilaï, Godan, etc.

Seuls les termes passés dans la langue courante comme bouddha, lama ou stûpa prennent la marque du pluriel.

Abréviations

AFP : Agence France-Presse
APL : Armée populaire de libération
IDH : Indice de développement humain
PNB : Produit national brut
PNUD : Programme des Nations unies pour le développement
RAT : Région autonome du Tibet
RPC : République populaire de Chine
SWB : Summary of World Broadcasts ; BBC
TIN : Tibet Information Network
UNPD : United Nations Program for Development

Avant-propos

L'invasion du Tibet par la Chine en 1950, plus tard la fuite du dalaï-lama en Inde et l'exode massif de ses compatriotes (1959) occupèrent quelque temps les médias, puis le Tibet écrasé par l'occupation chinoise tomba dans un oubli public dont il ne commença à sortir qu'au moment où, pour la première fois en 1987, des touristes et des journalistes occidentaux purent être les témoins de manifestations populaires à Lhasa et de leur répression brutale. Depuis, il est inutile d'y insister, la situation tibétaine fait régulièrement la une des journaux et le Tibet, pour des raisons diverses, est devenu à la mode.

Loin du bruit médiatique, cependant, des chercheurs avaient continué à se passionner pour l'étude de ce pays qui leur restait interdit, mais auquel un accès nouveau leur était ouvert grâce aux lettrés tibétains qui s'étaient exilés et à la masse de livres qu'ils avaient apportés avec eux et qu'ils publiaient. Pour leur part, les ethnologues purent étudier à la fois les populations tibétaines du Népal, ouvert peu après aux étrangers, et les communautés tibétaines en exil, avant d'accéder au Tibet même à la fin des années quatre-vingts.

Tandis que la tibétologie se renforçait de la sorte, les Chinois de leur côté n'ont jamais cessé leurs actions de propagande pour justifier leur coup de force sur le Tibet, propagande qui présente l'ancienne société tibétaine et son histoire de manière si caricaturale qu'elle semblait aux spécialistes ne pouvoir susciter que l'incrédulité ; il leur paraissait inutile d'y répondre, sinon à l'occasion d'interventions ponctuelles. Ce qui a décidé plusieurs d'entre eux à réagir dans l'ouvrage ici présenté, fut la publication en 1988 (1987 pour l'édition anglaise) d'un opuscule traduit dans toutes les langues et largement distribué par les ambassades de la République populaire de Chine partout dans le monde : *Le Tibet, cent questions et réponses* (Pékin, éditions de « Beijing Information »). La courte préface de l'ouvrage – présenté par le rédacteur, Jing Wei, comme un travail collectif – garantissait la rigueur scientifique des faits exposés, établis après consultation d'« une grande quantité de documents historiques » et « des spécialistes de l'histoire du Tibet de l'Institut de recherche ethnique de l'Académie des sciences sociales de Chine et de hauts fonctionnaires... », lesquels avaient parfois rédigé eux-mêmes les réponses. Cette fois, nous décidâmes à plusieurs de ne pas cautionner plus longtemps par notre silence la propagande chinoise et de publier à notre tour une réponse argumentée aux mêmes questions, que nous nous répartîmes en fonction de nos spécialités.

Nous tenons néanmoins à clarifier le point suivant : même si, en dernière analyse, nous défendons le bon droit des Tibétains, nous ne sommes ni des partisans du dalaï-lama et de son gouvernement ni des détracteurs invétérés des Chinois ; plusieurs d'entre nous sont d'ailleurs autant sinologues que tibétologues. Nous ne sommes pas davantage passéistes : le Tibet devait d'une manière ou d'une autre entrer dans la « modernité » ; si l'on déplore qu'il y ait été contraint par la force, on doit reconnaître que, dans le domaine purement matériel et économique, la situation de beaucoup de Tibétains s'est améliorée et que la population a un accès à l'enseignement – même insuffisant, doctrinaire et sélectif – inconnu auparavant. Cependant, mis dans la balance, ces avantages semblent de peu de poids face aux souffrances d'un peuple colonisé.

Anne-Marie Blondeau et Katia Buffetrille

Préface

Le Tibet : cent questions et réponses[*] (désormais *Cent questions*) est un bref volume de 124 pages au format d'un livre de poche, abondamment illustré de photos qui servent le dessein de l'ouvrage en présentant des monuments célèbres, des scènes de la vie religieuse et populaire traditionnelle, une agriculture florissante, la fraternité des hommes politiques chinois et tibétains, l'hôpital moderne de Lhasa et des patients en train de se faire examiner, des documents historiques… Une carte de la Région autonome du Tibet et trois annexes – que nous signalons dans les réponses adéquates – complètent l'ouvrage.

Le texte présente de manière plutôt scolaire la succession des cent questions et de leurs réponses de taille variable, groupées en différentes sections : l'histoire, les droits de l'homme, le dalaï-lama, la démographie, la religion, etc. Nous avons suivi exactement le même plan dans cet ouvrage, ce qui rend possible une lecture « à la carte » en fonction des intérêts de chacun. Toutefois, dans un souci de cohérence, nous avons parfois pris la liberté de regrouper des sujets abordés de manière dispersée dans plusieurs réponses chinoises, ou de traiter ensemble les questions portant sur le même sujet, sans toujours pouvoir, néanmoins, éviter les répétitions. Nous avons également indiqué des renvois à d'autres réponses quand

---

* L'ouvrage ne se trouve plus actuellement ; il a été remplacé par une abondance de publications plus luxueuses, toujours distribuées par les ambassades chinoises, dont le contenu ne présente aucun changement notable.

c'était nécessaire, afin de guider le lecteur. La structure de notre ouvrage est donc la suivante : à l'intérieur des sections, introduites par un court préambule, chaque question est citée textuellement et est suivie du résumé fidèle, en italique, de la réponse chinoise ; parfois, K. Buffetrille et moi-même avons introduit un commentaire sur cette réponse, signalé entre crochets et en caractères romains. Suit la réponse critique par l'un de nos auteurs. Les références citées dans le texte sont regroupées à la fin de chaque partie. Clôturant l'ouvrage, on trouvera aussi un glossaire des termes et noms tibétains, avec la restitution de l'orthographe et une courte explication, ainsi qu'une orientation bibliographique plus générale.

On l'a dit, *Cent questions* est une œuvre de propagande. L'argumentation est répétitive, les vérités (chinoises) assenées sans une véritable discussion scientifique, les questions souvent biaisées, de même que les réponses, et les sujets soigneusement sélectionnés : par exemple, la « période noire » de la Révolution culturelle n'est que mentionnée au passage et vite évacuée ; aucune section n'est consacrée à l'environnement, sur la destruction duquel portent beaucoup des critiques faites à la Chine : on l'évoquera dans la question sur le nucléaire et la pollution (section traitant du développement économique). Nous sommes souvent sortis du cadre imposé, mais nous n'avons pas pu parler de différents problèmes qui menacent gravement l'identité tibétaine ; pour n'en citer qu'un, il est devenu extrêmement difficile d'identifier des lieux anciens au Tibet, soit parce que les Chinois les ont débaptisés pour leur donner un nom chinois, soit parce que leur transcription des toponymes tibétains les déforme complètement (il en va de même pour les noms de personnes) ; on pourra le vérifier facilement tout au long de ce livre, où nous avons restitué le tibétain à côté des appellations chinoises, sauf dans quelques cas où nous n'avons même pas pu retrouver le nom original. De manière systématique, aussi, un toponyme est déplacé sur une bourgade nouvelle construite comme centre administratif d'une région, manière insidieuse de faire oublier aux Tibétains leur histoire locale.

Les défenseurs inconditionnels du régime chinois nous objecteront que polémiquer sur un ouvrage publié en 1988 est sans objet, car la Chine a beaucoup changé depuis. Certes, ce pays a entrepris des transformations considérables, en particulier dans le domaine économique ; et son désir d'adhérer à l'Organisation mondiale du commerce, d'organiser les prochains jeux Olympiques de 2008, en un mot de s'intégrer à la communauté internationale, lui ont fait signer la plupart des traités sur les droits de l'homme, l'environnement, la non-prolifération nucléaire, etc. (mais non forcément les ratifier). Ce qui n'a pas changé, en revanche, ce sont les positions et proclamations du gouvernement chinois sur le Tibet. Il suffit pour s'en convaincre de lire l'article publié par l'ambassadeur de la République populaire de Chine en France, Wu Jianmin, dans *Le Figaro* du 22 septembre 2000 (p. 16), à l'occasion de la visite en France du dalaï-lama ; on y trouve *sine varietur* les mêmes thèses et arguments que dans *Cent questions* : le Tibet fait partie intégrante de la Chine depuis la dynastie des Yuan (XIIIe siècle), et l'on ne peut donc pas parler d'occupation du Tibet ; le servage y a été aboli en 1959 et, « sur le plan des droits de l'homme, le Tibet a fait un progrès sans précédent dans son histoire. Depuis, des avancées inouïes sur les plans politique, économique, éducationnel ou culturel ont été réalisées » ; la Chine est un pays multiethnique et sa culture est tributaire de celles de toutes ses ethnies ; « en d'autres termes, la culture tibétaine, tout en conservant son identité, fait partie intégrante de la culture chinoise. Au Tibet, l'étude de la langue et de l'écriture tibétaines est garantie par la loi », l'enseignement est bilingue, radio et télévision émettent plus de vingt heures par jour en tibétain… La citation de Simon Leys que nous avons mise en exergue est toujours d'actualité.

Par ailleurs, répondre tardivement a offert un double avantage : celui de la multiplication des sources d'information et des études sur le Tibet contemporain à partir des années quatre-vingt-dix et, du même coup, celui d'une meilleure vision sur le long terme de la politique chinoise au Tibet, et de ses effets.

À propos des sources que nous avons utilisées pour l'époque post-1950, quelques explications sont nécessaires. En dehors même de la propagande, les faits, chiffres et statistiques fournis par les publications chinoises comme par le gouvernement tibétain en exil présentent, pour diverses raisons, un faible degré de fiabilité ; on est cependant bien obligé de s'y référer, mais toujours en les confrontant. C'est pourquoi, chaque fois qu'elles ont été accessibles, nous avons cité les sources chinoises internes directes : discours reproduits dans la presse, rapports officiels, documents politiques... On pourra nous retourner la critique et nous reprocher de beaucoup nous appuyer sur les sources fournies par des organismes d'information indépendants (Tibet Information Network : TIN) ou de défense des droits de l'homme ou de l'environnement (Amnesty, Asia Watch...). La fiabilité de TIN, qui vérifie ses sources et indique toujours leur niveau d'authentification, est généralement reconnue. En outre, nous avons pu les contrôler et juger de leur objectivité par notre expérience de terrain ou celle des chercheurs et voyageurs qui nous ont fourni des informations mais qui ne souhaitent pas être nommés ; nous leur adressons ici nos chaleureux remerciements.

Depuis l'époque où nous avions formé le projet de cette réponse, le temps a passé... Les universitaires, malheureusement, respectent difficilement les échéances, et, si certains collègues avaient ponctuellement envoyé leur contribution à la date prévue, d'autres ne l'avaient pas fait ou, relancés, s'étaient désengagés du projet. Celui-ci a pu finalement être mené à son terme avec l'apport nouveau de Katia Buffetrille, qui a partagé le travail d'édition et s'est chargée de la rédaction d'une partie des questions. Je veux aussi exprimer ma gratitude à tous les auteurs : ceux qui avaient remis leur manuscrit en temps voulu, pour leur longue patience et pour avoir accepté de réviser et d'actualiser leur texte ; et ceux qui, parfois au pied levé, ont bien voulu remplacer les collègues défaillants de la première heure. Bien qu'il n'ait pas contribué à la rédaction, je dois aussi témoigner toute notre reconnaissance à l'économiste Pierre Wassef, qui a accepté de traduire en expert les réponses, rédigées en anglais, de Vegard Iversen sur le développement économique.

Les tibétologues réunis ici ont examiné les questions et les réponses chinoises avec le maximum d'objectivité. Ils ont exposé l'état des connaissances, fourni leurs sources, fait part des opinions divergentes lorsqu'il y en avait ; en somme, ils se sont livrés à leur travail scientifique habituel. Ce faisant, ils n'ont ni la prétention de convaincre la République populaire de Chine, ni celle de faire changer les positions des gouvernements occidentaux. Ils souhaitent seulement offrir à un public souvent mal informé sur les réalités tibétaines une sorte de « manuel de référence » aussi commode et honnête que possible. Chacun aussi, en donnant de son temps et de sa science à cette œuvre collective, a-t-il peut-être voulu manifester sa gratitude et son soutien au pays auquel il consacre ses recherches et à son peuple opprimé, les Tibétains.

Anne-Marie Blondeau

A.
Faits historiques

Très logiquement, les auteurs chinois commencent par l'histoire, mais il ne faudrait pas chercher ici un exposé suivi sur l'histoire du Tibet, ni même sur celle des relations sino-tibétaines dans leur globalité : toutes les questions et leurs réponses veulent être une démonstration de l'appartenance du Tibet à la Chine depuis le XIIIe siècle. Les collègues historiens auxquels nous avons fait appel pour cette section discutent les arguments chinois, mais, surtout, ils replacent la question dans un contexte historique plus large, ce qui explique la longueur, parfois, de leur exposé.

---

1. Certains exilés tibétains ont maintes fois déclaré que le Tibet était un pays distinct de la Chine. Somme toute, quelle est la réalité historique ?

« Cette allégation n'est pas conforme aux faits historiques et elle n'est qu'un prétexte pour diviser le pays et acquérir l'indépendance du Tibet. La Chine est un pays pluriethnique. »

À partir du VIIe *siècle, la « dynastie des Tubo » régna sur le Tibet ; elle fut « en bons termes pendant plus de deux cents ans » avec la dynastie chinoise des Tang. Ensuite, pendant trois cents ans, le Tibet fut morcelé.*

[La fin de la réponse chinoise, plus détaillée, est consacrée à l'avènement de la dynastie chinoise des Yuan, au XIIIe siècle ; on en trouvera le résumé au début de la deuxième partie de notre réponse. En effet, l'argumentaire chinois, qui n'a jamais varié dans les prises de position du gouvernement de la RPC, fait bon marché de la grandeur de l'empire tibétain, la dynastie des pseudo-Tubo, qui marque l'entrée du Tibet dans l'histoire. Il nous a donc paru nécessaire de fournir des informations sur cette période, cruciale pour la formation de la civilisation tibétaine.]

L'Empire tibétain du VIIe au IXe siècle

Helga UEBACH. *Remarque préliminaire* : Le lecteur qui s'intéresse à la culture tibétaine, mais qui n'est pas spécialiste dans ce domaine, peut s'interroger sur les expressions « dynastie des Tubo », « royaume des Tubo » ou « règne des Tubo », qui apparaissent essentiellement dans des publications d'auteurs chinois traitant de l'ancien empire tibétain. Quelques explications sont donc nécessaires. Le nom tibétain du Tibet est Bö. Dans les textes chinois de la période considérée, les Tibétains sont appelés Tufan. Les Chinois soutiennent que la prononciation archaïque des caractères chinois correspondants était Tubo. Cependant, cette interprétation n'est confirmée par aucun commentaire des textes chinois anciens et a donc été rejetée, il y a longtemps déjà, par le célèbre savant français Paul Pelliot (1878-1945). L'emploi constant de « Tubo » dans les publications chinoises, même traduites en langues occidentales, peut s'expliquer par le désir d'assimiler Tubo et Tu-Bö. Mais le nom « Tibet » est bien connu partout dans le monde ; aussi n'est-il ni nécessaire ni fondé d'adopter la (douteuse) appellation chinoise du pays.

L'histoire tibétaine commence au début du VIIe siècle avec le règne de Trisong Tsen, mieux connu sous le nom de Songtsen Gampo. À partir de cette époque, les événements les plus importants de l'empire ont été notés dans les *Annales* tibétaines. La Chine, le grand voisin du Tibet à l'est, était alors gouvernée par la dynastie des Tang (618-907). Dans les annales de la dynastie des Tang, se trouvent quelques chapitres qui traitent des affaires tibétaines et qui permettent de vérifier les données et les faits que l'on peut lire dans les *Annales* tibétaines. À ces sources essentielles pour établir des données historiques exactes s'ajoutent un bon nombre d'inscriptions, des vestiges de documents en Asie centrale, et les informations fournies par l'histoire des autres grands États voisins qui furent bientôt impliqués dans la politique d'expansion du Tibet : l'Inde au sud, les Arabes en Iran à l'ouest, un certain nombre de cités-États à la population indo-européenne dans les oasis bordant la route de la soie, au nord, ainsi que diverses confédérations de populations turques encore plus au nord.

Les chroniques les plus anciennes donnent une idée de la manière dont les Tibétains voient leur histoire – au sens large du terme. Les souverains tibétains étaient considérés d'origine divine ou, selon les termes des anciennes inscriptions tibétaines, leur ancêtre était « un dieu qui était descendu du ciel pour gouverner les hommes ». Avant Songtsen Gampo, il y avait eu plus de trente générations de rois, dont les noms comportaient le terme *tsen,* « puissant ». Ils résidaient dans la forteresse du pic du Tigre à Chingwa, une vallée adjacente à la fertile vallée du Yarlung, lui-même un affluent de la rivière Tsangpo, ou Brahmapoutre, au sud-est de Lhasa. À l'époque de Namri Longtsen, père de Songtsen Gampo, les chefs de quelques clans importants complotèrent contre leurs seigneurs, et firent alliance avec lui. Cette conspiration marqua le point de départ de l'émergence de l'État tibétain. Les principautés voisines et les petits royaumes environnants furent bientôt soumis et assujettis comme vassaux. La cour se déplaça sur la rive nord du fleuve Tsangpo, plus favorable d'un point de vue stratégique, tandis que la vallée de Chingwa conserva son importance comme site où, ultérieurement, furent construites les gigantesques tombes des rois.

Par commodité, on a forgé l'expression « dynastie de Yarlung » ; il faut cependant souligner qu'aucun nom dynastique n'a été transmis par la tradition. L'ancienne épithète des rois tibétains devint leur titre : Tsenpo, et c'est ainsi qu'ils sont généralement désignés. Bien que ce terme puisse être rendu par « le Puissant », cela ne paraît pas rendre justice à la signification du titre. Dans un glossaire tibétain-chinois ancien, il est paraphrasé par les caractères chinois signifiant « Fils du Ciel », et considéré, sans aucun doute, comme un équivalent de ce titre utilisé par ailleurs uniquement par et pour l'empereur chinois. Il est intéressant de noter que dans les annales de la dynastie des Tang, le titre Tsenpo est reproduit phonétiquement.

Quand Songtsen Gampo (617-649 ?) monta sur le trône, divers sujets de son père et ceux de sa mère, incluant le peuple de Sumpa qui résidait dans ce qui est l'actuel Tibet oriental, lui étaient hostiles. Ils se révoltèrent mais, bientôt, furent à nouveau soumis. Le Tsenpo continua à étendre son empire. Il envahit le royaume du Zhang zhung, dans la région du mont Kailash, y leva tribut et y envoya une princesse tibétaine pour conclure une alliance matrimoniale. À l'est, il soumit l'une après l'autre les tribus Qiang des régions montagneuses frontalières et attaqua le royaume Azha (chin. Tuyuhun), dans la région du lac Kokonor. À ce moment, les forces du Tsenpo avaient atteint les confins de l'empire chinois. Le Tsenpo demanda une princesse chinoise en mariage en vue d'une alliance et, pour ce faire, il envoya, en 634, une ambassade à la cour chinoise à Chang'an (actuel Xi'an). L'empereur chinois était réticent et il y consentit seulement lorsque la menace des guerriers tibétains se fit pressante. En 641, une princesse chinoise fut conduite sous escorte à Lhasa et, pour la première fois, l'alliance appelée « Oncle-Neveu » (c'est-à-dire beau-père-gendre) fut établie.

L'alliance matrimoniale fut un moyen politique fréquemment employé par les Tsenpo. On dit que Songtsen Gampo épousa aussi, outre des femmes de clans nobles tibétains, une princesse népalaise. Les deux princesses, chinoise et népalaise, étaient de ferventes bouddhistes, et chacune fit construire un temple à Lhasa. La princesse chinoise fonda celui de Ramoché, et la princesse népalaise le Trülnang, ou Jokhang, sanctuaire hautement vénéré par les Tibétains depuis des siècles, jusqu'à nos jours.

La chaîne himalayenne, parfois inconsidérément imaginée comme une barrière naturelle au sud, fut franchie par l'armée tibétaine vers 647, lors d'une expédition punitive : à cette époque, en effet, une ambassade chinoise en mission en Inde avait été maltraitée et avait demandé l'aide des Tibétains alliés. Pour la venger, et sans doute aussi parce que cela entrait parfaitement dans sa politique d'expansion, l'armée tibétaine pénétra profondément dans la plaine de l'Inde du Nord.

Les Tibétains ont donc d'abord été connus des Chinois en tant que guerriers forts et puissants. Les *Annales des Tang* parlent avec admiration de leurs armes et de leurs armures excellentes, de leur courage et de leur vaillance. Grâce à leur puissance militaire, ils ont conquis un empire qui aurait pu avoir une existence très brève si Songtsen Gampo n'avait pas pris des mesures de grande ampleur, tant pour l'organisation de l'État que pour la législation. Ce fut son petit-fils et successeur, Manglong Mangtsen (650-676) qui poursuivit l'organisation de l'État et fit rédiger le code légal en 655. De plus, de jeunes nobles tibétains furent envoyés à l'académie impériale de Chang'an pour recevoir une meilleure éducation, et aussi en Inde, bien que peut-être à une époque ultérieure. Un alphabet indien fut adapté aux particularités de la langue tibétaine et servit dorénavant d'écriture pour le tibétain.

Une fois établies, les relations diplomatiques avec la Chine furent maintenues pendant toute la durée de l'empire tibétain, et des ambassades furent échangées pratiquement sans interruption. Elles furent régulièrement envoyées de part et d'autre pour annoncer la mort du Tsenpo ou celle de l'empereur chinois, et présenter les condoléances. Mais en dehors des affaires commerciales, qui jouaient un rôle important, les motifs de ces ambassades étaient des problèmes liés à la guerre et à la paix : négociations sur des revendications territoriales, échanges de prisonniers de guerre, conditions des traités de paix. Au moins huit traités de paix bilatéraux ont été conclus, et environ une centaine de missions officielles sont énumérées dans les *Annales des Tang*. Ce nombre élevé ne reflète pas seulement les contacts étroits entre l'empire tibétain et la Chine impériale, mais aussi les nombreux conflits qui les ont opposés. Ces derniers résultent des faits politiques et de la situation géographique.

Les Chinois, dans le dessein d'empêcher les incursions sur leur frontière occidentale, et sans doute aussi pour contrôler le commerce international, avaient établi au début du VIIe siècle, outre les gouvernements militaires de Longyou et Hexi (approximativement la région des provinces actuelles du Qinghai et du Gansu), des protectorats et les Quatre Garnisons en Asie centrale, dont Kashgar la plus à l'ouest. Les Tibétains qui, sans cesse, essayaient de prendre pied dans ces cités-États très civilisées – importants centres de commerce le long de la route de la soie en Asie centrale – étaient donc en conflit permanent avec les intérêts chinois. La présence militaire chinoise barrait l'accès aux deux routes principales qui reliaient le centre du Tibet à l'Asie centrale : l'une qui allait vers le nord-est, en passant par le lac Kokonor ; l'autre qui, vers le nord, aboutissait au carrefour près du lac Lopnor d'où partaient deux routes vers l'ouest (l'une atteignait directement la partie méridionale du bassin du Tarim – Khotan, etc. –, la deuxième suivait le cours du Tarim et aboutissait à la partie septentrionale de ce bassin), et deux autres vers l'est (jusqu'à Hexi au nord-est, et au Kokonor au sud-est).

À l'extrême ouest, une autre route débouchait sur l'Asie centrale en passant par les très hauts cols du Karakorum et du Pamir. C'est la raison pour laquelle, sous le règne du Tsenpo Manglong Mangtsen (650-676), les Tibétains concentrèrent leurs efforts sur le contrôle de ces cols, importants d'un point de vue stratégique. Après avoir soumis les petits royaumes de Brusha (chin. Polü), la région de Gilgit et Gogyül (Wakhan), ils conclurent une alliance avec les Turcs occidentaux et commencèrent par attaquer les Chinois dans leur bastion le plus occidental, Kashgar. De là, ils se rendirent à Khotan et prirent la ville, puis, avec le soutien des Khotanais, ils conquirent aussi Aksu. Ainsi, les Chinois perdirent les régions du sud-ouest et du nord du bassin du Tarim, et retirèrent leurs garnisons. En même temps, au nord-est, les Azha avaient été soumis. Leur État cessa d'exister (663), et leur territoire fut placé sous administration tibétaine.

Le Tibet perdit en 692 ses possessions en Asie centrale, à cause d'un affaiblissement interne dû à la lutte engagée par le Tsenpo Düsong (676-704) pour mettre un terme au pouvoir du puissant clan des Gar, dont les membres occupaient la charge de Grand Conseiller, non seulement durant l'enfance du Tsenpo, mais aussi, héréditairement, depuis l'époque de Songtsen Gampo. Plus tard, Düsong se mit en route à la tête de son armée. Après avoir infligé par deux fois une défaite aux Chinois, dans le Qinghai et dans le Gansu, il proposa à la Chine une autre alliance matrimoniale. Puis il dirigea son armée vers le sud-est ; il soumit le royaume de Jang (chin. Nanzhao) et mourut lors d'une campagne contre une tribu du Nord Yunnan.

Un fils aîné du Tsenpo parvint à monter sur le trône, mais il fut bientôt déposé. Durant l'enfance de l'héritier du trône, Tridé

Tsugtsen (né en 704, sur le trône en 712), sa grand-mère [1] se comporta pratiquement en régente. Les négociations de paix avec la Chine avaient été conclues avec succès, et l'alliance matrimoniale proposée par Düsong eut lieu. En 710, pour la deuxième fois, une princesse chinoise arriva au Tibet. Cette nouvelle alliance ne changea pas grand-chose ; elle est évidemment interprétée de façon différente par les Tibétains et par les Chinois. Les *Annales des Tang* mentionnent que les Tibétains insistaient pour que, dans les correspondances diplomatiques, l'on s'adresse à eux comme d'égal à égal. C'est un trait caractéristique des Chinois d'avoir pris cette demande légitime pour une marque d'hostilité.

Pendant ce temps, les Tibétains avaient noué des relations diplomatiques avec les Arabes et avaient renforcé leur position grâce à une alliance qu'ils établirent non seulement avec ces derniers, mais aussi avec les Turgesh (l'une des tribus turques occidentales qui, à cette époque, s'étaient unies en confédération ; ils vivaient dans la région de l'Ili). C'était un sujet de grande inquiétude pour les petits États de l'ouest, alliés ou dépendants de la Chine. Les Tibétains commencèrent à attaquer les garnisons chinoises du bassin du Tarim et conquirent Kucha (727). En même temps, ils continuaient à lancer des raids à la frontière nord-ouest de la Chine. Bon nombre de batailles eurent lieu contre l'armée chinoise, alternant succès et échecs. En 730, un autre traité de paix fut conclu avec la Chine. Selon les *Annales des Tang* (Pelliot, 1961), les Chinois tentèrent, à cette occasion, de flouer le conseiller tibétain en lui faisant accepter, parmi d'autres cadeaux, la bourse à insigne en forme de poisson, insigne des pays tributaires, mais il refusa poliment en chinois d'accepter le présent. (La bourse à insigne en forme de poisson était une jolie sacoche que l'on fixait à la ceinture et qui contenait la moitié d'un poisson en bronze ; les Chinois la donnaient aux représentants des pays étrangers qui envoyaient en Chine des « missions tributaires ». Cette moitié du poisson portait le nom du pays et un numéro parmi le nombre des moitiés de poisson, allant de 1 à 12. L'autre moitié du poisson de bronze était conservée en Chine afin de vérifier si les deux moitiés s'adaptaient bien. Les détenteurs de

1. Trimalö, du clan noble des Dro.

cette sacoche jouissaient de droits et d'avantages durant leur séjour dans la capitale chinoise : on leur attribuait des parts de nourriture proportionnelles à l'éloignement de leur pays, etc. [Pour plus de détails, voir Schafer, 1963, p. 26, ou des Rotours, 1952.] Sommairement, la bourse à insigne en forme de poisson était une invention destinée à réguler les missions tributaires étrangères. Comme on l'a vu, les Tibétains insistaient pour être traités d'égal à égal par les Chinois ; en conséquence, ils ne voulaient pas accepter la bourse à insigne de poisson, ce qui, selon les termes de H. Richardson, « claquait » comme l'acceptation de la souveraineté chinoise.)

La paix entre le Tibet et la Chine ne dura pas. Quand la guerre éclata à nouveau, l'armée chinoise réussit, loin à l'ouest, à chasser les Tibétains et à conquérir une partie du Brusha. De plus, les Tibétains, malgré leurs succès à la frontière orientale, perdirent des batailles en Asie centrale et au nord-est. Mais la série de victoires chinoises prit fin en 751, quand les Arabes et les Qarluq, peuple turc de la région de l'Ili (Grousset, 1941, p. 158), infligèrent aux troupes chinoises une grande défaite à la bataille du Talas, qui mit fin à la domination chinoise en Asie centrale et détermina l'islamisation définitive de tout ce territoire.

En 755, la Chine fut secouée par la rébellion fomentée par le général An Lushan (Gernet, 1999, p. 227). La même année, il y eut quelques troubles au Tibet après l'assassinat du Tsenpo. Son fils Trisong Detsen (742-797 ?) monta sur le trône avec l'aide de nobles qui lui étaient fidèles. Après avoir éliminé les membres déloyaux de l'aristocratie, il tira bientôt profit de la faiblesse de la Chine. L'armée tibétaine avança progressivement au nord-est et occupa la totalité du Longyou (Qinghai). À l'apogée de leur pouvoir militaire, les Tibétains occupèrent aussi Chang'an, la capitale chinoise, en 763, mettant ainsi en danger l'existence même de la dynastie des Tang. Le général tibétain victorieux, Tara Lugong, fut largement récompensé par le Tsenpo. On érigea, au pied de la colline où se dresse l'actuel palais du Potala, une immense stèle gravée – visible encore de nos jours – qui commémorait ses hauts faits et les récompenses qu'il avait reçues. Après avoir mis sur le trône de Chine leur candidat, les Tibétains se retirèrent quelques semaines après. Même s'il fut de courte durée, cet épisode est digne d'attention car, de son côté, l'armée chinoise – ni aucune autre armée – ne réussit jamais à pénétrer profondément dans le territoire tibétain, *a fortiori* au Tibet central.

Dans les années qui suivirent, les Tibétains conquirent l'une après l'autre les villes importantes du Hexi (corridor du Gansu) jusqu'à Hami, coupant complètement la Chine de ses possessions en Asie centrale. En 783, un traité de paix fut à nouveau conclu ; il confirmait en détail les conquêtes tibétaines. En 791, Khotan et les régions méridionales du bassin du Tarim étaient également dominées par les Tibétains. Sous le règne de Trisong Detsen, l'empire tibétain atteignit sa plus grande expansion territoriale. Pour protéger l'empire, qui comprenait des peuples d'origines ethniques variées telles que des Indo-Européens, des Turcs et des Chinois, parlant une grande diversité de langues, des gouvernements militaires furent établis tout le long de la frontière qui s'étirait, comme un arc, du Karakorum jusqu'à la chaîne des Nanshan au nord *via* le bassin du Tarim et, au sud, jusqu'au bassin du Sichuan. À travers tout l'empire étaient en vigueur la loi et l'administration tibétaines, auxquelles participaient aussi des résidents locaux.

Pendant ce temps, un événement important s'était produit au Tibet : le bouddhisme avait été décrété religion d'État. Les Tibétains, dès le début de leur expansion, s'étaient trouvés en contact avec des adeptes de toutes les grandes religions présentes aux confins de leur empire : le bouddhisme, les diverses autres religions indiennes, le christianisme, l'islam, le confucianisme, le taoisme et le manichéisme. On sait que les Tibétains se renseignèrent sur l'islam, et l'on peut supposer qu'ils montrèrent un intérêt comparable envers les autres religions. Le bouddhisme, cependant, était largement répandu et florissant dans les régions environnantes, depuis le Cachemire, à l'ouest, jusqu'à la Chine propre, sans parler des nombreux monastères dans les États situés le long des routes de la soie. Beaucoup de ces États avaient été dominés, de façon permanente ou temporaire, par les Tibétains, qui toléraient manifestement, c'est le moins que l'on puisse dire, le bouddhisme et les autres croyances religieuses. Des moines bouddhistes de Khotan, fuyant la guerre qui avait éclaté dans leur État en 739, cherchèrent refuge au Tibet. Ainsi, depuis les premiers contacts avec le bouddhisme à l'époque de Songtsen Gampo, un terrain propice à l'adoption du mode de vie bouddhique avait été continûment préparé.

Quand Trisong Detsen adopta officiellement le bouddhisme comme religion d'État, il s'intéressa personnellement et de manière approfondie à la doctrine bouddhique. Il invita pour un débat des maîtres indiens et chinois, représentants respectifs des vues opposées sur la « voie graduelle » et la « voie immédiate » pour atteindre l'illumination. Il trancha en faveur de la « voie graduelle », prônée par les maîtres bouddhistes indiens. Mais cela n'entraîna aucune conséquence néfaste sérieuse pour les représentants du côté chinois ou leurs adeptes ; leur doctrine coexista avec celle officiellement adoptée, particulièrement dans les régions qui bordaient l'empire tibétain. Le Tsenpo veilla à la propagation du bouddhisme aussi efficacement qu'il avait conduit les affaires militaires. Le premier monastère, Samyé, fut construit et les besoins du clergé furent calculés et alloués par le gouvernement (qui imposa qu'un nombre déterminé de familles subviennent aux besoins de chaque religieux) ; des commissaires aux affaires bouddhiques furent nommés, des collèges pour l'enseignement de la doctrine bouddhique furent établis au Tibet même, ainsi que dans les régions frontalières du nord et de l'est, et des érudits indiens furent invités pour mettre en route le grand projet de traduction, en tibétain, du Canon bouddhique.

Bien que le Tsenpo lui-même ait été engagé avec ferveur dans l'étude de la doctrine bouddhique, il n'en négligea pas pour autant les affaires extérieures. Les hostilités avec la Chine éclatèrent bientôt à nouveau. Les Chinois n'avaient pas respecté les termes d'un accord d'assistance militaire mutuelle, et les Tibétains attaquèrent et occupèrent plusieurs préfectures chinoises dans la région des Ordos, ainsi que d'autres plus loin à l'est. En outre, lors des négociations de paix qui suivirent, les Tibétains se vengèrent en enlevant les négociateurs chinois.

Vers la fin du VIIIe siècle, les Uighur, alliés de la Chine, étaient devenus une menace à la frontière septentrionale du Tibet. En 790, les Tibétains, aidés des Qarluq, leurs alliés, avaient pris aux Uighur la ville importante de Beiting, mais ces derniers la reconquirent en 792. Cette même année, ils prirent aussi Qocho aux Tibétains. En 794, le royaume de Jang (chin. Nanzhao) au sud-est, vassal du Tibet depuis l'époque de Düsong, refusa de fournir des soldats et passa du côté chinois. Malgré ces revers, le Tibet put néanmoins maintenir sa position.

La date exacte de la mort du grand Tsenpo et de l'accession au trône de son fils Tridé Songtsen (800 ?-817) est l'un des problèmes encore non résolus de manière satisfaisante de l'histoire tibétaine. Le nouveau Tsenpo, en dépit de l'engagement du Tibet, dans l'ouest de l'Asie centrale, dans une guerre contre ses précédents alliés, les Arabes, et malgré un combat presque permanent contre les Uighur pour les repousser hors du territoire au nord et au nord-est, et des heurts habituels avec les Chinois, continua l'œuvre pieuse de son père. Ce fut sous son règne qu'un comité de traduction formé d'un grand nombre de maîtres bouddhistes indiens et tibétains composa, selon la volonté de son père, un dictionnaire fixant les équivalents tibétains des termes sanskrits.

Les négociations pour un nouveau traité de paix avec la Chine aboutirent seulement en 821, sous le règne du fils de Tridé Songtsen (Tritsug Detsen, 817-838 ou 841 ?). En 823, le texte du traité soigneusement rédigé prit effet, après sa signature, et après le serment que prononcèrent les deux parties, chacune conformément à ses propres coutumes et à celles de l'autre partie.

Le texte du traité avait été inscrit sur trois piliers érigés respectivement dans la capitale chinoise, à la frontière et à Lhasa. Seul subsiste le pilier de Lhasa, face au temple du Jokhang ; l'inscription bilingue du traité ainsi que les noms des signataires tibétains et chinois peuvent encore être déchiffrés. Ce traité remplaçait celui qui avait été conclu en 783 ; il confirmait les nouvelles conquêtes tibétaines et les frontières réelles à cette date. Les Tibétains et les Chinois y sont traités d'égal à égal, et le traité se termine par ces mots : « [...] les Tibétains seront heureux au Tibet et les Chinois seront heureux en Chine ». Le traité fut respecté de part et d'autre durant deux décennies environ.

Sous le patronage du Tsenpo, le bouddhisme se répandit et prospéra à travers l'empire. Beaucoup de temples et de monastères furent fondés, et le nombre des moines augmenta. Maints textes bouddhiques furent traduits du chinois, du sanskrit et d'autres langues également. La masse des manuscrits tibétains datant de cette période, trouvés dans une grotte murée du célèbre monastère des « Grottes des Mille Bouddhas » à Dunhuang, au débouché oriental des routes de la soie, témoigne de ces activités de traduction.

La pensée bouddhique avait aussi gagné de l'influence dans le gouvernement tibétain : un moine bouddhiste y occupait le rang le plus élevé parmi les dignitaires. C'était une écharde dans la chair des chefs de clans nobles rivaux qui tentaient, depuis des siècles, d'arracher le pouvoir au Tsenpo. Le célèbre moine et Grand Conseiller Pelyön, qui avait négocié avec succès le traité de 821-823, fut assassiné. En 838 (ou 841 ?), le Tsenpo subit le même sort. Il ne laissait pas d'héritier, et son frère aîné, Langdarma [1], monta sur le trône. La version la plus populaire de sa mort, en 842 (date actuellement controversée), dit qu'il a été tué par un moine bouddhiste qui voulait mettre fin à la persécution du bouddhisme qu'il aurait entreprise. Ce motif peut avoir été la cause immédiate, mais la véritable raison doit être cherchée sans aucun doute dans l'absence d'autorité centrale. Après l'assassinat du Tsenpo, une de ses épouses donna naissance à un fils, tandis qu'une autre revendiquait également le souverain mort comme le père du sien. Toutes deux avaient leurs partisans, et leur lutte pour s'emparer du pouvoir entraîna la désintégration de l'empire. Dans les années soixante du IXe siècle, la domination tibétaine au Gansu s'acheva. Vers la fin du IXe siècle, elle se termina également dans le bassin du Tarim. L'empire fut partagé entre les deux lignées d'héritiers du Tsenpo. Il n'y avait plus désormais de gouvernement central.

L'époque durant laquelle le Tibet a été une grande puissance militaire en Asie, un empire vaste et étendu, un État indépendant à tous points de vue, qui entretenait des relations internationales sous l'égide des Tsenpo, lesquels recevaient à leur cour des ambassades de Chine, des Arabes et de différents États turcs, cette époque-là est généralement mal connue du grand public. La gloire de ces siècles a cédé la place à une autre conception, peut-être plus louable mais qui plonge également ses racines dans cette période, celle d'un Tibet « toit du monde », où le bouddhisme a pénétré chaque aspect de la vie et a survécu indépendamment de tous les changements politiques.

L'ÉPOQUE DES YUAN

[Ainsi qu'on l'a souligné au début, les auteurs chinois ne s'intéressent à l'histoire du Tibet qu'à partir du moment où ils peuvent prétendre à une soumission de ce pays à l'empire chinois, c'est-à-dire à partir de la dynastie des Yuan, à la fin du XIIIe siècle. Nous comblons ici ce hiatus chronologique en traçant à grands traits l'histoire du Tibet entre la chute de la dynastie et l'entrée en scène des Mongols.

La mort du dernier roi (*ca.* 842) mit fin à l'unité du Tibet, qui se morcella à nouveau en diverses principautés guerroyant les unes contre les autres. L'essor du bouddhisme, au moins dans sa forme monastique, fut stoppé au Tibet central, mais se perpétua au nord-est, dans l'Amdo, au contact des monastères chinois, et dans l'ouest où des descendants royaux avaient fondé le royaume de Ngari. C'est de ces deux régions que partit, à la fin du Xe siècle, ce que les Tibétains nomment « la deuxième diffusion du bouddhisme ». Quelques-uns allèrent se faire ordonner dans l'Amdo et réimplantèrent le monachisme au Tibet central.

En dehors des monastères, cependant, les petites communautés tantriques regroupées autour des enseignements d'un maître s'étaient maintenues ; mais dans certaines, si l'on en croit l'historiographie, la pureté de la transmission s'était altérée au point que le roi du Ngari décida de renouer les liens avec le bouddhisme indien et cachemirien, très florissant alors. Il envoya des jeunes gens se former au Cachemire, et il invita des maîtres savants. La traduction du canon bouddhique reprit de manière extensive, et les traductions anciennes furent révisées et incluses dans les traductions « nouvelles ». En 1042, le maître indien Atisha fut invité pour restaurer la doctrine dans son authenticité, ainsi que les règles monastiques. Son influence fut considérable, et les disciples rassemblés autour de ses enseignements prirent le nom de Kadampa, « ceux qui suivent les enseignements oraux ».

---

1. Langdarma est le surnom sous lequel ce roi est généralement connu. Son nom de règne était Ü Dumtsen.

Des adeptes du tantrisme, en quête de réalisation spirituelle, partirent aussi en grand nombre en Inde et dans les pays himalayens à la recherche du guru – lama en tibétain – qui leur transmettrait ses enseignements et ses initiations. De retour au Tibet, certains acquirent une telle réputation qu'ils attirèrent de nombreux disciples pour lesquels il leur fallut fonder un établissement monastique où se perpétua la tradition propre du fondateur. C'est l'origine des écoles du bouddhisme tibétain : Sakyapa, Kagyüpa (qui se subdivisa en de nombreuses branches, dont les Karmapa, les Phagmodrupa...), dans lesquelles on rencontre des moines ordonnés et des religieux tantristes qui ne prennent pas les vœux monastiques et peuvent donc éventuellement se marier.

Par réaction, ceux qui continuaient à adhérer aux traductions et aux transmissions tantriques de l'époque dynastique furent appelés les Anciens (Nyingmapa). Parallèlement émergeait une école, imprégnée de bouddhisme, mais qui se déclarait la continuatrice de la religion prébouddhique, l'école bönpo.

Ce renouveau religieux s'accompagna d'une adhésion totale des laïcs, et le Tibet guerrier se transforma en un pays bouddhiste. Les dons des laïcs affluèrent dans les monastères qui, peu à peu, devinrent les plus grands propriétaires fonciers et acquirent une puissance économique et un prestige qui préparaient leur pouvoir politique, non sans luttes entre eux. C'est ainsi que s'affirmèrent tour à tour l'hégémonie des Sakyapa (XIIIe-XIVe siècles), puis celle des Phagmodrupa, avant que ne s'installe durablement au XVIIe siècle celle des Gélugpa, avec le règne du Ve dalaï-lama.

À cette époque, toutes les écoles avaient adopté un système de succession de leurs hiérarques qui avait été mis en œuvre pour la première fois au XIIIe siècle, dans l'école Karmapa : celui des « réincarnations » *(trülku)* ; il consiste à reconnaître dans chaque hiérarque, à la fois une émanation dans le monde phénoménal d'un même bouddha ou *bodhisattva*, et la réincarnation immédiate de son prédécesseur. Ce système supplanta celui d'une succession d'oncle à neveu à la tête de l'école ou du monastère, car il assurait une stabilité meilleure.]

Suite du résumé de la réponse de Cent questions *:*

« En 1206, les Mongols établirent un khanat en Chine du Nord. » Gengis Khan et ses descendants conquirent le royaume des Jin (Chine du Nord-Est), le royaume Xixia au nord-ouest de la Chine, le royaume de Dali au sud-ouest de la Chine et la dynastie chinoise des Song du Sud (au sud du fleuve Yangtse [Yangzi]).

En 1271, ils établirent la dynastie chinoise des Yuan et réunifièrent la Chine. « Dans les années 1240, les différentes forces politiques du Tibet s'étaient déjà soumises au khanat mongol. Par la suite, le Tibet est resté sous la juridiction des autorités centrales de la dynastie des Yuan.

Pendant les sept cents ans depuis la dynastie des Yuan, le Tibet a toujours été gouverné par les autorités centrales chinoises. »

Elliot SPERLING. *Préambule* : La question de savoir si le Tibet a été un pays distinct de la Chine est au cœur des difficultés idéologiques auxquelles la Chine a été confrontée pour se redéfinir elle-même, quand elle est passée, de ce qui était reconnu au début de ce siècle comme un empire par les autres membres de la communauté internationale, à une « république démocratique » au milieu du siècle. Les autorités chinoises ont fait un saut idéologique en donnant une interprétation marxiste/maoïste de l'histoire selon laquelle la Chine est, et a toujours été, un État plurinational (ou « pluriethnique »), et, plus encore, qui n'est pas, et n'a jamais été, un empire. Cette contextualisation des revendications de la Chine sur le Tibet pose comme principe que les États voisins, et les populations que la Chine a conquises et assimilées, ont été les acteurs d'un processus historique inexorable qui les destinait (*a priori*, dans certains cas) à être de prétendues « parties intégrantes de la Chine », incapables d'exister en tant que nations distinctes. Cette vision du monde n'est pas très éloignée de celle de l'antique idéologie impériale, qui soutenait que les populations au-delà des frontières de la Chine étaient essentiellement « sous-nationales » ; en d'autres termes, des populations qui n'atteignaient pas le niveau de formation d'une nation comparable à celui de la Chine et qui, de ce fait, ne pouvaient que graviter avec soumission dans la sphère d'influence et de domination de cette dernière. Ainsi, les déclarations actuelles de la Chine affirmant que les peuples voisins ne sont rien d'autre que ses propres « minorités nationales », s'insèrent très bien dans la vision du monde des siècles précédents. Dans une grande mesure, ce n'est rien d'autre que l'assimilation à la RPC, en tant que terres frontalières, de la majorité de l'environnement international traditionnel de la Chine. Comme tel, cela représente un développement politique et idéologique significatif pour ce pays ; mais cela ne veut pas dire que la vision du monde des peuples ainsi incorporés à la Chine se soit développée selon un schéma même de loin similaire, ou que ces peuples aient envisagé leur développement suivant ce même schéma.

Le Tibet, autant que toute autre possession actuelle de la Chine en Asie intérieure, a vu son histoire déformée par les historiens chinois pour se conformer aux nécessités idéologiques de l'État chinois moderne. Ainsi, la déclaration des auteurs de *Cent questions* selon laquelle le Tibet est devenu une partie de la Chine durant la période Yuan présume que le lecteur accepte que les Mongols, qui ont conquis et gouverné la Chine, se considéraient eux-même comme chinois, et avaient établi leur empire comme un empire chinois, deux propositions que l'on ne peut soutenir. Certes, si le Tibet fut incorporé parmi les territoires mongols, ce fut d'une manière distincte de la conquête de la Chine par les Mongols. Vers la fin des années 1240, le lama tibétain Sakya Pandita (Sa pan), chef de l'école sakyapa du bouddhisme tibétain, se rendit, avec ses neveux, à la cour du prince mongol Godan, d'où il envoya une lettre à d'autres personnages importants du Tibet, les pressant de se soumettre à l'autorité mongole. La lettre qu'il aurait envoyée (en 1249) et l'assentiment d'autres Tibétains à l'imposition de la domination mongole telle qu'elle y est décrite sont en général considérés comme le début de la loi mongole au Tibet. L'emprise des Mongols s'affaiblit considérablement au XIVe siècle et fut, finalement, incapable de se maintenir – sinon d'une manière purement nominale – lorsque, après 1354, les représentants sakyapa de la domination mongole au Tibet commencèrent à enregistrer une diminution importante de leur autorité, au profit du pouvoir grandissant de

Changchub Gyeltsen, chef des Phagmodrupa, une école du bouddhisme tibétain. Ces événements sont tout à fait distincts de l'effondrement du règne des Mongols en Chine.

La soumission des Tibétains aux Mongols signifiait la soumission à l'empire du monde mongol. Il n'y a aucun doute sur le fait que le Tibet a été gouverné, en majeure partie, par la branche de l'empire mongol qui s'établit en Chine. Mais il y eut aussi des influences très nettes des Mongols d'Iran sur quelques régions du Tibet. Toutefois, l'indication la plus significative du statut du Tibet est que l'histoire officielle de la dynastie Yuan (le *Yuanshi,* compilé un an après l'effondrement de la dynastie, en 1368), lorsqu'elle détaille la géographie des royaumes mongols exclut le Tibet dans les chapitres concernés. Il est clair que le Tibet, bien que sous la domination des empereurs mongols de la dynastie Yuan, n'était pas rattaché par eux à la Chine, et encore moins considéré comme faisant « partie intégrante » de la Chine. Il est plutôt intéressant de remarquer que les auteurs chinois actuels ne peuvent, ou ne veulent, indiquer un acte ou un décret qui désignerait spécifiquement le Tibet comme « partie intégrante de la Chine ». Ainsi, les publications chinoises s'avèrent incapables de s'accorder sur la date à laquelle le Tibet est devenu une partie de la Chine : *Beijing Review* (février 1988) donne l'année 1264 ; un article paru dans *Social Sciences in China* (1984) indique la date du voyage de Sakya Pandita à la cour de Godan ; et le Livre blanc publié par le Bureau d'information du Conseil d'État de la République populaire de Chine dans *Beijing Review* (septembre-octobre 1992), la place de manière vague après l'établissement du gouvernement central des Yuan (le même document date l'établissement du pouvoir centralisé des Yuan en 1279). Bien sûr, l'événement auquel les auteurs modernes chinois donnent la primauté dans leur argumentation sur l'appartenance du Tibet à la Chine ne fut jamais relevé par les annalistes et les historiographes des Yuan, pour la bonne raison qu'il ne s'est jamais produit. En outre, l'affirmation que le Tibet a été une partie intégrante de la Chine depuis l'époque des Yuan est évidemment une création moderne ; quand, en 1914, la Chine, le Tibet et la Grande-Bretagne se réunirent à Simla pour discuter la question tibétaine *(voir question 10)*, la réponse officielle des Chinois aux revendications tibétaines concernant le statut du Tibet fut que la souveraineté définitive des Chinois sur le Tibet avait commencé (seulement) sous la dynastie des Qing, après la fin de la guerre contre les Gurkha, en 1792.

---

2. *Certains Tibétains disent que les rapports entre l'empereur Yuan, Koubilaï Khan, et le chef religieux tibétain Phagpa n'étaient que des rapports entre « un bienfaiteur et un lama », et non pas des rapports de subordination. Cela correspond-il aux faits historiques ?*

Les auteurs de Cent questions *nient cette théorie* [que les historiographies tibétaines, écrites dans la perspective d'une histoire religieuse, soutiennent implicitement]. *La réponse à cette question consiste en un exposé historique assez détaillé des relations tibéto-mongoles, depuis l'avènement de Gengis Khan, en 1206, ses conquêtes des royaumes Xixia (Tangut), en 1227, et Jin, en 1234, jusqu'aux relations établies entre Koubilaï et Phagpa.*

« En 1239, Go Tan [Godan], *haut fonctionnaire de l'armée mongole à Liangzhou… » envoya une troupe au Tibet « pour s'enquérir de la situation politique et religieuse locale ». En 1244, Godan adressa au hiérarque sakyapa, Sa pan, une invitation à venir « négocier la soumission du Tibet aux Mongols ». Sa pan se rendit auprès de Godan avec son neveu Phagpa ; il adressa aux dignitaires religieux et laïcs tibétains une lettre les invitant à se soumettre à la loi mongole dont il serait le représentant au Tibet.*

Sa pan mourut à Liangzhou en 1251, et « son neveu Phagpa lui succéda. Il avait établi des relations avec l'empereur Shizu de la dynastie des Yuan, Koubilaï », qui le considérait comme son maître. Lorsqu'il accéda au grand-khanat en 1260, Koubilaï nomma Phagpa « ministre chargé des affaires religieuses » (guoshi) *et, en 1264, il lui confia la direction du Conseil des affaires religieuses, qu'il venait de créer. En 1270, il lui donna le titre de « tuteur de l'empereur »* (dishi) *et lui confia l'administration politique du Tibet.*

« Koubilaï traita toujours Phagpa comme son subordonné […]. Les faits susmentionnés montrent que les rapports entre Koubilaï et Phagpa étaient tout d'abord des rapports de souverain à ministre. » Les liens entre eux, cependant, étaient aussi religieux et ce n'est que

lors des enseignements religieux que Phagpa avait un siège plus élevé que celui de l'empereur.

[Godan était un petit-fils de Gengis Khan, et non un « haut fonctionnaire mongol », dont le fief se trouvait dans l'actuel Gansu, avec comme « capitale » Liangzhou. L'expédition de 1239 (1240), avant d'avoir été destinée à « s'enquérir de la situation politique et religieuse locale », n'était que l'un des raids coutumiers des Mongols, qui mirent à sac plusieurs monastères au Tibet central. Quoi qu'il en soit, Godan envoya effectivement une lettre menaçante à Sakya Pandita (abrégé en Sa pan) pour le convaincre de venir le rejoindre, et, à son tour, le hiérarque tibétain transmit l'ordre du Mongol aux Tibétains, dépourvus de pouvoir centralisateur à l'époque, de se soumettre sous peine d'être envahis et anéantis. La loi mongole fut instaurée au Tibet, et Sakya Pandita reçut de Godan la juridiction sur les affaires religieuses, mais non celle sur les affaires politiques comme le prétend *Cent questions*.

Les faits présentés sont exacts, dans l'ensemble, à quelques distortions près. L'une des plus notables est de dire qu'à la mort de Sakya Pandita, en 1251, son neveu Phagpa avait établi des relations « avec l'empereur Shizu de la dynastie des Yuan, Koubilaï ». À cette époque, non seulement Koubilaï n'avait pas encore conquis la Chine, mais son rang généalogique parmi les descendants de Gengis Khan ne pouvait pas laisser prévoir son accession au Grand Khanat, qui advint en 1260, grâce à la mort prématurée du Grand Khan.]

Elliot SPERLING : Il est vrai, comme le disent les auteurs de *Cent questions*, que les rapports du Tibet et des souverains mongols de la dynastie Yuan n'étaient pas limités aux liens de maître religieux-protecteur laïc *(chöyön)*, comme le soutiennent parfois les Tibétains. *(Pour une définition et une discussion de ces liens, voir la question 5, fin de la réponse de A. Chayet.)* Le Tibet était également sous l'autorité militaire et politique des Mongols. Cependant, la nature de cette autorité, comme on l'a montré dans la question précédente, était tout à fait différente de la manière dont les auteurs chinois l'ont décrite. De même, la description de la relation maître religieux-protecteur laïc donnée dans *Cent questions* n'est pas non plus entièrement correcte. On peut expliquer, dans une large mesure, l'incursion mongole au Tibet ordonnée par Godan par l'intérêt que les Mongols portaient au pouvoir ésotérique qui avait été au centre de la relation maître religieux-protecteur laïc telle qu'elle avait brièvement existé entre des lamas tibétains et les anciens rois tanguts, dont l'État avait été détruit par les Mongols en 1227. L'État tangut avait, auparavant, occupé la région dominée par Godan, et il n'est pas surprenant que ce dernier ait espéré utiliser les pratiques religieuses des bouddhistes tibétains pour accroître son propre pouvoir. Finalement celui-ci resta limité, mais lorsque Koubilaï commença son ascension vers le trône des Mongols, il demanda à Godan de lui envoyer les lamas sakyapa qui avaient été conduits à la cour de ce dernier, à Liangzhou. Toutefois, comme il est indiqué dans *Cent questions*, le vieux Sakya Pandita mourut, et c'est son neveu Phagpa qui partit. Il est indéniable que Koubilaï exerça une domination politique sur le Tibet, et que le pouvoir dont bénéficièrent Phagpa et l'école des Sakyapa au Tibet était lié à leur rôle sous Koubilaï et ses successeurs. Les auteurs de *Cent questions* font preuve, par ailleurs, d'une franchise surprenante lorsqu'ils parlent de la nomination de Phagpa à la tête de la Commission pour les affaires bouddhiques et tibétaines (Xuanzhengyuan en chinois ; d'abord appelée « Commission de contrôle suprême [pour les moines bouddhistes...] », Zongzhiyuan), car ils affirment, ce qui est correct, que ce bureau était chargé des affaires bouddhiques à travers tout l'« empire » de Koubilaï [1], ce qui était effectivement le cas : le royaume de Koubilaï ne constituait pas « un État multiethnique » mais bien plutôt un empire.

---

3. Comment la dynastie des Yuan exerça-t-elle sa souveraineté sur le Tibet ?

---

1. E. Sperling commente ici l'édition anglaise de *Cent questions* ; dans l'édition française, postérieure, cette référence à l'« empire » de Koubilaï a été supprimée *(les éditeurs)*.

La réponse à cette question expose en six points les dispositions prises par les Yuan pour administrer le Tibet, preuves que « le gouvernement central [...] y exerçait sa souveraineté d'État » :

1. L'empereur Shizu [Koubilaï] donna le Tibet en fief héréditaire à son septième fils, Auluchi ;

2. « Après son avènement, Koubilaï fit procéder à trois recensements de la population du Tibet et fixa le montant des impôts et des taxes selon les résultats des recensements » ;

3. « Le gouvernement central créa en 1264 le yuan *[bureau] administratif général (Zongzhiyuan), qui fut rebaptisé le Xuanzhenyuan [Xuanzhengyuan], le Bureau des affaires de pacification* [sic] *en 1288, chargé des affaires du pays et des affaires militaires, civiles et financières du Tibet. C'est le Xuanzhenyuan qui choisissait les fonctionnaires et en soumettait la liste à l'approbation de l'empereur. » Ce bureau et ses branches au Tibet employaient des religieux et des laïcs ;*

4. « Le gouvernement central établit au Tibet le bureau des commissaires de pacification d'Ü, de Tsang et de Ngarikorsum. La région placée sous la juridiction de ce bureau comprenait l'actuelle région autonome du Tibet et le Ladakh. » Quatre maréchaux étaient en poste dans ces régions, chargés d'administrer les troupes mongoles qui y étaient stationnées.

[Les auteurs, pour des raisons idéologiques évidentes, passent sous silence l'importante réorganisation territoriale et administrative en trois « provinces » *(chölkha)* regroupant, d'une part, les deux provinces centrales du Ü et du Tsang, d'autre part la province occidentale du Ngarikorsum, enfin les deux provinces orientales du Kham et de l'Amdo. Ces dernières ne sont jamais prises en compte dans les travaux chinois contemporains sur le Tibet, qui, en réalité, ne concernent que la « Région autonome ». Les auteurs de *Cent questions* ne parlent que des taxes levées sur les treize myriarchies, groupement de « dix mille familles » du Tibet central, également institué par Koubilaï] ;

5. L'organisation de relais postaux qui couvraient tout le Tibet ;

6. La nomination, la promotion, la destitution, etc., des fonctionnaires locaux étaient décidées par le gouvernement central. « Le poste de dishi *[précepteur impérial] fut institué sous le règne de Koubilaï, et Phagspa [Phagpa] fut le premier* dishi. »

Elliot SPERLING : La description, dans *Cent questions*, des structures que les souverains Yuan établirent dans l'exercice de leur pouvoir sur le Tibet est correcte pour l'essentiel. Toutefois, l'emprise de ces structures sur l'administration quotidienne des affaires tibétaines à l'intérieur même du Tibet est exagérée, car elle ne tient pas compte du rôle très réel joué dans le pays par l'école sakyapa. Par ailleurs, on sait qu'au Tibet les dispositions administratives mongoles permettaient une décentralisation considérable dans le pays, qui incluait même l'affectation de fonctionnaires locaux venant de la région iranienne de l'empire mongol dans les régions considérées être sous la juridiction de la maison régnante mongole en Iran ; même si cela n'affaiblissait ni ne modifiait en aucune manière la position des Yuan, cela n'en indique pas moins que les dispositions des Mongols envers le Tibet étaient beaucoup plus complexes que ce que *Cent questions* laisse supposer. Nous pouvons également souligner que les auteurs se contredisent eux-mêmes quand ils reviennent à la formule habituelle et déclarent que le « Bureau des affaires de pacification » (Xuanzhengyuan, plus précisément : le Bureau, ou la Commission, pour les affaires bouddhiques et tibétaines) était chargé des affaires bouddhiques « sur tout le territoire chinois », plutôt que dans l'empire de Koubilaï, ainsi qu'ils l'avaient déclaré dans la réponse précédente.

---

4. Certains estiment que si le Tibet a fait partie du territoire de la Chine depuis la dynastie des Yuan, cela a été le résultat de la conquête mongole. Cela a ressemblé, selon eux, à l'invasion de l'Inde et de la Birmanie par la Grande-Bretagne. Tout comme l'Inde ne peut pas considérer la Birmanie comme faisant partie de son territoire, la Chine, elle non plus, ne doit pas estimer que le Tibet lui appartient. Quelle est votre opinion sur cette déclaration ?

La réponse débute ainsi : « Cette affirmation est fausse. Ceux qui soutiennent une telle proposition naïve et absurde doivent être des gens ignorants de l'histoire, ou nourris de mauvaises intentions. » L'argumentaire s'appuie sur le postulat toujours répété que « la Chine est depuis l'Antiquité un pays pluriethnique [...]. Certains étrangers, qui ne connaissent bien ni l'histoire ni la situation actuelle des communautés ethniques en Chine, ni non plus le rôle que les communautés ethniques ont joué dans l'histoire de la Chine, confondent souvent à tort la Chine avec les Han. Ils croient que les Han représentent la Chine et vice versa. Par conséquent, ils considèrent les entités politiques établies par les minorités ethniques au sein du territoire chinois actuel comme des pays étrangers». L'exemple donné est celui de la division qui régnait en Chine depuis la fin de la dynastie des Tang (618-907) et avant la réunification par les Mongols: la dynastie des Song (960-1279), qui «ne régnait que sur le centre, l'est et le sud-ouest du pays»; et autour, les dynasties non han des Liao au nord (947-1125), des Xixia (1038-1227) et des Jin (1115-1234), qui «étaient tous des royaumes à l'intérieur de la Chine». Aux XIe *et* XIIe *siècles les tribus qui vivaient sur le plateau mongol étaient inféodées aux Liao et aux Jin. Ainsi, «depuis l'Antiquité, les Mongols sont une communauté ethnique au sein du territoire chinois».*

Les auteurs rappellent ensuite brièvement les conquêtes de Gengis Khan et l'extension de l'empire mongol, jusqu'à la conquête de la Chine par Koubilaï, en 1271, et la fondation de la dynastie Yuan qui réunifia la Chine. Avant cette réunification même, «les dirigeants du khanat mongol ont trouvé des moyens pacifiques pour résoudre le problème de l'annexion du Tibet au khanat mongol en 1247 [...]. Le Tibet devint ainsi une partie inaliénable de l'empire chinois».

«Ceux qui considèrent la guerre menée au sein du pays par les Mongols pour réunifier la Chine comme une conquête de la Chine par des étrangers sont dans l'erreur», parce qu'ils ignorent cette réalité pluriethnique de la Chine. La réunification de la Chine par les Mandchous est du même ordre: «Il s'agit de la substitution d'une communauté dominante à une autre au sein du pays.»

Tout cela n'a donc rien de comparable avec les guerres colonialistes menées par les Britanniques pour s'emparer de l'Inde et de la Birmanie.

Elliot SPERLING : Les auteurs semblent ici lancer des invectives plutôt que raisonner avec logique lorsqu'ils affirment que ceux qui soutiennent que le Tibet et la Chine furent tous deux incorporés par la force dans l'empire mongol ou bien ignorent l'histoire de la

Chine, ou bien sont guidés par de mauvaises intentions. Hélas cela signifie que pratiquement tous les historiens traitant de cette période – en dehors des Chinois – doivent être ainsi catalogués, car tous admettent que les Mongols établirent un empire qui comprenait la Chine, le Tibet, l'Iran, la Russie, etc. En outre, ce groupe de présumés ignorants ou malveillants comprend également, entre autres, les auteurs des *Annales des Yuan (Yuanshi)*, puisque, comme nous l'avons noté, non seulement ils ne se soucièrent pas de décrire le Tibet comme une partie intégrante de la Chine, mais ils omirent aussi d'y inclure la Mongolie comme telle.

Ici encore, les auteurs avancent l'argument familier selon lequel « la Chine est un pays pluriethnique depuis l'Antiquité », et l'idée que la Chine aurait pu faire partie d'un empire, ou qu'elle aurait pu agir comme un pouvoir impérial, est esquivée. D'autres arguments suivent, de la même veine. C'est une erreur, disent les auteurs, de croire que « Chine » veut dire la nationalité han, ou que la « nationalité han » signifie la Chine. Mais c'est, en fait, l'une des significations fondamentales du terme « han ». Un grand nombre de dictionnaires chinois pré- et post-communistes notent clairement ce sens. Mieux encore, si l'on se réfère à la page de titre de n'importe quel dictionnaire chinois-français ou chinois-anglais, on trouve les termes chinois « Han-Fa » ou « Han-Ying » traduits par « chinois-français » ou « chinois-anglais », ce qui indique clairement que le terme « han » est l'équivalent de « chinois ». Au fond, le désir des autorités chinoises de légitimer leur mainmise sur des régions telles que le Tibet s'exprime en imposant aux peuples de ces régions la désignation de « chinois », une appellation qui a de claires implications ethno-linguistiques ; ils suggèrent ainsi que l'autorité chinoise sur ces peuples est en quelque sorte un développement organique et naturel et que les groupes concernés constituent ethno-linguistiquement, pour l'essentiel, un tout organique. À titre de comparaison, cela est totalement opposé à la voie suivie par les Russes, qui dirigèrent un État semblablement multiethnique composé d'éléments issus d'un empire précédent. Les Russes désignaient les peuples composant l'État qu'ils dominaient comme des « soviets », terme qui signifie « conseil » et ne comporte aucune connotation ethno-linguistique spécifique. Récemment, des écrivains chinois ont même demandé que le terme « sino » dans le composé « sino-tibétain » soit utilisé uniquement pour signifier « han ». Qu'en est-il alors de « sino » dans « sino-américain » ? Dans ce cas, il signifie clairement « chinois ».

Tels sont les problèmes rencontrés lorsque l'on cherche à appliquer le langage politique décrété par l'État. Le fait indéniable est que « han » est un synonyme légitime de « chinois », comme les dictionnaires le mentionnent. Malgré les dénégations chinoises, l'incorporation du Tibet dans l'empire mongol (de même que dans la République populaire de Chine) s'est faite par la force des armes, plutôt que par le mouvement normal de quelque processus historique prévisible et inévitable.

---

5. Les autorités centrales des dynasties des Ming et des Qing ont-elles continué à exercer leur souveraineté sur le Tibet ?

La réponse est oui. Pour les auteurs, « les autorités centrales de la dynastie des Ming (1368-1644) ont exercé leur souveraineté sur le Tibet et ont prolongé pour l'essentiel le système d'administration de la dynastie des Yuan ». Pour preuves, ils citent les nombreux voyages à Pékin de dignitaires tibétains, pour y recevoir titres et fonctions, et ils énumèrent six titres prestigieux ainsi conférés : roi de la Loi du Grand Trésor, etc.

[Cette réponse ne détaille pas les structures administratives maintenues ou mises en place par les Ming pour gouverner le Tibet, et pour cause : bien avant la chute des Yuan, le pouvoir des Sakyapa, très affaibli, était tombé aux mains d'un remarquable homme d'État appartenant à l'école phagmodrupa, Changchub Gyeltsen (1302-1364). Il unifia le Tibet, abolit la division territoriale instituée par les Mongols pour revenir à l'antique division en provinces, dans lesquelles il délégua des gouverneurs. Il réorganisa le système des taxes et le Code des lois ; il améliora les communications par la construction de routes, de ponts, etc. Ses successeurs régnèrent sur le Tibet, effectivement puis nominalement, jusqu'à l'accession au pouvoir de l'école gélugpa, grâce au Ve dalaï-lama, en 1642.

Les auteurs de *Cent questions* sont beaucoup plus prolixes lorsqu'ils exposent la situation sous la dynastie des Qing (1644-1911) ;

mais ils font un raccourci historique pour le moins hasardeux quand ils passent sans transition des relations diplomatiques entre le Ve dalaï-lama et le premier empereur des Qing au détail de la réorganisation politique et administrative imposée par la Chine au gouvernement des dalaï-lamas, en 1793.

Les liens entre la Chine et le Tibet ont effectivement changé de nature sous les Qing ; c'est pourquoi nous avons demandé à deux historiens, respectivement spécialistes des Ming et des Qing, de répondre à cette question. On trouvera la fin du résumé de la réponse chinoise au début de la section traitant de la dynastie Qing.]

La dynastie des Ming (1368-1644)

Elliot Sperling : Les structures administratives que la dynastie des Ming avait établies au Tibet n'existaient en grande partie que sur le papier. La principale unité instaurée par les Ming pour le Tibet était la « Garde régionale de la Branche de Xi'an », stationnée dans une ville frontalière du Gansu, Hezhou, très éloignée du centre du territoire tibétain. Lors de son établissement, un fonctionnaire chinois appelé Wei Zheng fut mis à sa tête. Récemment, le livre blanc sur le Tibet publié dans *Beijing Review* (septembre-octobre 1992), a fortement insisté sur la création de ce bureau (l'appelant « Haut Commandement itinérant du Shaanxi »), comme preuve de la souveraineté des Ming sur le Tibet. Mais Wei Zheng, que l'on pourrait par conséquent considérer comme le personnage officiel le plus élevé dans la région, n'est mentionné dans aucune source historique tibétaine, et il l'est à peine dans les sources chinoises traditionnelles. À l'évidence, cette prétendue unité administrative était seulement destinée à exercer un pouvoir cérémoniel au-delà de la région frontalière. Ainsi, on ne peut considérer que les titres que l'on trouve attribués, dans les sources Ming, à des personnages tibétains de cette époque impliquent une autorité politique véritable au Tibet. En outre, l'histoire officielle de la dynastie des Ming (comme celle des Yuan) situe le Tibet à l'extérieur du territoire géographique de la Chine des Ming. Une lettre informant les

Tibétains de l'avènement des Ming, envoyée au Tibet par le premier empereur de la dynastie et semblable aux lettres envoyées par lui aux autres pays étrangers, atteste également du fait que les souverains Ming ne considéraient pas le Tibet comme « chinois » ; dans cette lettre, l'empereur fait référence au Tibet comme à un État totalement distinct de la Chine. On ne peut certes dire que le premier empereur des Ming ignorait aussi l'histoire chinoise et poursuivait d'autres desseins, comme l'affirment les auteurs de *Cent questions* à propos de ceux qui considèrent le Tibet et la Chine comme parties constituantes d'un empire mongol ; il est certain que lui-même et les empereurs qui lui succédèrent ne traitèrent pas le Tibet comme s'il s'agissait d'une province de la Chine. Les relations avec les hiérarques tibétains importants n'étaient pas laissées aux mains de bureaucrates de province.

Cela apparaît nettement lorsqu'on examine les titres les plus importants offerts aux Tibétains sous les Ming : ceux qui désignent les hiérarques des écoles karmapa, sakyapa et gélugpa comme « précieux grand roi selon la Loi » (1407), « roi selon la loi du Grand Véhicule » (1413), « grand roi compatissant selon la Loi » (1434) ; et ceux attribués à cinq importants personnages séculiers : « prince qui déploie les Transformations magiques » (1406), « prince qui répand la Doctrine » (1413), « prince qui soutient la Doctrine » (1413), « prince qui s'appuie sur la Vertu » (1407), et « prince qui protège la Doctrine » (1407). La remise de ces titres et les relations avec leurs récipiendaires étaient clairement traitées comme des affaires diplomatiques par les Ming, et étaient entre les mains de la même bureaucratie diplomatique que celle qui s'occupait des relations de la Chine des Ming avec les pays des mers du Sud. La simple remise de ces titres ne permet pas d'extrapoler – comme les auteurs chinois l'ont parfois fait – pour affirmer la souveraineté des Ming sur le Tibet. L'examen des événements entourant la remise de ces titres montre clairement que les destinataires exerçaient un pouvoir ou une influence au Tibet avant d'en être gratifiés. Comme tels, ces titres n'accordaient pas le pouvoir, mais plutôt le reconnaissaient, et leur attribution doit être considérée comme quelque chose d'apparenté à la remise fréquente d'honneurs, de titres ou de récompenses d'un pays aux citoyens d'un autre pays. L'affirmation, dans le récent livre blanc sur le

Tibet, que la succession de ces titres, à la mort d'un porteur de titre, nécessitait l'approbation de l'empereur, est vraie, dans la mesure où il s'agissait de titres chinois. Mais la déclaration suivante selon laquelle l'approbation impériale était un préalable nécessaire pour que le porteur du titre puisse assumer son rôle est, pour le moins, déloyale. Alors que le titre de « précieux grand roi selon la Loi », par exemple, était un honneur accordé par la cour des Ming aux incarnations les plus éminentes des Karmapa, le rôle de ces hiérarques était bien établi au Tibet avant la remise du titre, et ne dépendait en aucune manière de lui.

LA DYNASTIE DES QING (1644-1911)

Anne CHAYET. *Préambule* : Les relations entre la Chine et le Tibet ont profondément évolué à l'époque de la dynastie des Qing ; elles se sont en quelque sorte radicalisées : le Tibet a été progressivement englobé dans le système politique chinois. Cette évolution commande en partie la situation actuelle. Il est difficile de se contenter de quelques affirmations péremptoires sur cette période et nécessaire d'examiner les faits d'une façon aussi large que possible sans pour autant suivre exactement l'ordre des arguments avancés par les auteurs de *Cent questions*.

Lorsque la Chine ancienne décrivait le monde, sa connaissance s'en limitait à peu près à son propre domaine territorial, dans un espace qui était représenté en enceintes carrées concentriques. Cette perception forcément restreinte, en même temps qu'une conscience tôt formée de sa propre culture, conduisit la Chine à diviser les êtres vivants en deux catégories : ceux qui occupaient le centre – relatif – du monde, c'est-à-dire elle-même, les humains ; ceux qui apparaissaient aux marges indécises du monde ainsi décrit et à l'extérieur de la culture chinoise, étrangers et barbares à la nature animale. Plus tard, au fur et à mesure des contacts et des conquêtes, les peuples étrangers à la culture chinoise prirent des noms pour elle, mais lui demeurèrent extérieurs. La conscience de son unité est l'un des principes fondamentaux de la culture de la Chine et l'une des raisons de sa grandeur. Plus que d'une unité territoriale, difficile à définir aux origines, il s'agissait d'abord d'une identité culturelle, si forte et si organisée qu'elle a suivi l'expansion territoriale et politique, laissant une place ou un rôle limités aux populations et aux cultures non chinoises englobées progressivement dans son territoire.

On a vu *(question 3, à propos de l'époque des Yuan)* qu'utiliser dans un contexte ancien le concept de pluriethnie, de définition récente et aussi étranger à la culture chinoise traditionnelle que les populations des marges l'étaient pour les Han du cœur de la Chine, est, pour le moins, une absurdité. Peut-on oublier que la tradition chinoise considérait Mongols et Mandchous comme des peuples « extérieurs » à l'unité chinoise, et ne leur donnait rang que parmi les peuples « tributaires » ? Peut-on oublier qu'une partie des lettrés han, c'est-à-dire ethniquement et culturellement chinois, a continué, longtemps après l'avènement des Qing mandchous, sinon jusqu'à leur chute et parfois même après, à les considérer comme des usurpateurs ?

Les Mandchous avaient de longue date des vues sur la Chine. Leurs appétits tenaient pour partie de leur parenté ethnique avec l'ancienne dynastie Jin (1115-1234), non chinoise, qui avait régné sur la Chine du Nord, et dont ils se voulaient héritiers. La dynastie qu'ils créèrent en conséquence et sur le modèle chinois fut appelée dynastie des Jin postérieurs. C'est le successeur du fondateur, Hung Taiji (r. 1626-1643), qui changea le nom de la dynastie pour celui de Qing (« pure »). Le nom de Mandchou *(Manju)*, qui figure dans les annales de la dynastie dès 1613, a été expliqué de diverses manières ; certains l'ont lié au titre de Mañjushrî (nom sanskrit d'un *bodhisattva* de la tradition bouddhique, symbole de la connaissance et considéré comme protecteur de la Chine), que les Tibétains ont donné aux empereurs Qing.

Depuis la fin du XVIe siècle, la puissance des Mandchous s'était accrue au point de menacer la Chine mal défendue par les Ming décadents. En 1634, Hung Taiji défit le dernier khan mongol descendant de Gengis Khan, et devint ainsi le détenteur du sceau attribué au grand conquérant et aux empereurs Yuan de Chine. La possession de ce sceau, même si l'authenticité en a été parfois contestée, donna symboliquement au souverain mandchou une nouvelle stature en Asie, d'abord, évidemment, vis-à-vis des

Mongols, mais aussi de la Chine, puisqu'il se posait désormais également en héritier des Yuan.

Cependant, les princes mongols, ralliés au souverain mandchou après sa victoire de 1634, étaient convertis au bouddhisme et suivaient l'enseignement des maîtres tibétains gélugpa. Pour répondre à leurs vœux, le souverain mandchou se fit protecteur du bouddhisme. Ses successeurs, devenus empereurs de Chine, maintinrent cette politique, et de façon ostensible, du moins tant qu'elle eut de l'intérêt pour eux et tant que la dynastie eut quelque consistance.

La rapide expansion des Gélugpa, école née de la réforme de Tsongkhapa (1357-1419), leurs progrès dans le nord-est du Tibet, les avaient bientôt conduits au contact des Mongols. En 1578 eut lieu la rencontre devenue célèbre entre Sönam Gyatso, abbé du monastère de Drépung, près de Lhasa, et Altan Khan, chef des Mongols Tumed. Cette rencontre vit l'échange de titres qui fit de Sönam Gyatso le dalaï-lama, et d'Altan Khan un roi de la Doctrine *(chögyel)*, protecteur du bouddhisme *(voir question 6)*.

Le prestige du dalaï-lama auprès des Mongols devint considérable, inquiétant les empereurs Ming et soulevant des jalousies au Tibet. Lorsqu'il mourut, en 1588, sa réincarnation (1589-1616) fut découverte dans la descendance d'Altan Khan. Cela signifiait le début d'une nouvelle influence étrangère directe dans les affaires tibétaines, où il n'y en avait pas eu depuis le déclin des Yuan. Les troubles ne tardèrent pas à se produire. Ils devinrent violents en 1610 et le prince du Tsang (l'une des deux provinces centrales du Tibet), le plus puissant chef politique du Tibet, s'empara de la province de Ü, celle de Lhasa, où les Gélugpa avaient leurs principaux établissements. Ceux-ci ne tardèrent pas à faire appel à leurs alliés mongols, ce qui accentua la division des Tibétains. Finalement, en 1641-1642, les armées de Gushri Khan, chef des Mongols Qoshot installé dans la région du lac Kokonor (actuelle province du Qinghai) et allié privilégié des Gélugpa, eurent raison de celles du prince du Tsang.

En avril 1642, au cours d'une grande cérémonie, le dalaï-lama reçut de Gushri Khan l'hommage de précieuses reliques, puis celui des provinces centrales du Tibet, comme pour renouveler le geste que, selon la tradition, Koubilaï avait eu envers Phagpa.

Deux ans plus tard, en 1644, la dynastie Qing, balayant les Ming, monta sur le trône de Pékin. Mais la réunification de la Chine sous l'autorité de la nouvelle dynastie demanda quelques années, si l'on se souvient que les derniers feux de la rébellion de Wu Sangui, qui causa de très graves troubles dans le sud-ouest et l'ouest de la Chine, ne s'éteignirent qu'à la fin de 1681 au Yunnan. Puis la tentative de réunification de l'empire mongol faite par Galdan, prince des Mongols Dzungar, causa les plus sérieux soucis pour les frontières septentrionales de la Chine. Durant la première moitié du XVIIIe siècle, les Qing s'efforcèrent, par la diplomatie et par la guerre, de contraindre les Mongols à la soumission. Kangxi (r. 1662-1722) demanda à plusieurs reprises l'intervention du dalaï-lama, dont le poids sur les Mongols était considérable. Mais au fur et à mesure que les Mongols se faisaient moins menaçants, le Tibet perdait de son intérêt particulier, pour n'être bientôt plus qu'un pays frontalier presque comme les autres, inclus dans le glacis protecteur de l'empire et, pour ne pas prendre de risque, petit à petit soumis à sa loi. La présence chinoise y fut pratiquement constante à partir de 1720, mais les institutions mises en place sous son influence ne faisaient pas du pays une simple province chinoise. Même le renforcement d'autorité des représentants de l'empereur à Lhasa (les *ambans*), décrété et organisé par un train de mesures réglementaires prises en 1793, n'instaurait pas au Tibet un régime comparable à celui qui régissait les provinces chinoises.

Tout au long du XIXe siècle, le déclin de la dynastie Qing entraîna l'affaiblissement de la position chinoise au Tibet, ce qui n'excluait d'ailleurs ni les crises ni les abus, mais s'exprimait surtout par un cérémonial d'autant plus écrasant qu'il ne recouvrait plus de véritable réalité. La société tibétaine ne sut pas, ou ne voulut pas, se réorganiser pour affronter le problème de l'Occident conquérant, peu visible de Lhasa, il est vrai. Et malgré les qualités et l'esprit d'entreprise du XIIIe dalaï-lama (1876-1934), le pays se trouva brutalement confronté au XXe siècle par l'invasion britannique de 1904 et la réaction chinoise, qui déterminèrent deux exils successifs du pontife, puis par la chute des Qing et la proclamation de la République au 1er janvier 1912.

Suite du résumé de la réponse chinoise : *« C'est de leur propre initiative que les autorités du Tibet se sont soumises aux autorités centrales de la dynastie des Qing. » Les Ming étaient corrompus, le pouvoir des Mandchous s'accroissait, le dalaï-lama, dont la « secte venait de gagner en importance », envoya en 1642 à Shenjing un émissaire pour établir des liens avec la dynastie des Qing. En 1644, la dynastie transféra sa capitale à Pékin et donna d'abord au Tibet le même traitement que lui avait donné la dynastie Ming. Puis, en 1793, le « gouvernement central de la dynastie des Qing » renforça l'administration du Tibet par les « Règlements en 29 articles » dans les domaines politique, économique, diplomatique, militaire et religieux. Les points principaux concernaient la parité du rôle de l'envoyé impérial au Tibet avec le dalaï-lama et le panchen-lama, l'interdiction faite aux fonctionnaires tibétains de correspondre avec l'étranger, la déclaration des commerçants en transit au Tibet, et la désignation des grandes incarnations par tirage au sort.*

Anne CHAYET : Les Occidentaux, à commencer par les Anglais, tôt venus par l'Inde au contact du Tibet et à la question de son statut, ont voulu définir ces relations en leurs propres termes, et l'ont fait d'une manière à la fois simpliste et assez délibérément réductrice, par les termes de souveraineté et de suzeraineté qui ne font en fait que compliquer une question déjà difficile. Les auteurs de *Cent questions* ont adopté cette terminologie. Mais si l'on veut tenter de retrouver les vérités de l'histoire, il ne convient pas de présenter les faits du passé en termes de droit international ou d'idéologie modernes, de même qu'il ne convient pas de juger des opinions et des comportements anciens en Asie par la référence aux seules traditions occidentales de raisonnement et d'analyse. L'évolution des relations sino-tibétaines entre les XVIIe et XXe siècles reste marquée par l'ambiguïté. Il n'est pas aisé de retrouver dans le discours officiel, d'hier ou d'aujourd'hui, tibétain ou chinois, la marque des desseins réels des uns et des autres. D'autant que de nos jours une grande partie des Tibétains considèrent que les liens formés entre la Chine et le Tibet n'ont jamais été que de nature religieuse.

Mandchous, Mongols et Tibétains

Les premiers empereurs Qing ont considéré le Tibet comme « extérieur » *(wai)* à la Chine, comme une part du glacis protecteur de l'empire : le Tibet ou, plus exactement, le dalaï-lama avait le pouvoir de retenir et de calmer les Mongols. Mais, les Mongols pacifiés, le Tibet pouvait devenir un danger pour la Chine si le désordre ou l'instabilité venaient à s'y installer, et d'autant plus que de nouveaux pouvoirs se levaient à l'ouest avec la poussée russe en Asie centrale et, plus tard, l'installation des Anglais en Inde.

Pour répondre au vœu de ses alliés mongols, Hung Taiji, le souverain mandchou, se voulut protecteur du bouddhisme. En 1637, il invita le dalaï-lama à venir prêcher la doctrine du Bouddha en Mandchourie. La réponse que le dalaï-lama lui fit porter en 1640 (elle n'arriva qu'en 1642) n'impliquait aucune soumission ni dépendance : selon les textes tibétains du temps, cette invitation fut considérée comme marquant simplement l'établissement d'un lien avec un bienfaiteur de la sainte Doctrine, désireux de l'étendre à son propre pays. Hung Taiji avait demandé au prince du Tsang, le plus puissant chef politique du Tibet, de laisser le dalaï-lama répondre à son invitation, et même de l'encourager à l'accepter. On peut dire que son estimation de la situation au Tibet n'était pas très réaliste, en raison de l'hostilité armée qui régnait alors entre le prince du Tsang et les Gélugpa, mais elle est importante, car elle montre que le souverain mandchou, futur empereur de Chine, faisait une certaine distinction entre pouvoir temporel et autorité spirituelle au Tibet, distinction que les Mongols avaient faite et faisaient de façon beaucoup plus indécise.

La date de 1642 est importante, non pas tant parce qu'elle fut celle de l'arrivée des messagers tibétains à la cour mandchoue que parce qu'elle vit l'accession du dalaï-lama au pouvoir temporel *(voir la question 6 sur l'époque des Qing)*. Il n'est pas toujours aisé de discerner entre la réalité et les apparences dans le système de gouvernement qui fut alors mis en place et qui tenait tellement à la personnalité du Ve dalaï-lama et à celle de Gushri Khan qu'il se révéla inapplicable dans les mêmes formes après leur disparition. Le dalaï-lama, maître spirituel avant tout, avait reçu des mains du conquérant Gushri Khan une terre gagnée à la sainte Doctrine ; il fallait l'administrer, et, en principe, ce n'était pas son rôle. Il délégua le pouvoir temporel à Gushri Khan en tant que bras armé, tandis que l'exécutif civil était confié à un régent désigné par lui. C'est du moins ce qui ressort dans les grandes lignes de l'autobiographie du dalaï-lama, et que l'estimation du poids politique respectif des princes mongols, des princes tibétains et de certains dignitaires religieux n'a pas conduit jusqu'à présent à nuancer sensiblement. Gushri Khan joua son rôle de protecteur et d'administrateur militaire, apparemment sans en sortir. Ce système dura au moins pendant la période qui vit la réorganisation de l'ensemble du territoire après la guerre civile, en même temps que l'affirmation du pouvoir centralisateur des Gélugpa. Après la mort de Gushri Khan (1655), ses fils et successeurs se partagèrent ses domaines de la région du Kokonor et ses fonctions, mais ils se montrèrent rarement au Tibet central. Ils n'avaient ni la droiture ni l'efficacité de leur aïeul, et l'équilibre du système fut manifestement modifié. Le Tibet était réorganisé et unifié dans une certaine mesure, mais il lui manquait désormais une armée puissante et unifiée. Le dalaï-lama, maître spirituel, sut être également un fin diplomate – le souci du bouddhisme étant le moteur principal de sa diplomatie – et un bon administrateur ; il ne pouvait être chef de guerre.

Invitation du dalaï-lama à Pékin

Après leur victoire de 1644, les souverains mandchous, devenus empereurs de Chine, usèrent à l'égard du Tibet d'un langage sensiblement différent, en ce sens qu'ils adoptèrent la formulation traditionnelle du protocole chinois, qui soumettait implicitement au Fils du Ciel tous les peuples extérieurs à l'empire et ne les connaissait que comme tributaires. De fait, les Mandchous avaient des conseillers chinois et utilisaient cette formulation bien avant 1644 ; mais, devenus empereurs de Chine, ils en adoptèrent le concept sous-jacent et le formalisme hautain qui peut être considéré comme l'expression d'une puissance, d'un concept centraliste absolu, mais difficilement comme une *preuve* de souveraineté. D'ailleurs les premiers empereurs mandchous n'y prétendaient pas sur le Tibet.

En 1648, l'empereur Shunzhi (r. 1644-1662) invita le dalaï-lama à venir à Pékin. Le pontife a mentionné dans son autobiographie l'intérêt religieux que pouvait présenter cette rencontre ; il citait une prophétie qui annonçait l'apparition au Tibet central d'une manifestation du *bodhisattva* Mañjushrî, destinée à œuvrer pour le bien de la doctrine du Bouddha au Tibet, en Chine et en Mongolie, et il pensait y voir l'indication d'une rencontre future avec l'empereur de Chine, désigné aussi comme une forme de Mañjushrî. Dans ses propos, le dalaï-lama nommait nettement le Tibet, la Chine et la Mongolie comme des entités distinctes, et ne cessa jamais de le faire.

La réaction du pontife semblait essentiellement religieuse : s'il allait à Pékin, c'était pour le bien de la Doctrine et pour sa diffusion. Mais il savait qu'il courait quelques risques. Car il lui fallait définir sa position par rapport à celle de l'empereur, et la placer assez haut pour éviter d'être confondu avec un simple prince, forcément tributaire. La tradition bouddhique offre l'exemple de liens divers qui régissent les rapports entre l'autorité spirituelle et le pouvoir temporel. Ces liens sont en général couverts par le terme tibétain de *chöyön* (maître religieux-protecteur laïc), composé copulatif qui désigne les diverses parties de la relation. Le rôle du maître religieux y est défini par rapport à celui, chef local, prince ou souverain, qui lui apporte des dons pour le bien de la Doctrine et qui assure sa protection. Ce lien devient plus personnel encore lorsque s'y ajoute un enseignement donné par le maître religieux au protecteur laïc : la relation est alors de maître à disciple. Mais que dire lorsque le maître religieux est en même temps un souverain temporel et que son protecteur laïc participe en même temps d'une essence divine ?

Jadis, certains empereurs de la dynastie des Tang (618-907), en un temps où le bouddhisme avait gagné la cour de Chine, s'étaient donné le titre de *bodhisattva*. L'empereur était-il une manifestation divine investie de l'autorité religieuse et du pouvoir temporel, telle que l'étaient les dalaï-lamas eux-mêmes ? C'est ce que semblait reconnaître implicitement le Ve dalaï-lama quand il désignait l'empereur par le nom d'une forme du *bodhisattva* Mañjushrî. Il avait sans doute compris que l'empereur, s'il consentait à être appelé *bodhisattva*, était avant tout le Fils du Ciel, sans égal ni supérieurs, et que le rite qui guidait chacun de ses gestes le mettait d'emblée au-dessus des autres pouvoirs et des autres autorités. Cependant, en le qualifiant de *bodhisattva*, alors qu'il en était lui-même également une manifestation, il faisait entrer l'empereur, pourrait-on dire, dans son propre univers et lui imposait une sorte d'égalité.

Le dalaï-lama se mit en route en 1652 pour Pékin. Il est manifeste qu'il se considérait comme un souverain indépendant, et il avait toutes les raisons de le faire depuis les grandioses cérémonies de 1642. Le jeune empereur envisageait d'ailleurs de venir l'accueillir à l'extérieur de la frontière symbolique de la Grande Muraille, sans doute plus par crainte de mécontenter les Mongols, qui voulaient une réception de souverain pour le dalaï-lama, que par simple déférence. Cependant, la Chancellerie impériale (demeurée chinoise sous cette dynastie étrangère), le rappela à l'ordre : il ne devait pas aller au devant du pontife, un officiel de haut rang suffirait à calmer les Mongols.

Dans son autobiographie, le dalaï-lama fit une liste impressionnante des marques d'honneur qui lui furent données. Les annales dynastiques des Qing sont beaucoup plus laconiques. Il en ressort néanmoins que le pontife ne fut pas traité tout à fait comme un prince tributaire, peut-être parce que les Mandchous ne s'étaient pas encore totalement pliés au protocole impérial. Ces deux relations si différentes reflètent la confrontation de deux mondes : celui de l'empereur de Chine, du Fils du Ciel, qui recevait un important tributaire, chargé en outre du poids moral que les Mandchous reconnaissaient au bouddhisme, et celui du bouddhisme conquérant dans sa bienfaisante tâche de conversion, qui accueillait les marques de respect qu'on lui présentait (ou s'efforçait de le laisser penser). Les positions étaient inconciliables.

Les deux souverains avaient pris la mesure l'un de l'autre. La puissance de la Chine était bien plus grande, mais la dynastie avait encore des fragilités, dont tous les acteurs étaient conscients. Le pouvoir du dalaï-lama était considérable auprès des Mongols : outre l'influence religieuse qu'il exerçait sur eux, et à cause d'elle, il arbitra leurs contestations et leur donna des titres et des fonctions, comme un véritable chef politique. Il sut aussi, à la demande de l'empereur, qui, malgré le sceau de Gengis Khan, n'avait pas encore une autorité très solide sur les Mongols, calmer les ardeurs belliqueuses de ces voisins souvent menaçants. Mais paradoxalement, en usant de son autorité spirituelle pour les convaincre de cesser leurs attaques contre la Chine, le dalaï-lama se priva petit à petit de leur force armée. Les Mongols une fois soumis par la force ou ralliés par la Chine, le Tibet était seul face à celle-ci.

Le tournant

Monté sur le trône en 1662, à l'âge de huit ans, le jeune Kangxi (r. 1662-1723) exerça directement le pouvoir dès 1669. Il montra immédiatement une personnalité opposée au laisser-aller en politique et peu encline à tolérer longtemps l'imprécision des frontières entre Chine et Tibet ni l'indiscipline, les querelles et les revirements des Mongols. Il fut confronté d'abord à la révolte de Wu Sangui (1674), qui mit la dynastie en grand péril. Contre ce rebelle actif au Yunnan et au Sichuan proches du Tibet, il demanda l'aide du dalaï-lama, qui s'efforça en vain de ramener la paix. Ce n'était plus le temps de Gushri Khan : ses descendants ne répondaient guère aux appels du pontife et tentaient leurs propres alliances, développant entre la Chine et le Tibet une zone d'incertitude politique et militaire. Si le dalaï-lama parvint à envoyer un prince mongol contre les rebelles du Yunnan, il était visible qu'il n'avait plus de bras armé. Cette fragilité était un danger pour la Chine qui voulait des frontières sûres, d'autant que Galdan, prince des Mongols Dzungar de l'Ili, menaçait les frontières septentrionales de l'empire. Le dalaï-lama, sommé de le calmer, n'y réussit qu'en partie.

En réalité, le dalaï-lama était mort en 1682, et son jeune régent, Sangyé Gyatso, cacha le fait pendant quatorze ans, aussi bien aux Tibétains qu'aux princes mongols et qu'à l'empereur, qui ne le pardonna ni au régent, ni au Tibet. En 1690, Galdan connut un premier revers devant les troupes impériales. L'année suivante, Kangxi réunit les princes mongols Khalkha, en reçut l'hommage solennel et les intégra dans le système mandchou des bannières. Dès 1680, il avait mené une politique de rectifications et d'annexions dans les zones frontalières (notamment dans la province tibétaine du Kham), et, en 1693-1694, il annexa la région de Xining (proche du lac Kokonor), estimant que les Mongols n'en assuraient plus la défense. Ces rectifications de frontières ne semblent pas avoir fait partie d'un plan de conquête délibéré : Kangxi agissait au fur et à mesure des besoins de l'empire.

En 1696, les armées impériales infligèrent une défaite décisive à Galdan, et le régent dut se résoudre à avertir officiellement l'empereur de la mort du dalaï-lama et de la découverte de son successeur, alors âgé de quinze ans. En 1698, Kangxi convoqua en audience les princes mongols du Kokonor, et la balance pencha dès lors du côté de l'empire.

Le jeune dalaï-lama, qui prit place sur le trône à la fin de l'année 1697, se révéla être si peu enclin à assumer ses devoirs qu'il rendit bientôt ses vœux monastiques, sans toutefois renoncer à son rôle temporel (1702). Son attitude devint une cause de scandale. En 1703, Lazang Khan, arrière-petit-fils de Gushri Khan, et favorable à l'empereur, reprit au Tibet central le pouvoir civil et militaire que ses pères y avaient abandonné. Lazang voulait se défaire du dalaï-lama, mais ne se sentait pas assez fort d'un point de vue militaire pour affronter la colère des Tibétains et des Mongols. Il demanda le soutien de Kangxi et, en 1706, n'hésita plus à faire conduire le dalaï-lama en Chine. Officiellement, le jeune homme mourut en route.

Sortant de son rôle théorique de protecteur impartial, et malgré l'hostilité du clergé tibétain, Lazang installa au Potala un dalaï-lama de son choix, que Kangxi reconnut en 1710. Cependant les religieux tibétains avaient découvert au Kham un enfant qui fut désigné comme la véritable incarnation du dalaï-lama. Les princes mongols du Kokonor le reconnurent pour tel et l'installèrent dans leur région, puis ils réclamèrent sa reconnaissance à Kangxi. Auraient-ils songé à *demander* à l'empereur une telle reconnaissance cinquante ans auparavant ?

La conquête

La mort de Galdan (1697) n'avait pas mis fin aux appétits des Dzungar. En 1717, leurs armées se mirent en marche vers le Tibet, dans le but d'enlever le jeune dalaï-lama de sa résidence du Kokonor, de l'installer à Lhasa et d'obtenir la faveur des Tibétains. Lazang s'était aliéné toutes les forces laïques et religieuses du pays. L'invasion dzungar balaya ses défenses, et il ne put, faute de temps, recevoir une aide chinoise. La ville de Lhasa fut investie et les Dzungar y pénétrèrent en novembre 1717. L'occupation de la ville et d'une grande partie du Tibet central ne fut que massacres et pillages. Le Potala lui-même n'y échappa pas, et les Nyingmapa (tenants de l'école la plus ancienne, non réformée, du bouddhisme tibétain) firent l'objet d'une persécution particulière. Les Dzungar installèrent un gouvernement à leur solde et déposèrent le dalaï-lama contesté. Cependant, quelques survivants des partisans de Lazang et une partie de la noblesse tibétaine organisèrent la résistance, tandis que Kangxi envoyait contre les Dzungar deux armées qui arrivèrent à Lhasa à l'automne de 1720. L'une d'entre elles escortait le dalaï-lama reconnu par les Tibétains, et que l'empereur, mesurant son erreur de calcul, avait reconnu à son tour en novembre 1719.

Les Chinois mirent en place un gouvernement militaire provisoire, auquel succéda un gouvernement civil, au printemps de 1721. Le nouveau régime supprima la fonction de régent telle que l'avait instituée le Ve dalaï-lama, car elle laissait trop de pouvoir aux mains d'un seul homme. Un conseil de trois membres, bientôt élargi à cinq, fut mis en place, théoriquement soumis au dalaï-lama (alors mineur) et surveillé par le commandant de la garnison, représentant de l'empereur. Après le retrait du gros de l'armée impériale venue en 1720, une garnison de 3 000 hommes demeurait à Lhasa, ainsi que des garnisons dans l'est, vers la frontière chinoise, pour assurer les communications avec la Chine. Les territoires de Bathang et Lithang, et le Kham, furent placés sous l'autorité du Sichuan, ainsi que les territoires jusqu'à la frontière de la province de Lhasa. Cette mesure fut en partie annulée en 1725. L'empereur voulait un pré carré et des frontières sûres, il imposait sa volonté. À Lhasa, il fit marquer sa victoire par l'érection d'un pilier inscrit (situé au pied du Potala). Le père Desideri, jésuite, qui était au Tibet pendant ces événements et fut un observateur attentif, remarquait que jusqu'à 1720 le Tibet avait été gouverné par un roi absolu et indépendant (ce qui était quand même excessif, s'agissant de Lazang), et qu'en octobre 1720 il avait été soumis par l'empereur de Chine et que ses descendants y régneraient probablement encore pour de nombreux siècles.

Cette même année 1721 vit la publication du *Grand Atlas de la Chine*. Kangxi avait commandé en 1708 aux jésuites qui résidaient à Pékin une couverture cartographique de l'empire : elle ne comprenait pas le Tibet. En 1709, il envoya auprès de Lazang un représentant chargé de lever une carte du pays. Les documents rapportés furent complétés et publiés avec le reste de l'*Atlas* en 1721. Ce détail souligne l'évolution du jugement de l'empereur dans ses dernières années. Kangxi voyait dans la défaite des Dzungar au Tibet la confirmation de sa victoire de 1697 sur Galdan, qui avait été un si grand péril pour l'empire et pour sa dynastie. Il avait limité l'avance des Russes et leur possible alliance avec les Mongols, lors du traité de Nerchinsk (1689). Il avait reçu la soumission des Mongols orientaux en 1691 ; maintenant, il imposait sa loi au Tibet. Il avait donc réussi à fermer le glacis protecteur de la frontière nord de l'empire.

Lorsqu'il s'agit des pays frontaliers de la Chine, la distinction entre les termes « extérieur » et « intérieur » peut sembler n'être qu'une fiction littéraire. Il n'en est rien. On a vu que le jeune empereur Shunzhi avait été découragé par ses conseillers chinois lorsqu'il avait voulu aller chercher le dalaï-lama à l'« extérieur » de la Grande Muraille (alors que celle-ci n'a jamais été une frontière réelle). Kangxi lui-même avait fait inscrire des villes ou des sites considérés jusqu'alors comme tibétains et « extérieurs » à l'empire sur le *Registre des Populations de l'empire*. Pourtant, en 1795, l'empereur Qianlong englobait encore les Tibétains dans l'appellation de *wai fan*, désignant les barbares des marches, les peuples tributaires, donnée à tous les peuples frontaliers de l'empire (*wai*, « extérieur, étranger »). En 1721, le sort du Tibet était scellé pour longtemps, comme Desideri le faisait justement remarquer. De pays tributaire, extérieur, il allait être défini comme partie intégrante de la Chine. Cela ne se fit pas en un jour. Mais, à partir de 1721, on peut considérer que l'état des relations entre Lhasa et Pékin dépend du chiffre de la garnison chinoise à Lhasa, ou, pour être plus précis encore, que la souveraineté invoquée doit chercher sa définition dans le chiffre de cette garnison et sa capacité de maintenir l'ordre au Tibet.

Organisation du pouvoir impérial

Kangxi mourut en 1722, et son fils Yongzheng (r. 1723-1735) lui succéda. Voulant se démarquer de la politique expansionniste des dernières années de son père, il s'intéressa peu à la question tibétaine et, surtout, s'y intéressa mal.

Le nouvel empereur ordonna en 1723 le retrait de la garnison de Lhasa, pour éviter que le poids ne pesât trop lourd sur l'économie du Tibet, mais surtout parce qu'il souhaitait réduire ses engagements *extérieurs* à la Chine. Il semblait penser alors que le Tibet faisait partie du glacis protecteur de l'empire, mais non qu'il en faisait partie intégrante. Une garnison de mille hommes fut maintenue à Chamdo, pour assurer les communications, et celle de Xining fut réorganisée avec six mille hommes. La situation n'était pourtant pas si bonne. La révolte des Mongols du Kokonor (1723-1724) fut réprimée par une forte armée chinoise.

L'année suivante, 1725, la Chine abandonna l'administration directe qu'elle avait prise en 1721 d'un certain nombre de territoires tibétains. Elle conserva le contrôle de territoires comme Lithang, Bathang, Dergé, etc., mais en confia l'administration aux chefs locaux. Quant aux territoires qui, de là, s'étendaient jusqu'au Tibet central, elle les restitua à Lhasa.

Cependant, en contradiction avec l'attitude relativement indifférente qu'il avait à l'égard du Tibet, en 1726, Yongzheng adressa à Lhasa un édit qui ordonnait la persécution des religieux nyingmapa. La fiction jusqu'alors maintenue de la protection impériale s'étendant sur le bouddhisme, mais ne discutant en rien la suprématie spirituelle et temporelle du dalaï-lama, volait en éclats. Kangxi, il est vrai, par le jeu de sa reconnaissance ou de son refus de reconnaissance du pseudo-dalaï-lama puis du VIIe dalaï-lama, avait déjà un peu faussé cette tacite et provisoire convention. Pour les Tibétains, et d'autant plus que le dalaï-lama était mineur, l'ordre, le propos même était inadmissible, et le Conseil fut indigné ; mais il n'eut pas le courage de protester auprès de l'empereur.

Il est vrai que ce Conseil était partagé entre des tendances favorables et hostiles à la Chine, ce qui ne signifie pas pour autant, comme on l'a dit un peu hâtivement parfois, que le parti hostile à la Chine, c'est-à-dire à la mainmise de l'empereur sur les affaires tibétaines, était composé de nationalistes organisés. Il y avait des gens hostiles à la présence chinoise, simplement parce qu'elle était contraire à leurs intérêts et au partage des pouvoirs tel qu'il avait été jusqu'alors. D'autres n'étaient partisans de l'action impériale que parce qu'ils la jugeaient limitée à un soutien dans le domaine politique et administratif, l'essentiel restant au dalaï-lama ; ce dernier et l'empereur étant unis par des liens de maître spirituel à donateur et protecteur, qui laissaient au premier, pensaient-ils, la suprématie spirituelle et donnaient au second le droit et le devoir de protéger la Doctrine et ceux qui la pratiquaient. De fait, il ne semble pas que les responsables politiques tibétains aient eu une définition très claire des limites de ces liens, même du point de vue tibétain. La Chine était puissante, prestigieuse et lointaine ; il était bon d'avoir un protecteur riche, généreux et lointain. Les Tibétains dans leur ensemble ne purent ou ne voulurent pas comprendre que l'empereur n'avait jamais eu, ni en ce qui le concernait personnellement ni en ce qui concernait l'empire, la même conception du lien. Certes, il en respecta longtemps certains aspects, mais les empiétements se firent de plus en plus nombreux, à chaque fois qu'il y avait une faiblesse ou un manque du côté tibétain, jusqu'à devenir un simple rapport de force.

L'édit de 1726 de Yongzheng ne fut peut-être qu'une maladresse, mais cette affaire accentua en tout cas au sein du gouvernement tibétain une tension déjà forte, causée par la différence des opinions, les intrigues du père du VIIe dalaï-lama et la raideur du chef du gouvernement, Khangchené. En 1727, celui-ci fut assassiné. Il s'ensuivit une véritable guerre civile. Pholané, son adjoint fidèle, réussit à reprendre Lhasa en juillet 1728. L'armée que l'empereur s'était décidé à envoyer, forte de près de quinze mille hommes, arriva à Lhasa sans le moindre combat, en septembre de la même année.

Le châtiment des vaincus fut effroyable. Terrible leçon, qui sembla vite oubliée. Alors qu'il ne s'agissait que d'une affaire interne tibétaine, l'empereur s'obstina à voir dans les graves troubles de 1727-1728 une résurgence de l'influence pernicieuse des Dzungar. Il considéra également que la cour du dalaï-lama avait été le refuge de la contestation. Poliment, mais fermement, le jeune pontife et son père furent exilés à Gartar (Tibet oriental), où les forces chinoises étaient suffisantes pour les surveiller étroitement.

Après ces événements, l'empereur ne se contenta plus d'envoyer des missions à Lhasa, la présence de ses représentants, les *ambans*, y fut désormais permanente. La garnison chinoise de 2 000 hommes devait être aidée par une petite troupe tibétaine. L'empereur ménageait ses intérêts en maintenant une garnison suffisamment forte (pour la période, les chiffres varient entre 1 500 et 3 000 hommes), mais non écrasante pour les ressources du pays et l'atmosphère de la ville ; il fut sans doute moins prudent en laissant à Pholané des pouvoirs considérables. Ce fut peut-être un effet de la confiance que ce dernier avait su gagner, ou bien un choix du réalisme mandchou qui consistait à privilégier dans les marches la gestion des administrateurs locaux plutôt que celle des fonctionnaires impériaux, coûteux et pas forcément compétents.

L'empereur Yongzheng mourut en 1735, année où le dalaï-lama rentra d'exil. Le nouvel empereur, Qianlong (r. 1736-1795), comme l'avait fait son père, songea à retirer de Lhasa la garnison, qui ne comptait plus alors que 500 hommes (ce qui était d'ailleurs insuffisant), mais ses conseillers l'en dissuadèrent. En 1740, Qianlong donna à Pholané le titre important de *junwang* (prince de deuxième classe), consacrant ainsi la réalité de son pouvoir presque « royal » sur le Tibet. Le Tibet était en paix, et les quelques nuages qui montaient n'inquiétèrent presque personne. À la mort de Pholané (1747) son fils Gyurmé Namgyel lui succéda, et s'aliéna rapidement tous les partis au Tibet, alors que l'empereur, inconscient du péril, réduisait la garnison de Lhasa à une centaine d'hommes d'escorte pour les *ambans*, c'est-à-dire la privait de toute efficacité.

Sans attendre les instructions impériales, en novembre 1750, les *ambans* attirèrent Gyurmé Namgyel dans un piège et le tuèrent. Ses rares partisans déclenchèrent une émeute durant laquelle les représentants de l'empereur ne trouvèrent pas le soutien d'une garde suffisante et furent massacrés.

Le dalaï-lama intervint alors, fit cesser les désordres et avertir l'empereur, qui envoya une force de 3 000 hommes à Lhasa. Le châtiment des coupables fut aussi sanglant que de coutume, et le nouvel ordre fut très précis : une garnison de 1 500 hommes serait permanente et il n'y aurait plus, sous quelque forme que ce soit, de « roi » du Tibet. Le gouvernement fut un conseil de quatre ministres, dont un religieux, afin de contrebalancer l'influence de l'aristocratie, que l'empereur jugeait pernicieuse. Ce conseil, soumis au dalaï-lama, gouvernerait le Tibet en accord avec les *ambans*. Le dalaï-lama nommerait les gouverneurs provinciaux sur avis du conseil et des *ambans*, et désignerait seul les dignitaires religieux. L'armée serait dirigée par deux généraux, l'un pour le Ü, l'autre pour le Tsang, nommés par le conseil mais confirmés par l'empereur. Le service des corvées et celui des postes furent réorganisés hors des autorités tibétaines : c'était essentiel pour Pékin. En fait, l'empereur rendait en partie au dalaï-lama ce qui lui avait été enlevé lors de son exil de Gartar. Il entendait peser davantage sur le Tibet, notamment pour éviter tout péril du type dzungar, mais en restant à l'extérieur des nécessités locales du gouvernement.

La fin du siècle fut plus paisible. Le VIIe dalaï-lama mourut en 1757, le huitième (1758-1804) n'exerça jamais véritablement le pouvoir. Après lui et jusqu'à 1876, année de la naissance du XIIIe dalaï-lama, aucun pontife de Lhasa ne vécut assez longtemps pour exercer pleinement ses charges. Et jusqu'à la majorité du XIIIe dalaï-lama, le pouvoir, ou ce qu'il en restait, fut exercé par des régents successifs, sans que l'on puisse savoir si cette suite de minorités fut le fait de la fatalité ou d'interventions criminelles.

Après 1750, le statut du Tibet semblait avoir été arrêté par Qianlong, mais les apparences, pourvu qu'on le voulût bien, étaient sauves : la majesté et le prestige du dalaï-lama ressortaient intacts de plus d'un demi-siècle d'orages. L'empereur apporta pourtant encore des modifications à ce statut, en 1792-1793, et ses successeurs l'auraient peut-être fait également si, gagnés par la faiblesse qui conduisit leur dynastie à sa perte, ils ne s'étaient contentés de nourrir des intrigues et de souffrir des abandons. En 1750, plusieurs points touchant à la question tibétaine semblaient encore incertains.

Qianlong fit en sorte d'en finir avec le péril dzungar qui, en dehors des terribles années 1717-1720, avait été un argument constant dans les affaires sino-tibétaines entre 1680 et 1750. Il fit « nettoyer » systématiquement les territoires des Dzungar en Ili (1756-1757). Organisées progressivement, au fur et à mesure de leur ralliement, selon le système mandchou des bannières, les tribus mongoles « pacifiées » ne demandaient plus au dalaï-lama de désigner leurs khans. Sur ce point aussi Qianlong comblait les vœux de Kangxi.

Cependant, si la poussée russe semblait arrêtée par les traités de Nerchinsk et de Kiakhta (1689 et 1727), deux puissances nouvelles se manifestaient outre-Himalaya, les Gorkha au Népal et les Anglais au Bengale, et obligeaient l'empereur à ne pas relâcher son attention sur le Tibet. Depuis 1768-1769, les Gorkha multipliaient les incidents et les empiétements à la frontière tibétaine. Le gouvernement de Lhasa et les *ambans* traitèrent l'affaire avec la même incompétence. En 1791, les Gorkha envahirent le Tibet jusqu'à Tashilhünpo, qu'ils mirent à sac. L'empereur fut contraint à une campagne coûteuse et décida d'une réforme des institutions au Tibet qui alla dans le sens d'un renforcement du pouvoir des *ambans*.

Mais dans le même temps, se méfiant des clans et des appétits des grandes familles (qu'elles fussent tibétaines ou mongoles), il se prononçait sur un point qui, en principe, aurait dû échapper à sa décision. Il se déclara scandalisé par le fait que les réincarnations des pontifes importants soient toujours trouvées dans les mêmes familles et exprima ses vues dans un long édit (stèle quadrilingue au Yonghe gong de Pékin), le célèbre « Discours sur les lamas » *(Lama shuo)*. Il est fort regrettable que les Tibétains, s'il leur restait le moindre doute sur les intentions du gouvernement impérial à leur égard, n'aient pas lu plus attentivement ce texte.

Au début de 1793, l'empereur décida donc qu'au Tibet les incarnations seraient désormais désignées par tirage au sort en présence du dalaï-lama ou du panchen-lama et des *ambans*. La même chose serait faite à l'égard de la Mongolie, sous la responsabilité du Bureau chargé des affaires des « dépendances » de l'empire (le *Lifan yuan*). Une urne d'or fut à cet effet envoyée à Lhasa et une autre déposée au Yonghe gong de Pékin.

Qianlong par cette décision sortait du rôle que les Tibétains estimaient devoir être le sien. Il est manifeste qu'il ne donnait pas au *chöyön* le sens que lui donnaient les Tibétains. Et on a quelque peine à croire qu'il n'agissait que pour tenter de remédier, imparfaitement, il le reconnaissait d'avance, aux abus commis par les grandes familles à l'égard de la doctrine du Bouddha. Comme il avait détaché les princes mongols du dalaï-lama, sur un plan plus politique, en les dissuadant de lui demander la reconnaissance de leurs khans, en leur faisant faire allégeance au trône, en les réorganisant, et même en construisant pour eux des centres religieux, mais dans son propre domaine, il détachait cette fois les incarnations mongoles de l'orbite de Lhasa. Le Tibet n'avait plus (en principe) de politique extérieure ; en politique intérieure, il gardait une sorte d'autonomie limitée et très surveillée ; et voici que Qianlong entrait vigoureusement dans son administration religieuse.

En 1792-1793 furent donc conçues et promulguées des séries de régulations qu'on peut diviser en quatre groupes : intervention impériale dans la reconnaissance des incarnations et la désignation des autorités religieuses ; renforcement du rôle des *ambans*, qui recevaient un statut d'égalité avec celui du dalaï-lama et du panchen-lama, notamment par l'obligation faite aux deux pontifes de passer par eux pour en référer à l'empereur ; fermeture virtuelle du pays (traitement par les *ambans* de toutes les « affaires étrangères », interdiction faite aux fonctionnaires de correspondre avec l'étranger, inscription des commerçants étrangers sur le registre des *ambans*, etc.) ; réforme administrative (soumission des fonctionnaires aux *ambans*, réorganisation des impôts, etc.). De fait, ces mesures, dont on a dit parfois qu'elles marquaient l'établissement de la souveraineté chinoise sur le Tibet, furent d'un poids beaucoup plus relatif qu'on ne pourrait le penser. Qianlong mourut avant la fin du siècle, et après lui la dynastie s'affaiblit très vite, au point de ne plus exercer dans ses marches que la caricature, souvent encore cruelle, du pouvoir qu'elle y avait imposé. Certes, les mesures qui concernaient la reconnaissance des incarnations frappèrent considérablement l'esprit des Tibétains, et, par la suite, de tous ceux qui se sont intéressés à l'histoire du Tibet. L'opinion générale veut que, si le nom de la plupart des dalaï-lamas et des panchen-lamas et des incarnations importantes du XIXe siècle sortirent effectivement de l'urne d'or, ces noms aient toujours été ceux qui avaient été retenus *au préalable* par les dignitaires religieux tibétains chargés de leur reconnaissance. Cela ne fait qu'accuser l'ambiguïté de la situation : là encore Tibétains et Chinois ne parlaient ni ne parlent le même langage, et la Chine d'aujourd'hui a beau jeu de radicaliser les attitudes du passé et de vouloir nommer des pontifes comme de simples fonctionnaires.

Si l'on considère que les relations entre le Tibet et la Chine furent depuis les Yuan gouvernées par diverses applications du concept bouddhique du *chöyön*, il faut reconnaître, d'une part, que ce concept eut diverses applications et, de l'autre, que s'il fut respecté en un temps par les deux parties, il ne le fut plus qu'unilatéralement à partir du moment où l'empereur intervint dans les affaires religieuses du Tibet. Les premiers souverains Qing montrèrent une attitude relativement réservée à cet égard. Mais si l'empereur reconnaissait au dalaï-lama la vocation de désigner les chefs religieux mongols, il lui ôta petit à petit la possibilité d'en désigner aussi les chefs temporels. Après l'arrivée des troupes impériales à Lhasa, en 1720, on en revint quelque temps à un semblant de séparation entre le pouvoir temporel, délégué à Lazang puis à Pholané, et le pouvoir spirituel du dalaï-lama ; cette apparence se trouva à nouveau modifiée quand l'empereur, en 1751, rendit au dalaï-lama une partie de son rôle antérieur, mais on ne saurait comparer ce geste avec l'offrande globale faite par Gushri Khan, offrande qui, du reste, doit se comprendre aussi en termes religieux. Les empereurs Qing rongèrent lentement les défenses tibétaines. Ils imposèrent progressivement la suprématie du pouvoir temporel sur le domaine spirituel, tentant même, avec Qianlong, de se substituer à l'autorité spirituelle.

---

6. Quelle est l'origine des titres de dalaï-lama et de bainqen-erdini [panchen-lama] ? Quel est le rapport entre leur intronisation et le gouvernement central ?

Le dalaï-lama et le panchen-lama sont « les deux plus hauts dignitaires de la Secte jaune fondée par Tsongkhapa » et « représentent deux branches différentes de cette secte ». En 1578, Altan Khan des Tumed invita Sönam Gyatso à prêcher la Doctrine. Ils échangèrent des titres honorifiques : Altan Khan donna à Sönam Gyatso celui de dalaï-lama. « À cette époque, ce titre honorifique que les personnages représentatifs mongols et tibétains s'accordaient l'un à l'autre n'avait aucun sens politique ou légal. » En 1653, le Ve dalaï-lama invité à Pékin par l'empereur Shunzhi reçut de lui le titre de « dalaï-lama, wachilatanla, *bouddha insouciant qui domine le monde de l'ouest », ainsi qu'un sceau. « C'est ainsi que fut institué officiellement le titre de "dalaï-lama" ayant force de loi et un sens politique. » En 1751, le gouvernement central des Qing mandata le VIIe dalaï-lama pour l'administration des affaires locales : titre et pouvoir du dalaï-lama lui ont été conférés par la cour impériale. Le titre de panchen date de 1655, et fut donné par Gushri Khan ; en 1713, Kangxi donna par édit à Losang Yéshi* [Lozang Yéshé] *le titre de panchen-erdeni. « Ces deux branches du bouddhisme », celle du dalaï-lama et celle du panchen-lama reconnaissent le système des réincarnations. Le choix de l'incarnation du Ve dalaï-lama et de celle du Ve panchen-lama ont eu lieu sous la surveillance du gouvernement central. En 1792, Qianlong décida que les successeurs du dalaï-lama et du panchen-lama seraient choisis par tirage au sort. C'était au commissaire des Qing d'organiser la cérémonie de l'intronisation de l'enfant. « Depuis plus de cent ans, cette forme de consécration du dalaï-lama ou du panchen-lama par le gouvernement central a été érigée en règle. Il en a été de même pour la consécration de l'actuel XIVe dalaï-lama ». On en conclut que les rapports du dalaï-lama et du panchen-lama « sont entièrement des rapports politiques de subordination ».*

Anne CHAYET : Les auteurs de *Cent questions* tentent ici de démontrer que le dalaï-lama et le panchen-lama tenaient leur pouvoir et leur autorité de la Chine et de justifier l'opposition que le gouvernement chinois s'est efforcé de créer entre eux depuis le XVIIIe siècle.

L'expression « Secte jaune » utilisée par les auteurs pour désigner l'école gélugpa (*i. e.* « des vertueux »), école réformée du bouddhisme tibétain, fondée par Tsongkhapa (1357-1419), correspond à l'habitude généralisée en Chine sous les Qing de distinguer cette école par la couleur (jaune) de la coiffure de ses membres, de la couleur (rouge) attribuée globalement par une même facilité, largement acceptée par l'Occident, à la coiffure des écoles non réformées du bouddhisme tibétain. Politiquement, les empereurs Qing ne voulurent connaître que les Gélugpa. Cependant, le terme « secte » utilisé par les auteurs a désormais souvent en français une connotation négative, absente du terme original chinois ainsi traduit *(jiao)*. Si l'on peut passer à la rigueur sur ce qui est peut-être une inadvertance, on ne peut pas admettre la phrase initiale de la question 6, selon laquelle le dalaï-lama et le panchen-lama « représentent deux branches différentes de cette secte ». Les Gélugpa n'ont jamais connu de subdivisions, même si leurs monastères avaient des spécificités d'enseignement ou de tradition. Dans la hiérarchie de leurs pontifes, le dalaï-lama vient en premier, il est investi de l'autorité spirituelle et temporelle. Le panchen-lama, qui n'a pas d'autorité temporelle au plan général, mais dont la stature spirituelle est très importante, vient en second. Les auteurs répètent plus loin leur affirmation, « ces deux branches du bouddhisme, celles du Dalaï et du bainqen-lama », ce qui exclut l'erreur et n'ajoute pas à leur crédibilité.

Le titre de dalaï-lama remonte en effet à l'époque marquée, en Chine, par le règne de la dynastie Ming (1368-1644), mais il ne doit rien aux Ming. L'école des Gélugpa s'est développée régulièrement aux XVe et XVIe siècles, soutenue par sa réputation de rigueur religieuse. Son influence devint alors considérable. Les Mongols orientaux connurent à la fin du XVe siècle une expansion qui les poussa, notamment, en direction du lac Kokonor et au contact des Tibétains. De ces contacts naquit parmi eux un renouveau d'intérêt pour le bouddhisme, dont l'influence avait beaucoup décliné chez eux depuis la chute des Yuan. En 1578, Sönam Gyatso (1543-1588), abbé du monastère de Drépung proche de Lhasa, se rendit à l'invitation d'Altan Khan (1502-1582), chef des Mongols Tumed. Il s'agissait de marquer de façon solennelle la conversion au bouddhisme des Mongols, ou du moins de leurs princes, et leur attachement à l'école gélugpa, mais il y avait sans doute derrière ces démarches une arrière-pensée politique, celle de s'assurer des alliés dans une situation incertaine au Tibet.

Lors de la cérémonie, Sönam Gyatso, deuxième incarnation de Gedün Drub (1391-1475), qui avait été l'un des disciples de Tsongkhapa, reçut d'Altan Khan le titre de dalaï-lama (le mot *dalaï* traduit le tibétain *gyatso*, « océan ») et conféra au khan mongol celui de « roi de la Doctrine » *(chögyel)*. Le titre de dalaï-lama fut rétrospectivement attribué aux deux incarnations antérieures de Sönam Gyatso, qui furent désormais considérées comme le premier et le deuxième dalaï-lamas, Sönam Gyatso étant le troisième.

La relation établie entre le pontife gélugpa et le souverain mongol est décrite en tibétain par le terme *chöyön*, qui traite du délicat problème des rapports entre l'autorité spirituelle et le pouvoir temporel dans le bouddhisme tibétain et associe des sources indiennes et bouddhiques à des usages de l'Asie centrale et du Tibet. L'objet de cette relation, personnelle et réciproque, est l'enseignement et la protection de la doctrine du Bouddha et le progrès de sa diffusion. Elle a connu des mises en œuvre très diverses, tant dans les circonstances que dans le statut des personnages impliqués. Il en résulte une certaine ambiguïté, surtout si l'on cherche à se référer aux concepts occidentaux de souveraineté *(voir question 5)*. Pourtant les auteurs de *Cent questions* assurent que les titres échangés étaient sans valeur politique ni légale... De leur point de vue, le titre de dalaï-lama ne trouva de valeur que lorsqu'il fut confirmé par un édit impérial, lors de la visite du Ve dalaï-lama à Pékin, et ils ne parlent pas alors de titres échangés, mais seulement d'un titre octroyé par l'empereur. Il s'agit donc d'une autre notion. Notons au passage que la traduction de ce titre est mutilée et déformée, et que l'étrange mention « Bouddha insouciant » prétend rendre le chinois *zizai fo*, où *fo* signifie Bouddha, mais *zizai* signifie, au sens spirituel et bouddhique, « souverain » ou « indépendant ».

Dire que le dalaï-lama fut « mandaté » en 1751 pour la gestion des affaires locales, est une façon caricaturale d'expliquer les faits qui ont déjà été examinés dans la question précédente : l'empereur s'étant effectivement emparé de l'essentiel du pouvoir temporel au Tibet et s'y maintenant par la présence de sa garnison, préférait y laisser l'administration locale aux soins de ceux qui étaient habitués à cette tâche.

Le titre de panchen-lama fut donné à Lozang Chöki Gyeltsen (1570-1662), qui rechercha et découvrit le Ve dalaï-lama et plus tard lui conféra l'ordination. Il était à la fois un grand savant et un négociateur habile. Il était la troisième réincarnation d'un disciple de Tsongkhapa et fut élu au siège abbatial de Tashilhünpo. Les abbés de ce monastère avaient développé une tradition d'érudition et de sagesse qui valut à la plupart d'entre eux le titre de *panchen* (forme tibétaine du terme *mahâ-pandita* indien, « grand lettré »). Lorsque le Ve dalaï-lama donna à son maître Lozang Chöki Gyeltsen le monastère de Tashilhünpo, la lignée d'incarnation de celui-ci succéda aux abbés élus. Un lien personnel et religieux très particulier fut ainsi stigmatisé entre le Ve dalaï-lama et le Ier panchen-lama. La tradition chinoise, par référence à ses trois prédécesseurs dans sa lignée d'incarnation le désigne comme quatrième et non premier panchen-lama [1]. En 1713, certes, Kangxi donna à ce dernier le titre

1. La tradition chinoise suit en cela celle de l'entourage des panchen-lamas ; cf. Shakabpa, 1967, p. 307. A. Chayet adopte, dans son texte, l'usage du gouvernement tibétain *(les éditeurs)*.

de panchen-erdeni. Yongzheng alla beaucoup plus loin en 1728 en lui donnant le pouvoir temporel sur les territoires à l'ouest du Tsang, ce qui levait un pouvoir local contre celui du dalaï-lama et lui permettait d'affirmer sa mainmise sur le Tibet, sans craindre de réaction du dalaï-lama encore très jeune et isolé par la guerre civile, ni du panchen-lama déjà âgé et peu soucieux sans doute d'ouvrir de nouvelles contestations. La manœuvre ne sembla pas porter à conséquence chez les pontifes eux-mêmes, mais elle développa dans leur entourage, ou renouvela dans certains cas au Tsang, une attitude distante, voire une attitude de revendication à l'égard de Lhasa, dont il faut peut-être trouver un écho dans l'exil où le panchen-lama choisit de se réfugier entre 1923 et sa mort (1937).

L'affirmation selon laquelle le choix de l'incarnation du Ve dalaï-lama et celle du IIe panchen-lama (Lozang Yéshé, 1663-1737) eut lieu sous la surveillance de Pékin semble dépourvue de fondement. L'incarnation du Ve dalaï-lama fut découverte alors que la mort du pontife n'avait pas encore été annoncée à l'empereur et ne fut jamais reconnue par les Chinois. Quant au VIIe dalaï-lama, il ne fut reconnu qu'en 1719 par l'empereur, qui avait d'abord fait porter son choix sur le pantin de Lazang. Et on voit mal comment les autorités impériales auraient surveillé en 1663, à l'apogée de la puissance du Ve dalaï-lama, la recherche et la reconnaissance du IIe panchen-lama. Les propos de Qianlong en 1792, dans sa philippique contre les lamas, n'étaient pas des remontrances discrètes présentées par un disciple laïc à un maître religieux. C'étaient les ordres d'un maître. Ses prédécesseurs avaient invité ces lamas, leur avaient donné une reconnaissance qu'ils ne demandaient pas toujours, avaient répondu à leurs demandes, presque toujours dans les termes d'un empereur à un tributaire. L'empereur de Chine ne pouvait avoir d'autre langage. Mais l'équivoque avait duré : l'empereur, protecteur de la sainte Doctrine, participait lui-même de cette Doctrine, il était un *bodhisattva*... Mieux, Qianlong avait reçu des initiations, il avait construit une cité de temples bouddhiques autour de son propre palais, comme un *mandala* dont il occupait le centre, il y avait attiré les princes mongols. Désormais, il disposait des maîtres religieux comme de son administration, et dans un but fort moral, puisque c'était pour remédier à leurs abus. Il créa donc l'épreuve du tirage au sort pour la désignation des incarnations.

Pour la Mongolie et une partie de l'Amdo, ce tirage au sort se ferait au temple Yonghe gong de Pékin, sous la responsabilité du Bureau des affaires mongoles et tibétaines ; pour le Tibet, le tirage se ferait en présence du dalaï-lama et/ou du panchen-lama et des *ambans*. Pourtant, lorsque le VIIIe dalaï-lama mourut, en 1804, son successeur fut découvert et reconnu sans le secours de l'urne d'or impériale. Un édit de Jiaqing fut affiché au Jokhang de Lhasa, pour rappeler les Tibétains à l'ordre. On utilisa donc l'urne, mais jamais son verdict, dit-on, ne contraria le choix des religieux. Les Qing n'avaient plus la force de ce type de contrainte. D'ailleurs, lors de la recherche et de la découverte du XIIIe dalaï-lama (1876-1933), on ne se servit pas de l'urne d'or.

---

7. Quels sont les documents historiques capables de prouver que le Tibet fait partie de la Chine ?

De nombreux documents en chinois, et tibétains. Parmi les ouvrages tibétains mentionnés : Le Festin des Sages (Khépé gatön), *1564 ;* Chroniques royales du Tibet (Bökyi gyelrab)*, ouvrage du Ve dalaï-lama ;* Généalogie des Sakyapa (Sakya dungrab)*, 1629 ; les* Annales Bleues (Debther ngönpo)*, les* Œuvres complètes *des cinq grands maîtres de Sakya, etc. Les* Annales des Ming *sont mentionnées comme source chinoise. À cela s'ajoutent le texte de la réforme de 1792 et des documents d'archives non précisés concernant la période Qing. Pour la période 1912-1949, durant laquelle « le Tibet devint une province chinoise », est mentionné un film montrant la cérémonie d'intronisation du XIVe dalaï-lama.*

Anne CHAYET : Les sources tibétaines mentionnées sont effectivement quelques-unes, mais quelques-unes seulement, des plus fréquemment citées en matière d'historiographie tibétaine ; elles présentent toutefois un certain nombre de différences de définition, de fonction et de volume. Les *Annales bleues* (*Debther ngönpo*, 1476-1478) et le *Festin des Sages* (*Khépé gatön*, 1545-1564) appartiennent au genre des histoires du bouddhisme ou « origines de la

Doctrine » *(chöjung)*, qui relatent les origines du Bouddha et du bouddhisme en Inde, son développement, ses écoles, la transmission de ses écrits et sa diffusion au Tibet. Le sujet des relations sino-tibétaines n'est donc pas très présent dans ce type d'ouvrage, même si un chapitre y est en général consacré à la diffusion du bouddhisme en Chine et chez les Mongols. *Le Festin des Sages* (plus de 1500 pages d'un texte serré dans l'édition moderne) est un ouvrage de grande qualité, qui s'appuie sur des archives et des sources relativement précises : c'est l'un des plus « modernes » des ouvrages de ce type. L'histoire du bouddhisme en Inde, au Tibet, en Chine et en Mongolie, par Sumpakhenpo Yéshé Peljor, plus tardive (1748), appartient au même genre. Les auteurs mentionnent également la *Chronique* du Ve dalaï-lama, qui appartient au genre des « chroniques royales » *(gyelrab)*, et est une relation de l'histoire du Tibet axée sur la succession de ses chefs laïcs et religieux. Au type des chroniques, ancien et varié, appartient également la *Chronique de la lignée de Sakya* (*Sakya dungrab*, XVIIe s.), qui relate l'histoire de l'école des Sakyapa, depuis les ancêtres mythiques de la famille fondatrice, et où les rapports privilégiés entre les princes mongols puis les Yuan et les Sakyapa sont évidemment évoqués. Les *Nouvelles Annales rouges* (*Debther marpo sarma*, 1538), qui appartiennent au même type, sont intéressantes surtout pour leurs notes sur les dynasties provinciales tibétaines, mais comprennent aussi un chapitre sur l'histoire de la Chine et de la Mongolie et sur leurs relations avec le Tibet. La compilation historique de Peljor Zangpo (*Gyabö yigtsang chenmo*, 1434) concerne essentiellement le Tibet et la Chine, mais on peut dire qu'elle est plus culturelle qu'historique. Dans l'*Œuvre complète* des cinq premiers grands maîtres de Sakya (*Sakya kabum*), on trouve, dans un ensemble de textes philosophiques et religieux, quelques courtes chroniques historiques, et plusieurs lettres en forme d'enseignement adressées par ces maîtres à des princes mongols.

Ce choix semble avoir été fait un peu au hasard et n'est pas précis. Il est certain qu'il se trouve dans tous ces ouvrages, quoique parfois en infime proportion, des références aux liens noués entre les hiérarques tibétains et les princes mongols ou aux relations avec la Chine des Ming ou des Qing. Mais elles sont en général exprimées dans un but d'édification religieuse, et doivent être soumises à une critique historique rigoureuse. Par ailleurs, on ne peut dire qu'elles aillent dans le sens des conclusions présentées par les auteurs de *Cent questions*, puisqu'elles tiennent compte d'abord, sinon exclusivement, de la dimension spirituelle des événements.

Curieusement, il n'est pratiquement pas fait mention de sources chinoises, en dehors des *Annales dynastiques des Ming* et de pièces d'archives non décrites. Les *Annales des Yuan* n'apportent sans doute pas beaucoup d'arguments au point de vue des auteurs *(voir plus haut l'époque des Yuan)*, mais les sections qui concernent le Tibet dans les *Annales des Qing* montrent bien par comparaison la distance qu'il y avait entre les points de vue chinois et tibétain. Il est très regrettable de ne pas préciser davantage la nature des documents d'archives, dont la lecture peut être fort instructive, pour peu que l'on veuille bien en replacer le vocabulaire dans le contexte historique et protocolaire et faire quelques vérifications minimales concernant les faits. Il est certain qu'une large ouverture des archives permettrait une meilleure analyse de bien des points d'histoire.

Le dernier paragraphe de cette section traite de façon inintelligible de l'époque de la République (1912-1949). Il est dit que « le Tibet *devint* une province chinoise », alors qu'il semblait au lecteur que les auteurs affirmaient que cela avait été le cas depuis les Yuan. En outre, pendant les années 1912-1949, il n'y eut pas de représentant de la Chine à Lhasa, et le pays fut géré jusqu'à sa mort, en 1933, par le dalaï-lama, qui avait déclaré son indépendance à l'égard de la Chine, puis par des régents dont la politique fut plus indécise mais se maintint dans le même sens. Il y eut effectivement des représentants de la Chine à l'intronisation du XIVe dalaï-lama, en particulier Wu Zhongxin, président du Bureau des affaires mongoles et tibétaines, qui fut certainement bien reçu mais ne présida nullement la cérémonie, même si divers télégrammes, rédigés dans le meilleur ton de la chancellerie des Qing, semblent en attester.

---

8. C'est au début de ce siècle que s'est posé le problème de l'indépendance du Tibet. Pourquoi ?

Le problème de la dénomination « Tibet », qui pour les Chinois désigne « la Région [autonome] *du Tibet » et, pour les étrangers, peut désigner « l'ensemble du plateau Qinghai-Tibet ou de plus vastes étendues de territoire », est énoncé en introduction. Sans autre commentaire, les auteurs reprennent la relation des événements qui marquèrent la fin de la dynastie Qing, laquelle, « à partir du* XVIIe *siècle, commença à exercer sa domination sur le Tibet ». La dynastie, affaiblie et corrompue, ne sut ni résister aux attaques étrangères (les deux guerres de l'opium en 1840 et 1860), ni protéger le Tibet contre l'invasion anglaise (1904). C'est pourquoi le XIIIe dalaï-lama s'enfuit et « se réfugia plus avant en territoire chinois ». Le gouvernement central lui retira son titre de dalaï-lama et le lui rendit deux ans plus tard, en même temps qu'il « confirmait » le traité signé entre les troupes anglaises et le gouvernement de Lhasa. À son retour à Lhasa, le XIIIe dalaï-lama entra en conflit avec le « ministre accrédité au Tibet »* [l'*amban*] *Lian Yu et son assistant militaire Zhong Ying, au point qu'il s'exila en Inde, en février 1910.*

Certains étrangers ignorants de la vérité pensent que cet exil « fut provoqué par l'avance des troupes de Zhao Erfeng ». Celui-ci, « envoyé militaire des Qing au Sichuan », ne dépassa pas Qamdo [Chamdo, dans le Kham] *et ses troupes n'allèrent que brièvement au-delà, sans atteindre Lhasa. En fait, c'est l'arrivée de Zhong Ying, apparenté à la famille impériale, avec une troupe indisciplinée de 1000 hommes, qui « jeta la panique chez le dalaï-lama et ses disciples… » Les relations avec les Qing continuèrent à se détériorer.*

Lorsque la nouvelle de la révolution chinoise parvint à Lhasa, en octobre 1911, les militaires chinois stationnés dans la ville se déchirèrent, partagés en deux factions, et certains quittèrent la ville. Le dalaï-lama saisit cette occasion pour donner l'ordre de renvoyer en Chine, via *l'Inde, Lian Yu, Zhong Ying et leurs soldats. La situation troublée en Chine, dont la jeune république était gouvernée par « l'ambitieux Yuan Shikai », ne permit pas alors la normalisation des relations entre la Chine et le Tibet.*

Le renvoi des fonctionnaires Qing du Tibet est de même nature que celui qui s'est produit ailleurs, lorsque « le peuple multinational de Chine renversa la dynastie des Qing ». On l'a parfois qualifié de « chasse aux Han », ou d'« indépendance du Tibet », ce qui est faux dans les deux cas. De même, quand on parle de proclamation d'indé-

pendance du Tibet, « toutes les provinces proclamèrent l'une après l'autre leur « indépendance » au début de la révolution », ce qui signifie qu'elles rejetèrent le gouvernement des Qing ; c'est déjà l'explication donnée par Sun Yat-sen dans son Manifeste de la République des cinq nationalités han, mandchoue, mongole, hui et tibétaine *(janvier 1912).*

*D'ailleurs le XIII*e *dalaï-lama n'a jamais réclamé à la Chine l'indépendance de son pays ; il a même démenti l'existence d'un traité tibéto-mongol en 1913, dans lequel les deux pays auraient affirmé leur séparation d'avec la Chine, et leur indépendance. En fait, jusque-là, le Tibet était un problème intérieur à la Chine. Mais, en 1912, le gouvernement britannique refusa le passage par l'Inde des fonctionnaires et militaires chinois expulsés du Tibet et obligea Yuan Shikai à participer à la conférence de Simla (1913-1914). « L'échec de la conférence fit obstacle à la normalisation des relations politiques entre le Tibet et le reste de la Chine. » Cependant, en 1919, le XIII*e *dalaï-lama reçut une délégation du « mouvement patriotique et anti-impérialiste du 4 mai » et lui « déclara qu'il n'avait pas l'intention de devenir un probritannique et de se détacher de l'administration centrale ».*

Sans transition, on passe à l'Accord en dix-sept points, signé le 23 mai 1951 entre « le gouvernement central de la République populaire de Chine et le gouvernement local du Tibet », accepté par le XIVe *dalaï-lama dans un message à Mao Zedong, en octobre de la même année. Il acceptait la « libération pacifique du Tibet » et l'entrée de l'Armée populaire de libération pour chasser les forces impérialistes et protéger le territoire.*

Cette réponse conclut : « De nos jours il y a encore des gens qui cherchent par tous les moyens à donner à croire qu'il existe vraiment un problème d'indépendance du Tibet. Mais quel gouvernement au monde a-t-il reconnu l'indépendance du Tibet ? »

TSÉRING SHAKYA et Anne-Marie BLONDEAU : Les auteurs de *Cent questions* répondent de manière inhabituellement longue à cette question. Il est vrai que la période qui couvre la fin du XIXe et le début du XXe siècle est caractérisée en Asie en général, en Chine en particulier, par de profonds bouleversements et une grande complexité. Les bouleversements sont ceux qu'apportent l'intrusion parfois brutale et les rivalités des impérialismes occidentaux et russe ; mais aussi, pour la Chine, une révolution qui la fait passer en 1911 d'un empire plusieurs fois millénaire à la République. La complexité est due, à la fois, aux multiples intrigues et manœuvres entre les différents acteurs et à la nature ambiguë des documents dont on dispose : pièces de chancellerie, histoire officielle biaisée d'un côté ou de l'autre, correspondances, etc., prennent une coloration différente selon la nationalité de celui qui les rédige. C'est ainsi que l'exposé des faits historiques dans *Cent questions* est en général exact, mais que leur interprétation est souvent tendancieuse. Par ailleurs, la réponse chinoise n'envisage les événements du Tibet qu'à partir de la fameuse expédition du colonel Younghusband à Lhasa, en 1904, sans en expliquer les causes. Le rôle joué par les Britanniques a véritablement déterminé le sort du Tibet – on le verra mieux avec les questions suivantes – et, pour le comprendre, il nous a semblé utile d'examiner la « question tibétaine » en remontant plus haut dans l'histoire. En revanche, la fin de la réponse chinoise ne sera pas commentée ici, puisque l'Accord en dix-sept points de 1951 et l'attitude du dalaï-lama envers cet accord font l'objet des questions 14 et 15. De même, on ne parlera pas ici du traité anglo-tibétain de 1904 ni de la Conférence de Simla, en 1914, qui sont repris plus en détail dans la réponse chinoise à la question 10.

La relation traditionnelle entre la Chine et le Tibet est caractérisée en tibétain par l'expression à connotation religieuse et politique « maître religieux-protecteur laïc » *(chöyön)*, comme l'ont déjà souligné les auteurs précédents. C'était une relation unique qui établissait en quoi l'empereur fournissait un support matériel et politique au régime du dalaï-lama. Le dalaï-lama, de son côté, était accepté comme mentor spirituel par les empereurs chinois. La Chine était considérée comme un allié politique pour le régime essentiellement non coercitif qui existait au Tibet. Ce régime, surtout après l'ascension au pouvoir des Gélugpa, était préoccupé par la capacité de l'État à résister aux agressions extérieures, et à juguler vigoureusement toute possibilité d'un soulèvement interne concerté ; si bien que les Tibétains cherchaient à désarmer tout agresseur potentiel et à neutraliser les menaces possibles, en s'alliant avec le pouvoir dominant, c'est-à-dire la Chine.

Cependant, à la fin du XIXe siècle, les rapports politico-religieux traditionnels se trouvèrent, pour des raisons multiples, soumis à de graves tensions. L'expansion du pouvoir colonial britannique dans les contreforts himalayens changea les équilibres traditionnels dans la région. L'arrivée des intérêts britanniques au Tibet et en Asie centrale commença à altérer le commerce existant et les systèmes politiques qui caractérisaient les relations de la Chine avec les États voisins.

Les Britanniques cherchaient à étendre leur commerce à travers l'Himalaya, l'Asie centrale, et jusqu'en Chine ; ils voulaient régulariser leurs droits commerciaux et leurs relations avec le Tibet au moyen de traités et d'accords commerciaux. Mais le gouvernement tibétain était réticent à accepter l'entrée de marchands britanniques. Les débuts de cette période furent particulièrement frustrants pour les Britanniques, car les Tibétains ignorèrent purement et simplement leurs tentatives répétées pour établir des relations diplomatiques. Les Britanniques signèrent en 1876 un accord avec la Chine, connu comme la Convention de Chefoo, qui leur ouvrait cinq nouveaux ports en Chine. Bien que cet accord n'ait pas concerné directement le Tibet, un article séparé spécifiait que la Chine accorderait aux marchands britanniques le droit d'entrer dans ce pays en leur fournissant des passeports (Deshayes, 1997, p. 219). Pour la première fois, une puissance occidentale reconnaissait l'autorité de la Chine au Tibet.

Les Britanniques, utilisant l'accord conclu, demandèrent le droit de faire du commerce au Tibet. Mais le gouvernement de Lhasa persista dans son refus à leur accorder l'autorisation de pénétrer sur son territoire : du fait de leur isolement, les Tibétains ne pouvaient pas comprendre l'enjeu que leur pays représentait, et ils se considéraient maîtres de leur pays ; en conséquence, ils tinrent pour non valide l'accord de Chefoo, puisqu'il avait été signé sans eux. Ils restèrent sur cette position par la suite, pour toutes les conventions signées sans leur participation. Aux environs de 1890, ils manifestèrent une détermination encore plus grande, en fortifiant et en renforçant les mesures de défense le long de leur frontière avec le Sikkim (sous protectorat britannique). En 1890, un traité anglo-chinois fut signé à Calcutta, qui visait à délimiter la frontière entre le Tibet et le Sikkim ; et trois ans plus tard, le Tibet Trade Regulation (accord de réglementation du commerce au Tibet) fut signé entre les mêmes partenaires. Les clauses de cet accord autorisaient les Britanniques à établir un agent commercial à Yatung (dans la vallée de Chumbi, Tibet méridional) et à exporter du thé indien au Tibet, tandis que certaines marchandises étaient exemptées de taxes.

Bien que ces traités aient d'abord concerné le commerce, la conséquence légale en fut que les accords reconnaissaient l'autorité de la Chine au Tibet et le droit de la Chine à conduire les relations extérieures du Tibet. Les problèmes naquirent du fait que les autorités chinoises à Pékin, et les *ambans* à Lhasa, n'avaient pas le pouvoir d'imposer ces accords aux Tibétains. La délimitation frontalière entre le Tibet et le Sikkim resta lettre morte, et les Tibétains, déniant la validité de la régulation du commerce, la rejetèrent : ils maintinrent donc leur interdiction du commerce britannique au Tibet.

Il était clair que, en dépit des prétentions de la Chine, celle-ci était en réalité impuissante à imposer une autorité quelconque au Tibet ; et les Tibétains continuèrent à dédaigner tout accord conclu sur leur pays entre la Chine et la Grande-Bretagne. Aussi, en 1899, les Britanniques, sous la conduite de lord Curzon, vice-roi des Indes, changèrent-ils leur politique et essayèrent-ils d'établir des relations directes avec le gouvernement tibétain à Lhasa ; mais ce dernier ignora les approches britanniques et resta dans son isolement.

Les choses empirèrent au début du XXe siècle. Les Britanniques redoutaient une pénétration russe au Tibet et l'influence russe grandissante aux frontières de leur empire. En 1904, ils envahirent le Tibet et le XIIIe dalaï-lama s'enfuit en Mongolie et plus tard en Chine, ce qui plaçait, cette fois, les Tibétains sous le contrôle de la Chine. En septembre 1904, une convention anglo-tibétaine fut signée à Lhasa, dont les termes – imposés par le chef de l'expédition britannique, le colonel Younghusband – autorisaient l'installation d'un résident britannique à Lhasa et prévoyaient le paiement d'une indemnité par les Tibétains.

Un autre changement important fut la modification de la perception que la Chine avait de sa position au Tibet. Les Chinois commencèrent à considérer qu'elle était celle d'un « souverain », en accord avec l'usage politico-légal occidental. Mais le gouvernement chinois était préoccupé par son absence d'autorité au Tibet et son incapacité à y imposer un pouvoir quelconque ; aussi nomma-t-il comme commandant de l'armée au Tibet Zhao Erfeng, un seigneur de la guerre, gouverneur de Xining (nommé gouverneur général du Sichuan en janvier 1911, peu de temps avant d'être assassiné), avec comme instructions d'ancrer fermement le Tibet à l'intérieur des structures administratives chinoises. En 1908, Zhao Erfeng entreprit une invasion militaire du Tibet oriental (Jagou, 2000, pp. 11-12). En 1909, le XIIIe dalaï-lama retourna à Lhasa et essaya de dissuader les autorités chinoises d'envoyer une force militaire au Tibet central ; mais les Chinois ignorèrent l'appel du pontife et une armée chinoise occupa Lhasa en février 1910 – c'est ce que *Cent questions* considère comme l'escorte militaire de l'*amban*. Il est vrai que Zhao Erfeng n'atteignit pas Lhasa, mais la rumeur courait qu'il approchait, et le récit de ses exactions sanguinaires au Tibet oriental remplissait la population de terreur ; et la troupe qui sema le trouble à Lhasa était bien un détachement de l'armée du Sichuan, selon la proclamation chinoise de destitution du dalaï-lama, placardée à Lhasa après que le pontife se fut à nouveau enfui, cette fois en Inde où il resta pendant trois ans (Goldstein, 1989, pp. 52-53).

Après la révolution de 1911, l'autorité chinoise au Tibet s'effondra et le dalaï-lama revint à Lhasa après en avoir fait chasser les troupes chinoises, fortes d'environ 3000 hommes. De son exil, il avait adressé un mémorandum très ferme au chef du Département des affaires mongoles et tibétaines, à Pékin, pour transmission à l'empereur. Cela coïncida avec la révolution en Chine et ce fut Yuan Shikai, le président provisoire de la nouvelle république, qui y répondit par un télégramme publié le 28 octobre 1912 dans la *Government Gazette* de Chine, comme si le mémorandum lui avait été adressé. Dans sa réponse, il restaurait le dalaï-lama dans son titre et sa fonction. Contrairement à ce qu'affirme *Cent questions*, le dalaï-lama réagit immédiatement et répondit qu'il n'avait pas demandé de rang au gouvernement chinois, puisqu'il entendait « exercer le pouvoir politique et religieux au Tibet » (Smith, 1996, p. 182, citant Charles Bell). Considérant son pays comme souverain, il n'avait pas à « demander » son indépendance à la Chine nationaliste. Dès son retour à Lhasa, en 1913, il avait rédigé une longue proclamation qu'il fit afficher dans tous les districts du Tibet. Il y rappelait l'historique des liens de maître religieux-protecteur laïc qui avaient régi les relations sino-tibétaines depuis les Yuan, et ses protestations auprès de l'empereur mandchou qui n'avait pas respecté la nature de ces liens et avait voulu y substituer ceux d'une subordination. Il avait maintenant repris le contrôle du pouvoir, et les troupes tibétaines étaient en train de chasser le reste de l'armée chinoise du Tibet oriental. Il ajoutait : « Maintenant, l'intention chinoise de coloniser le Tibet sous couvert de la relation maître religieux-protecteur laïc a disparu comme un arc-en-ciel dans le ciel. » Et, plus loin : « Nous sommes une nation petite, religieuse et indépendante [...] nous devons défendre notre pays. Quand on considère les invasions par des étrangers dans le passé, notre peuple peut avoir à faire face à certaines difficultés [...]. Pour sauvegarder et maintenir l'indépendance de notre pays, chacun doit avoir à cœur de travailler dur [...] » (Goldstein, 1989, pp. 60-61).

Pour les Tibétains, le dalaï-lama avait ainsi coupé tous les liens avec la Chine et proclamé l'indépendance du Tibet. Malheureusement, l'ignorance où ils étaient des règles politico-diplomatiques internationales les empêcha de faire reconnaître immédiatement cette indépendance – contrairement à la Mongolie – en envoyant des messages aux grandes puissances, ou en établissant des missions diplomatiques auprès d'elles.

Après 1911, les Tibétains voulurent conformer le statut du Tibet au contexte d'un système politique moderne et établir des relations étrangères directes *(voir aussi la question 10)*. La question du traité tibéto-mongol qu'aurait ou non signé le XIIIe dalaï-lama, en 1913 également, est plus obscure. Ce traité d'assistance mutuelle, qui comporte essentiellement une reconnaissance réciproque de l'indépendance des deux pays, a bien été signé, officiellement sans l'aval explicite du dalaï-lama qui semble, effectivement, l'avoir partiellement désavoué, mais sans doute pour apaiser les craintes britanniques envers une possible ingérence russe au Tibet (Smith, 1996, pp. 185-186).

Tous ces événements montrent l'arrière-plan de la déclaration d'indépendance tibétaine. Le point essentiel est que l'arrivée de la domination britannique en Inde et l'intérêt croissant des Britanniques envers le Tibet changèrent l'équilibre politico-religieux traditionnel qui déterminait les relations de la Chine et du Tibet. Ensuite, entre 1913 et 1950, le Tibet jouit de l'indépendance, avec un pouvoir absolu sur ses affaires intérieures et extérieures. C'est ce qu'a reconnu la Commission internationale des juristes (organisation non gouvernementale qui a un statut consultatif auprès de l'ONU), en 1959 et 1960, dont les conclusions étaient nettes :

> Le Tibet était, au moment de la signature de l'Accord en dix-sept points en 1951, un État indépendant *de facto*, et la résiliation de cet accord par le gouvernement tibétain en 1959 était pleinement justifiée [...]. Le Tibet a démontré de 1913 à 1950 [qu'il présentait] les conditions d'un État, telles qu'elles sont généralement acceptées par la loi internationale (*Le Tibet et la République populaire de Chine*, 1960 ; Shakabpa, 1967, p. 323 ; Deshayes, 1997, p. 342).

Naïvement, on aurait pu penser que cette expertise était suffisante pour reconnaître que la Chine communiste avait agressé, envahi et occupé un État indépendant. C'était compter sans les intérêts économiques et politiques des grandes puissances, qui, jusqu'à ce jour, ont refusé de reconnaître l'indépendance du Tibet.

---

9. Certains disent que la Chine n'a que des droits de suzeraineté sur le Tibet. Cette affirmation est-elle correcte ?

Les Britanniques commencèrent par définir ainsi dans leurs documents internes (lord Curzon, 1904) les liens entre la Chine et le Tibet. La Convention de Saint-Pétersbourg entre la Grande-Bretagne et la Russie (31 août 1907) est le premier document international qui utilise l'expression. Cet accord, destiné à délimiter les zones d'influence des deux pays en Asie centrale, comportait trois parties, consacrées respectivement à la Perse, à l'Afghanistan et au Tibet. Le préambule de la partie concernant le Tibet déclare : « Les gouvernements de Grande-Bretagne et de Russie reconnaissent les droits de suzeraineté de la Chine sur le Tibet. » La deuxième clause affirme à nouveau ces droits et stipule de passer par la Chine pour toute négociation avec le Tibet. Mais aucun gouvernement chinois n'a reconnu cette convention, ni n'a signé un seul traité qui comportait l'expression « droits de suzeraineté sur le Tibet ».

Il est d'ailleurs difficile de définir le terme « suzeraineté », dont le sens a été modifié à plusieurs reprises [par les Occidentaux], *en fonction des circonstances : lors de la fuite du XIII*e *dalaï-lama en Inde, l'*amban *à Lhasa donna l'ordre de le destituer – son titre lui fut rendu par la République de Chine – et le gouverneur des Indes britanniques refusa d'intervenir au nom de cette suzeraineté ; ultérieurement, on l'a fait dépendre de la souveraineté réellement exercée ; puis on l'a liée à l'autonomie régionale. En réalité, le terme a été utilisé pour « nier la souveraineté de la Chine sur le Tibet ». Cette souveraineté étant un fait, l'autonomie « appartient purement aux affaires intérieures d'un pays souverain dans lesquelles aucun étranger n'a le droit de s'ingérer ».*

TSÉRING SHAKYA : Il est vrai que ce sont les Britanniques qui ont utilisé le terme « suzeraineté » pour décrire l'autorité ou le pouvoir de la Chine au Tibet. Il est vrai aussi que la convention anglo-russe de 1907 est le premier accord international dans lequel le statut de la Chine au Tibet est défini comme « suzerain ». C'était le résultat de la prise de conscience grandissante, chez les Britanniques, que le pouvoir chinois sur le pays n'était que « nominal ».

Le terme de « suzerain » fut d'abord élaboré en Europe au Moyen Âge, pour décrire la relation entre un seigneur féodal et son vassal. Le terme impliquait que le vassal devait offrir une soumission symbolique à son suzerain, lui payer tribut et lui fournir des hommes en temps de guerre. Le suzerain, en retour, lui accordait sa protection militaire et un soutien financier.

Si l'on examine la relation traditionnelle entre le Tibet et la Chine, il est clair que le terme de suzerain n'était pas applicable à la position de la Chine au Tibet. La relation de maître religieux-protecteur laïc (chöyön, *voir la question 8)* n'entraînait pas le Tibet à fournir des soldats à l'empereur chinois en temps de guerre ; et le Tibet ne payait pas davantage de taxes, sous quelque forme que ce soit, au gouvernement chinois. Le seul point de rapprochement avec cette notion de suzeraineté est que le Tibet, traditionnellement, envoyait des missions en Chine considérées comme « tributaires » dans le système impérial chinois.

De toute manière, jamais les Chinois – comme le montre la réponse de *Cent questions* – ni les Tibétains n'ont accepté le terme anglais de suzerain, pour des raisons évidemment différentes. Pour leur part, les Tibétains ont continué à utiliser le terme indigène *chöyön* pour caractériser le type de leur relation avec la Chine.

---

10. En quoi les États-Unis et la Grande-Bretagne étaient-ils impliqués dans la politique du Tibet ?

Ce fut d'abord la Grande-Bretagne qui, dès la fin du XVIIIe *siècle, s'ingéra à plusieurs reprises « dans les affaires intérieures de la Chine ». Cela commença lorsque la compagnie anglaise des Indes orientales envoya des émissaires à Xigaze* [Shigatsé] *pour traiter avec le panchen-lama. Puis la Grande-Bretagne profita de l'affaiblissement de la dynastie Qing pour lui imposer deux traités qui lui ouvraient des comptoirs commerciaux au Tibet : le « traité tibéto-indien issu des négociations entre la Chine et l'Angleterre » en 1890, le « traité complémentaire tibéto-indien… » en 1893. À la suite de l'expédition armée du colonel Younghusband, en 1904, la Grande-Bretagne « obligea le gouvernement des Qing à signer le Traité de Lhasa », qui ouvrait aux Britanniques deux comptoirs commerciaux au Tibet (Gyantsé et Gartok) et imposait au gouvernement des Qing « une lourde indemnité militaire ».*

En 1907, l'Angleterre et la Russie signèrent la convention (voir question 9) *qui reconnaissait à la première ses « intérêts particuliers » au Tibet. Ultérieurement, les Britanniques obligèrent le gouvernement de la République de Chine à participer à la Conférence de Simla (octobre 1913-juillet 1914) qui, par une entente entre les Britanniques et les Tibétains, délimita la frontière selon la fameuse ligne McMahon. « Le gouvernement chinois s'opposa fermement à cette conspiration. »*

Les Britanniques changèrent ensuite de politique : ils recherchèrent « les bonnes grâces de certains membres des couches dirigeantes du Tibet », formèrent « des forces proanglaises dans le but de fomenter l'indépendance du Tibet », créèrent la discorde entre le XIIIe *dalaï-lama et le* IXe *panchen-lama qui dut s'enfuir, et fournirent*

« une grande quantité d'armes et de munitions aux autorités tibétaines afin d'établir l'État du "Grand Tibet" ».

En 1940, « les séparatistes pro-anglais s'opposèrent, à l'instigation de la Grande-Bretagne, au régent patriote, le grand bouddha vivant Reshen [Réting Rinpoché], *et prirent en main le pouvoir local au Tibet ».*

À partir de la Seconde Guerre mondiale, les Américains entrèrent en scène, d'abord avec des missions d'espionnage déguisées en explorations, puis en recevant une délégation tibétaine conduite par Shakabpa (1947 [1948]*), enfin, en poussant le dalaï-lama à s'opposer à l'entrée de l'Armée de libération au Tibet, et en soutenant activement la guérilla tibétaine ; à partir de 1955, « un grand nombre de Tibétains furent envoyés à Taiwan ou à Okinawa* [pour] *y recevoir un entraînement de guérilla ». C'est aussi la CIA qui fomenta la révolte de Lhasa, en 1959, et qui aida à la fuite du dalaï-lama ; après celle-ci, les Américains continuèrent à parachuter aux « séparatistes » restés au Tibet, armes, munitions et matériel.*

Dans les années soixante, sous la présidence de Kennedy, les Américains commencèrent à restreindre leur ingérence, mais ce n'est qu'après la visite du président Nixon en Chine, en 1972, qu'ils mirent fin à leur soutien direct aux « séparatistes tibétains ». Il subsiste néanmoins aux États-Unis des forces politiques, à commencer par « une minorité de congressistes » [membres du Congrès] *qui maintiennent des relations étroites avec la clique du dalaï-lama et apportent un soutien actif à sa cause.*

Tous ces faits prouvent l'ingérence de la Grande-Bretagne et des États-Unis, mais montrent aussi leur échec à séparer le Tibet de la Chine.

TSÉRING SHAKYA et Anne-Marie BLONDEAU : On a vu plus haut combien les intérêts des grandes puissances, Britanniques et Russes surtout, avaient pesé sur le destin du Tibet ; mais les Chinois soutiennent en plus que la revendication grandissante de leur indépendance par les Tibétains a été influencée et dirigée par les puissances occidentales : les Britanniques au début du XXe siècle, et les Américains dans la deuxième moitié de ce même siècle. Comme on l'a dit *(question 8)*, après 1913, les Tibétains prirent de mieux en mieux conscience de la nécessité d'établir des relations internationales directes, sans référence à la Chine, laquelle de toute manière n'était plus en mesure, désormais, de leur fournir une protection éventuelle contre les puissances étrangères. Ils commencèrent à changer leur politique isolationniste en établissant des relations directes avec l'Inde britannique et d'autres puissances occidentales, notamment en signant les conventions dont parle *Cent questions.*

La première fut signée sous la contrainte, puisque les Tibétains venaient d'être vaincus par l'expédition Younghusband, qui avait pénétré jusque dans Lhasa. Contrairement à ce que dit *Cent questions,* ce Traité de Lhasa n'a pas été signé « avec le gouvernement des Qing », mais avec celui du dalaï-lama ; l'*amban* chinois, un médiateur bhoutanais et le représentant du Népal ont assisté à la signature en tant que simples témoins et n'apposèrent pas leur signature. C'est en 1906 seulement que la Grande-Bretagne et la Chine signèrent une convention, à l'insu des Tibétains, qui ratifiait le Traité de Lhasa. Celui-ci avait ouvert deux places tibétaines au commerce britannique et imposé aux Tibétains une indemnité de 500 000 livres sterling, réduite ultérieurement à 166 000, que le gouvernement des Qing s'empressa par la suite de payer, sans même en référer au gouvernement de Lhasa (Shakabpa, 1967, pp. 217-220 et 253-254).

C'est en revanche de leur plein gré que les Tibétains organisèrent avec les Britanniques la Conférence de Simla (1913-1914), à laquelle les Chinois participèrent de mauvaise grâce ; bien que leur plénipotentiaire ait paraphé le texte, le gouvernement chinois refusa de le signer, ce qui fut fait par les seuls Britanniques et Tibétains. Ceux-ci avaient dû accepter dans la formulation de ce texte la « suzeraineté » de la Chine, en échange de l'engagement que cette dernière n'interviendrait pas dans les affaires tibétaines ; par ailleurs, les frontières du Tibet étaient fixées de manière claire, sur une carte : leur tracé est connu du nom du plénipotentiaire britannique, sir Henry McMahon (Shakabpa, 1967, pp. 251-257 ; Goldstein, 1989, pp. 68-77 et 832-841 pour le texte du traité et ses annexes). Mais les Chinois qui ont toujours dénoncé cette convention n'ont jamais accepté la frontière ainsi délimitée ; c'est l'origine du conflit frontalier avec l'Inde qui a dégénéré en guerre ouverte en 1962 et qui n'est toujours pas réglé.

Les auteurs de *Cent questions* voient aussi la main britannique dans les dissensions qui surgirent entre le XIIIe dalaï-lama et le IXe panchen-lama *(sur la numérotation de ces pontifes, voir la note 1, p. 66)* et, plus tard, pendant la minorité du XIVe dalaï-lama, dans la démission de son régent, Réting Rinpoché. Pour ce qui est du panchen-lama, les Britanniques et les Chinois ont essayé tour à tour de l'utiliser pour faire pièce au dalaï-lama et il est certain que la méfiance et l'hostilité s'étaient développées entre leurs entourages respectifs. Pendant l'exil du XIIIe dalaï-lama en Inde, l'*amban* avait voulu le remplacer par le panchen-lama qu'il avait fait venir à Lhasa et qu'il avait installé dans la résidence d'été des dalaï-lamas, le Norbulingka ; il avait aussi paradé dans les rues de Lhasa lors de la fête de la Grande Prière (Mönlam) en compagnie du panchen-lama, comme le faisait traditionnellement le dalaï-lama à cette occasion. Mais la rupture fut consommée à cause des réformes que le dalaï-lama avait entreprises, notamment celle des taxes : la nouvelle répartition, basée sur la taille des fiefs et États, imposait une lourde contribution aux vastes domaines du monastère de Tashilhünpo, siège du panchen-lama. À cause des pressions de plus en plus fortes de Lhasa, le panchen-lama prit peur et s'enfuit en Mongolie, en 1923, puis en Chine. Il mourut en 1937, sur le chemin du retour à Tashilhünpo.

Le XIIIe dalaï-lama, lui, était mort en 1933, et Réting Rinpoché avait été nommé régent, mais il démissionna en 1941, non pas à cause des « séparatistes pro-anglais », mais sans doute parce que sa vie dissolue ne l'autorisait pas à conférer les vœux de novice au jeune dalaï-lama, comme le voulait sa charge. Plus tard, cependant, il se laissa entraîner dans une conspiration pour reprendre le pouvoir, et il chercha de l'aide auprès de Chiang Kai-shek – ce qui explique la louange de « régent patriote » que lui décernent les auteurs de *Cent questions*. La conspiration découverte, il fut arrêté et mourut en prison en 1947, sans doute empoisonné (Goldstein, 1989, pp. 464-510).

En 1947-1948, le gouvernement tibétain envoya une mission commerciale aux États-Unis et en Angleterre pour, officiellement, améliorer les conditions d'exportation des produits tibétains et acheter de l'or afin de garantir la monnaie, officieusement avec des visées politiques (Shakabpa, 1967, pp. 294-295). Le ministre

Shakabpa, le chef de la délégation, déclara dans une conférence de presse que le but de la mission était de montrer au monde que « le Tibet est un pays indépendant [et que] ses liens avec la Chine [étaient] de nature religieuse ». Par suite d'une méprise, ou d'une rouerie des Tibétains, les officiers consulaires américains et britanniques en poste à Hong Kong avaient délivré des visas sur les passeports tibétains des membres de la mission. Mais, ultérieurement, ils furent désavoués par leurs gouvernements ; en effet, cela aurait équivalu à la reconnaissance d'un statut indépendant pour le Tibet[1].

Les Américains entrèrent effectivement en scène au milieu du XXe siècle. Pendant la Seconde Guerre mondiale, ils envisageaient de faire passer par le Tibet des renforts à leur nouvel allié, Chiang Kai-shek, mais ils rencontraient la mauvaise volonté des Britanniques et le veto tibétain. Une « mission de reconnaissance de l'Inde au Tibet » fut néanmoins décidée et approuvée par le Président Roosevelt en mai 1942, dont le but était de traverser le Tibet jusqu'à Chongking, siège du gouvernement républicain de Chine, pour observer et sonder les attitudes des Tibétains. Cette mission fut confiée au capitaine Ilya Tolstoi, petit-fils du romancier russe, chargé officiellement de porter au jeune XIVe dalaï-lama un message et des cadeaux du président Roosevelt. (On peut noter que les naïfs Tibétains crurent que c'était l'ouverture de relations diplomatiques avec les États-Unis et le gouvernement du dalaï-lama envoya une lettre au président américain pour le remercier et réaffirmer l'indépendance du Tibet « depuis des temps immémoriaux » [Shakabpa, 1967, pp. 287-289 ; Smith, 1996, p. 245].) Si la mission fut une réussite sur le plan personnel – Tolstoi resta un mois à Lhasa avant de poursuivre la route prévue, protégé par une escorte tibétaine –, elle ne semble pas avoir produit de grands résultats, ni pour les Tibétains ni pour les Américains (Knaus, 1999, pp. 5-18). En réalité, c'est dans les années cinquante seulement, après la victoire des communistes en Chine, que les Américains commencèrent à s'intéresser véritablement au Tibet. C'était largement dû à la période de la guerre froide,

1. Smith, 1996, pp. 257-260. Selon Goldstein, le gouvernement britannique ne désavoua son consulat à Hong Kong que sur les protestations de la Chine, mais prolongea la durée de validité du visa en rayant sur les documents la mention « trois mois » et en y ajoutant à la main « neuf mois », in Goldstein, 1997, p. 39.

quand toute la politique internationale était dominée par la bataille entre les puissances occidentales et communistes. Il était inévitable que le conflit au Tibet entre dans les stratégies de la guerre froide ; ce sont leurs positions anticommunistes, et non un désir particulier de soutenir l'indépendance du Tibet, qui ont largement déterminé l'implication des Américains dans une aide militaire et stratégique aux combattants tibétains. L'intervention de la CIA dans le parachutage d'armes aux guérilleros Khampa à la fin des années cinquante, l'entraînement de quelques Tibétains dans l'île du Pacifique de Saipan et, après mars 1959, dans un camp du Colorado (et non à Okinawa ou Taiwan [1]), sont connus depuis longtemps déjà, à travers les récits qu'en ont fait des Tibétains et des agents de la CIA ; sans détailler davantage ici, on ne peut que renvoyer au livre le plus récemment consacré à la question, écrit par l'un des responsables des actions américaines au Tibet (Knaus, 1999). Jamyang Norbu (1994), de son côté, qui appuie son argumentation sur les mémoires publiées et les souvenirs des guérilleros Khampa, démontre comment la révolte qui s'est produite localement dès 1950 dans le Kham et l'Amdo a gagné l'ensemble de ces provinces en 1956, puis le Tibet central : cela sans aucune aide extérieure. Mais pour revenir à l'intervention réelle des États-Unis, aussitôt qu'il est apparu un signe d'amélioration dans les relations sino-américaines, les États-Unis ont cessé tout soutien aux Tibétains [2].

En revanche, l'implication des États-Unis et des puissances occidentales au Tibet n'est absolument pas en cause dans la révolte de 1959 à Lhasa, qui fut réellement une révolte populaire *(voir question 17)* : c'est après cette révolte que les Américains décidèrent de soutenir massivement la guérilla (Smith, 1996, pp. 507-508). On peut néanmoins excuser les Chinois de croire le contraire, car les livres écrits dès 1973 sur les activités de la CIA par d'anciens agents

1. Quelques résistants Khampa furent effectivement entraînés à Taiwan, mais sur ordre du gouvernement nationaliste qui, avant l'intervention des Américains, cherchait déjà à se faire des alliés des Tibétains, afin de combattre le gouvernement communiste de Pékin. Il suivait ainsi ses propres intérêts et n'était en rien de connivence avec les Américains.

2. Knaus, 1999, p. 296, affirme, pour sa part, que l'abandon en 1972 du soutien américain à la guérilla khampa repliée au Mustang, au Népal, a été décidé pour des raisons opérationnelles, et non géopolitiques.

« exagèrent grossièrement le rôle de la CIA dans la révolte » et dans la fuite du dalaï-lama (Tséring Shakya, 1999, p. 490, n. 35 ; voir aussi pp. 201-202).

On peut certes reconnaître, avec les auteurs de *Cent questions*, que « les États-Unis et la Grande-Bretagne se sont ingérés dans les affaires du Tibet ». Mais tous les documents et témoignages écrits prouvent que, bien loin d'influencer les Tibétains et de prendre leur parti, les puissances étrangères – notamment les Britanniques et les Américains – continuèrent à agir en favorisant la Chine et refusèrent de reconnaître le statut indépendant du Tibet qui s'affirmait de plus en plus. Alors que les Britanniques, dans toutes les affaires pratiques, traitaient le Tibet comme un État indépendant et établissaient des relations directes avec lui, ce pays ne reçut pourtant jamais une reconnaissance *de jure*, comme on le verra dans la question suivante.

---

11. *Quelle est l'attitude des gouvernements des divers pays à l'égard de l'indépendance du Tibet ?*

Tous les pays du monde ont reconnu et reconnaissent la souveraineté de la Chine sur le Tibet ; les Britanniques, d'abord : en 1903, lord Hamilton, secrétaire d'État britannique aux Affaires indiennes, déclare que le Tibet est « une province de la Chine » ; la même expression est employée en 1904 par le secrétaire au Foreign Office. Le gouvernement indien, depuis l'indépendance, « a déclaré maintes fois [...] respecter la souveraineté chinoise sur le Tibet », en atteste un discours de Nehru du 15 mai 1954 qui, en outre, constate que cette souveraineté, ou suzeraineté, n'a été remise en cause par aucun pays étranger au cours des derniers siècles. Après le soulèvement de mars 1959, aussi bien le porte-parole du Département d'État américain que celui du Foreign Office britannique réaffirmèrent la souveraineté de la Chine ; dans les termes du porte-parole américain : « Les États-Unis n'ont jamais considéré le Tibet comme un pays indépendant. »

Anne-Marie BLONDEAU : Malgré les efforts déployés par le gouvernement tibétain, celui du XIIIe puis du XIVe dalaï-lama, pour faire reconnaître l'indépendance du Tibet jusqu'en 1950, il est vrai que, à ce jour, aucun gouvernement dans le monde n'a reconnu officiellement cette indépendance. Mais contrairement à ce que sous-entend la réponse chinoise, ce n'est pas parce que tous trouvaient justifiée, en droit, la revendication territoriale de la Chine. On a montré dans les questions précédentes (8-10), que les puissances étrangères qui ont joué un rôle sur la scène tibétaine n'ont cherché que leur propre intérêt. Le cynisme des Occidentaux ressort d'ailleurs clairement de documents internes ou d'échanges par voie diplomatique entre la Grande-Bretagne et les États-Unis. L'exemple le plus célèbre en est le rapport de lord Curzon, vice-roi des Indes, adressé le 8 janvier 1903 au Secrétaire d'État aux affaires indiennes, à Londres ; dans ce document qui dresse le tableau des relations difficiles avec le Tibet et recommande une expédition militaire à Lhasa, Lord Curzon écrit :

> À notre avis, la tentative de s'entendre avec le Tibet par le truchement de la Chine s'est invariablement révélée vaine par le passé en raison de l'intervention de cette tierce partie entre le Tibet et nous. Nous considérons la soi-disant suzeraineté de la Chine sur le Tibet comme une fiction constitutionnelle, une simulation politique maintenue parce que convenant aux deux parties (Arpi, 1999, p. 99).

Parmi bien d'autres, on peut aussi citer le message du chef du département d'Extrême-Orient au Foreign Office, adressé au conseiller de l'ambassade américaine à Londres le 7 août 1942 :

> En fait, non seulement les Tibétains proclament qu'ils sont un peuple indépendant, mais ils le sont réellement, et, ces dernières années, ils ont combattu avec succès pour préserver leur liberté contre les tentatives de domination chinoise (Anand, 1969).

Ou le mémorandum du Département d'État américain, en date du 12 avril 1949 :

> Si le Tibet a le cran de résister à l'infiltration communiste – et l'ambassade à Delhi semble le penser – il serait de notre intérêt de traiter le

> Tibet en tant que pays indépendant plutôt que de le considérer comme faisant partie d'une Chine devenue communiste (Arpi, 1999, p. 189).

La position officielle de l'Inde devenue indépendante en 1947 ne relevait pas, elle, de l'opportunisme politique, mais des options personnelles prochinoises de Nehru : jusqu'à l'instauration de la RPC, en 1949, il reconnut implicitement l'indépendance du Tibet en traitant avec lui de gouvernement à gouvernement, et, même, il recommanda au gouvernement britannique que la question tibétaine soit portée devant l'ONU. Mais, ensuite, son admiration pour la Chine de Mao le fit changer d'avis et cultiver une amitié sino-indienne qui devait conduire, pensait-il, l'Inde et la Chine à être les deux superpuissances qui se partageraient l'influence en Asie. C'est pourquoi, tout en donnant des marques de sympathie aux Tibétains, l'Inde affirma ensuite les droits de la Chine et empêcha même que soit mis à l'ordre du jour de l'ONU l'appel du gouvernement tibétain à cette instance en 1951. L'attaque des troupes chinoises à la frontière tibéto-indienne en 1962 devait ouvrir les yeux au gouvernement indien, mais trop tard pour le Tibet. (Il faut cependant mettre à la décharge de Nehru l'accueil et le droit d'asile qu'il accorda en 1959 au dalaï-lama et aux membres de son entourage et de son gouvernement et, par la suite, l'accueil d'une centaine de milliers de réfugiés.)

Politiquement et légalement, les gouvernements étrangers avaient de bonnes raisons de ne pas bouger en 1950-1959, lors de l'invasion et de l'occupation du Tibet par l'Armée populaire de libération. Politiquement, l'Inde, indépendante depuis 1947 mais qui continuait à se référer à la politique asiatique des Britanniques, avait ses propres problèmes et, on vient de le voir, Nehru vivait dans l'utopie d'une amitié sino-indienne. Les pays occidentaux, eux, n'étaient pas encore entrés dans l'aire de décolonisation, et avaient leurs propres difficultés séparatistes ou de « minorités ethniques » : ils ne souhaitaient pas créer un précédent en soutenant la revendication d'indépendance d'un pays qu'ils considéraient peu ou prou comme une « colonie » chinoise ; c'est probablement l'une des raisons pour lesquelles le rapport de la commission internationale des juristes à l'ONU, cité dans la question 8, est resté sans écho.

Légalement : si ce rapport et d'autres spécialistes (Van Walt, 1987) ont reconnu sans détour l'indépendance *de facto* du Tibet entre 1913 et 1950, ce n'est pas l'opinion de tous les juristes qui continuent à ratiociner sur des principes de droit international. Par exemple, même si l'on admet cette indépendance avant 1950, le fait que le gouvernement tibétain ait accepté de signer l'Accord en dix-sept points en 1951 et de collaborer avec les Chinois jusqu'en 1959 affaiblit sa position et autorise la Chine à faire appel à la « stabilité de l'ordre légal international » (Smith, 1996, pp. 661-667). Comment mieux dire que la force prime le droit ! Les gouvernements, peu soucieux de s'affronter à la République populaire de Chine dont les marchés sont l'objet de compétitions internationales féroces, ont donc beau jeu de continuer à s'abriter derrière le « statut peu clair » du Tibet, pour ne pas prendre parti. C'est aussi pourquoi ils font régulièrement des remontrances à la RPC sur sa violation des droits de l'homme en Chine, et donc au Tibet ; mais ils ne se font pas les champions de l'autodétermination des Tibétains.

---

12. *D'après un journal américain, le Tibet n'est devenu une partie de la Chine que depuis 1950, et l'administration Carter n'a reconnu la souveraineté à laquelle prétendait la Chine sur le Tibet qu'à la fin des années soixante-dix. Est-ce vrai ?*

Les auteurs affirment à nouveau que le Tibet a été partie intégrante de la Chine depuis la fondation de la dynastie des Yuan (1271-1368), et que « depuis plus de sept cents ans, c'est toujours le gouvernement central chinois qui décide de l'organisation politique et religieuse du Tibet ; les dirigeants du gouvernement local tibétain ne peuvent exercer légalement leur pouvoir qu'après nomination par les autorités centrales ». Sous la dynastie des Qing (1644-1911), les relations ont été plus étroites, et le gouvernement central a réorganisé les pouvoirs et l'administration au Tibet, tout en y envoyant deux « ministres » [les *ambans*] *« aider le dalaï-lama et le bainqen-lama* [panchen-Lama] *à régler les affaires politiques du Tibet ». Cette administration n'a pas varié, même lorsque la dynastie Qing était affaiblie, et c'est avec la Chine que les Britanniques ont négocié, à la fin du* XIXe *siècle et au début du* XXe, *les traités concernant le Tibet*

La signature de l'Accord en dix-sept points en 1951, entre la République populaire de Chine et « les autorités locales tibétaines » ne peut pas être considérée comme la date d'inclusion du Tibet dans la Chine : c'est méconnaître l'histoire chinoise ; d'autres accords [similaires] *avaient été signés auparavant avec les autorités locales de Beijing, du Hunan et du Xinjiang pour leur libération pacifique.*

Quant à la position du gouvernement américain, les auteurs citent deux documents extraits d'un ouvrage paru en 1943 [sans autre précision], Les Relations extérieures des États-Unis. *Le premier document, daté de 1904, concerne des « notes sur la conversation entre le secrétaire d'État américain John Hay et l'ambassadeur américain à Londres Joseph Chaote le 3 juin 1904 » : Hay demande à Chaote de rappeler au Foreign Office britannique que ce dernier a lui-même à trois reprises, en 1879, 1885 et 1890, reconnu la souveraineté de la Chine, ce que les États-Unis ne remettaient pas en cause ; le deuxième, adressé également à la Grande-Bretagne en 1943, réaffirme la même position : « Quand la Grande-Bretagne tenta à nouveau de semer la confusion au sujet du statut du Tibet en tant que partie de la Chine, le Département d'État américain déclara explicitement à l'ambassadeur britannique à Washington : "La Constitution chinoise place le Tibet au nombre des régions qui font partie du territoire chinois. Notre gouvernement n'a à aucun moment remis en cause l'une ou l'autre de ces prétentions." »*

Anne-Marie BLONDEAU : *Cent questions* martelle une argumentation déjà largement exposée et discutée dans les questions précédentes ; c'est peut-être une bonne technique de propagande, mais cela n'apporte aucun argument nouveau à la démonstration que le Tibet fait partie de la Chine. Relevons seulement une inexactitude supplémentaire : les Qing ont effectivement réorganisé le gouvernement tibétain et imposé la présence de deux *ambans*, comme il a été dit plus haut, mais ceux-ci ne pouvaient pas « aider le dalaï-lama et le bainqen-lama à régler les affaires politiques du Tibet », pour la bonne raison que les panchen-lamas n'avaient aucun rôle dans l'organisation du gouvernement. Ils étaient à la tête d'un vaste domaine, et ont joué un rôle politique important à partir du XIXe siècle, ainsi qu'on le verra dans les questions ultérieures, justement parce que les gouvernements chinois successifs ont cherché à les utiliser contre les dalaï-lamas.

La question posée, elle, comporte une vague référence, « un journal américain », et une date imprécise : la fin des années soixante-dix, époque à laquelle l'administration américaine, sous le président Carter, aurait reconnu l'appartenance du Tibet à la Chine. Sur le premier point, nombreux sont les journalistes, partout dans le monde, qui ont écrit et continuent à écrire que le Tibet n'est une partie de la Chine que depuis la conquête de 1950. Sur le second, il faut rappeler que les États-Unis n'ont reconnu la République populaire de Chine que très tardivement, précisément en décembre 1978, lorsque le président Carter annonça l'établissement de relations diplomatiques entre les deux pays (jusque-là, ils ne reconnaissaient que le gouvernement nationaliste réfugié à Taiwan). Le premier rapprochement visible avait été la visite à Pékin du président Nixon en 1972, dont le prix à payer – selon Tséring Shakya ci-dessus, et Smith (1996, p. 554) – aurait été l'arrêt de l'aide américaine à la résistance tibétaine. Nombreux ont été les commentateurs à souligner que cette reconnaissance de la RPC impliquait du même coup la reconnaissance de la souveraineté chinoise sur le Tibet. En 1987, le secrétaire d'État adjoint pour les Affaires d'Asie orientale et du Pacifique, J. Stapleton Roy, n'a pas dit autre chose lorsqu'il répondit, à une question sur le sujet, que les États-Unis avaient admis que le Tibet était une partie de la Chine en 1978 (Smith, 1996, p. 555, n. 46).

Quant aux notes diplomatiques échangées entre les États-Unis et la Grande-Bretagne, citées dans la réponse chinoise, elles sont probablement extraites d'une série éditée par les presses gouvernementales américaines, *Foreign Relations of the United States*, qui publient année par année les documents du Département d'État au fur et à mesure qu'ils deviennent « ouverts ». La référence chinoise est trop imprécise pour que l'on sache dans quel volume chercher. De toute manière, l'attitude fluctuante et les hésitations des puissances occidentales sur le statut du Tibet ont été décrites dans les questions précédentes : ces notes et échanges diplomatiques n'en sont qu'un exemple. Et, à nos yeux, leur citation par les auteurs de *Cent questions* va à l'encontre de la thèse qu'ils veulent démontrer : si tous les gouvernements avaient reconnu sans discussion la souveraineté de la Chine, en quoi les services diplomatiques des divers pays auraient-ils eu besoin d'échanger ces rappels à l'ordre ? En réalité, la Grande-Bretagne, l'Inde et les États-Unis ont voulu tour à tour soutenir le Tibet à des moments différents, leurs correspondances diplomatiques en témoignent (voir par exemple les documents de 1950, alors que l'attaque chinoise était imminente, reproduits dans Goldstein, 1989, pp. 749-757).

---

13. Dans quelles circonstances l'Armée populaire de libération a-t-elle décidé d'entrer au Tibet ?

Lorsque, en 1949, tout le territoire continental avait été libéré, « les impérialistes américains et britanniques, de connivence avec les séparatistes pro-impérialistes au sein du gouvernement local tibétain, ont tenté d'empêcher l'entrée de l'Armée populaire de libération au Tibet ». En juillet 1949, le gouvernement tibétain a demandé aux fonctionnaires du Kuomintang [Guomindang] *de quitter le Tibet, ce qui a créé un incident. En même temps, les Tibétains affirmèrent l'indépendance du Tibet, envoyèrent une mission aux États-Unis et en Grande-Bretagne pour demander de l'aide, et renforcèrent leurs troupes dans les régions orientales. Cela suscita « l'indignation de tout le peuple chinois », qui demanda qu'on envoie une armée pour libérer le Tibet.*

Ayant eu connaissance de la mission que les autorités locales tibétaines envoyaient en Occident, le bureau de l'Assemblée du bainqen-lama [panchen-lama] *envoya à Pékin un télégramme (31 janvier 1950) « au nom des patriotes tibétains », ainsi libellé : « Le Tibet fait partie du territoire chinois [...]. Les agissements des autorités de Lhasa visent à saboter l'intégrité du territoire et la souveraineté du pays, et vont à l'encontre de la volonté des Tibétains. Au nom de ces derniers, nous vous prions d'envoyer dans les plus brefs délais des troupes libérer le Tibet. »*

Le gouvernement central a ordonné à l'Armée populaire de libération de se préparer à entrer au Tibet, mais, en même temps, il a demandé aux autorités tibétaines d'engager des pourparlers à Pékin et, ultérieurement, « il a envoyé à plusieurs reprises des missions de paix à Lhasa pour expliquer la position des autorités centrales à l'égard du Tibet [...] », et demander que le gouvernement local « revienne dans la grande famille nationale de la patrie ». Mais ce dernier, qui avait à sa tête le régent Tagbrag [Taktra], *refusa. Il chassa « l'envoyé spécial des autorités centrales, le* géshé *Gyarao Gyaco* [Shérab Gyatso] », *et exila « le bouddha vivant Daze et trois cadres han dans la région de Shannan ». Il fit même empoisonner à Qamdo* [Chamdo] *un dignitaire religieux* [favorable à la Chine].

En conséquence, l'Armée populaire de libération entra au Tibet. Le 17 octobre 1950, elle écrasa l'armée tibétaine à Qamdo et libéra la ville. « Au printemps 1951, le régent Tagbrag dut se retirer et le XIVe dalaï-lama accéda au pouvoir. Une délégation du gouvernement local tibétain dirigée par Ngapoi Ngawang Jigme fut envoyée à Pékin pour y négocier [...]. Après plus de vingt jours de pourparlers, un accord sur la libération pacifique du Tibet fut conclu le 23 mai 1951. »

Samten G. KARMAY. *Remarque préliminaire* : Quand on lit la littérature de propagande chinoise sur le Tibet, il faut d'abord attirer l'attention sur le vocabulaire qu'elle utilise ; par exemple, « gouvernement local » signifie celui d'une minorité ethnique, comme le Tibet, opposé à « central », le gouvernement de Pékin ; « la Chine », qui englobe toutes les minorités (« nationalités », de nos jours), est considérée comme « l'intérieur », et les pays limitrophes comme « l'extérieur ». Tous ces termes, et d'autres : « libérer », « Han », « impérialiste » ou « impérialisme occidental », « séparatiste », etc., orientent le sens de la réponse et sont, en conséquence, préjudiciables à une compréhension impartiale de la question tibétaine.

Sans revenir sur la déclaration d'indépendance par le XIIIe dalaï-lama, la Conférence de Simla, etc., décrites dans les réponses précédentes, nous rappellerons seulement quelques exemples qui soulignent l'indépendance réelle du Tibet avant 1949. Il faut signaler tout d'abord qu'après l'expulsion de l'*amban* mandchou par le XIIIe dalaï-lama, il n'y eut plus de représentant de la Chine à Lhasa jusqu'en 1934 ; à cette date, la présence occasionnelle d'un représentant du gouvernement nationaliste chinois fut admise pour rétablir des relations diplomatiques, mais au même titre que les représentants de l'Inde ou du Népal.

Au début de l'année 1946, le gouvernement du Tibet a envoyé une mission officielle en Inde et en Chine pour féliciter les alliés de la victoire marquant la fin de la Seconde Guerre mondiale. En même temps, il adressait un mémorandum au gouvernement de la République de Chine pour lui rappeler qu'il entendait maintenir la position politique du Tibet : l'indépendance, pour lui *de jure* et *de facto*, qu'il avait acquise depuis la signature de la convention de Simla (1913-1914) avec la Grande-Bretagne (Goldstein, 1989, pp. 538-543).

En 1947, le Tibet a également participé à la conférence panasiatique organisée à New Delhi par le gouvernement indien. La délégation tibétaine y siégeait parmi les autres délégations de trente-deux pays, avec son propre drapeau national (nouvellement créé) et, derrière elle une carte du Tibet. Sampho, le chef de la délégation tibétaine, y délivra son propre discours comme il l'entendait. (Le drapeau dut être retiré à cause des protestations de la délégation chinoise ; selon les auteurs occidentaux, la carte aurait subi le même sort, ce qui est démenti par le fils de Sampho [Arpi, 1999, p. 175].)

Rappelons aussi la mission commerciale de 1947 à 1949, dont il a été question précédemment, qui visita, en plus de l'Inde, notamment les États-Unis et la Grande-Bretagne. Même si ce fut de manière peu orthodoxe, les membres de cette mission réussirent à voyager avec des passeports tibétains.

Mais revenons à la question posée et aux événements qui ont entouré l'invasion du Tibet, en 1950, et la signature de l'Accord en dix-sept points. Les auteurs de *Cent questions* veulent faire croire que l'Armée populaire de libération est intervenue au Tibet poussée par l'indignation du peuple chinois, le refus du gouvernement de Lhasa de recevoir des émissaires pour engager des pourparlers, l'exil ou le meurtre de Tibétains partisans des Chinois et, enfin, en réponse à l'appel de la population tibétaine. En réalité, l'intégration du Tibet, de la Mongolie, des États himalayens (Népal, Sikkim, Bhoutan) entrait dans un plan établi de longue date par les partis communistes russe et asiatiques pour « libérer » les pays d'Asie de l'oppression des régimes « réactionnaires ». Pour la Chine communiste, la conquête du Tibet faisait en outre partie de l'héritage reçu de l'empire à travers la Chine nationaliste (sur les conquêtes de celle-ci au Tibet oriental et les conflits armés avec les Tibétains, voir Jagou, 2000). Une proclamation à la radio de l'agence Chine nouvelle le 1er janvier 1950 ne laissait aucun doute sur l'imminence de l'invasion :

> La tâche de l'Armée populaire de libération pour 1950 est de libérer Taiwan, Hainan et le Tibet [...]. Le Tibet fait partie intégrante de la Chine. Le Tibet est sous influence des impérialistes (Arpi, 1999, p. 220).

La même radio annonçait que c'était à la demande du panchen-lama – dont on va reparler – que l'APL s'apprêtait à libérer le Tibet. Le 2 janvier, Mao Zedong confia à Deng Xiaoping, commissaire politique de la région occidentale, le soin de préparer l'armée et donna son accord au plan de ce dernier pour que « la libération du Tibet commence simultanément de tous les côtés : du Sichuan à l'est, du Yunnan au sud, du Qinghai au nord et de Xining par l'ouest » (Arpi, 1999, p. 222).

Au début du mois d'octobre 1950, l'armée chinoise traversa le Yangzi – qui marquait la frontière entre les deux pays depuis les conquêtes de la Chine nationaliste –, et commença l'invasion qui prit les Tibétains à l'improviste. Trois corps d'armée firent mouvement en même temps : la division du sud-ouest, sous le commandement de Zhang Guohua, venant du Yunnan et forte de 40 000 hommes, franchit la frontière du Kham, province orientale du Tibet ; une autre division de l'armée chinoise, en provenance du Turkestan oriental (Xinjiang), pénétra au Tibet par l'ouest après avoir traversé le territoire indien de l'Aksaï Chin, pour arriver au Ngari, province occidentale ; la division du nord-ouest pénétra en Amdo, province du nord-est du Tibet, par le nord (*Tibet, 1950-1967*, pp. 2-3). L'armée chinoise « du sud-ouest » rencontra une vive résistance tibétaine le 7 octobre 1950, que lui opposa une troupe de quelque 8000 hommes, composée d'une partie de l'armée tibétaine et de la milice gardant la frontière orientale. Les combats se poursuivirent pendant une semaine. Après vingt engagements, la moitié des forces tibétaines fut mise hors de combat. Le 17 octobre, Chamdo, la capitale du Kham, tomba. Le gouverneur de la province, Ngapo Ngawang Jigmé, qui occupait aussi un poste ministériel au cabinet du dalaï-lama, fut capturé, ainsi que Robert

Ford, opérateur britannique à Radio Chamdo. Il était l'un des deux Occidentaux qui, à cette époque, étaient employés par le gouvernement tibétain comme opérateurs à la radio (mais l'autre, Reginald Fox, avait quitté Lhasa à ce moment, si bien que les communications entre le gouvernement et le Kham étaient malaisées) ; on doit à Ford des informations de première main sur les événements (Ford, 1999 ; voir aussi Arpi, 1999, pp. 236-241).

Pour légitimer l'annexion du Tibet par la force, les communistes chinois mettaient en avant deux arguments : libérer le pays de l'impérialisme occidental, et mettre fin au système féodal du Tibet qui opprimait le peuple. Mais ils ont aussi utilisé l'un des candidats à la réincarnation du IXe panchen-lama. Ce dernier était mort en 1937, à Jyekundo, sur la route du retour au Tibet central après son long exil *(voir question 10)*. À ce moment, les membres de son entourage, connus sous le nom collectif de Nang gang, repartirent pour Xining au lieu de rentrer au Tibet. Plus tard, ils découvrirent dans la région du Kokonor un jeune garçon qu'ils soutinrent comme candidat à la réincarnation du IXe panchen-lama, comme on le verra. C'est au nom de ce candidat, alors âgé de onze à douze ans, qu'un « Bureau de l'Assemblée du bainqen-lama » (c'est-à-dire le Nang gang) aurait envoyé au gouvernement chinois le télégramme du 31 janvier 1950 qui réclamait l'envoi au Tibet de l'Armée populaire de libération. Nous n'avons pas retrouvé la trace de ce message, qui pourrait avoir été rédigé par les Chinois. En revanche, deux autres télégrammes de même teneur sont connus. Ils ont été envoyés sous le nom du panchen-erdeni (*i. e.* le panchen-lama), l'un à Mao Zedong le 1er octobre 1949 pour le féliciter de sa victoire en Chine et affirmer la certitude que le nouveau chef « du pays » libérerait bien vite le Tibet ; l'autre, beaucoup plus précis, envoyé à la même date au vice-président du Comité militaire révolutionnaire du peuple, disait : « Nous vous prions sincèrement de conduire vos nobles troupes pour libérer le Tibet, éradiquer les éléments déloyaux, et sauver le peuple du Tibet » (Goldstein, 1989, p. 684 et n. 119).

Un retour en arrière est nécessaire pour comprendre l'attitude prochinoise du panchen-lama et de son entourage. Depuis le XIXe siècle, les Qing avaient attisé une rivalité potentielle entre le dalaï-lama et le panchen-lama, cherchant à se faire un allié du dernier. Un conflit éclata entre le XIIIe dalaï-lama et le IXe panchen-lama, au point qu'en 1923 ce dernier, craignant pour sa vie, s'exila en Chine. Il installa sa résidence à Xining (Qinghai), où il resta jusqu'en 1937, date à laquelle il fut autorisé à revenir au Tibet central ; mais il mourut en cours de route, comme on l'a vu.

De ce fait, l'entourage du panchen-lama, le Nang gang, s'était toujours montré coopératif avec les Chinois. Après la mort du pontife, son entourage était d'abord allé à Kandzé, dans le Kham, mais un conflit surgit avec les Chinois qui occupaient déjà une partie de la province (sur ce conflit, voir Jagou, 2000). Le Nang gang réussit cependant, avec l'aide de la population tibétaine, à envoyer la dépouille mortelle du panchen-lama et ses possessions au Tibet central. Malgré cette vicissitude dans leurs relations avec le gouvernement chinois, les membres du Nang gang repartirent pour Kumbum, dans l'Amdo, où ils commencèrent à rechercher la réincarnation du IXe panchen, sous l'égide du Guomindang, mais sans aucune autorisation du gouvernement tibétain qui, de son côté, recherchait aussi la réincarnation. Une prédiction émise par l'oracle d'État de Néchung (Ricca, 1999), toujours consulté pour les affaires importantes, avait orienté leurs recherches vers cette province : elle disait que la réincarnation naîtrait au nord-est du pays. Dans un premier temps, quatorze garçons originaires de l'Amdo furent considérés comme des candidats possibles, et, finalement, deux sur quatorze furent sélectionnés. Tous deux, nés en 1938, étaient de la même région du Kokonor. L'un, Gönpo Tséten, était né dans la famille d'un chef de village [1] ; l'autre s'appelait Sengdong. Le Nang gang informa le gouvernement tibétain de l'existence de deux candidats dans la région du Kokonor, mais à Lhasa on voulait également chercher d'autres candidats dans des régions du Tibet central et dans le Kham : le monastère de Tashilhünpo, le siège des panchen-lamas au Tibet central, avait toujours penché en faveur de la Chine, et le Nang gang ne faisait pas exception, on l'a dit ; de ce fait, le gouvernement tibétain avait des doutes sur les véritables intentions de l'entourage du panchen-lama. Tandis que la recherche au Tibet central s'avérait négative, deux garçons du Kham furent retenus. Mais le Nang gang, pressé, prit en 1944 la décision unilatérale de faire la cérémonie d'investiture de l'un de leurs deux candi-

1. Pido, au nord-est du monastère de Labrang et au sud du fleuve Machu.

dats, Gönpo Tséten, au monastère de Kumbum, et ce malgré la désapprobation du Guomindang qui estimait qu'un panchen-lama ne pouvait être reconnu qu'à Lhasa. Cette initiative du Nang gang fit réaliser au gouvernement tibétain le sérieux de l'affaire. Il était évident, pour lui, que Gönpo Tséten en tant que candidat avait déjà acquis du prestige, mais il était toujours entre les mains chinoises. En 1946, le gouvernement tibétain donna l'ordre à Tashilhünpo d'envoyer une délégation pour rencontrer le Nang gang, et de rentrer à Lhasa avec les candidats du Kokonor pour qu'ils puissent subir une épreuve officielle. Une autre mission gouvernementale fut envoyée chercher le candidat du Kham afin de faire contrepoids aux deux candidats de l'Amdo. Cependant, il y eut désaccord entre les officiels de Tashilhünpo envoyés par Lhasa et le Nang gang lors de leur rencontre à Xining : l'entourage du précédent panchen-lama ne soutenait que Gönpo Tséten, lui-même soutenu par les Chinois. La Chine nationaliste le reconnut officiellement comme le Xe panchen-lama le 10 août 1949 – peu de temps avant de céder le pouvoir aux communistes (1er octobre) – probablement en réponse à l'expulsion par Lhasa de tous les ressortissants chinois, le 8 juillet, pour espionnage.

À tous égards, les membres du Nang gang étaient les victimes des intrigues politiques et de l'ingérence chinoise – d'abord du Guomindang et, plus tard, des communistes – dans les affaires religieuses du Tibet. Entre-temps, l'autre candidat du Nang gang, Sengdong, mourut en 1949 alors que le candidat du Kham arrivait à Lhasa, tandis que Gönpo Tséten et le Nang gang tombaient aux mains des communistes chinois arrivés à Xining.

À Lhasa, le dalaï-lama était encore mineur, et le gouvernement divisé. Une mission envoyée en Inde pour engager des négociations avec les Chinois était retardée par des questions diplomatiques. Les appels aux Indiens, aux Britanniques, à l'ONU le 7 novembre 1950 restèrent lettre morte (le gouvernement indien adressa néanmoins une protestation à la RPC, contre son emploi de la force au Tibet oriental). Il faut dire que la guerre de Corée avait éclaté peu avant et que Mao Zedong venait d'envoyer des troupes en renfort à la Corée du Nord ; l'appui de l'URSS lui était assuré si la question tibétaine venait à être discutée. De plus, pour les Chinois nationalistes aussi, qui continuaient à représenter la Chine à l'ONU, le

Tibet était une affaire intérieure. Abandonnés à eux-mêmes, les Tibétains décidèrent d'introniser avant la date prévue le XIVe dalaï-lama : il avait quinze ans, et aucune expérience politique. La cérémonie eut lieu le 17 novembre, et, le 20 décembre, les nouvelles et les témoignages reçus du Kham poussèrent le Cabinet et l'Assemblée nationale à lui demander de se préparer une possibilité de refuge en Inde et de déplacer le siège du gouvernement à Yatung, près de la frontière du Sikkim ; il y resta jusqu'après la signature de l'Accord en dix-sept points. À Delhi, les négociateurs tibétains finirent par rencontrer l'ambassadeur de Chine, qui leur remit une note contenant les exigences de Pékin : « 1. Le Tibet doit accepter qu'il fait partie de la Chine ; 2. La défense du Tibet doit être assurée par la Chine ; 3. Toutes les affaires politiques et commerciales concernant des pays étrangers doivent être conduites par la Chine » (Goldstein, 1989, p. 676). Si le gouvernement tibétain acceptait ces conditions, l'Armée populaire de libération resterait stationnée aux frontières, sinon, elle occuperait le Tibet. De son côté, l'ancien gouverneur du Kham, Ngapo, avait été « rééduqué », et était devenu un partisan des Chinois : il pressait le dalaï-lama d'engager des négociations directes avec le gouvernement chinois. Cela fut finalement décidé, et cinq négociateurs, avec Ngapo à leur tête, furent envoyés à Pékin. À leur passage à Delhi, ils eurent une entrevue avec Nehru, qui leur laissa entendre que l'Inde n'interviendrait pas et que, à Pékin, ils devaient accepter de reconnaître le Tibet comme une partie de la Chine, puisque ce fait était internationalement admis (Tséring Shakya, 1999, p. 64).

Les délégués tibétains partaient avec des instructions très précises de leur gouvernement : ils devaient tenir ferme sur l'indépendance du Tibet. Mais si les pourparlers étaient sur le point d'être rompus, ils pourraient admettre que le Tibet faisait partie de la Chine à cinq conditions : le Tibet devrait jouir d'une entière indépendance interne ; aucune troupe chinoise ne devrait stationner au Tibet ; l'armée tibétaine serait responsable de la défense ; l'entourage et la garde militaire du représentant chinois à Lhasa ne devrait pas excéder 100 hommes ; le représentant chinois devrait être bouddhiste (*ibid.*, p. 65). Après avoir discuté entre eux, les délégués objectèrent que les Chinois n'accepteraient jamais le point interdisant leur présence militaire ; en réponse, le Cabinet du dalaï-lama proposa que l'armée tibétaine soit incorporée à l'armée chinoise et assure la défense du Tibet. Ngapo assura ses compagnons que le gouvernement avait fait deux concessions majeures – sur le statut d'indépendance et l'armée – et que ce serait une perte de temps de le tenir minutieusement informé du déroulement des négociations. Celles-ci commencèrent donc.

À leur arrivée à Pékin, Zhou Enlai, Premier ministre et ministre des Affaires étrangères à l'époque, avait accueilli en personne les délégués tibétains, mais les discussions ne furent menées qu'au niveau du département du travail du Front uni du Parti et de la commission des nationalités, chargés tous deux des affaires purement intérieures, ce dont les Tibétains inexpérimentés n'eurent pas conscience ; ils crurent donc qu'ils traitaient avec le gouvernement. Le dalaï-lama (1962, pp. 80-82) explique comment ses envoyés, privés de communications avec lui, finirent, sous la pression chinoise, par outrepasser les limites de leur mission et signèrent l'accord sur la libération pacifique du Tibet, ou Accord en dix-sept points. Melvyn C. Goldstein (1989, pp. 759-772) fournit une relation jour par jour des négociations, grâce au récit que lui en a fait l'un des négociateurs tibétains : il est clair que les Chinois n'admettaient aucune discussion sur le texte qu'ils avaient préparé et qu'ils firent signer aux Tibétains sous la menace d'une invasion immédiate et non pacifique.

Mais avant toute discussion, les Chinois imposèrent en préambule, à l'ouverture des « négociations », le 29 avril 1951, que le gouvernement tibétain reconnaisse le panchen-lama. Les autorités chinoises savaient évidemment que le jeune garçon du Kokonor n'était pas reconnu comme le Xe panchen-lama par le gouvernement tibétain. La première exigence des Chinois fut que la délégation tibétaine reconnaisse ce candidat comme la véritable réincarnation du IXe panchen-lama. La délégation tibétaine, étonnée, ne comprit pas la raison pour laquelle les Chinois insistaient sur cette question, alors qu'ils devaient négocier « la libération pacifique du Tibet ». Les Tibétains refusèrent de reconnaître le candidat soutenu par les Chinois, en expliquant qu'il fallait suivre la tradition : le candidat devait être choisi parmi au moins trois autres, à la suite d'une sélection faite par la divination, et des épreuves (reconnaissance d'objets ayant appartenu au défunt placés parmi d'autres, etc.) et, finalement, par le dalaï-lama. Pendant six à sept jours, ce fut la seule question qui occupa les négociateurs, jusqu'à ce que le président de la commission des nationalités, Li Weihan, qui dirigeait les débats, pose un ultimatum à la délégation tibétaine : « [...] parce que le panchen-lama avait accepté Mao comme le nouveau chef de la Chine avant [même] la libération du Qinghai, et que Mao avait accepté le candidat comme la véritable incarnation du panchen-lama, la "face" de Mao et de la Chine étaient en jeu » (Goldstein, 1989, p. 762). Ngapo demanda alors à télégraphier à Yatung, où se trouvaient le dalaï-lama et son gouvernement. Dans ce télégramme, il expliquait que les « négociations » ne pouvaient pas commencer si le candidat choisi par les Chinois n'était pas préalablement reconnu officiellement par le gouvernement tibétain. L'armée chinoise, menaçante, était aux portes de Lhasa. À Yatung, le dalaï-lama et son gouvernement ne trouvèrent pas d'autre issue que de se plier à l'exigence chinoise. Après une divination opportunément favorable au candidat des Chinois, ils le reconnurent comme le Xe panchen-lama (Goldstein, 1989, p. 763 ; Tséring Shakya [1999, pp. 68-69] donne une chronologie différente des événements : ce ne serait qu'après s'être mis d'accord sur les différentes clauses de la convention que les Chinois auraient posé comme préalable à la signature la reconnaissance du panchen-lama).

Cette question réglée, l'examen des dix-sept articles du texte préparé par les Chinois fut mené rondement, et l'accord signé le 23 mai 1951, sur l'attestation trois fois répétée de Ngapo qu'il avait plein pouvoir pour le faire, ce qui n'était pas le cas (comme il devait le reconnaître lui-même en 1989). Dans ses *Mémoires*, le dalaï-lama (1962, p. 81) affirme que les Chinois ont fabriqué des copies des sceaux tibétains et ont obligé les négociateurs de Lhasa à sceller le traité avec ; mais, selon Goldstein (1962, p. 770), ces nouveaux sceaux ne portaient que le nom de chaque délégué, il ne s'agit donc pas de contrefaçon des sceaux officiels.

Le contenu de l'accord et la réaction du dalaï-lama seront examinés dans les questions suivantes. Ici, anticipant sur la chronologie, on s'arrêtera un peu sur le sort du panchen-lama après la fuite du dalaï-lama, en 1959. Les communistes avaient trouvé en Gönpo Tséten, devenu le Xe panchen-lama, un atout considérable. Il fut tout d'abord présenté comme un rival du dalaï-lama, puis comme son remplaçant lors du départ de celui-ci en 1959. Mais avec l'âge, il prit conscience de la manipulation politique dont il était le jouet. En 1962, il écrivit un long rapport après avoir visité le Tibet central et d'autres régions habitées par la population tibétaine *(A Poisoned Arrow)*. Dans ce rapport, il mettait en cause la politique chinoise au Tibet, ce qui lui valut d'être limogé de son poste de président intérimaire du comité préparatoire de la Région autonome du Tibet et déporté à Pékin (Kunsang Paljor, 1977, pp. 25-31). Plus tard, pendant la Révolution culturelle, on lui demanda de dénoncer le dalaï-lama en tant que « réactionnaire », mais il refusa catégoriquement. En conséquence, il dut endurer des insultes et de nombreuses années de prison (Lobsang, 1989, p. 26). Il avait été contraint de se marier avec une Chinoise qui se cachait toujours du public, et, à cause de cette union, il n'a plus jamais porté le costume de moine bouddhiste, même lorsque, plus tard, il se trouvait sur le trône du panchen-lama à Tashilhünpo. Il fut « réhabilité » seulement sous le gouvernement de Deng Xiaoping et ne fut autorisé à retourner au Tibet qu'en 1982 : c'était la première fois depuis 1964. Sans doute ne trouva-t-il pas de grandes améliorations, car il renouvela ses critiques sur la politique suivie au Tibet, dans un vigoureux discours prononcé le 28 mars 1987 à Pékin, devant le comité permanent de l'Assemblée nationale populaire.

En 1989, il revint au Tibet pour présider la cérémonie de consécration d'un *stûpa* à Tashilhünpo. Ce dernier avait été construit pour abriter les reliques des dépouilles mortelles des panchen-lamas, du Ve au IXe, dont les tombes avaient été saccagées et pillées par les Gardes rouges. Le panchen-lama fut-il trop triste de voir les restes de ses prédécesseurs qui avaient été dérangés dans leurs tombes sans aucune raison ? Quoi qu'il en soit, il tomba malade au milieu de la cérémonie de consécration. Il est certain qu'à ce moment, c'était un homme profondément désabusé par sa « collaboration », comme il l'avait dit peu de jours avant sa mort, survenue le 28 janvier : « Le Tibet a subi une destruction par les Chinois beaucoup plus grande que le bénéfice dont ces derniers se vantent ! » (Tséring Shakya, 1999, p. 429.)

Pour suivre le destin tourmenté du panchen-lama et le fil des événements, nous avons laissé de côté les « missions de paix » qui auraient été envoyées à Lhasa pour expliquer la position du gouvernement communiste chinois à l'égard du Tibet, avant l'arrivée de l'Armée populaire de libération au Tibet central. L'une de ces missions aurait été conduite par un Gyarao Gyaco. Il s'agit, semble-t-il, du grand savant, le *géshé* (titre utilisé pour décrire l'équivalent tibétain de docteur en théologie) Shérab Gyatso. C'était un moine de Drépung, originaire de l'Amdo. Il avait un grand nombre de disciples et exerçait une forte influence dans les monastères et parmi les aristocrates. Il quitta le Tibet central en 1936 (à la suite d'un désaccord sur son remaniement des textes du canon bouddhique qu'il était chargé d'éditer) et il devint le président de l'Association pour la promotion de la culture tibétaine en Chine. Mais il ne s'est jamais rendu au Tibet dans le cadre d'une « mission de paix » envoyée par les communistes chinois. En revanche, il est vrai qu'en 1944 il a été mandaté au Tibet par Chiang Kai-shek pour améliorer les relations entre la Chine et le Tibet, relations qui s'étaient détériorées à cause de conflits frontaliers et de la position de pays indépendant prise par le Tibet pendant la Seconde Guerre mondiale. Shérab Gyatso accompagné d'environ cinquante Chinois dont la plupart étaient ses propres disciples, arrivèrent à Nagchuka en avril 1944. Mais le gouvernement tibétain refusa que les membres de son entourage poursuivent plus loin, et il retourna en Chine avec eux. De 1951 à 1968, il occupa divers postes importants sous les communistes, mais en 1968, pendant la Révolution culturelle, il fut torturé et finalement assassiné en prison par les Chinois, pour avoir défendu la liberté d'expression, le droit aux croyances ainsi que le droit pour les Tibétains de garder leur propre langue (sur ce personnage, voir Stoddard, 1988).

Cent questions accuse aussi « les éléments pro-impérialistes tibétains » d'avoir empoisonné « le bouddha vivant Géta du monastère Peirei de Garzê ». Géta Trülku était un lama du monastère de Béri, dans la région de Kandzé, au Kham. Le premier contact de Géta avec les communistes chinois remonte à 1936, lorsque ceux-ci passèrent par Kandzé pendant la Longue Marche. Cette fois-là, Géta rencontra Zhu De [1] ; celui-ci l'assura de sa protection ulté-

1. (1886-1976), compagnon d'armes de Mao et commandant suprême des armées, il devint vice-président de la RPC en 1954.

rieure, pour avoir soigné et caché des soldats communistes. Plus tard, lorsque les communistes chinois revinrent à Kandzé pendant l'invasion du Tibet, en 1950, Géta aurait tout fait pour accueillir l'armée chinoise. Il fut donc considéré comme un traître et un espion par le gouvernement tibétain. Par la suite, il fut envoyé en mission à Chamdo, d'où il essaya d'obtenir – en vain – l'autorisation du gouvernement pour aller à Lhasa expliquer la politique chinoise concernant la « libération pacifique du Tibet ». Il avait apparemment espéré qu'en cédant à la politique de la « libération pacifique », le Tibet pourrait conserver, dans le cadre de la République populaire de Chine, son monachisme et son système théocratique. Mais deux semaines plus tard, à Chamdo, il trouva la mort dans des circonstances mystérieuses. Selon le ministre Kashöpa (1903-?), il fut empoisonné par Lhalu, l'ancien gouverneur du Kham. Les Chinois accusèrent Robert Ford, qui toujours le nia lors des cinq ans de prison qu'il effectua en Chine. (Celui-ci, *op. cit.*, relate l'arrivée, le séjour et la mort de Géta Lama et ses soupçons immédiats sur un empoisonnement ; mais il se refuse à dire ce qu'il sait et espère que le meurtrier ne sera jamais découvert !)

Ces trois Tibétains, le panchen-lama, le *géshé* Shérab Gyatso et Géta Trülku, appartenaient tous trois à l'école gélugpa, dans laquelle se sont trouvés les plus ardents partisans de la collaboration avec la Chine, dès la dynastie des Qing. À cause du prestige dont ils jouissaient de par leur statut religieux ou leur science, ils ont été manipulés et exploités par les Chinois qui les ont utilisés pour servir leur propre politique au Tibet. Mais, de leur côté, tous trois ont également manifesté la volonté de coopérer avec les Chinois, en espérant que ces derniers comprendraient un jour le monachisme bouddhique et la responsabilité politique détenue au Tibet par les Gélugpa. Cependant, à la fin de leur vie, le panchen-lama et le *géshé* perdirent toutes leurs illusions sur le communisme et la politique chinoise au Tibet. Ils comprirent trop tard qu'ils étaient tombés dans le piège de la politique chinoise.

14. Quel est le contenu de l'« accord sur les mesures concernant la libération pacifique du Tibet » signé par le gouvernement populaire central de la Chine et le gouvernement local du Tibet ?

Cet accord, en dix-sept articles, a été signé le 23 mai 1951 (la traduction intégrale est donnée en annexe). L'essentiel des clauses est le suivant : « Le peuple tibétain va s'unir et chasser les forces d'agression impérialiste, hors du Tibet ; le gouvernement local tibétain va apporter une aide active à l'Armée populaire de libération pour lui permettre de pénétrer au Tibet et de consolider la défense nationale ; le peuple tibétain a droit à l'autonomie régionale ; l'autorité centrale n'apportera pas de modification à l'organisation politique en place au Tibet ni aux statuts et prérogatives préétablis du dalaï-lama ; la politique de liberté de croyance religieuse sera appliquée, les croyances religieuses, les mœurs et coutumes du peuple tibétain seront respectées, et les monastères lamaïques seront protégés ; les troupes tibétaines seront réorganisées par étapes et intégrées aux forces de défense nationale de la République populaire de Chine ; la langue et l'écriture tibétaines, l'enseignement, l'agriculture, l'élevage, l'industrie et le commerce seront développés progressivement, et le niveau de vie des habitants sera amélioré graduellement, en accord avec les conditions réelles du Tibet ; l'Armée populaire de libération effectuera les transactions commerciales nécessaires sur une base équitable et ne prendra pas une seule aiguille ou le moindre bout de fil appartenant à la population ; le gouvernement populaire central conduira sous une direction centralisée toutes les affaires extérieures de la région du Tibet. »

Anne-Marie BLONDEAU : On vient de voir dans quelles circonstances cet accord avait été signé et, pour répondre à la question posée, on en commentera brièvement ici quelques aspects. Nous fournissons à notre tour en annexe le texte intégral, dans la traduction établie par le Comité juridique d'enquête sur la question du Tibet, dans son rapport à la Commission internationale des juristes (Genève, 1960). Cette traduction diffère parfois sensiblement dans ses termes, mais non pour le sens, de celle donnée dans *Cent questions*.

Les dix-sept points de l'accord sont précédés par un long préambule dont la réponse chinoise ici ne fait pas état, et qui est pourtant capital, car il commence par l'affirmation que le Tibet fait partie de la Chine. Les négociateurs tibétains étaient arrivés à Pékin avec des instructions très fermes de leur gouvernement *(voir la réponse précédente)* : ils pouvaient en désespoir de cause accepter cette prétention chinoise, mais ils devaient rester intraitables sur le stationnement de troupes chinoises au Tibet. Cela explique sans doute que les négociateurs tibétains ne se soient pas battus pour la reconnaissance de l'indépendance antérieure de leur pays. D'après le très intéressant commentaire point par point fait par l'un d'eux, Sampho, à Melvyn Goldstein, « il n'y a pas eu de discussion sur le préambule. La délégation tibétaine n'était préoccupée que par les points effectifs de l'accord » (Goldstein, 1989, p. 765) ; comme on le verra plus bas, on peut aussi se demander dans quelle mesure tous en ont exactement compris les termes). Voici le début du préambule, dans la version de *Cent questions* que l'on pourra comparer avec celle que nous donnons en annexe (les italiques sont de notre fait) :

> *Les Tibétains sont l'une des communautés ethniques du territoire chinois* dont l'histoire remonte à des temps très anciens. Tout comme les autres communautés ethniques du pays, ils ont rempli leur devoir glorieux pour la création et le développement de notre grande patrie.
>
> Cependant, ces cent dernières années, les forces impérialistes ont envahi la Chine, et partant *la région du Tibet*, où elles se sont livrées à diverses activités de tromperie et de division. Tout comme les précédents gouvernements réactionnaires, le gouvernement réactionnaire du Kuomintang [Guomindang] a poursuivi une politique d'oppression et de division à l'égard des Tibétains, qui sont ainsi devenus désunis. En ne s'opposant pas à ces activités de tromperie et de division impérialistes, *les autorités locales du Tibet* ont adopté une attitude non patriotique envers notre grande patrie. Tout cela a plongé les Tibétains dans un abîme d'asservissement et de misère.

Le texte continue avec la victoire, en 1949, des forces communistes et l'établissement de la RPC, et les décisions d'union et de fraternité entre toutes les communautés ethniques de Chine. Au sein de cette grande famille :

> L'autonomie régionale est accordée à toutes les régions où les minorités ethniques vivent en groupes compacts ; toutes les minorités

> ethniques jouissent de la liberté de développer leur langue et écriture, de conserver ou de réformer leurs usages et coutumes ainsi que leurs croyances religieuses, tandis que le gouvernement populaire central aide toutes les communautés ethniques à développer leur politique, économie, culture, éducation, etc. Désormais, toutes les communautés ethniques ont été libérées hormis celles des régions du Tibet et de Taiwan.

Pour éliminer « sans heurt » l'influence des impérialistes, unifier le territoire et libérer les Tibétains afin qu'ils « reviennent au sein de la grande famille de la RPC [...] le gouvernement populaire central a ordonné l'entrée au Tibet de l'Armée populaire de libération ». En même temps, il a demandé au gouvernement local du Tibet d'envoyer une délégation négocier les termes d'un accord « sur les mesures concernant la libération pacifique du Tibet ».

Curieusement, le texte de *Cent questions* atténue ensuite la mention que les négociateurs tibétains avaient les pleins pouvoirs pour négocier et signer un accord :

> Vers la fin d'avril 1951, à peine les représentants plénipotentiaires du gouvernement local du Tibet sont-ils arrivés à Pékin que le gouvernement populaire central a désigné des représentants pour engager sur une base d'amitié des négociations avec leurs homologues du Tibet.

Comparer avec le texte que nous donnons en annexe : « [...] les délégués, nantis des pleins pouvoirs du gouvernement local du Tibet [...] » (le texte est identique dans Goldstein, 1989, p. 764). On peut certes arguer que « plénipotentiaire » a le même sens ; il nous semble néanmoins que les auteurs de *Cent questions* – pleinement au courant en 1988 du déni de validité de cet accord par le dalaï-lama et les membres de son gouvernement pour la raison que les négociateurs tibétains n'étaient pas autorisés à signer – ont préféré gommer le problème.

Suivent les dix-sept articles de l'accord. Leur commentaire fourni par Goldstein montre à la fois la grande naïveté des Tibétains, persuadés que la permanence de leur gouvernement, de leurs coutumes et de leur religion était garantie par plusieurs articles, et les méprises dans lesquelles ils sont tombés à cause de leur connaissance insuffisante du chinois. Par exemple, lorsqu'ils demandèrent la signification de « gouvernement local », l'expression fut traduite en tibétain par « le gouvernement d'une aire » *(sané zhung)*, dans laquelle le terme *zhung*, « gouvernement », les rassura, puisque c'est ainsi que l'on désigne le gouvernement tibétain (Goldstein, 1989, p. 765). Ce commentaire montre aussi que les Chinois n'hésitèrent pas à user de menaces ou de chantage : lorsque les délégués tibétains objectèrent aux deux articles sur le panchen-lama, il leur fut répondu que si on les supprimait, la mention du statut, des fonctions et du pouvoir du dalaï-lama serait également supprimée ; ils acquiescèrent donc. De même, lorsqu'ils soulignèrent la contradiction entre l'article 15 – qui institue un comité militaire et administratif et un quartier général militaire au Tibet – et les articles garantissant la continuité du gouvernement tibétain, les Chinois se mirent en colère et menacèrent d'envoyer immédiatement l'Armée populaire de libération, qui ne serait pas pacifique. Comme le souligne Goldstein (*ibid.*, p. 769), c'était un article crucial pour eux, car il leur permettait d'installer leur propre structure administrative.

En plus de cet accord officiel, trois accords secrets furent signés (Goldstein, 1989, p. 770) ; l'un concernait la fusion de l'armée tibétaine dans l'Armée populaire de libération, le deuxième envisageait le sort du dalaï-lama s'il décidait de se réfugier en Inde : l'accord resterait valide, et le dalaï-lama pourrait revenir quand il voudrait ; le troisième, non dévoilé, aurait concerné la suppression graduelle de la monnaie tibétaine.

Après avoir signé, les délégués tibétains rencontrèrent Mao Zedong pour la première fois.

---

15. Quelle a été l'attitude du dalaï-lama à l'égard de cet accord ?

Le 24 octobre 1951, le dalaï-lama a envoyé un télégramme au président du gouvernement populaire central, Mao Zedong, dans lequel il déclarait que « le gouvernement local, les lamas et les habitants du Tibet soutiennent à l'unanimité » cet accord. Le texte intégral du télégramme est donné en annexe et l'extrait suivant cité ici : « Sous la direction du président Mao et du gouvernement populaire central, ils [les Tibétains] *apportent une aide active à l'Armée populaire de libération entrée au Tibet pour consolider la défense nationale, chasser les forces impérialistes du Tibet et sauvegarder la souveraineté et l'intégrité territoriale du pays [...].* »

Anne-Marie BLONDEAU : L'accord fut signé le 23 mai 1951 et ce ne fut que le 26, par la radio de Pékin, que le dalaï-lama et son gouvernement, toujours à Yatung, apprirent la nouvelle, en même temps que le monde entier. Comme on l'a vu plus haut, la délégation tibétaine n'avait même pas eu le droit d'informer son propre gouvernement de l'avancée des négociations avant l'annonce officielle par Pékin. En contrepoint au ton « enthousiaste » du télégramme cité par *Cent questions*, télégramme dont il faut noter la date tardive : le 24 octobre, soit cinq mois après la signature, il suffit de laisser la parole au dalaï-lama pour connaître sa réaction :

> Ni moi ni mon gouvernement n'avions été informés qu'un accord avait été signé. Nous en eûmes connaissance par une émission de la radio de Pékin dans laquelle Ngapo l'annonça. Ce fut un choc terrible lorsque nous entendîmes les termes de l'accord. Nous étions consternés par le mélange de clichés communistes, d'assertions prétentieuses complètement fausses, et de déclarations impudentes qui n'étaient que partiellement vraies. Et les conditions étaient bien pires et bien plus oppressives que tout ce que nous avions pu imaginer (1962, p. 81).

Peu après, un télégramme de Ngapo arriva, qui indiquait que des accords secrets avaient aussi été signés. Le Cabinet du dalaï-lama y répondit immédiatement, lui signifiant que les conditions semblaient extrêmement défavorables et qu'il aurait dû tenir informé le gouvernement du déroulement des négociations. Il lui enjoignait d'envoyer le texte de l'accord et les clauses secrètes, et de rester à Pékin avec le reste de la délégation jusqu'à nouvel ordre. Mais les membres de la délégation refusèrent, disant que si le gouvernement tibétain voulait reprendre les pourparlers, il valait mieux envoyer de nouveaux négociateurs ; Ngapo et un autre repartirent pour Lhasa avec les documents, les trois autres pour l'Inde, d'où ils allèrent à Yatung et firent un rapport oral au gouvernement tibétain.

Sur ces entrefaites, le départ pour Lhasa du représentant chinois fut annoncé (c'était l'un des négociateurs de l'accord, Zhang Jingwu) : il devait voyager avec les trois délégués tibétains qui rentraient par l'Inde, et donc passer par Yatung et rencontrer le dalaï-lama. Une fois de plus, le gouvernement tibétain se tourna vers les Américains – avec lesquels ils avaient eu des échanges secrets pendant toute cette période – pour demander de l'aide. Shakabpa assura l'ambassadeur américain à Delhi que le dalaï-lama et son gouvernement rejetaient l'accord et qu'ils attendaient pour le dénoncer publiquement que les négociateurs tibétains soient hors de Chine, et le dalaï-lama réfugié en Inde. Une fois de plus, aussi, le gouvernement indien refusa de s'immiscer dans ce qu'il considérait une affaire réglée, et le gouvernement britannique recommanda aux Américains de s'aligner sur la position indienne. Les Américains étaient cependant décidés à aider le Tibet dans la mesure où les Tibétains rejetteraient clairement l'accord et manifesteraient leur résistance à l'invasion chinoise : ils pressaient donc le dalaï-lama de le dénoncer avant l'arrivée sur le sol indien du représentant chinois. Mais le gouvernement tibétain voulait d'abord entendre le rapport de ses envoyés à Pékin et, au surplus, le dalaï-lama subissait de fortes pressions, notamment du haut clergé, pour qu'il accepte l'accord et retourne à Lhasa. Finalement, ce fut le recours à la divination qui décida de ce retour, et le dalaï-lama prit la route de Lhasa le 23 juillet 1951.

Zhang Jingwu l'avait précédé de peu et pressait le pontife de confirmer publiquement l'accord. Le Cabinet ne savait que faire et, en dernier ressort, il fut convenu de se ranger à l'avis de l'Assemblée nationale. Celle-ci, convoquée à la fin du mois de septembre, recommanda après des débats houleux d'accepter l'accord : après tout, il garantissait le maintien du système politico-religieux traditionnel, avec le dalaï-lama à sa tête. Celui-ci envoya alors à Mao Zedong le télégramme cité dans la réponse chinoise, dont le style et le jargon révèlent une main chinoise. En effet, un brouillon avait été rédigé en tibétain et traduit par l'un des négociateurs de Pékin ; mais Zhang Jingwu objecta à l'emploi de plusieurs termes (comme « Chine et Tibet », puisque le Tibet n'était pas distinct de la Chine), et l'on peut supposer qu'il participa activement à la rédaction finale. Les Chinois avaient gagné sur toute la ligne.

Depuis le 9 septembre déjà, l'Armée populaire de libération était entrée à Lhasa, et de nouvelles troupes arrivaient chaque jour.

Les auteurs de *Cent questions* ne s'interrogent pas ici sur les sentiments des Tibétains eux-mêmes. Dans d'autres réponses (et dans toute la propagande qui a accompagné l'occupation du Tibet), ils affirment que le peuple tibétain a accueilli les soldats chinois en libérateurs. Il est vrai que, dans un premier temps, l'armée chinoise, qui avait des consignes strictes, s'est comportée amicalement et est apparue à beaucoup comme une chance pour améliorer leurs conditions de vie. Cela fut particulièrement net dans le Kham (on peut lire, par exemple, le témoignage de Aten, *Un cavalier dans la neige…*). Mais les sentiments changèrent dès que les Chinois imposèrent la collectivisation des terres et du bétail, et qu'ils commencèrent à persécuter le clergé, comme E. Sperling l'explique dans la question suivante. Au Tibet central, il semble que le désenchantement fut moins rapide, et qu'il fut provoqué d'abord par les difficultés économiques occasionnées par le maintien d'une si forte armée. En réalité, la conscience politique des gens du peuple était nulle, et il est probable qu'ils ne comprenaient pas la portée de l'accord signé. D'autant plus que, dans les campagnes, ils en eurent connaissance par des équipes de propagande qui parcouraient systématiquement les villages, montraient des films, expliquaient l'accord et assuraient qu'il n'y aurait aucun changement brutal (Tséring Shakya, 1999, p. 98). À Lhasa et à Shigatsé, les Chinois entreprenaient des opérations de séduction à l'égard de la haute société : banquets, séances de cinéma, de chants et danses, participation des hauts fonctionnaires tibétains aux différents comités qui étaient progressivement mis en place. Le commandement chinois participa même à la traditionnelle distribution d'aumônes aux moines, lors de la célébration de la Grande Prière (Mönlam), en 1951. Mais déjà, à cette occasion, des affiches antichinoises furent apposées dans les rues de Lhasa, qui demandaient le départ des Chinois (Tséring Shakya, 1999, p. 102). Pourtant, la politique de séduction portait ses fruits, non seulement auprès de la classe dirigeante et des gros commerçants dont les affaires prospéraient grâce aux nouvelles régulations, mais aussi dans le peuple qui pensait sincèrement que les Chinois étaient venus moderniser le Tibet (la plupart voyaient pour la première fois des véhicules automobiles).

La situation se dégrada à partir de 1953-1954, lorsque la Chine dut réduire les frais engagés au Tibet – il fut par exemple demandé aux Tibétains d'accepter volontairement des réductions de salaire – et qu'elle voulut accélérer la mise en route des réformes, avec la création du Comité préparatoire de la Région autonome. De plus, les réfugiés du Kham commençaient à affluer, et avec eux les récits des exactions qu'exerçait l'Armée populaire de libération dans cette région. On verra, dans la réponse à la question 17, comment le mécontentement populaire grandissant éclata dans la révolte de Lhasa, le 10 mars 1959.

Pour ce qui est de l'Accord en dix-sept points, il fut dénoncé à Lhasa dès le 15 mars 1959 par la foule rassemblée par l'Assemblée du Peuple, un mouvement qui s'était constitué peu avant pour protéger le pontife tibétain ; la raison était que « les Chinois ont rompu l'accord en sapant l'autorité du dalaï-lama » (Tséring Shakya, 1999, pp. 197-198). De manière formelle, ce dernier dénonça l'accord à son arrivée en exil en Inde, accusant aussi les Chinois de l'avoir violé.

Quant aux Chinois, une déclaration signée de Zhou Enlai annonçait, le 28 mars, que la rébellion avait de fait « déchiré » l'accord : le gouvernement local était dissous, et ses responsabilités prises en charge par le Comité préparatoire de la Région autonome du Tibet. Le panchen-lama, en l'absence du dalaï-lama, en était désigné le président, et Ngapo le vice-président (Tséring Shakya, 1999, p. 207). L'Accord en dix-sept points avait vécu, le gouvernement traditionnel du Tibet aussi.

---

16. Après la libération pacifique du Tibet, quelles politiques le gouvernement chinois a-t-il adoptées envers le Tibet ?

Les auteurs affirment en préambule que « depuis la libération pacifique du Tibet, le gouvernement chinois a toujours poursuivi au Tibet une politique d'égalité entre les diverses communautés ethniques, d'union entre elles, et de liberté de croyance religieuse ». Jusqu'à la rébellion de 1959, une politique de concertation avec les Tibétains a été menée, tenant compte des réalités économiques et sociales. « En mars 1959, la clique réactionnaire tibétaine des couches supérieures déclencha une rébellion armée.» Les Tibétains des *«couches supérieures» furent alors traités en fonction de leur participation ou non.*

«À la suite de la réforme démocratique au Tibet» [après la fuite du dalaï-lama en 1959], *le gouvernement chinois décida en 1961 d'un moratoire dans l'application des réformes* [pour la création des coopératives agricoles], *et le niveau de vie des Tibétains s'améliora rapidement. Au cours de la Révolution culturelle (1966-1976), qui bouleversa la Chine tout entière, cette politique modérée envers les minorités ethniques fut rejetée, les activités religieuses interdites, et les temples et monastères détruits. «Tout cela apporta le malheur au peuple tibétain comme aux autres communautés ethniques du pays.»*

Après la Révolution culturelle, le gouvernement central est revenu à une politique souple qui tient compte des réalités tibétaines : exemption d'impôts pour les paysans, les éleveurs et les artisans, distribution de terres et de bétail, et autorisation de leur exploitation familiale, développement de l'industrie et du commerce privés en même temps que des entreprises publiques. Les victimes d'injustices et de spoliations ont été réhabilitées, et on leur a rendu leurs biens. La pratique religieuse a été autorisée à nouveau et le gouvernement a consacré de grosses sommes à la restauration des monuments religieux. Les provinces du reste de la Chine apportent «leur aide économique et technique au Tibet».

Elliot SPERLING : Depuis la signature de l'Accord en dix-sept points qui a permis l'incorporation du Tibet dans la République populaire de Chine («la libération pacifique du Tibet»), la politique chinoise a varié d'une période à l'autre. L'image générale qui se dégage n'est pas, comme le voudraient les auteurs de *Cent questions*, celle des développements d'une politique stable, interrompus seulement par le chaos de la Révolution culturelle. C'est plutôt l'image de vastes fluctuations et oscillations qui exigèrent parfois un lourd tribut de souffrance humaine, dont la période de la Révolution culturelle représente l'exemple le plus notoire.

À la suite de l'incorporation du Tibet dans la République populaire de Chine, en 1951, la politique adoptée par celle-ci dans ce qui constitue désormais la Région autonome du Tibet (RAT) a différé considérablement de celle qui a été suivie à la fois dans les régions chinoises de la RPC, et dans les régions tibétaines situées hors des limites de la moderne Région autonome. En application de l'Accord en dix-sept points, la structure économique et sociale de l'État présidé par le dalaï-lama resta en grande partie inchangée, même si la nouvelle présence militaire chinoise et ses réquisitions concomitantes, tout comme les pressions politiques exercées sur le dalaï-lama et ses fonctionnaires, contribuaient à susciter un sentiment de malaise dans la région. Ailleurs toutefois sur le Plateau tibétain, en dehors des zones placées sous la juridiction du gouvernement du dalaï-lama, les clauses de l'Accord en dix-sept points ne s'appliquaient pas, ce qui produisit une situation très différente, avec de sérieuses conséquences. Bien que la Chine considère que seule la Région autonome constitue le Tibet, les événements qui s'y déroulèrent ne peuvent être compris isolément, sans les autres parties du Plateau tibétain. Alors que le gouvernement chinois entreprenait ce qu'il appelait des « réformes démocratiques » dans les régions tibétaines situées en dehors de la juridiction du dalaï-lama (le Kham et l'Amdo désormais incorporés dans les provinces chinoises du Qinghai, Sichuan, Yunnan et Gansu), cela fit naître des sentiments d'appréhension et de ressentiment au sein des populations concernées ; et ces sentiments refluèrent par-delà les frontières de la moderne Région autonome. Il faut en effet tenir compte des liens étroits qui unissent les populations tibétaines à travers tout le Plateau ; à titre d'exemple, le présent XIVe dalaï-lama et le défunt X^{e} panchen-lama sont tous deux nés bien à l'extérieur des limites de la Région autonome, là où vit encore la majorité de la population tibétaine.

Dans ces régions, les réformes démocratiques furent mises en œuvre, souvent de la même manière qu'en Chine propre. Cela impliquait la formation de coopératives (qui menèrent ultérieurement aux communes), la confiscation des terres et la dénonciation parfois violente des « ennemis de classe », toutes mesures qui relevaient de la tentative de changer la société et les relations sociales de la RPC dans son ensemble. À cette époque, les facteurs qui différenciaient les situations économiques et sociales au Tibet et en Chine – par exemple, le fait que les régions tibétaines avaient un énorme surplus de terre et une pénurie de population (même si une grande partie de la terre n'était pas cultivable) – n'entraient guère en ligne de compte dans le projet final de réformer la société tibétaine.

Ainsi, les personnalités politiques et religieuses de la Région autonome apprirent très tôt, dans les années cinquante, qu'ailleurs sur le Plateau tibétain les intérêts économiques et les activités des monastères étaient sujets à de sévères et souvent humiliantes restrictions, tandis que des responsables religieux et des chefs laïcs étaient dénoncés et attaqués. À cette époque, la situation dans ces régions ne correspondait pas du tout à ce qu'affirment les auteurs de *Cent questions* : « Depuis la libération pacifique du Tibet, le gouvernement chinois a toujours poursuivi au Tibet une politique d'égalité entre les diverses communautés ethniques, d'union entre elles, et de liberté de croyance religieuse. Il s'est efforcé de rallier les personnalités des minorités ethniques et de la religion, pour donner plus d'envergure au front uni patriotique [...]. » Déjà en 1956, alors qu'une résistance violente avait éclaté dans les régions orientales du Plateau tibétain en réponse aux mesures imposées par les Chinois, le *géshé* Shérab Gyatso, un moine éminent qui avait suivi la fortune du nouveau gouvernement chinois dont il avait obtenu un poste important *(voir aussi la question 13)*, fut obligé d'admettre que la rapidité avec laquelle les réformes avaient été entreprises – incluant la confiscation des terres et des animaux pour les « coopératives » – avait causé de l'« inquiétude » parmi les Tibétains.

C'est un fait maintenant bien connu, la résistance armée des Tibétains, qui s'était développée dans les régions orientales, s'étendit au territoire placé sous la juridiction du dalaï-lama et culmina avec le soulèvement de Lhasa, en mars 1959. Les combats continuèrent pendant plus d'un an, tandis que l'armée chinoise écrasait la guérilla tibétaine au Tibet méridional et commençait à imposer, dans la région précédemment sous le gouvernement du dalaï-lama, un grand nombre des réformes qui étaient déjà en vigueur ailleurs. Tout cela est glosé par les auteurs de *Cent questions* comme une rébellion fomentée par « la clique réactionnaire tibétaine des couches supérieures ».

Le plateau tibétain tout entier fut rapidement soumis aux mêmes sortes de changements politiques et de mesures extrêmes dont d'autres parties de la RPC avaient eu l'expérience, malgré le répit concédé à la formation des coopératives que décrivent les auteurs de *Cent questions*. Ceux-ci laissent entendre que la politique chinoise envers le Tibet a suivi un cours constant, sauf pendant la Révolution culturelle ; mais des changements notables dans l'approche de la Chine envers le Tibet étaient déjà visibles dans les années cinquante, bien que leurs effets directs aient été largement ressentis hors de la zone gouvernée par le dalaï-lama. Les extrémistes gauchistes furent à l'origine de périodes pendant lesquelles de puissants principes maoïstes et staliniens imposaient le diktat affirmant que l'affaiblissement des caractéristiques de chaque nationalité devait se produire plus rapidement sous le système socialiste de la Chine ; si il ne se produisait pas, cela provenait, disait-on, des ennemis de classe qui utilisaient la question de nationalité pour masquer leurs intérêts réactionnaires. Les changements de politique reflétaient les tensions entre cette position et une plus modérée qui, tout en maintenant que les caractéristiques des nationalités étaient destinées à disparaître, insistait pour que le processus puisse se dérouler normalement et naturellement, et non de force. On peut voir des exemples de telles oscillations à partir de la fin des années cinquante, dans le mouvement des Cent Fleurs, mouvement libéral qui fut suivi par la campagne gauchiste « antidroitiste » (elle-même suivie par le Grand Bond en avant, puis la restauration à nouveau d'une relative modération). De tels revirements politiques ont connu, bien sûr, leur apogée avec la Révolution culturelle, qui commença en 1966.

Les mouvements gauchistes n'ont généralement jamais caché leur hostilité envers ce qui était appelé « nationalisme local », un phénomène qu'il fallait anéantir chez les minorités nationales de la RPC. Dans des cas extrêmes, comme la période de la Révolution culturelle, cela conduisit à s'efforcer de diminuer l'emploi de leur langue par les minorités nationales, ainsi qu'à d'autres attaques, qui pouvaient être dures et brutales, contre les « caractéristiques de nationalité ». (Dans les périodes modérées, une telle politique et les prises de position qui l'avaient engendrée furent dénigrées comme étant du « chauvinisme han ».)

Bien que la politique chinoise des années cinquante et soixante ait, sans aucun doute, fait beaucoup de victimes au Tibet, c'est la période de la Révolution culturelle qui est généralement présentée comme l'époque des grands ravages maoïstes. Toutefois, la politique gauchiste qui attaquait des aspects de la culture et de la société tibétaines – bien que ponctuée de périodes modérées de répit – était déjà évidente dans les années cinquante et soixante, avant que ne commence la Révolution culturelle. En 1965, la Région autonome du Tibet fut créée dans les régions précédemment sous la juridiction du dalaï-lama, bien que celles-ci aient déjà été soumises aux caprices de la politique chinoise après l'écrasement de la résistance tibétaine, en 1959 et en 1960. La création de la Région autonome n'y changea rien, puisque l'autonomie à l'intérieur de la RPC signifie, au mieux, l'autonomie dans l'exécution de la politique, mais non dans la création de cette politique. Quand la Révolution culturelle éclata, en 1966, le Tibet y fut vite emporté.

Les ravages de la Révolution culturelle sont suffisamment connus pour qu'il soit besoin de les décrire en détail. Depuis l'arrivée au pouvoir de Deng Xiaoping à la fin des années soixante-dix, la Révolution culturelle a été dénoncée dans les milieux officiels chinois ; la brève description qu'en donne *Cent questions* est typique de ces condamnations. Dans de nombreux cas, les souffrances particulières des Tibétains et des autres populations que leurs seules cultures et langues définissaient comme éléments non progressistes dans la pensée de cette époque sont généralement occultées par un discours qui affirme que, certes, les Tibétains et les autres minorités ont souffert durant la Révolution culturelle, mais tout comme le reste de la population chinoise. Ainsi, dans *Cent questions*, les auteurs déclarent simplement : « Le Tibet souffrit comme les autres régions du pays [...]. »

Il n'en reste pas moins que des minorités, comme les Tibétains, semblent avoir souffert de manière disproportionnée. Par exemple, des documents récents provenant de Mongolie intérieure montrent que les Mongols furent les principales victimes de la Révolution culturelle dans la région, alors même qu'ils ne formaient plus déjà qu'une faible minorité de la population.

Depuis l'avènement de Deng Xiaoping, la Chine a suivi une politique de plus grande ouverture internationale, largement orientée vers le développement de l'économie chinoise au sein du système de marché mondial. Ce revirement libéral, fort éloigné des lignes politiques dures de la Révolution culturelle, a amené des mesures libérales indiscutables dans les secteurs de la production agricole et pastorale, comme l'indique *Cent questions*, ainsi qu'une libéralisation pour d'autres aspects de la culture et de la vie tibétaines. Il faut reconnaître que, depuis le début des années quatre-vingts, les limites imposées à l'expression culturelle ont énormément reculé. Il y a eu un accroissement notable du nombre de magazines, de journaux et de livres en langue tibétaine disponibles dans la RPC, et l'emploi du tibétain s'est considérablement répandu. (Bien entendu, certains domaines d'expression restent tabous pour les écrivains tibétains, mais, de nos jours et malgré le récent changement de climat politique au Tibet, les publications en tibétain sont encore nombreuses.) Quant à l'usage de la langue, son utilité pratique est constamment menacée dans la plupart des centres culturels urbains du fait que les migrants chinois renforcent la primauté du chinois dans la vie quotidienne en dehors du foyer *(sur ces sujets, voir les questions 75, 99 et 100)*. Dans le domaine de la religion, on a entrepris la réparation et la reconstruction de beaucoup des monastères et des temples qui avaient été très endommagés ou détruits pendant la Révolution culturelle et dont une poignée seulement avaient été épargnés. Mais les auteurs de *Cent questions* ne mentionnent que les subventions accordées par le gouvernement chinois pour la reconstruction des monastères, alors que beaucoup – pour ne pas dire la plupart – des fonds furent privés, provenant des Tibétains à l'intérieur du Tibet et en exil *(sur ce que l'on sait du financement des reconstructions, voir la question 49)*.

En outre, en dépit de ces changements, il existe encore une répression évidente au Tibet, qui vise plus particulièrement les manifestations du sentiment nationaliste, ou l'opposition à la politique du gouvernement. La manière dont elle s'applique a été le plus souvent en contradiction directe avec les normes internationalement acceptées de respect des droits de l'homme, notamment depuis que des manifestations périodiques pour l'indépendance du Tibet commencèrent en septembre 1987. Les manifestants ont été tirés à vue, emprisonnés pour avoir exprimé pacifiquement leurs opinions, et torturés en prison.

À côté de la répression politique directe, d'autres mesures chinoises au Tibet sont aussi source d'inquiétude. Malgré les démentis officiels, il est clair que les zones urbaines et les villes stratégiques ont été envahies, depuis plus d'une décennie, par un grand nombre d'immigrants chinois. Cette immigration a entraîné la marginalisation des Tibétains dans les régions qui avaient la plus grande signification pour leur cohésion politique et nationale. Il va sans dire que cela entraîne également une marginalisation économique. Dernièrement, le gouvernement chinois a recherché des investissements étrangers pour des projets qui ne peuvent qu'amener un nombre croissant de Chinois au Tibet. Le but est d'intégrer plus fermement le Tibet et les régions avoisinantes, par exemple le Xinjiang. En 1999, la Chine a été sur le point d'obtenir de la Banque mondiale le financement d'un projet qui aurait déplacé un grand nombre de fermiers chinois pauvres (près de 60 000) dans une région faiblement peuplée du nord-est tibétain, habitée par des Tibétains et des Mongols ; seule une campagne internationale a obligé la Banque mondiale à abandonner ce financement (en réaction, le gouvernement chinois a annoncé qu'il mènerait seul le projet, en laissant entendre qu'il augmenterait le nombre des migrants). Mais depuis 1998, déjà, la Chine essaye de réunir des investissements étrangers pour un plan appelé la « Grande initiative pour le développement de l'Ouest ». Ce projet à multiples facettes vise à accélérer le développement des régions occidentales de la RPC – y compris le Tibet *(voir la section H, sur le développement économique)* ; de la même manière, il ne pourrait qu'amener un plus grand nombre de Chinois dans ces régions.

Très récemment, confrontées aux aspirations nationales des Tibétains, les autorités chinoises ont manifesté une brutalité accrue dans certains secteurs de leur politique tibétaine. Un bon exemple est fourni par l'impasse actuelle au sujet de la reconnaissance de la réincarnation du précédent panchen-lama. L'enfant reconnu par le dalaï-lama – lequel est, selon la tradition tibétaine, celui à qui revient la décision finale – a été rejeté par les autorités centrales ; et celles-ci ont dépoussiéré les règles, d'une validité douteuse, instaurées par la dynastie Qing [1], afin de nier l'autorité du dalaï-lama sur ce sujet. Comme résultat, des tensions supplémentaires se sont ajoutées à la situation déjà tendue du Tibet. Cet exemple n'illustre pas

1. Le fameux tirage au sort au moyen de l'urne d'or ; voir la question 6 *(les éditeurs)*.

vraiment le strict respect de la liberté de croyance religieuse auquel font allusion les auteurs de *Cent questions*.

---

17. Quelle a été la cause de la rébellion au Tibet en 1959 ?

Après 1951, le Tibet s'est développé parce que les travailleurs chinois et l'Armée de libération respectaient scrupuleusement l'Accord en dix-sept points, tandis que le gouvernement central fournissait une aide financière et matérielle. « Dans le même temps, le million de serfs tibétains opprimés et exploités depuis des générations » prenaient conscience de leur servitude et réclamaient « l'abolition du servage féodal ». Cela suscita la frayeur de « la clique réactionnaire des couches supérieures du Tibet » qui réagit par la persécution des serfs et des éleveurs qui collaboraient avec les Chinois, et par des actes hostiles envers les soldats et les travailleurs chinois qui venaient au Tibet.

Les autorités centrales ont réagi avec prudence et ont décidé de ne pas mettre en œuvre la réforme au Tibet pendant le deuxième plan quinquennal (1958-1962) ; il fallait attendre jusqu'à ce que « les masses tibétaines et les dirigeants du Tibet » jugent la réforme possible.

Mais, pour perpétuer le système féodal, « la clique réactionnaire des couches supérieures du Tibet déclencha une rébellion armée à l'instigation de puissances étrangères », qui visait à chasser l'Armée populaire de libération et à détacher le Tibet de la Chine.

« La clique réactionnaire des couches supérieures du Tibet a fait courir le bruit que les Han voulaient kidnapper le dalaï-lama, cherchant par là un prétexte pour leur rébellion. » En démenti, Cent questions *fournit en annexe un article publié dans* Tibétologie en Chine *(n° 2, 1988) par Ngapoi Ngawang-Jigme, ancien ministre du gouvernement local du Tibet et vice-président du Comité permanent de l'Assemblée populaire nationale* [sur ce personnage, voir les réponses aux questions 13 et 14]. *Dans cet article, Ngapo dit que la rumeur d'enlèvement du dalaï-lama, encore ancrée dans l'esprit des Tibétains, avait été lancée par des éléments malveillants et était totalement infondée : c'était le dalaï-lama qui avait lui-même demandé à*

assister à une représentation au quartier général chinois et qui avait fixé la date du 10 mars. Le protocole n'aurait pas permis qu'il s'y rende sans ses gardes du corps, et, de plus, l'ensemble des ministres, dont Ngapo, et des fonctionnaires avaient été invités, ainsi que beaucoup de hauts dignitaires religieux. Il n'y avait par ailleurs aucune raison de se révolter, puisque le gouvernement central venait de surseoir aux réformes, au moins jusqu'au IIIe *plan quinquennal. La « rébellion » fut dont provoquée par les éléments réactionnaires des couches supérieures du Tibet.*

[Cette version est en contradiction flagrante avec le récit minutieux que le dalaï-lama fait des événements dans ses *Mémoires* (1962, pp. 149-176) et avec celui de Shakabpa (1967, pp. 316-320), lui aussi ancien ministre du gouvernement tibétain. Le dalaï-lama détaille tous les éléments inhabituels dans l'invitation chinoise qui ont suscité la méfiance, d'abord de son Cabinet, puis de la population de Lhasa, déjà exaspérée par la présence chinoise : en particulier, le fait que le dalaï-lama devait se rendre au camp militaire chinois sans « tout le cérémonial » avec lequel il se déplaçait habituellement ; seuls deux ou trois gardes du corps, sans armes, lui étaient autorisés (au lieu des vingt-cinq qui l'escortaient traditionnellement). De même, aucun des officiels tibétains n'avait été invité, comme les Chinois le faisaient d'habitude, et ce n'est que le 9 mars au soir – la représentation théâtrale avait été fixée au 10 mars quelques jours auparavant – qu'une invitation parvint aux membres du Cabinet, dont Ngapo. Bien que les instructions chinoises aient été de garder les choses secrètes, de jeunes fonctionnaires du gouvernement firent circuler la nouvelle ; de plus, les préparatifs de la visite et l'annonce de restrictions de circulation inhabituelles pour le lendemain, ne passèrent pas inaperçus de la population : la rumeur que les Chinois se préparaient à kidnapper le dalaï-lama se répandit. À Lhasa, on connaissait le précédent de plusieurs hauts lamas du Tibet oriental qui avaient été invités par les Chinois à une réception et qui n'en étaient pas revenus, tués ou en prison. Dans la nuit, l'agitation crût, et la foule commença à se rassembler au Norbulingka, le palais d'été, où résidait le dalaï-lama, pour l'empêcher par tous les moyens de se rendre au camp militaire. Tous les efforts déployés par le dalaï-lama pour faire disperser la foule – il craignait à juste titre un affrontement violent dans lequel les Tibétains désarmés auraient été massacrés – échouèrent, et la tension devint de plus en plus forte jusqu'au 16 mars. Ce jour-là, la nouvelle parvint de mouvements de troupes, de renforts de l'Armée populaire de libération marchant sur Lhasa, et de préparatifs d'artillerie. Effectivement, dans l'après-midi du 16 mars, deux obus furent tirés sur le palais d'été, qui aboutirent dans un étang. C'est alors que le dalaï-lama décida de s'enfuir avec son gouvernement, dans l'idée de se réfugier près de la frontière indienne et d'y installer le gouvernement pour ouvrir de nouvelles négociations avec le gouvernement chinois. Les événements devaient en décider autrement : quand il apprit la répression sauvage qui s'était abattue sur la population de Lhasa – avant même que sa fuite ne soit connue des Chinois –, il estima qu'il serait plus utile à son peuple hors du Tibet.

Dans la relation des événements par le dalaï-lama, il est clair que lui et son cabinet n'y ont eu aucune part – il dit à plusieurs reprises que la foule était incontrôlable –, pas plus que des « puissances étrangères » ou des « éléments réactionnaires des couches supérieures » de la société. Il s'agissait bel et bien d'un soulèvement populaire, même si de jeunes fonctionnaires ont pris une part active à la mobilisation de la population. Tous les témoins et acteurs tibétains de cette révolte du 10 mars attestent d'un climat de méfiance et de peur grandissantes, qui a fait réagir la population spontanément lorsque la nouvelle de l'invitation du dalaï-lama au quartier général chinois s'est répandue. Nous avons voulu donner la parole à l'un de ces témoins, qui explique quelles sont les raisons, à ses yeux, du soulèvement.]

Jampa PANGLUNG : Le 10 mars 1959 eut lieu, à Lhasa, le soulèvement du peuple tibétain contre les forces d'occupation communistes chinoises. Soulèvement faussement qualifié par les Chinois de « putsch », de « conjuration menée par la clique réactionnaire de la classe supérieure tibétaine en vue de maintenir ses privilèges ».

Les raisons de ce soulèvement se trouvent dans l'occupation du Tibet, en 1950, par l'Armée populaire de libération chinoise. Son but était d'annexer le pays et de lui imposer l'idéologie communiste. L'armée tibétaine, forte seulement de quelques milliers d'hommes, possédait un équipement totalement désuet et plus qu'insuffisant. Elle opposa une résistance, mais ne put empêcher l'occupation du pays. Les forces communistes poursuivirent leur but sans relâche, et le gouvernement tibétain, qui dirigea nominalement le pays jusqu'en 1959, ne put, en raison de la suprématie militaire chinoise, exprimer son opposition que par le biais de négociations dilatoires.

En mai 1951, l'Accord en dix-sept points, qui devait régler la « libération pacifique », fut imposé au gouvernement tibétain. Avec la création à Lhasa, en février 1952, du Détachement du district militaire tibétain, qui intégrait de fait le Tibet dans la structure administrative et militaire de la RPC, les Chinois étendirent encore leur pouvoir militaire (Tséring Shakya, 1999, pp. 99-100).

Les intentions réelles des forces d'occupation communistes, et leurs effets négatifs, furent ressentis rapidement par la population tibétaine. Par exemple, les questions posées aux familles, lors du recensement entrepris dès 1953, furent subies comme une atteinte à la vie privée. En outre, l'Armée populaire de libération devait se ravitailler auprès des Tibétains. En dépit de la grande superficie du territoire et de la faible densité de population, les conditions géographiques et politiques faisaient qu'au Tibet la nourriture produite suffisait tout juste à couvrir les besoins de la population autochtone. Le ravitaillement d'une armée d'occupation de plus de 10 000 hommes entraîna une pénurie de denrées alimentaires ; et le manque d'infrastructures obligea les Chinois à recourir au système de corvées obligatoires *(ulag)* – qu'ils stigmatisaient pourtant comme une coutume « féodale » – qui pesaient lourdement sur les paysans (Tséring Shakya, 1999, 134 sq.). De plus, comme la monnaie chinoise courante n'avait pas de validité au Tibet jusqu'en 1959, les communistes introduisirent dans le pays une grande quantité de dollars d'argent *(dayen)*, monnaie avec laquelle ils payaient leur nourriture, leur logement ainsi que des salaires très élevés pour des travaux divers, tels que des travaux de voirie et de construction de casernes. Ils essayèrent aussi de gagner les faveurs des fonctionnaires gouvernementaux en leur allouant une sorte de salaire mensuel supplémentaire en dollars d'argent. Ils entraînèrent ainsi une inflation dont les taux grimpèrent, entre 1950 et 1959, à près de

3 000 %. Citons comme exemple l'orge, l'un des aliments de base des Tibétains. En 1950, une mesure d'orge coûtait environ douze *srang* (monnaie créée par le XIIIe dalaï-lama ; en 1950, cinq *srang* équivalaient à une roupie indienne) ; mais en 1959, le prix était monté à 350. Parce que cette inflation frappait l'alimentation, tout comme les autres biens de consommation, l'existence même des Tibétains se trouvait lentement, mais sûrement, menacée.

Aux problèmes économiques que rencontraient les Tibétains s'ajoutait la menace, bien plus grave, qui pesait sur leur identité culturelle et nationale. Pour l'ensemble du peuple tibétain, la pratique des enseignements bouddhiques est l'élément le plus important de la vie quotidienne. Tout en proclamant officiellement la liberté de culte, les Chinois tentaient de monter le peuple contre le clergé. Avec des slogans tels que « La religion est l'opium du peuple », ou « Religion égale superstition », ils essayaient de discréditer les enseignements bouddhiques ; pour rabaisser les moines, ils lançaient des insultes se référant à la couleur de leurs habits comme « bandits jaunes » et « voleurs rouges ». En plus, menace évidente, leurs bases militaires avaient été placées de manière que les monastères soient dans leur ligne de tir.

Dans les années 1953-1954, les communistes commencèrent à appliquer la Grande Réforme, la mise en pratique de leur idéologie. Il faut signaler que le Tibet est l'un des rares pays sur cette terre qui a une culture pénétrée par le bouddhisme et des structures sociales particulières, liées à cette caractéristique, qui sont restées pratiquement inchangées durant plusieurs siècles. Certes, des réformes étaient souhaitables dans de nombreux domaines, mais il y a une différence notable entre une aspiration au changement venue de la population elle-même et l'imposition, par une force d'occupation étrangère, de réformes visant à éliminer dans un pays, comme c'est le cas au Tibet, les traditions, la culture et l'identité nationale.

Les Chinois contrôlaient déjà depuis longtemps les régions à l'est du fleuve Yangzi, au Tibet oriental. Là, ils cherchèrent à contraindre les dignitaires du gouvernement et du clergé à la rééducation ; c'est alors que des arrestations eurent lieu et que la répression s'intensifia. Il en résulta les premiers soulèvements armés des Tibétains ; ils étaient localisés aux régions du Kham et de l'Amdo, régions frontalières de l'est, dont la population était mieux informée que celle du Tibet central sur les souffrances engendrées en Chine par la nouvelle idéologie. Ces mouvements de résistance harcelaient périodiquement l'Armée populaire de libération. De ce fait, en 1956, l'aviation militaire chinoise riposta en bombardant d'importants monastères, entre autres ceux de Lithang et Chateng, où un grand nombre de personnes s'étaient réfugiées. Les pertes parmi la population tibétaine furent considérables.

En vue de prendre le pouvoir politique au Tibet, les autorités chinoises avaient fondé, en avril 1956, le Comité préparatoire de la Région autonome du Tibet. À Lhasa, de plus en plus de tracts anticommunistes et antichinois faisaient leur apparition, et l'opposition qui s'était formée parmi la population mettait le gouvernement tibétain, soucieux d'éviter toute confrontation, dans une situation critique. Sous la pression des Chinois, le dalaï-lama fut même obligé de se défaire de l'un des membres de son Cabinet qui avait donné trop franchement son avis, et il dut critiquer officiellement les résistants. Le gouvernement tibétain dut aussi arrêter et mettre en prison trois leaders d'une association créée en 1954, l'Assemblée du peuple, parce qu'ils avaient osé présenter une pétition qui demandait l'allègement des mesures chinoises. À l'est du pays, les Tibétains continuaient leur combat de guérilla. Plusieurs milliers de réfugiés gagnèrent Lhasa (parmi eux se trouvaient aussi des Chinois des régions frontalières).

En 1958, au Tibet central, les Khampa venus de l'est s'organisèrent en groupes de résistance et établirent leur quartier général au sud du pays. L'Armée populaire de libération était en alerte : les postes militaires furent renforcés, des abris de tir furent construits aux endroits stratégiques, des sacs de sable furent empilés sur les toits des maisons des Chinois et les fonctionnaires han reçurent des armes. Des pressions de plus en plus fortes étaient exercées sur le gouvernement tibétain, afin qu'il désarme la résistance khampa qui bénéficiait du soutien incontestable de la population. La situation était des plus tendues.

Ce qui déclencha le soulèvement populaire, ce fut une étrange invitation faite au dalaï-lama, chef temporel et spirituel du Tibet, par les Chinois. En février 1959, pendant la période de la Grande Prière (Mönlam) qui suit le Nouvel An, il fut convié à assister à une représentation théâtrale donnée au quartier général militaire.

À l'occasion de la Grande Prière, près de 40 000 moines venaient des monastères environnants, et une multitude de pèlerins étaient présents à Lhasa. Le 9 mars, veille de la représentation théâtrale, on apprit que le dalaï-lama était invité à se rendre sans escorte au quartier général militaire. Toute la population fut alarmée, de crainte que son chef ne lui soit enlevé.

Il est significatif que ce soit la menace que faisaient peser les forces d'occupation sur la personne du dalaï-lama, symbole des enseignements bouddhiques ainsi que de l'identité culturelle et nationale des Tibétains, qui déclencha le soulèvement populaire.

Sans penser à leur propre vie, des milliers de Tibétains se rassemblèrent le 10 mars 1959 au Norbulingka, le palais d'été du dalaï-lama, et ils formèrent une barricade humaine afin de l'empêcher de se rendre, sans protection, au quartier général militaire chinois. Leurs clameurs, « Les Chinois dehors ! », « Le Tibet aux Tibétains ! », ne laissaient aucun doute quant à leur détermination. Spontanément, des manifestations se déroulaient à Lhasa, réclamant le départ des Chinois. Pour la première fois dans l'histoire du Tibet, près de 10 000 femmes s'étaient rassemblées pour demander aux occupants de retourner dans leur pays.

Devant l'ampleur que prenaient les événements, les forces de résistance tibétaines organisèrent la fuite du gouvernement tibétain et, dans la nuit du 20 mars, avant même de connaître cette fuite, l'armée chinoise réprima par la violence le soulèvement, aussi spontané que désespéré, du peuple tibétain. Au cours de ces événements, un nombre considérable de Tibétains trouvèrent la mort, et près de 80 000 personnes réussirent à atteindre l'Inde, protégées dans leur fuite par les résistants khampa.

---

18. Comment le gouvernement chinois a-t-il traité ceux qui avaient participé à cette rébellion de mars 1959 ?

Les auteurs répètent que c'est « la clique réactionnaire des couches supérieures du Tibet » qui est à l'origine de cette révolte, déclenchée « afin de maintenir le régime du servage féodal, d'entraver et de saboter l'exécution de l'Accord en dix-sept points ». La répression a été ordonnée par le gouvernement central « dans l'intérêt du peuple tibétain et pour sauvegarder l'unité du pays ». Beaucoup de Tibétains de toutes classes l'ont d'ailleurs « soutenue ». Les rebelles capturés ont été jugés et condamnés à des peines de prison. Certains ont été libérés dans les années soixante et tous les autres ont été relaxés en 1979, par mesure de clémence.

Elliot SPERLING : Le commentaire de *Cent questions,* qui interprète la révolte de Lhasa en 1959, comme une tentative de la « clique réactionnaire » du Tibet pour maintenir le régime de servage féodal, déforme les facteurs complexes qui conduisirent à cette confrontation et qui ont été décrits brièvement dans les questions 16 et 17. L'affirmation qu'un grand nombre de Tibétains ont soutenu la répression n'est pas défendable. Il est désormais évident pour presque tous les observateurs, que c'est au dalaï-lama que va, aujourd'hui comme hier, la fidélité de la plupart des Tibétains.

Il est vrai, comme le disent les auteurs de *Cent questions*, que des Tibétains arrêtés dans le sillage de la rébellion furent relâchés dans les années soixante et d'autres en 1979 (vingt ans après la révolte de 1959). Cependant, les auteurs ne fournissent aucun chiffre sur le nombre des Tibétains arrêtés, pas plus qu'ils ne décrivent les conditions d'emprisonnement. En outre, ils omettent l'hécatombe que l'armée chinoise fit des Tibétains, dans sa campagne contre la rébellion. Le nombre exact des victimes durant cette période n'est pas connu, mais un document secret chinois de 1960 décrit comment les forces chinoises ont anéanti plus de 87 000 « ennemis », entre mars 1959 et septembre 1960 (Goldstein, *Human Rights in Tibet*, 1988, p. 10).

On ne sait pas non plus combien de Tibétains sont morts en prison, mais les conditions étaient telles que beaucoup ont certainement succombé (voir aussi les questions 21 à 25). Les prisonniers qui ont survécu et qui ont raconté leur expérience donnent des récits similaires de travail forcé, de rations alimentaires insuffisantes, ainsi que de nombreux cas de morts dues aux mauvais traitements. On trouvera dans les références en fin de section quelques-uns de leurs témoignages ; à titre d'exemple, citons Tenzin Chödrak, détenu pendant vingt ans après la rébellion de 1959, qui a raconté son histoire à John Avedon (1984, pp. 238-265 et 304-311) et écrit son autobiographie. Tout ce que les auteurs de *Cent questions* disent à cet égard est que les Tibétains qui participèrent à la rébellion de 1959 furent jugés et « condamnés à des peines d'emprisonnement en vertu de la loi ».

Références citées

ANAND R. P., « The status of Tibet in International Law », *International Studies*, vol. 10, n° 4 (numéro spécial *Tibet*), 1969, pp. 401-445.

A Poisoned Arrow. The Secret Report of the 10th Panchen Lama, Londres, TIN, 1997.

ARPI C., *The Fate of Tibet. When Big Insects Eat Small Insects,* New Delhi, Har-Anand Publications, 1999 ; trad. fr., *Tibet, le pays sacrifié*, Paris, Calmann-Lévy, 2000.

AVEDON J., *In Exile from the Land of Snows,* New-York, Knopf, 1984.

DALAÏ-LAMA (XIVe), *My Land and my People. The Memoirs of H. H. the Dalai Lama of Tibet*, Londres, Weidenfeld and Nicolson, 1962 ; trad. fr., *Mémoires. Mon pays et mon peuple*, Genève, collection Artou-Olizane [1984], 1988.

DESHAYES L., *Histoire du Tibet*, Paris, Fayard, 1997.

FORD R., *Captured in Tibet*, Londres, George G. Harrap, 1957 ; *Tibet rouge. Capturé par l'armée chinoise au Kham*, Genève, Olizane, 1999.

GERNET J., *Le Monde chinois*, Paris, Armand Colin [1972], 1999.

GOLDSTEIN M. C., *A History of Modern Tibet. The Demise of the Lamaist State, 1913-1951*, Berkeley-Los Angeles-Londres, University of California Press, 1989.

–, *The Snow Lion and the Dragon*, Berkeley-Los Angeles-Londres, University of California Press, 1997.

GROUSSET R., *L'Empire des Steppes*, Paris, Payot, 1941.

Human Rights in Tibet, Washington, Asia Watch, 1988.

JAGOU F., « Le contrôle des marches sino-tibétaines à l'époque de la Chine républicaine », *Géographie et cultures*, n° 34, *Les Marges culturelles du territoire chinois*, Paris, L'Harmattan, 2000, pp. 5-23.

JAMYANG Norbu, « The Tibetan Resistance Movement and the Role of the C.I.A. », in Robert Barnett and Shirin Akiner (éd.), *Resistance and Reform in Tibet*, Londres, Hurst, 1994, pp. 186-196.

KNAUS J. K., *Orphans of the Cold War. America and the Tibetan Struggle for Survival,* New York, Public Affairs, 1999.

KUNSANG Paljor, *Tibet, The Undying Flame,* Dharamsala, Information and Publicity Office of H. H. the Dalai Lama, 1977.

Le Tibet et la République populaire de Chine, rapport présenté à la Commission internationale de juristes par le Comité juridique d'enquête sur la question du Tibet, Genève, Commission internationale de juristes, 1960.

LOBSANG, *The Memory of the Panchen Lama. China In Focus*, 37, Pékin, 1989.

PELLIOT P., *Histoire ancienne du Tibet*, Paris, A. Maisonneuve, 1961.

RICCA F., *Il tempio oracolare di gNas chung. Gli dei del Tibet più magico e segreto*, Turin, éd. dell' Orso, 1999.

ROTOURS G. des, « Les insignes en deux parties *(fou)* sous la dynastie des T'ang (618-907) », in *T'oung Pao*, 41, 1952, pp. 75-87.

SCHAFER E. H., *The Golden Peaches of Samarkand. A Study of T'ang Exotics*, Los Angeles, University of California Press, 1963.

SHAKABPA Tsepon W. D., *Tibet. A Political History*, New Haven et Londres, Yale University Press, 1967 (rééd. New York, Potala Publications, 1984).

TSÉRING SHAKYA, « The Genesis of the Sino-Tibetan Agreement of 1951 », in P. Kvaerne (éd.), *Tibetan Studies* (Proceedings of the 6th Seminar of the International Association for Tibetan Studies), Oslo, The Institute for Comparative Research in Human Culture, 1994, vol. 2, pp. 739-754.

–, *The Dragon in the Land of Snows. A History of Modern Tibet since 1947*, Londres, Pimlico, 1999.

SMITH W. W. Jr., *Tibetan Nation. A History of Tibetan Nationalism and Sino-Tibetan Relations,* Boulder (Colorado), Westview Press, 1996.

STODDARD H., « The Long Life of rDo-sbyis dGe-bshes Shes-rab rGya-mtsho (1884-1968) », in H. Uebach et Panglung Rinpoché (éd.), *Studia Tibetica,* Bayerische Akademie der Wissenschaften, Munich, 1988, vol. 2, pp. 465-472.

TENZIN TCHEUDRAK, *Le Palais des arcs-en-ciel*, Paris, Albin Michel, 1998.

Tibet, 1950-1967, documents officiels chinois concernant les deux premières décennies de l'incorporation du Tibet dans la RPC, Union Research Institute, Hong Kong, 1968.

Un cavalier dans la neige... L'histoire d'Aten, un vieux guerrier Khampa, traduit de l'anglais par F. Botte et G. Million [Espace indo-himalayen, série Documents], Paris, J. Maisonneuve, 1951.

VAN WALT VAN PRAAG M. C., *The Status of Tibet,* Boulder, Colorado, Westview Press, 1987.

Sources tibétaines :

Don khang sKal bzang bde skyid, *Pan chen sku phreng dgu pa mes rgyal nang khul du gsang phebs kyi snga rjes*, in *Bod kyi rig gnas lo rgyus dpyad gzhi'u rgyu cha gdams bsgrigs*, Lhasa, 'Don-thengs, 4, 1984, pp. 1-32.

bDe gzim dPal mgon tshe ring, *Mes rgyal nang sar bskyod de pan chen sku phreng dgu pa'i 'os sprul bod du gdan zhu'i skor*, *ibid.*, pp. 95-120.

Phun rab Rin chen rnam rgyal, *gZhung bla'i dbar thog ma'i 'gal ba yong rkyen*, *ibid.*, pp. 123-132.

POUR EN SAVOIR PLUS

A Collection of Historical Archives of Tibet, Pékin, Wenwu chubanshe (en chinois, tibétain et anglais), 1994.

AHMAD Z., *Sino-Tibetan Relations in the Seventeenth Century*, Rome, Ismeo, 1970.

BACOT J., THOMAS F. et TOUSSAINT Ch., *Documents de Touen-Houang relatifs à l'histoire du Tibet*, Paris, Librairie orientaliste P. Geuthner, 1940.

BARNETT R. et AKINER S. (éd.), *Resistance and reform in Tibet*, Londres, Hurst, 1994.

BECKWITH Ch. I., *The Tibetan Empire in Central Asia*, Princeton, 1987.

DHONDUB Choedon, *Life in the Red Flag People's Commune*, Dharamsala, Information Office of H. H. the Dalai Lama, 1978 (un témoignage dépassionné et étayé de chiffres et faits précis sur l'instauration des réformes et des communes populaires).

FARQUHAR D. M., « Emperor as Bodhisattva in the Governance of the Ch'ing Empire », *Harvard Journal of Asiatic Studies*, 38, 1978, pp. 5-34.

GRANET M., *La Pensée chinoise*, Paris, Albin Michel [1934], 1968.

HEVIA J. L., *Cherishing men from afar*, Durham-Londres, Duke University Press, 1995 (sur l'attitude des empereurs Qing).

JAGOU F., *Le VIe [IXe] Panchen-Lama : traître ou visionnaire ?*, thèse de doctorat, EHESS, 1999 (non publiée).

MARTIN D., *Tibetan Histories, a Bibliography of Tibetan-Language Historical Works*, Londres, Serindia Publications, 1997.

PETECH L., *Central Tibet and the Mongols. The Yüan – Sa-kya Period of Tibetan History*, Rome, Ismeo, 1990 (aussi pour l'administration du Tibet par les Yuan).

–, *China and Tibet in the Early XVIIIth Century*, Leyde, E. J. Brill, 1972.

RICHARDSON H. E., *A Corpus of Early Tibetan Inscriptions*, Londres, Royal Asiatic Society, 1985.

–, *Tibet and its History*, Londres, Oxford University Press, 1962 (2e éd., revue et mise à jour, Boston et Londres, Shambala, 1984).

ROSSABI M., *China and Inner Asia from 1368 to the Present*, Londres, Thames and Hudson, 1975.

RUEGG D. S., *Ordre spirituel et ordre temporel dans la pensée bouddhique de l'Inde et du Tibet*, Paris, de Boccard, 1995 (sur la relation *chöyön*).

SNELLGROVE D. L. et RICHARDSON H. E., *A Cultural History of Tibet*, Londres, 1968.

SPERLING E., « Did the Early Ming Emperors Attempt to Implement a "Divide and Rule" Policy in Tibet ? », in Ernst Steinkellner (éd.), *Contributions on Tibetan Language, History and Culture* [Wiener Studien zur Tibetologie und Buddhismuskunde, *Heft*, 10], Arbeitskreis für Tibetische und Buddhistische Studien, Vienne, 1983, pp. 339-356.

–, « Lama to the King of Hsia », *The Journal of the Tibet Society*, 7, 1987, pp. 31-50 (sur le bouddhisme tibétain et les Tanguts).

–, « The 5th Karma-pa and Some Aspects of the Relationship Between Tibet and the Early Ming », in Michael Aris et Aung San Suu Kyi (éd.), *Tibetan Studies in Honour of Hugh Richardson,* Warminster, Aris and Phillips, 1980, pp. 279-289.

STEIN R. A., *La Civilisation tibétaine*, 2e éd., Paris, Le Sycomore-L'Asiathèque, 1987.

VAN DER KUIJP L. W. J., « On the life and political career of T'ai si tu Byang chub rgyal mtshan (1302-?1364) », in Ernst Steinkellner (éd.), *Tibetan History and Language. Studies Dedicated to Uray Géza on his Seventieth Birthday*, Arbeitskreis für Tibetische und Buddhistische Studien, Vienne, 1991, pp. 277-327.

VOSTRIKOV A. I., *Tibetan Historical Literature*, Calcutta, Indian Studies Past and Present, 1970.

WAKEMAN Jr. F., *The Great Enterprise. The Manchu Reconstruction of Imperial Order in Seventeenth-Century China*, Berkeley-Los Angeles-Londres, University of California Press, 2 vol., 1985.

Témoignages :

Adhe TAPONGTSANG, *Ama Adhe : The Voice that remembers. The heroic story of a woman's fight to free Tibet,* Boston, Wisdom Publications, 1997 ; trad. fr., *Ama Adhe, Voix de la mémoire. Du Tibet libre à l'exil*, Saint-Jean de-Braye, éd. Dangles, 1999.

ANI PACHEN et Adelaide DONNELLEY, *Sorrow Mountain. The Remarkable Story of a Tibetan Warrior Nun*, Londres-New York-Toronto-Sydney-

Auckland, Doubleday, 2000 ; trad. fr., *Que rien ne te fasse peur*, Paris, Nil, 2001.

PALDEN GYATSO et TSÉRING SHAKYA, *Fire under the Snow*, Londres, Harvill Press, 1997 ; *Le Feu sous la neige. Mémoires d'un moine tibétain*, trad. par Chr. Dumais-Lowski et S. Boulongne, Paris, Actes Sud, 1997.

TARING Rinchen Dolma, *Daughter of Tibet*, Londres, John Murray, 1970.

B.
Questions des droits de l'homme

La Chine a signé le pacte international relatif aux droits sociaux et culturels en octobre 1997, et le pacte international relatif aux droits civils et politiques en octobre 1998 ; mais, à ce jour, elle n'a ratifié aucun des deux. Cela a déjà été signalé *(question 11)*, chaque visite de dirigeant occidental en Chine, ou de dirigeant chinois en Occident, est l'occasion de rappels à l'ordre sur la violation des droits de l'homme en Chine et dans les « minorités », dont le Tibet. Tous les ans, quelques pays essaient de faire mettre à l'ordre du jour de la Commission des droits de l'homme de l'ONU, à Genève, l'examen de la violation des droits de l'homme en Chine, mais, sauf une fois, leur motion n'a pas obtenu un nombre suffisant de voix, et la question ne vient pas à l'ordre du jour. L'Union européenne, par exemple, qui avait adopté une politique « dure » après Tiananmen a, depuis 1998, opté pour un « dialogue constructif » et a, en conséquence, cessé de soutenir les résolutions condamnant la Chine à la Commission de Genève ; elle a instauré avec la Chine deux réunions annuelles sur les droits de l'homme, qui se tiennent alternativement à Pékin et en Europe. Quand les dirigeants chinois acceptent de s'exprimer sur le sujet, ils soulignent les grands progrès accomplis par leur pays dans ce domaine ; ils protestent par ailleurs contre l'imposition du modèle occidental à tous les pays du monde et soutiennent que la Chine est trop différente pour que l'on puisse revendiquer le même modèle pour elle.

Les questions posées dans cette section concernent les droits de l'homme dans la Région autonome, mais les réponses chinoises dévient parfois vers les droits politiques.

19. Où en était le Tibet avant la réforme démocratique dans le domaine des droits de l'homme ?

Avant cette réforme, la société tibétaine était basée sur le servage féodal et était caractérisée par « l'union du gouvernement et de la religion[1] *». Les moyens de production étaient détenus par 5 % de la population, à savoir les membres du gouvernement, les nobles et les monastères (les trois catégories de seigneurs). Les esclaves et les serfs étaient considérés comme une propriété privée que l'on pouvait vendre, échanger ou mettre en gage ; miséreux, ils travaillaient « comme des bêtes de somme », et étaient susceptibles d'être torturés ou tués s'ils désobéissaient aux ordres. Sans liberté individuelle, les Tibétains « n'avaient évidemment pas de droits de l'homme ».*

Robert BARNETT : Cette définition de la société tibétaine est reprise dans pratiquement toutes les déclarations importantes émises par le gouvernement chinois au sujet du Tibet : sur les droits de l'homme, sur la politique ou sur l'histoire.

La question des conditions sociales au Tibet avant l'invasion chinoise a été vigoureusement débattue par les savants et historiens occidentaux durant plusieurs années. Un auteur qui fait autorité à ce propos, le seul Occidental admis à enquêter de manière approfondie sur le sujet, est l'anthropologue américain Melvyn C. Goldstein. Il a trouvé de nombreuses preuves au Tibet de ce qu'il qualifie de « servage » : la plupart des Tibétains étaient attachés, par documents écrits, à la terre sur laquelle ils habitaient, et au seigneur qui possédait cette terre (Voir Goldstein, 1986, 1988, 1989, et, en particulier le réponse à B. Miller, dans laquelle il écrit : « Les arguments qui essaient de mettre l'accent sur un grand degré de mobilité [...] banalisent les aspects d'oppression et d'exploitation de ce système. ») La majorité des chercheurs occidentaux s'accordent pour reconnaître que c'était largement le cas, mais de nombreux

1. Les auteurs chinois traduisent rigoureusement ici l'expression par laquelle les Tibétains décrivent effectivement leur système de gouvernement, qualifié souvent en Occident de « théocratie », ce qui est très approximatif. L'expression tibétaine signifie « l'union indissociable du religieux et du politique », *chösi zungdrel (les éditeurs).*

autres, tels Franz Michael et Beatrice Miller, ont néanmoins soutenu que le terme de « serf » est impropre (ils lui préfèrent ceux de « gens du commun » ou de « sujets ») ; cela, en partie, parce qu'il y a des preuves abondantes qu'un grand nombre de Tibétains pouvaient réduire les obligations qu'ils avaient envers leur seigneur, en remboursant une partie de ce qu'ils devaient et, ainsi, changer leur résidence d'un lieu à un autre. Il existait également une sorte de système légal auquel ils pouvaient faire appel dans de nombreux cas (Miller, 1987-1988 ; Michael, 1986 et 1987). Dieter Schuh (1988) a montré que ceux que l'on pouvait appeler des « serfs » étaient en fait relativement prospères – la majorité de la population était souvent beaucoup plus pauvre qu'eux, mais, dans de nombreux cas, n'était pas « attachée à la terre » ; il ne s'agissait donc pas techniquement de « serfs ». Girija Saklani (1978) a argumenté que les institutions de type féodal dans la société tibétaine étaient contrebalancées par d'autres facteurs ou d'autres formes qui reflétaient « le principe de cohésion et de collectivité » plutôt que celui d'une hiérarchie rigide. Plus récemment, William Coleman (1999) a montré, sur la base de nombreux récits autobiographiques, que, dans la pratique, les Tibétains avaient bien plus d'autonomie que ce qui apparaît dans les documents écrits ; il demande pourquoi on ne choisit pas simplement de décrire ces Tibétains comme des paysans assujettis à un système particulier de dettes et de taxes, plutôt que comme des serfs. La question 85 analysera plus en détail la structure de la société tibétaine traditionnelle.

Ce débat académique à propos du servage ne concerne cependant qu'une partie de la déclaration chinoise. Celle-ci comporte trois éléments qui sont entremêlés, comme si c'était inexorable : le servage, le féodalisme et une oppression extrême. Elle sous-entend que chacun de ces éléments est inséparable de l'autre, et il faut un effort conscient de l'intellect pour affirmer que l'un ne découle pas de l'autre.

En fait, même si l'on admettait que le servage et le féodalisme existaient au Tibet (quoique Goldstein, par exemple, soutienne que, bien qu'il y ait eu du servage, le système n'était pas nécessairement féodal), cela indiquerait simplement qu'il y avait, dans ce pays, une relation particulière d'endettement entre paysans et propriétaires ; ce qui, malheureusement, présenterait peu de différences, sinon de détails techniques, avec toute autre société paysanne « prémoderne », y compris la plus grande partie de la Chine à cette époque ; ç'aurait été aussi une forme d'endettement bien moindre que celle qui prévaut de nos jours, disons, dans le travail obligatoire au Pakistan, et peut-être pas très différente des conditions qui existent encore dans certaines parties de l'Inde. La force de l'argument chinois réside donc dans le sous-entendu que le servage, et avec lui le féodalisme, sont inséparables de l'excès de mauvais traitements.

Sans aucun doute, la plupart des habitants du Tibet étaient extrêmement pauvres, et les plus pauvres étaient aussi les plus susceptibles d'être exploités et soumis à de mauvais traitements. Mais, alors, c'était le cas dans de nombreux secteurs de toute société asiatique et ailleurs jusqu'à très récemment, y compris en Chine ; et ce l'est encore, aujourd'hui, dans beaucoup de sociétés. Pourtant, le lien entre le système social agraire traditionnel du Tibet et des traitements inhumains n'a pas été prouvé par les chercheurs, si l'on excepte ceux qui appartiennent aux cercles gouvernementaux chinois. « J'ai essayé de montrer que l'utilisation du concept de "servage", pour le Tibet, n'implique pas que les seigneurs torturaient et, jusqu'à preuve du contraire, maltraitaient scandaleusement leurs serfs », écrit M. C. Goldstein, qui poursuit : « J'ai aussi indiqué que le système de servage au Tibet n'avait pas pour résultat des serfs réduits à un état de demie ou totale inanition. Il n'existe pas de raison théorique selon laquelle le servage devrait être inexorablement lié à de tels mauvais traitements. » Il remarque aussi que des mauvais traitements excessifs auraient été à l'encontre des intérêts des propriétaires, qui avaient besoin des paysans pour effectuer le travail. Alors que même les Tibétains exilés s'accordent pour reconnaître que la société traditionnelle était inéquitable et encline à l'exploitation des pauvres, on trouve peu de preuves, semble-t-il, d'une sauvagerie systématique telle que celle qui est décrite par les auteurs chinois.

Il y a cependant une question plus importante à laquelle on doit répondre ici. Pourquoi, après tout, le gouvernement chinois soulève-t-il la question des conditions existant au Tibet avant 1959 ? C'est certainement pertinent pour une discussion historique, et les Chinois ont sans doute le droit de soutenir que cela pourrait, théoriquement, nous apprendre quelque chose sur les convictions politiques du dalaï-lama ou d'autres chefs tibétains à cette époque, puisqu'ils ont grandi dans un tel système et l'ont dirigé. Mais il est difficile de voir le rapport avec la discussion sur les droits politiques et les droits de l'homme dans le Tibet contemporain, spécialement cinquante ans après que la jouissance de ces droits eut été légalement promise par l'État chinois, et que leur contenu eut été considérablement clarifié par la loi internationale et la pratique. On ne considère pas qu'un Américain est, de nos jours, autorisé à être raciste, sous prétexte que son grand-père l'était. On ne présente généralement pas comme excuse aux massacres perpétrés par Staline le fait que le tsar avait aussi des pouvoirs dictatoriaux. Et l'on ne considère pas non plus, normalement, que c'est une excuse valable lorsqu'un régime prétend que ses abus sont moindres que ceux du régime précédent, un demi-siècle auparavant. Il est des États qui invoquent de tels arguments lors de discussions juridiques internationales sur certaines coutumes traditionnelles contraires aux droits de l'homme (les mutilations génitales des femmes, par exemple) ; mais il en va différemment quant à la situation à laquelle le gouvernement chinois est ici confronté. Si ce n'est, éventuellement, durant une phase de transition, comme immédiatement après une guerre, les pratiques sociales d'un régime antérieur n'ont qu'un rapport marginal avec la pratique des droits de l'homme du régime qui lui succède.

Beaucoup d'auteurs ont cependant suggéré qu'une autre raison se dissimulait derrière l'insistance du gouvernement chinois à mettre cet argument en avant : un réel besoin politique de montrer que le Tibet était féodal et oppressif. Cela, est-il avancé, parce que dans la théorie marxiste la classe opprimée dans une société ainsi définie doit automatiquement être libérée, qu'elle soit consciente ou non de cette oppression. En d'autres termes, l'État chinois a besoin de montrer que la grande majorité des Tibétains était opprimée, afin de tenir pour une « libération » l'arrivée des armées chinoises à Lhasa, en 1951. De plus, il lui est nécessaire de présenter cette oppression comme considérable, et la société comme très primitive, afin d'expliquer pourquoi, dans le passé, il y avait eu peu, ou pas, de soulèvements au Tibet, et apparemment aucun appel significatif de la paysannerie tibétaine pour une intervention chinoise en sa faveur.

La question de l'histoire sociale du Tibet est donc hautement politisée, et les proclamations chinoises à ce sujet constituent la partie cruciale d'un « fonctionnalisme » d'État, et non pas un acte d'exploration intellectuelle libre. Elles doivent, par conséquent, être traitées avec prudence. En fait, du point de vue des droits de l'homme, la question la plus immédiate n'est pas de savoir si le Tibet était une société féodale, mais si l'État chinois tolère actuellement des discussions ouvertes sur la féodalité du Tibet. D'évidence, les érudits tibétains et chinois ne sont pas autorisés à mettre en doute ouvertement le point de vue officiel selon lequel le Tibet était une société féodale oppressive. Les critiques sur un grand nombre d'autres questions de l'histoire tibétaine sont également interdites (On peut citer, par exemple, la proclamation, en 1997, sur la nature « réactionnaire » du ministre Dési Sangyé Gyatso, au XVIIe siècle, in *Tin News Update*, 15 août 1997). Ces restrictions sur la discussion des questions historiques font qu'il est difficile d'accepter les déclarations du gouvernement chinois et des savants écrivant sur le sujet à l'intérieur des frontières chinoises.

---

20. De quels droits jouissent les Tibétains ?

« En vertu de la Constitution de la Chine, les Tibétains, comme les membres des autres communautés ethniques du pays, jouissent de tous les droits civiques prévus par la Constitution de la Chine » : droit d'administrer « les affaires d'État, les affaires économiques et culturelles et les affaires sociales ; ils ont la liberté d'opinion, de croyance religieuse, de presse, d'association et de manifestation ». Ils jouissent en outre des droits particuliers liés au statut d'autonomie régionale des minorités ethniques : établir des organismes autonomes, user de l'autonomie, « liberté d'utiliser et de développer la langue tibétaine, liberté de maintenir ou réformer leurs us et coutumes ».

Robert BARNETT : Ces droits et libertés existent dans la Constitution chinoise de 1982, mais celle-ci semble être considérée en Chine davantage comme un ensemble d'aspirations « programmatiques » que comme un ensemble de droits légalement applicables, que les gens peuvent réclamer à volonté. Le langage utilisé ici par les auteurs de *Cent questions* montre bien que, dans le système chinois, les actes de se rassembler, de publier, de manifester, d'avoir des opinions, des croyances religieuses sont considérés comme des « libertés » plutôt que comme des droits, une distinction juridique qui découle de l'idée qu'une liberté est un privilège occasionnel accordé par l'État quand il le juge bon. Il n'y a aucun droit – privilège inaliénable dû à un être humain en vertu de son humanité, qu'un État n'est normalement pas autorisé à supprimer – à exercer ces libertés en Chine ou au Tibet.

En particulier, il est clair, à la fois dans la Constitution et dans le Code pénal, qu'un citoyen ou un peuple peuvent jouir de ces « libertés » seulement si elles ne mettent pas en cause les « Quatre Principes fondamentaux ». Ce sont les quatre dogmes de base définis par le Parti en 1979, qu'il est illégal de contester : la suprématie de la « voie socialiste » ; la suprématie du système marxiste-léniniste-maoïste ; la direction par le Parti communiste, la dictature démocratique du prolétariat (ou, plus couramment de nos jours, « du peuple »). D'une époque à l'autre, l'accent a été mis par la direction du Parti sur l'un ou l'autre principe ; le bruit a couru en 1992 qu'il avait été décidé – décision non rendue publique – d'insister sur deux seulement des Quatre Principes (Wo-Lap Lam, 1992). Mais en 1998, tous les quatre avaient retrouvé la même importance dans les déclarations politiques.

Les droits à l'autonomie ou à se gouverner soi-même s'appliquent à chacune des cinquante-cinq « minorités nationales » reconnues en Chine. Ce sont ces droits qui permettent aux populations non chinoises de former une assemblée locale dans chacune des régions où elles sont établies en nombre significatif, ainsi que de nommer un membre de leur propre nationalité comme gouverneur de la région. Sur le papier, cela constitue des concessions réellement généreuses mais, même en Chine, peu de personnes les considèrent comme d'une grande signification pratique. En fait, les provinces chinoises ordinaires ont aussi leurs propres gouvernement et assemblée, font passer leurs propres lois locales et, à cause de leur plus grande puissance économique et politique, ont aussi plus d'autonomie politique qu'aucune des prétendues « régions autonomes ». Pas une de ces régions autonomes n'est autorisée par la loi à édicter des règlements qui s'opposeraient à la politique centrale, et, en pratique, les assemblées locales et les administrations de chaque région tibétaine ne font qu'approuver sans discussion les décisions prises ailleurs. Souvent, en réalité, ces corps constitués ne peuvent pas appliquer les lois auxquelles leur donne droit le système chinois ; par exemple, la loi sur l'autonomie régionale des minorités nationales de 1984 permet à chaque nationalité de contrôler l'immigration dans sa région, mais les Tibétains n'auraient pas été autorisés à discuter ou à utiliser cet instrument légal pour restreindre l'immigration dans leur région, bien que d'autres régions de Chine contrôlent la leur. Une déclaration officielle de 1998 suggérait que la répugnance des Tibétains à accueillir les commerçants et les fonctionnaires chinois dans leur pays était le signe d'un nationalisme étroit et d'une pensée féodale ; elle justifiait la migration en ces termes :

> L'expérience historique nous apprend que garder sur la longue durée un noyau stable de fonctionnaires han et d'autres nationalités au Tibet, n'est absolument pas motivé par l'opportunisme, ni par le besoin purement temporaire d'exécuter certains travaux durant une période particulière. C'est bien plutôt la nécessité de défendre l'unité nationale, de consolider et de développer nos relations entre nouvelles nationalités socialistes : relations d'égalité, d'unité, d'aide mutuelle, de coopération et de prospérité générale, un objectif nécessaire pour assurer au Tibet une longue stabilité, un développement et une avancée économiques et sociaux ; c'est aussi une mesure stratégique à long terme pour former une classe de fonctionnaires et de travailleurs tibétains. Ainsi, lorsque les entreprises et les individus de nationalité chinoise opèrent et coopèrent au Tibet, cela favorise le développement et la stabilité du Tibet, cela fait progresser l'interaction et l'unité des groupes ethniques, pour contribuer à améliorer la qualité nationale et le développement conjoint de tous les groupes ethniques. De la sorte, nous avons besoin d'instaurer la vision marxiste dans les groupes ethniques, en rompant avec le nationalisme étroit, en dépassant les idées féodales et les mentalités xénophobes (*Tibet Daily*, 29 juillet 1998. Voir aussi TIN, 1996).

Le gouverneur de chaque « région autonome » est toujours un membre de la nationalité locale, conformément à ce qui est promis dans la Constitution ; mais comme, dans le système chinois, l'autorité finale se trouve, à chaque niveau, entre les mains du cadre du Parti le plus élevé plutôt que dans celles du gouverneur ou de son équivalent à l'intérieur du gouvernement (ce sont presque toujours des hommes), la position de gouverneur n'a pas grande signification. De son côté, le Parti n'a pas aligné ses procédures pour la promotion des cadres sur les règles législatives qui réservent une place aux représentants des minorités ethniques. En conséquence, le cadre du Parti le plus élevé dans la Région autonome du Tibet n'a jamais été un Tibétain.

---

21. *Certains disent qu'au Tibet il existe plusieurs centaines de prisons, où sont enfermés quelques milliers de détenus politiques, et d'autres affirment que 80 000 criminels sont détenus dans 73 prisons. Est-ce vrai ?*

La réponse [écrite en 1988] *tient en cinq lignes : la RAT n'a qu'une prison et deux brigades de rééducation. Les prisonniers sont plus de 900, ils ont tous été reconnus coupables de délits pénaux. Tous ceux qui étaient impliqués dans la rébellion de 1959 ont été libérés depuis longtemps.*

Robert BARNETT : Les démentis chinois sur le nombre de prisons au Tibet sont fondés sur un artifice lexical, selon lequel les officiels chinois n'utilisent le terme de « prison » que pour désigner des installations dans lesquelles sont détenues des personnes reconnues formellement coupables d'un crime, et condamnées par une cour. Cependant, la plupart des gens qui, en Chine, ont été condamnés pour un crime ne l'ont pas été par une cour : ils ont été condamnés par un comité administratif ou par une décision de police. Cela signifie que tous les lieux où sont détenues des personnes qui n'ont pas eu de procès, ne sont pas reconnus comme prisons par le gouvernement chinois. Ces « non-prisons » comprennent les camps de rééducation par le travail (chin. *laojiao*), les centres de détention *(kanshousuo)*, les centres d'hébergement et d'enquêtes *(shourongsuo)* et les centres de détention pour adolescents, sans compter les postes de police, les prisons de la police armée populaire et les prisons militaires (voir *Cutting off the Serpent's Head*).

Il y a au moins six de ces non-prisons dans la seule zone urbaine de Lhasa (le *chengguanqu*), sans compter les régions agricoles de la municipalité ; et probablement au moins un centre de rééducation par le travail dans chacun des soixante-dix comtés de la Région autonome du Tibet et dans les soixante-cinq comtés tibétains situés en dehors de cette région. Beaucoup d'autres camps de rééducation par le travail se trouvent dans les régions tibétaines du Qinghai et du Sichuan, qui détiennent également des prisonniers d'autres parties de la Chine (voir, par exemple, S. D. Marshall et S. T. Cooke, *Tibet Outside the TAR*, 1997).

Les brigades de rééducation par le travail auxquelles *Cent questions* fait référence sont simplement une subdivision de la prison, certains prisonniers travaillant le jour dans ces brigades ; dans le cas de la prison principale de Lhasa (communément appelée Drapchi), les prisonniers sont affectés à cette subdivision de la prison pour cultiver des légumes ou tisser des tapis. De la sorte, *Cent questions* proclame qu'il n'y a qu'une seule prison réelle dans la Région autonome du Tibet, à savoir Drapchi, dans laquelle sont détenus environ 900 prisonniers. Cependant, depuis que ce livre a été publié, les autorités chinoises parlent maintenant publiquement, et de manière régulière, de deux prisons au Tibet (dans le sens limité du terme), parfois de trois (« Danish Delegation... »), contredisant ainsi la présente affirmation de l'existence d'une seule prison. La prison n° 2 de la Région autonome du Tibet est située à Powo Tramo, à environ 350 kilomètres à l'est de Lhasa ; l'identification de la prison n° 3 n'est pas claire, mais c'est probablement le titre officiel de la prison de Nyari, près de Shigatsé.

Le nombre total de prisonniers, que ce soit dans la Région autonome du Tibet ou dans le Tibet tout entier, n'est pas connu, du fait que les autorités chinoises n'ont publié de chiffres que pour la prison de Drapchi, laquelle, disaient-ils en 1998, détenait environ 165 prisonniers condamnés pour atteinte à la sûreté de l'État (Zhang Shuguang et Duoqiong). Des sources indépendantes ont fourni les noms d'au moins 700 prisonniers politiques en captivité au Tibet en 1995, et des estimations plus récentes donnent des chiffres variant entre 500 et 1 000 (en ce qui concerne l'estimation la plus basse, d'environ 500, voir *Hostile Elements*... L'estimation la plus haute pour le nombre de prisonniers politiques en 1998 a été donnée par le Tibetan Centre for Human Rights and Democracy, établi à Dharamsala, Inde).

---

22. *Selon un journal étranger, la Chine aurait massacré plus d'un million de Tibétains. Est-ce vrai ?*

C'est une affirmation absurde, « qui porte atteinte au prestige du journal ». En 1953, lors d'un premier recensement général [incluant la RAT], *le gouvernement local du dalaï-lama a indiqué un million d'habitants pour la région du Tibet. En ajoutant la population de la préfecture de Qamdo* [Chamdo], *rattachée à la région en 1956, on arrive à 1 270 000. Si le journal disait vrai, la presque totalité de la population aurait été massacrée. Or, le recensement général de 1982 a fourni, pour la Région autonome du Tibet, le chiffre de 1 890 000 habitants, dont 1 786 000 Tibétains : 500 000 de plus qu'en 1953.*

Robert BARNETT : Le terme « Tibet » est utilisé ici par les auteurs de *Cent questions* pour décrire seulement une région limitée, mais avec l'implication qu'il réfère à toutes les régions habitées traditionnellement par les Tibétains. Rappelons une fois encore qu'en chinois le mot « Tibet » est employé pour désigner simplement ce qui est maintenant appelé la Région autonome du Tibet, souvent appelée Tibet central par les étrangers et les exilés (bien que cela englobe aussi le Tibet occidental). Les 1 270 000 Tibétains comptés dans le recensement de 1953 effectué sous l'autorité chinoise, ne comprenaient donc que ceux qui vivaient dans cette région centrale, le territoire alors gouverné par le dalaï-lama ; mais, même maintenant, au moins 53 % des Tibétains vivent en dehors de cette région, dans les provinces orientales du Kham et de l'Amdo. Le nombre total de Tibétains vivant dans cette aire beaucoup plus vaste dénommée par les étrangers « Tibet », appelée parfois plus précisément « Tibet ethnographique », et qui comprend les régions orientales, est maintenant d'environ 5 500 000, selon les données chinoises. Le chiffre cité ici de 1 270 000 n'a donc rien à voir avec les déclarations des dissidents et des exilés qui, elles, concernent les morts dans une région au moins deux fois plus grande que celle dont les Chinois parlent.

Le chiffre de 1 200 000 Tibétains morts à la suite de l'invasion chinoise, indiqué par les exilés et les critiques contre les Chinois, se trouve fréquemment dans la littérature occidentale et dans celle de la diaspora. Il est fondé sur des affirmations très précises, mais non vérifiées, du gouvernement tibétain en exil ; il s'applique, selon ce dernier, à ceux qui sont morts de mort non naturelle à la suite de l'invasion chinoise et de la politique suivie entre 1950 et 1979, et inclut 352 000 morts de famine ou par suicide, et 173 000 par suite d'emprisonnement. Le gouvernement en exil n'a jamais voulu dire que un million ou plus de Tibétains avaient été tués par les Chinois : il affirme que quelque 680 000 Tibétains ont été tués lors de combats durant cette période, ou exécutés par les autorités chinoises. Les plus de 500 000 morts restant n'ont pas été tués, mais sont le résultat indirect de la politique chinoise, selon les récits des exilés.

La méthode par laquelle ces chiffres ont été obtenus par les chercheurs exilés n'est pas claire, d'autant que d'autres analystes ont présenté des chiffres différents. En particulier, un article très récent d'un démographe chinois (Yan Hao, 2000) qui examine entre autres le « génocide », critique très sévèrement les chiffres fournis par le gouvernement en exil, pour lui sans fondement scientifique ; selon ses propres estimations, appuyées sur l'analyse des recensements de 1953 et 1964 – dont il souligne le manque de fiabilité interdisant autre chose que des estimations –, le nombre des Tibétains « manquants » se compterait dans une fourchette de 768 000 à 152 000 personnes (ce dernier chiffre, dans lequel il inclut les exilés, lui paraît plus vraisemblable). Mais cet article, impressionnant par ses jugements mesurés et son approche très « technique » des problèmes démographiques, présente aussi des *a priori* et des affirmations étranges ; par exemple, lorsqu'il essaye de dénombrer les morts survenues dans les combats, il dit qu'au Tibet proprement dit (la RAT) « la résistance atteignit son apogée en 1959, mais le soulèvement fut surtout confiné à Lhasa et il fut maté par l'Armée populaire de libération en deux jours. La résistance organisée ne s'est poursuivie ailleurs que pendant un autre mois » (*op. cit.*, pp. 20-21). C'est faire bon marché de la guérilla khampa, qui a été évoquée plus haut dans la section Histoire et qui est bien documentée. De son côté, le gouvernement américain a rapporté que des « dizaines de milliers » de Tibétains avaient été tués lors des conflits dans les années cinquante (voir « Bodies Scarred, Bodies Broken », in *Philadelphia Inquirer*, 1996) et un important récit historique chinois sur les combats (interdit de publication depuis) donne le chiffre de 93 000 Tibétains tués, blessés ou emprisonnés au Tibet central entre 1959 et 1961, en se référant uniquement aux « rebelles armés » ou aux combattants des forces de résistance tibétaines (Ji Youquan, 1993, p. 275). Il faut rappeler aussi que, pour tenter de cacher le désastre économique et humain que fut le Grand Bond en avant en Chine (1958-1962), le gouvernement chinois ne publia aucune statistique pendant plus de dix ans (Domenach et Richer, 1987, p. 177).

Ainsi, bien que des chiffres précis soient impossibles à obtenir, il y a d'amples preuves, fournies par les récits individuels, que le nombre des exécutions, des morts en prison et des décès dus à la famine fut extrêmement élevé durant cette période, à travers le Tibet. Dans le rapport adressé au Premier ministre chinois en 1962, le Xe panchen-lama, alors à la tête du gouvernement du Tibet, écrivait : « Il y a eu une diminution évidente et importante de la population tibétaine actuelle, [ce qui constitue] une grande menace pour la suite de l'existence de la nationalité tibétaine. » Ce déclin est consécutif, note-t-il, au fait que « beaucoup de gens ont perdu la vie dans des combats, [...] beaucoup ont été arrêtés et emprisonnés, [ce qui] a entraîné de nombreuses morts non naturelles », et au fait que « beaucoup de gens sont morts de faim ou que, très faibles physiquement, ils n'ont pas pu résister à des maladies bénignes » (*A Poisoned Arrow*, p. 103). Dans le discours qu'il a prononcé à Pékin devant le Comité permanent de l'Assemblée nationale populaire, le 28 mars 1987, le panchen-lama estimait le nombre de morts en prison dans le Qinghai à environ 5 % de la population totale (*Discours du panchen-lama*).

---

23. En 1987, deux détenus ont été exécutés au Tibet. S'agissait-il de détenus politiques ?

Les deux hommes exécutés en septembre 1987, après leur condamnation à mort par le tribunal populaire de la Région autonome du Tibet, étaient des criminels de droit commun qui avaient assassiné deux autres Tibétains en juin de la même année. L'un s'appelait Kalsang Krashi [Kelsang Tashi] *: il avait volé et tué Bianba Renci* [?] *le 14 juin ; l'autre, Phrinla Gyatson* [Trinlé Gyatso], *avait tué Losang Yeshi* [Lozang Yéshé] *le 7 juin. Ce n'étaient absolument pas des prisonniers politiques, comme « le groupe du dalaï-lama et certaines gens aux États-Unis » l'ont prétendu.*

Robert BARNETT : Au moment de leur exécution, en 1987, la rumeur courait de manière insistante à Lhasa que les deux victimes étaient des prisonniers politiques. Jusqu'à présent, on n'a pas pu découvrir de détails sur leurs procès dans des sources indépendantes. Deux faits indirectement en rapport avec ces condamnations sont cependant connus. Premièrement, les exécutions ont été immédiatement précédées par un rassemblement d'une envergure exceptionnelle dans le Stade des sports de Lhasa, auquel 14 000 Tibétains ont été sommés d'assister, y compris ceux qui, au cours des six derniers mois, avaient commis des fautes mineures sur leur lieu de travail. Lors de ce rassemblement, les victimes ont été exhibées et leur sentence annoncée d'une manière telle que beaucoup de spectateurs l'ont comprise comme un avertissement politique. Cette interprétation semble hautement plausible du fait que les autorités chinoises étaient devenues inhabituellement agressives dans leurs déclarations officielles plus tôt cette même semaine, en réponse au discours prononcé par le dalaï-lama devant les membres du Congrès américain à Washington, discours qui constituait sa première déclaration majeure sur le statut du Tibet, depuis de nombreuses années *(voir la question 37)*. Ainsi, bien que les détails de ces procès ne soient pas éclaircis, il semble que le contexte et la manière dont les exécutions ont été décidées et annoncées étaient largement politisés.

En second, on peut se référer au cas d'un autre Tibétain, qui avait été condamné mais qui n'a pas été exécuté lors de ce même rassemblement en septembre 1987. Son nom était Migmar Tashi, et il avait été condamné à mort avec sursis pour un meurtre qu'il aurait commis ; il fut exécuté avec un autre prisonnier tibétain appelé Dawa, le 18 mai 1990. Les autorités déclarèrent à cette époque que les deux hommes étaient coupables d'une tentative d'évasion. On ne sait pas de manière certaine s'ils étaient ou non des prisonniers de droit commun, comme l'ont proclamé les officiels ; mais en 1987, dans le cas de Migmar, et en 1988, dans le cas de Dawa, il est clair que les délits pour lesquels ils ont été exécutés en 1990 étaient au moins partiellement, sinon largement, politiques : les documents de la cour disent que le jugement de condamnation à mort a été rendu pour, entre autres délits, « avoir eu des opinions contre-révolutionnaires » (*Tibet Daily*, 18 mai 1990).

Le contexte politique de leurs crimes de 1990 ressort clairement de documents judiciaires internes concernant leurs procès, sortis clandestinement du Tibet par la suite, qui montrent que les deux prisonniers avaient rejoint un mouvement pro-indépendantiste à l'intérieur de la prison de Drapchi, mouvement conduit par le célèbre étudiant activiste Lozang Tenzin (documents TIN). Ce dernier ne fut pas exécuté – bien que, dans ce cas, il ait été nettement le meneur –, alors que les deux criminels de droit commun le furent. Cet épisode illustre la répugnance des autorités chinoises au Tibet à exécuter des activistes politiques bien connus (vraisemblablement pour éviter des troubles populaires). Il suggère aussi que les autorités démontrent leur détermination à s'opposer à la dissidence politique, en exécutant des criminels de droit commun impliqués dans des procès politiques, ou durant des campagnes politiques.

---

24. Le Congrès américain a demandé la libération de Losang Wangsug, incarcéré pour « délit idéologique ». Quelle est la vérité ?

Il n'y a pas de « délit idéologique » dans le Code pénal chinois, ce qui exclut la possibilité d'une condamnation à ce titre. Ce Tibétain était originaire de l'Amdo, né dans la préfecture de Nagqu [Nagchu].

Il a été « arrêté le 21 septembre 1960 pour avoir participé à la rébellion contre-révolutionnaire [de 1959-1960] *», et condamné à dix ans de prison. À sa libération, il s'est livré à une propagande séditieuse en 1979 et 1980 : affichage de tracts et rédaction d'une* Histoire de l'indépendance du Tibet. *Arrêté à nouveau le 26 octobre 1981, « en vertu du Code pénal chinois », il est maintenant mort malgré « les soins médicaux humanitaires » dont il a bénéficié.*

Robert BARNETT : Le récit donné ici par *Cent questions* de la mort du célèbre activiste et historien tibétain Géshé Lozang Wangchug est en gros similaire à celui donné par d'autres sources : le *géshé* est mort de maladie après avoir été emprisonné pour avoir affiché des tracts sur l'indépendance du Tibet quelque sept ans plus tôt. (Deux cent soixante copies d'un autre essai historique écrit par le *géshé*, *Vingt ans d'une expérience tragique*, ont été imprimées en septembre 1981 par un Tibétain appelé Shöl Dawa, qui a été condamné à deux ans pour ce délit [« Document 17 »]. Condamné à nouveau, on a appris sa mort en décembre 2000 à la prison de Drapchi, à la suite de manque de soins et de mauvais traitements [*TIN News Update,* 14 décembre 2000].)

Ce récit, pourtant, contredit la déclaration selon laquelle Lozang Wangchug ne fut pas emprisonné pour des raisons idéologiques : il le fut bel et bien pour avoir exprimé des opinions sur l'histoire tibétaine en désaccord avec celles soutenues par l'État. Il n'est accusé par les officiels chinois d'aucune autre action que celle d'avoir « essayé de diviser la mère patrie » en affichant des tracts ; ce qui, en droit international, ne serait considéré ni comme une action condamnable ni comme un crime, d'autant plus que ces tracts exprimaient une opinion et n'appelaient pas à la violence.

Mais l'histoire officielle évite des aspects plus sensibles de l'affaire. Elle ne dit pas, par exemple que, lorsqu'il mourut, le *géshé* était en train de purger une peine de dix-huit ans de prison qui lui avait été infligée en 1981 pour avoir affiché des tracts. Il est mort dans un hôpital tibétain quatre jours après son transfert de la prison, alors qu'il était déjà apparemment trop tard pour le sauver. Selon les personnes impliquées dans les efforts pour le maintenir en vie, les médecins auraient dit qu'il aurait pu être sauvé s'il avait été relâché plus tôt (« Lhasa interview n° 22 »).

Des Tibétains qui ont pris part à l'examen du corps disent qu'il avait une grave insuffisance hépatique. Cet état, bien que connu avant sa mort, n'avait pas été traité en prison, où on lui avait simplement donné des sirops antitussifs variés, selon des déclarations faites par le *géshé* peu de temps avant sa mort. L'examen mené par les Tibétains a montré qu'il n'avait pas mangé de nourriture solide depuis très longtemps, et qu'il avait eu trois côtes cassées quelque temps auparavant, probablement à la suite d'une rossée donnée par un gardien.

Le célèbre moine prisonnier Pelden Gyatso, qui avait participé en 1980 à l'affichage des tracts rédigés par le *géshé*, a écrit plus tard : « Géshé Lobsang Wangchuk n'est pas mort de vieillesse ou de maladie ; je dirais qu'il a été assassiné. » Pelden Gyatso affirme que les autorités étaient particulièrement hostiles au *géshé* et « le traitaient avec une haine particulière. Même âgé de soixante-quinze ans, il avait les mains et les pieds enchaînés et devait exécuter un dur travail » (Palden Gyatso, 1998, chap. 12). Les autorités n'ont pas fait d'autopsie, et, à ce qu'on sait, aucune poursuite n'a été engagée contre le gardien impliqué dans la rossée supposée.

---

25. On dit que les Chinois au Tibet n'observent pas ses [sic] *procédures judiciaires lors des jugements et exécutent les détenus aussitôt après la condamnation en public de ceux-ci lors d'assemblées de masse. Est-ce la vérité ?*

La Chine est un pays unifié, et tous les tribunaux suivent les mêmes lois et procédures, selon le Code pénal de la RPC. Les criminels qui sont condamnés sont jugés par un tribunal, et non lors d'assemblées de masse ; mais quelquefois les exécutions sont faites lors d'assemblées de masse « quand les coupables ont commis un crime abominable et donné un très mauvais exemple, ce qui a suscité la fureur des masses ».

Robert BARNETT : Dans les récentes années, la Chine n'a pas été accusée de faire des procès lors de rassemblements de masse au Tibet, et le récit donné ici peut être qualifié de correct – à savoir : quand les prisonniers sont présentés lors de rassemblements de masse, ils ont déjà au préalable été reconnus coupables par un tribunal lors d'un procès. Ces rassemblements servent à annoncer les sentences au public, ce qui pourrait être considéré comme une partie du procès. C'est ce qui s'est passé dans le cas dont nous avons parlé dans la question 23, qui décrivait comment plusieurs prisonniers ont été condamnés publiquement lors d'un rassemblement de masse, en 1987. Comme dans presque tous ces rassemblements durant lesquels des sentences sont prononcées, les prisonniers qui ont été condamnés à mort ont été ensuite emmenés au lieu d'exécution pour être fusillés ; au Tibet, au moins depuis quelques années, les exécutions ne sont généralement plus faites en public.

La communauté internationale des droits de l'homme considère que les condamnations et les exécutions publiques sont humiliantes et dégradantes pour les prisonniers, et le gouvernement chinois a annoncé, il y a quelques années, qu'il cesserait la pratique des exécutions publiques. Bien que, depuis 1990, il y ait eu peu de rapports sur des prisonniers politiques exécutés au Tibet, les condamnations publiques et, en particulier, l'exhibition de prisonniers à travers les rues sont encore pratique courante au Tibet et en Chine, particulièrement avant les anniversaires sensibles, quand on redoute de l'agitation. Récemment, par exemple, un grand nombre de prisonniers ont été exhibés dans un convoi de camions à travers les rues de Lhasa, le 2 décembre 1998, une semaine avant le jour anniversaire de la remise du prix Nobel de la paix au dalaï-lama, en 1989. Les prisonniers ont le crâne rasé, ils sont enchaînés de telle sorte que leur tête reste baissée, et ils portent parfois autour du cou une pancarte indiquant leur nom et leurs crimes. Lors de l'exhibition du 2 décembre à Lhasa, les prisonniers étaient escortés par des soldats en tenue de combat véhiculés dans des camions dont les cabines étaient surmontées de mitrailleuses, ce qui suggère que le traitement infligé aux prisonniers avait pour but d'intimider le public.

———

26. Certains disent que la Chine pratique une politique de ségrégation et de discrimination raciales. Est-ce vrai ?

C'est aussi une pure invention. L'égalité entre les cinquante-six nationalités de Chine est une politique constante du Parti communiste chinois. Le gouvernement central a énormément aidé le Tibet, pour son développement économique et l'amélioration du niveau de vie des habitants. Il respecte les croyances religieuses et les us et coutumes. « Il a aidé le Tibet à réaliser l'autonomie régionale et à former des milliers et des milliers de cadres tibétains, qui représentent 61 % des cadres du Tibet. » On trouve ces cadres à tous les échelons des organismes gouvernementaux, et tous les dirigeants au niveau des districts [ce que nous appelons préfectures], *des arrondissements* [districts] *et des cantons* [villes] *au Tibet, sont tibétains.*

Robert BARNETT : En théorie, le système chinois accorde aux Tibétains et à leur culture une représentation égale, dans le système politique, à celle des Han. Deux raisons néanmoins rendent inopérante cette égalité : toute opinion ou activité qui va à l'encontre des Quatre Principes fondamentaux (par exemple, critiquer la suprématie du Parti communiste ou celle du système socialiste) est interdite ; et la pratique d'une discrimination positive – ou d'actions anti-discriminatoires – en faveur des nationalités non han n'est pas appliquée à l'intérieur du Parti communiste, ainsi qu'on l'a dit plus haut. Comme beaucoup de Tibétains (et d'autres) sont en désaccord avec la politique du Parti au Tibet, et comme tout le pouvoir, dans le système chinois, est entre les mains du Parti, ces deux motifs rendent les tentatives théoriques pour établir une égalité entre les nationalités en Chine plus ou moins dépourvues de sens.

Dans tous les cas, ces concessions sur le papier ne reflètent pas une pratique réelle. Même si le pourcentage des officiels tibétains avait atteint 76 % en 1999, ce chiffre comprend un grand nombre d'officiels de rang subalterne – le terme « officiels » recouvre ici tous les employés gouvernementaux, y compris le personnel professionnel et technique aussi bien que les administratifs –, de même que les officiels occupant des positions purement honorifiques, telles que le Comité consultatif politique du peuple chinois, le

CCPPC (Conner et Barnett, 1997). De tels chiffres ne donnent pas d'indications utiles sur la véritable distribution du pouvoir dans la région, où les décisions majeures restent entre les mains des dirigeants chinois ; ils ne reflètent pas non plus la proportion officiellement reconnue de Tibétains dans la population de la Région autonome, évaluée par le gouvernement chinois à un peu plus de 96 % en 1999. Quant aux dirigeants des préfectures et des districts de la Région autonome du Tibet, en 1992, deux des dirigeants de districts, au Tibet, étaient chinois et, en 1995, le chef du gouvernement de la préfecture du Lhokha, au Tibet méridional, a été remplacé par un officiel chinois.

La déclaration chinoise sur la discrimination raciale peut être beaucoup mieux évaluée à partir non pas de la législation, mais de la position idéologique de l'État sur ces questions. Premièrement, l'opinion chinoise officielle sur les Tibétains (et sur quelques autres nationalités non han) est qu'ils forment, conformément à la théorie marxiste du déterminisme économique, une société arriérée avec des caractéristiques féodales, qui espère une amélioration grâce à l'intervention de la société chinoise plus avancée. Selon cette vue, les nationalités non han, en retour de ce développement, fournissent des ressources naturelles, telles que des minéraux et de l'espace territorial, à leurs compatriotes chinois (voir, par exemple, Ma Yin, 1989, p. 3 ; voir également ici la section sur le développement économique). Ce dogme officiel d'« arriération » est fondamentalement discriminatoire.

Deuxièmement, la politique chinoise, depuis au moins 1992 et probablement beaucoup plus tôt, a décidé qu'il était dans l'intérêt des Tibétains, comme des autres populations non han, d'avoir un flot ininterrompu de migrants d'ethnie chinoise dans leur région, afin de faire avancer la société. Cette pratique, que les Tibétains ne sont apparemment pas autorisés à contester, est également discriminatoire, puisqu'elle conduit à un déséquilibre majeur dans l'économie et dans le gouvernement en faveur des non-Tibétains. Cela signifie que les pratiques de type « antidiscriminatoire » qui ont été autorisées à se développer au début des années quatre-vingts ne sont plus, pour une large part, effectives.

Troisièmement, depuis au moins l'époque du IIIe Forum national sur le travail au Tibet – une réunion politique tenue par les dirigeants chinois en juillet 1994 –, l'État chinois a décidé que certains aspects de la culture et de la religion tibétaines n'étaient pas « compatibles » avec le socialisme et devaient être éliminés. Les implications de cette décision, dans leur détail, sont de grande importance, mais ne sont pas encore claires. À ce jour, il est évident que les pratiques condamnées englobent la polyandrie, le culte du dalaï-lama et, probablement, la répugnance à accueillir des immigrants chinois dans la région. D'autres coutumes et croyances sont aussi vraisemblablement interdites ou marginalisées conformément à cette doctrine ; il y a également des signes de plus en plus forts de mauvaise volonté, à l'intérieur des cercles politiques, pour approuver l'utilisation du tibétain comme langue d'enseignement dans les écoles secondaires de la Région autonome du Tibet *(sur ce point, voir aussi la question 75).*

Ces vues idéologiques produisent une politique qui, sauf dans des périodes de libéralisation, comme au début des années quatre-vingts, contredit les droits théoriques établis par la Constitution ou la Loi chinoises, et désavantage fortement les Tibétains et les autres nationalités non chinoises.

---

27. On dit que les Tibétains n'ont pas de liberté de circulation au Tibet et qu'il est interdit aux cadres tibétains et aux enfants de moins de dix-huit ans d'aller à l'étranger. Est-ce vrai ?

C'est faux. Les Tibétains « jouissent des droits démocratiques et des libertés assurés par la Constitution ». Ils peuvent se déplacer librement au Tibet, et les étrangers sont autorisés à venir constater la situation réelle. Le nombre de Tibétains se rendant à l'étranger, pour donner des conférences, étudier, rendre visite à des parents, etc., grandit d'année en année. Parmi eux, il y a des enfants accompagnant leurs parents. Des troupes artistiques tibétaines vont aussi souvent à l'étranger.

Cependant, le gouvernement de la Région autonome du Tibet « a été obligé de porter attention à ce phénomène », car « une poignée de séparatistes tibétains réfugiés à l'étranger cherchaient à emmener des enfants hors du pays dans le but de leur inculquer l'idée réactionnaire du "Tibet indépendant" ».

Robert BARNETT : Chaque année, deux à trois mille Tibétains s'enfuient du Tibet vers le Népal et l'Inde sans avoir de papiers en règle, et en prenant de très gros risques, montrant par là qu'il est en fait très difficile pour des Tibétains ordinaires d'obtenir des documents de voyage légaux. Un nombre croissant de Tibétains ayant des ressources financières importantes ou des relations prestigieuses obtiennent des permis pour voyager, bien que, parfois, ils n'aient pas le droit de visiter l'Inde, où est établie la communauté en exil. L'« attention portée » pour contrer l'endoctrinement des exilés s'est accrue depuis 1994, lorsque les fonctionnaires tibétains se virent interdire d'envoyer leurs enfants dans une école tibétaine en exil, et les bureaux gouvernementaux furent avertis qu'ils ne pouvaient plus employer de Tibétains revenant d'une visite non officielle en Inde *(TIN News Update).*

En ce qui concerne les troupes artistiques, le gouvernement chinois a continué à les envoyer à l'étranger ; mais les artistes sont, dans la plupart des cas, étroitement surveillés et menacés de punitions sévères s'ils quittent la troupe sans accompagnement, parlent avec des exilés, visitent des temples bouddhiques ou expriment des opinions « politiquement incorrectes » au cours de leur voyage. Par exemple, la première des cinq règles données aux membres d'une troupe artistique envoyée en Occident en 1992 était : « Préserver strictement l'unité de la mère patrie, préserver la dignité de l'État et de la nationalité, ne rien faire qui ne soit bénéfique pour la mère patrie, ne rien dire qui serait négatif sur la mère patrie. » La règle numéro trois était : « Respecter le système ou rendre compte, demander la permission [avant de sortir où que ce soit] et se déplacer en groupe [...]. Personne n'est autorisé à sortir sans permission. » (Yishu. doc.)

---

28. Le dalaï-lama et ses proches disent que les enfants tibétains sont frustrés du droit de fréquenter l'école et, partant, que le Tibet est une région d'analphabètes. Est-ce vrai ?

Avant 1951, il n'y avait aucune école au Tibet, sinon quelques cours privés et l'on ne comptait pas plus de 600 écoliers. Actuellement

[1988], *« le taux de scolarisation [...] est de 50,4 % et le taux d'analphabétisme est tombé de 98 % en 1951 à 60 % ». « Fin 1986, le Tibet comptait trois établissements d'enseignement supérieur, 14 écoles secondaires spécialisées, 64 écoles secondaires et plus de 2 300 écoles primaires, fréquentées par 148 000 élèves, parmi lesquels 121 000 au primaire, dont 109 000 Tibétains, soit 90 % de l'ensemble ; 21 950 au secondaire, dont 14 200 Tibétains, 3 060 dont 2 130 Tibétains dans les écoles secondaires spécialisées. De plus, 2 860 étudiants dont 1 900 Tibétains font des études dans les établissements d'enseignement supérieur. » La situation devrait évidemment être encore améliorée.*

Robert BARNETT : On estime que les autorités chinoises ont amélioré l'éducation de façon significative au Tibet depuis leur arrivée, en 1950, et le nombre d'enfants inscrits dans les écoles a plus que doublé dans les dix dernières années, selon les chiffres officiels. Cette tendance n'est pas propre à la Chine et est vraie de beaucoup de nations en voie de développement en Asie, au cours de cette période. En fait, les chiffres d'inscription scolaire au Tibet ont baissé fortement au début des années quatre-vingts, et n'ont commencé à remonter que récemment.

Durant les années quatre-vingt-dix, d'autres problèmes concernant l'éducation sont apparus, que ces chiffres ne révèlent pas. En premier, ces chiffres concernent probablement les enfants inscrits le premier jour de la rentrée plutôt que ceux qui assistent aux cours pendant toute l'année scolaire ; ils donnent donc une idée exagérée de l'assistance à l'école dans la région. Deuxièmement, les déclarations faites par les autorités pendant les années quatre-vingts, affirmant que pratiquement chaque communauté rurale avait une école, se sont révélées fausses : il y a très peu d'écoles rurales au Tibet. Troisièmement, les déclarations disant que l'éducation est gratuite dans les régions rurales se sont révélées inexactes, ou le sont devenues à mesure que des droits d'inscription ou des frais scolaires de plus en plus élevés étaient instaurés dans les écoles par les gouvernements locaux à travers toute la Chine et le Tibet. Quatrièmement, la qualité de l'enseignement primaire est extrêmement médiocre, la plupart des écoles rurales n'offrant que deux ou trois ans d'éducation dans des conditions très rudimentaires.

Il en résulte un fort taux d'abandon dans les écoles tibétaines ; même les statistiques officielles données dans *Cent questions* montrent, quand on les analyse, qu'environ 87 % des enfants tibétains abandonnent le système éducatif avant d'arriver au niveau du secondaire, et la moitié au moins d'entre eux ont probablement abandonné bien avant d'avoir atteint la fin de l'école primaire. Par contraste, les mêmes chiffres montrent que dans le système éducatif de la Région autonome du Tibet, 64 % des enfants non tibétains (la plupart chinois) vont à l'école secondaire. Ainsi, dans l'éducation secondaire et supérieure de la RAT, seulement un écolier sur trois est tibétain, bien que les statistiques disent que 97 % de la population est tibétaine. Cela suggère une inégalité dans les possibilités offertes en matière d'éducation, au détriment des enfants tibétains. *(Voir aussi la question 75, sur l'usage du tibétain, la section H., « Développement économique », sur les taux d'analphabétisme, ainsi que la question 86.)*

---

29. On dit que les Tibétains connaissent un grave problème de chômage et de travail des enfants. Est-ce vrai ?

« Le problème du chômage ne se pose pas au Tibet » car, en fait, il n'y a pas assez de travailleurs tibétains pour pourvoir aux postes vacants. « Depuis toujours, la grande majorité des ouvriers et employés nouvellement embauchés sont des Tibétains qui jouissent des mêmes traitements que les Han dans les domaines des salaires, du bien-être et de la protection du travail. »

Quant au travail des enfants-ouvriers, il est interdit par la législation, et cela n'a jamais été un problème sérieux au Tibet. Dans les zones agro-pastorales, les enfants travaillent souvent avec leurs parents, mais même si cela affecte leur scolarité, le problème est différent de celui du travail des enfants.

Robert BARNETT : Dans l'ensemble, les conditions d'emploi au Tibet sont probablement similaires à celles d'autres sociétés qui se trouvent dans une phase de transition entre un système traditionnel et une économie moderne. Dans cette situation, il est difficile, en particulier, d'absorber le surplus du travail agricole autrement que par une industrialisation citadine. Au Tibet, la situation est exacerbée par la politique gouvernementale chinoise qui favorise la migration de non-Tibétains dans le secteur des services (tels que les négociants, les petits commerçants, etc.), et maintient une forte proportion de Chinois dans le secteur gouvernemental : un quart de tous les employés. Du fait que ce sont les deux plus grands secteurs de l'économie de la Région autonome du Tibet en dehors de l'agriculture – et du fait aussi que la petite industrie, quand elle se développe, préfère sûrement le travail des Chinois –, les perspectives d'emplois pour les Tibétains sans formation ne sont guère encourageantes.

Même pour les travailleurs tibétains formés, particulièrement ceux du secteur gouvernemental, la situation se détériore rapidement, car, à la fin des années quatre-vingt dix, le gouvernement chinois a supprimé à travers tout le pays sa politique d'actions antidiscriminatoires et a institué pour tous les postes gouvernementaux des examens ouverts. Cela désavantage probablement encore plus même les Tibétains éduqués, dont la plupart ont des qualifications moindres que leurs concurrents chinois. Dans les années quatre-vingt dix, les officiels chinois ont poussé à l'« intégration totale » du Tibet dans le système économique « national », ce qui augmente énormément la compétition à laquelle les Tibétains doivent faire face sur le marché du travail, sans avoir eu d'occasions considérables de développer les compétences nécessaires à la survie dans ce système.

En ce qui concerne le travail des enfants, aucune recherche indépendante n'a été menée au Tibet, mais les touristes et autres voyageurs rapportent fréquemment avoir vu de jeunes enfants travaillant sur des chantiers de construction, ou bien mendiant dans les rues. On croit qu'un nombre grandissant d'adolescentes tibétaines exécutent des travaux domestiques, tout comme il y en a manifestement un nombre croissant impliquées dans la prostitution (voir *Social Evils* ; « Personal view »).

30. Certains membres de l'entourage du dalaï-lama ont dit que les hôpitaux au Tibet ne soignaient que les Han. Est-ce-vrai ?

C'est faux. Il est bien connu que dans les années cinquante, l'Armée populaire de libération a envoyé partout des équipes médicales qui soignaient gratuitement les Tibétains, et, encore maintenant, les Tibétains sont les seuls en Chine à bénéficier des soins gratuits.

Au cours des trente dernières années, la majorité des patients dans les hôpitaux de la Région autonome étaient des Tibétains ; en 1986, par exemple, ils représentaient 92,4 % des consultations et 91 % des hospitalisations.

Le taux de mortalité a baissé des deux tiers depuis 1959, et le taux de croissance démographique est de 21,13 %, ce qui n'a été possible que grâce à l'amélioration des services médicaux.

Robert BARNETT : L'offre médicale et le taux de mortalité se sont certainement améliorés depuis les années cinquante. Cependant, les services médicaux restent très rudimentaires, surtout dans les zones rurales. Des études récentes indiquent une importante malnutrition des enfants dans les campagnes, et un standard d'hygiène très bas dans les hôpitaux et les cliniques. Les services médicaux n'étaient pas gratuits pour tous les Tibétains au moment où *Cent questions* a été écrit : seuls les employés gouvernementaux et les habitants des campagnes pouvaient prétendre à la gratuité des traitements ; et, depuis cette époque, le système de sécurité sociale a été remplacé, à travers toute la Chine, par un système de marché. Le résultat est que le patient doit payer de grosses sommes d'argent pour tout traitement médical ; à titre d'exemple caractéristique : deux mille yuans (environ 250 dollars) d'avance pour une nuit dans un hôpital de Lhasa, ce qui correspond à environ deux ans de salaire moyen pour un Tibétain de la campagne, ou six mois de salaire pour un citadin. *(Voir aussi la question 74 sur la médecine tibétaine traditionnelle, et la section H, « Développement économique », pour une discussion des statistiques sur le taux de mortalité.)*

31. Quelle est l'espérance de vie des Tibétains du Tibet ? Peut-on établir une comparaison avec la situation d'avant la libération pacifique ?

La réponse, très courte, affirme que « la population tibétaine au Tibet [Région autonome] *est passée de quelque 1 200 000 habitants à environ 2 000 000 d'habitants ». L'espérance de vie est passée de 35,5 ans avant 1950 à 63,7 ans en 1988.*

Robert BARNETT : Il n'y a aucune raison de mettre en doute les déclarations chinoises quand elles affirment que l'espérance de vie a augmenté au Tibet durant les cinquante dernières années, même si des chercheurs regardent avec suspicion une amélioration aussi forte que celle donnée par les chiffres ci-dessus. Peu de recherches indépendantes ont été menées sur les conditions sanitaires au Tibet, et la plupart des études reposent sur les statistiques fournies par les autorités chinoises. Dans le cas présent, les Chinois fondent leurs premiers chiffres sur une enquête menée dans les années cinquante, qui pourrait ne pas être très fiable. En particulier, une inquiétude grandissante se fait jour à propos des chiffres de la mortalité infantile au Tibet, que l'on pense être deux à trois fois plus élevée qu'en Chine, surtout dans les zones rurales. Ces chiffres sont rarement divulgués par les autorités chinoises, et il n'est pas sûr qu'ils soient inclus dans l'évaluation de l'espérance de vie.

Les déclarations chinoises sur la quasi-multiplication par deux de la population montrent un accroissement annuel dans la Région autonome du Tibet d'environ 1,2 %. Cela signifie un taux de croissance ininterrompu un peu supérieur à celui de la Chine aujourd'hui, qui est de 1,14 % – un taux de croissance maintenu artificiellement bas par les divers contrôles des naissances dans la Chine propre, tels que la politique de l'enfant unique. Par conséquent, on attendrait un taux de croissance au Tibet supérieur à celui de la Chine, puisque la population n'a été soumise que récemment à une politique de contrôle familial strict. Si la population tibétaine s'était accrue depuis 1950 au taux d'augmentation habituel dans la Région autonome du Tibet, qui est de 1,6 % par an, la population de la

Région aurait dû être de 2 350 000 en 1990, environ 200 000 de plus que les chiffres donnés pour cette époque.

Il est plus probable que l'augmentation de la population au Tibet depuis 1950 a été irrégulière, avec des périodes où elle a été faible à cause de la réglementation sur les vivres, des conflits importants et des persécutions politiques, alors que durant d'autres périodes la croissance de la population a été plus importante grâce à l'amélioration des conditions médicales et une politique autre. Cette irrégularité est confirmée par l'analyse des statistiques chinoises fournie par Yan Hao (2000, pp. 14-16, *op. cit.*, in question 22). Quoi qu'il en soit, il aurait été un peu désolant que la population n'ait pas doublé en quarante ans, de 1959 à 1990. *(Voir aussi la section H, « Développement économique », qui cite et analyse les statistiques chinoises.)*

---

32. Le bruit court que la Chine pratique une politique de stérilisation forcée, d'infanticide et de génocide. Quelle est la vérité ?

Cette déclaration est une « pure invention » et le contrôle des naissances mis en vigueur en Chine à partir des années soixante-dix n'a été encouragé au Tibet que parmi les fonctionnaires tibétains et les employés [du gouvernement], *mais d'une manière moins stricte que pour les Chinois. Il n'a pas été demandé aux paysans et éleveurs tibétains, qui forment la majorité de la population, de pratiquer le planning familial. Au contraire, les soins aux femmes enceintes et les conseils de puériculture ont été développés, ce qui explique l'accroissement de la population.*

Robert BARNETT : Les accusations de génocide ont été sommairement discutées dans la question 22 et l'on n'y reviendra pas. La réponse de *Cent questions* ici, représente probablement le premier aveu officiel que la Chine a imposé des contrôles de population sur les Tibétains travaillant pour le gouvernement au Tibet. Auparavant, les Chinois laissaient entendre qu'il n'y avait pas de politique de contrôle des naissances pour les Tibétains, bien qu'en fait une loi sur le contrôle des naissances avait été introduite dans la Région autonome en 1985 ; elle a été promulguée à nouveau sous une forme plus stricte en 1992.

Les règles pour les Tibétains, dans la Région autonome du Tibet, sont, il est vrai, plus clémentes que pour les citoyens chinois, et il est en gros correct de dire que les Tibétains à la campagne ne sont pas soumis aux mêmes règlements que ceux imposés aux Tibétains citadins et aux employés gouvernementaux : cela apparaît clairement dans le tableau ci-dessous, qui montre que les cadres tibétains peuvent avoir deux enfants, alors que leurs collègues chinois ne peuvent en avoir qu'un seul ; les amendes sont également plus élevées pour les Chinois qui ont des enfants supplémentaires. La population rurale tibétaine dans la Région autonome du Tibet n'avait aucune limitation jusqu'aux lois de 1992, et elle n'est toujours pas menacée d'une amende en cas de dépassement de cette limitation mais elle a visiblement été soumise à une pression supérieure à celle que laisse entendre la réponse donnée par *Cent questions* : en 1991, déjà, le Plan quinquenal lancé par le gouvernement de la Région autonome du Tibet disait que « les fermiers et les nomades doivent apporter leur soutien conscient aux méthodes contraceptives, et les mettre en pratique », et il les avait précédemment « encouragés » à ne pas avoir plus de trois ou quatre enfants (« Tibet Birth Control Regulations »).

Dans les régions du Tibet à l'est de la Région autonome, la situation est plus complexe. Dans ces zones, les lois sur le contrôle des naissances ont été introduites au début des années quatre-vingts, plus tôt que dans la RAT et de manière beaucoup plus stricte. Dans la « préfecture autonome tibétaine » de Kandzé (Ganzi), qui couvre la plus grande partie du Kham traditionnel, un citadin tibétain, homme ou femme, qui a un troisième enfant doit payer une amende équivalente à 15 % de son revenu durant sept ans, même s'il n'est pas un employé gouvernemental. Dans cette partie du Kham, la même amende s'applique à un Tibétain de la campagne qui a un quatrième enfant. Au Qinghai, la situation semble être plus stricte, mais on n'a jamais pu découvrir de documents fournissant ces détails, étant donné qu'ils sont presque tous secrets.

Nombre d'enfants autorisés aux différents groupes dans la RAT et Kandzé

(Publié dans « Survey of Birth Control Policies in Tibet », *TIN Background Briefing Paper*, Londres, TIN, 30 mars 1994. Fondé sur les sources officielles en chinois et en tibétain : voir « TIN Documents on Birth Control ».)

(amendes en yuans pour le premier enfant non autorisé)

	RAT 1985		Kandzé 1989		RAT 1992	
		amende		amende		amende
Citadin chinois	1	500	1	15 % salaire / 7 ans	1	3 000
Intermariés	2	150	2	*idem*	2	500 ?
Chinois mobile	–	–	0	1 000	0	8 000
Chinois rural	–	–	2	15 % salaire / 7 ans	1	3 000
Cadre, ouvrier tibétain	2	150	2	*idem*	2	500
Citadin tibétain	2 (?)	150	2	*idem*	2	500
Tibétain rural	–	–	3	*idem*	3	–
Tibétain mobile	–	–	0	1 000	0	8 000

Notes :

1. Les amendes pour la RAT en 1985 sont décrites comme punition pour ne pas avoir observé l'intervalle correct (trois ans) entre deux naissances ; il n'y a pas de punition mentionnée pour un enfant supplémentaire.

2. On ne distingue pas clairement si les restrictions en RAT 1985 concernent tous les Tibétains urbains résidents, ou seulement les Tibétains urbains travaillant dans des entreprises ou des bureaux de l'État.

3. Les personnes « mobiles » sont celles qui n'ont pas de papiers d'enregistrement pour la zone où elles vivent. Elles sont stérilisées dans la RAT si elles ont un enfant imprévu, sauf lorsqu'elles retournent à l'endroit où elles sont enregistrées.

4. Les Chinois vivant dans les zones rurales de Kandzé peuvent avoir deux enfants s'ils sont maraîchers, fermiers ou éleveurs nomades, ou s'ils ont vécu dans la région pendant huit ans et dans un endroit reculé en altitude. S'ils vivent dans un endroit isolé, ils peuvent avoir trois enfants.

5. Toutes les catégories (excepté les personnes « mobiles » et les infirmes de naissance) peuvent avoir un enfant supplémentaire dans des conditions spéciales, par exemple lorsqu'un précédent enfant est sérieusement handicapé par une maladie non héréditaire.

Quant aux accusations de stérilisation forcée de femmes et d'hommes, et même d'avortements pratiqués jusqu'à neuf mois de grossesse sur des Tibétaines et de meurtres de bébés à la naissance dans les hôpitaux – les « infanticides » évoqués dans la question –, elles ont été effectivement lancées par le gouvernement tibétain en exil, publiées et argumentées par deux ouvrages, reprises par les médias, et sont les chevaux de bataille favoris de certaines associations de défense des Tibétains. Il est très difficile de savoir exactement ce qu'il en est. La plupart des rapports sur les stérilisations forcées de Tibétaines proviennent des régions orientales, à l'extérieur de la Région autonome du Tibet, où la politique de planning familial a été introduite au début des années quatre-vingts : selon ces rapports, des équipes de chirurgiens ont été envoyées dans tous les villages pour exécuter cette politique par la force. Un petit nombre de ces faits ont été documentés pour cette période (voir « Tibetans on Birth Control : Interviews », in *Documents on Birth Control*, p. 46 sq.), mais on ne sait pas avec précision l'étendue de ces pratiques à l'époque, ni si elles se poursuivent encore. Il existe plusieurs rapports officiels du gouvernement chinois sur des équipes exécutant un grand nombre de stérilisations de femmes dans les zones rurales de la Région autonome du Tibet durant les années quatre-vingt-dix, mais l'ampleur des stérilisations forcées, s'il y en eut, n'est pas claire.

Sur ce point, il est utile d'examiner les conclusions de Yan Hao (2000, pp. 26-29) sur son analyse des « programmes de planning familial dans la RAT et les autres régions d'ethnie tibétaine ». En introduction, il offre un très intéressant survol historique de la politique de contrôle des naissances de la RPC. En particulier, il explique – ce que beaucoup ignorent sans doute – que la politique de l'enfant unique n'a jamais fait l'objet d'une loi, mais seulement d'une directive nationale prioritaire dont l'application est laissée à la décision des gouvernement locaux, essentiellement provinciaux (il ne parle pas des gouvernements des régions autonomes, dont on se demande s'ils jouissent aussi de cette marge de manœuvre). « En conséquence, les règlements peuvent différer considérablement d'une période à une autre, d'un endroit à un autre, et d'un segment de la population à un autre. »

Pour ce qui est du nombre d'enfants autorisés, son étude, basée sur les statistiques chinoises issues des divers recensements, conclut à la grande flexibilité du planning familial appliqué aux Tibétains et aboutit à des résultats très comparables à ceux du tableau ci-dessus (qui utilise en grande partie les mêmes sources). Mais tout cela ne servait qu'à introduire la question des stérilisations forcées. Pour aboutir à nier leur existence, Yan Hao nous semble se départir de sa méthode rigoureuse de démographe. Dans son exposé sur la politique chinoise, il avait signalé que des mesures coercitives avaient été employées en Chine, mais que dans les dernières années le gouvernement avait cherché à développer plutôt le planning familial (p. 26). Quand il examine les résultats de « deux décennies de la campagne enthousiaste, et parfois coercitive, pour le contrôle des naissances », les résultats ne sont pas aussi bons qu'on l'espérait en Chine.

> Au Tibet [la Région autonome], comme on l'a dit précédemment, les programmes de planning familial visent principalement les employés du gouvernement. Il n'y a pas de tentative sérieuse d'imposer le contrôle des naissances aux fermiers et pasteurs tibétains… Selon les chiffres de 1993, parmi toutes les citadines han en âge d'être mères, 92,4 % utilisaient une méthode contraceptive quelconque. Chez les Tibétaines, le taux était de 50,6 % en ville et de 18,9 % dans les zones rurales. Il n'y a aucun fondement à l'assertion selon laquelle « les jeunes femmes qui ont un enfant ou qui n'en ont pas sont stérilisées de manière habituelle ». D'une part, la limitation de l'enfant unique n'existe pour aucun couple tibétain. D'autre part, la méthode contraceptive la plus utilisée en Chine par les femmes qui ont un enfant est le stérilet. La stérilisation est seulement suggérée « de manière habituelle », ou imposée dans une certaine mesure, aux femmes qui ont déjà deux enfants ou plus. Durant les deux dernières décennies, près de 100 millions de Chinoises ont subi la stérilisation comme méthode contraceptive permanente (40 % des 230 millions d'utilisatrices de la contraception). Il est vrai que, pour la plupart d'entre elles, ce n'était pas un choix volontaire. Mais, sans s'attacher au degré de coercition de ce programme, il serait difficile de trouver ne fût-ce qu'un seul cas où une femme sans enfant a été stérilisée pour des raisons de contrôle des naissances (*ibid.*, p. 28).

Yan Hao poursuit : dans la RAT, l'enquête menée par Goldstein et Beall (1991) s'accorde avec sa propre analyse des recensements pour constater une augmentation de la population, et non la diminution que l'on attendrait si une politique intensive de contrôle des naissances était appliquée. De plus, les témoignages oculaires attestent que les familles de sept à huit enfants ne sont pas rares.

> La plupart des affirmations de « contrôle forcé des naissances » au Tibet proviennent de réfugiés tibétains en Inde. Il est bien connu que l'émigration est un processus sélectif. Les réfugiés politiques sont à coup sûr le segment le plus politisé des émigrants. Goldstein soutient que les récits offerts par les réfugiés sont probablement des exagérations ou des fabrications pour susciter sympathie et soutien… Bien sûr, on ne peut pas écarter complètement des cas d'abus individuels, en particulier dans les provinces voisines du Qinghai et du Sichuan, où non seulement les règlements locaux sont différents, mais où la mise en application de la politique est moins clémente. C'est pourquoi les sources du gouvernement tibétain en exil affirment que la politique de contrôle des naissances est appliquée de manière plus répressive aux populations du Kham (Sichuan) et de l'Amdo (Qinghai). De manière compréhensible, les autorités locales du Sichuan ne peuvent tout simplement pas se permettre une attitude de « laisser faire » vis-à-vis du contrôle des naissances, dans une province où – jusqu'à ce que la municipalité de Chongqing soit ôtée du Sichuan en 1997 – la population était de plus de 107 millions, selon le recensement de 1990 (*ibid.*, pp. 28-29).

Il conclut que dans la RAT les moyens mêmes, financiers et humains, sont trop faibles pour mettre en œuvre une politique de contrôle intensif des naissances, et que les employés du planning familial ont du mal à satisfaire la demande grandissante des Tibétaines urbaines en moyens contraceptifs.

Ainsi, de manière beaucoup plus subtile que la réponse de *Cent questions*, Yan Hao réfute aussi les affirmations du gouvernement en exil, qui n'a jamais dit que les campagnes de contrôle forcé et de stérilisation étaient menées dans la RAT. Il s'appuie beaucoup sur l'article de Goldstein et Beall, qui ne concerne que la RAT et qui, « pour cette région », suggère que les récits de stérilisations forcées et d'infanticides « recueillis sur place ou en exil » peuvent être des exagérations, des rumeurs, des inventions dues aux soupçons compréhensibles de femmes qui ont perdu leur enfant à la naissance, ou « pour susciter sympathie et soutien » ; toujours dans la RAT, les deux auteurs reconnaissent qu'« on ne peut pas écarter complètement des cas d'abus individuels » ; enfin, faute d'avoir pu enquêter dans les anciens Kham et Amdo, ils refusent de se prononcer sur les témoignages en provenance de ces régions. On voit comment Yan Hao utilise ces conclusions pour les étendre aux régions tibétaines hors RAT, d'où proviennent la majorité des témoignages de Tibétaines exilées, et pour laisser entendre que ces exagérations d'émigrants ou ces inventions sont fabriquées par le gouvernement en exil pour servir ses desseins. Celui-ci disqualifié de la sorte, Yan Hao peut reconnaître et justifier que des campagnes de stérilisations forcées ont été menées dans ces régions, et il pourrait ajouter : les Chinoises les ont autant subies que les Tibétaines !

Nous avons nous-même été très prudent dans le traitement de cette question en discutant les affirmations du gouvernement en exil. Tous les spécialistes sérieux reconnaissent qu'il faut prendre avec circonspection les chiffres qu'il avance, dans ce domaine comme dans d'autres. Mais c'est lui faire injure, et faire injure à tant de Tibétaines en détresse, que de l'accuser d'avoir fabriqué de faux témoignages.

Nous nous sommes longuement arrêté sur l'article de Yan Hao, simplement parce qu'il va probablement faire autorité dans les cercles scientifiques occidentaux, par la compétence qu'il manifeste – l'auteur est titulaire d'un PhD en démographie de l'Université de Canberra –, les jugements équilibrés qu'il comporte et la garantie scientifique de la nouvelle revue australienne dans laquelle il est publié.

On oubliera sans doute que son auteur est employé à la Commission de planification du développement d'État à Pékin…

Références citées

A Poisonned Arrow. The Secret Report of the 10th Panchen Lama, Londres, TIN, 1997.

« Bodies Scarred, Bodies Broken », *Philadelphia Inquirer*, 6 décembre 1996.

COLEMAN W. M., *Writing Tibetan History : The Discourses of Feudalism and Serfdom in Chinese and Western Historiography*, Ann Harbor, UMI, 1999.

CONNER V. et BARNETT R., *Leaders in Tibet : A Directory*, Londres, TIN, 1997.

Cutting off the Serpent's Head, Londres et New York, TIN et Human Rights Watch, 1996.

« Danish Delegation Visits Tibetan Prison », Lhasa, Xinhua News Agency, 7 août 1998 (en chinois).

Discours du panchen-lama : *The Panchen Lama Speaks*, Dharamsala, Département de l'information et des affaires internationales, 1991.

« Document 17 », TAR Lhasa People's Intermediate Court, 1982 ; cité dans *Human Rights Update*, Dharamsala, Central Tibetan Administration, 24 octobre 1995.

Documents TIN : *Lhasa People's Procurary Document*, n° 2, 1989 ; *Lhasa Intermediate People's Court Document,* n° 13, 1990. Pour la copie des documents originaux, voir TIN Documents 2 (XN), 3 (XN), 23 (YY)-point 2, 6 (ZQ) dans les archives de TIN ; voir aussi le récit personnel de Ganden Tashi : TIN Document 19 (VN)/24(JW).

DOMENACH J.-L. et RICHER P., *La Chine*, Paris, Imprimerie nationale, 2 vol., 1987.

GOLDSTEIN M. C., « Re-examining Choice, Dependency and Command in the Tibetan Social System. "Tax Appendages" and Other Landless Serfs », *The Tibet Journal*, vol. XI, n° 4, 1986, pp. 79-112.

–, « On the Nature of Tibetan Peasantry », *The Tibet Journal*, vol. XIII, n° 1, 1988, pp. 61-65.

–, « Freedom, Servitude and the "Servant Serf" Nyima », *The Tibet Journal*, vol. XIV, n° 2, 1989, pp. 56-60.

–, et BEALL C. M., « China's Birth Control Policy in the Tibet Autonomous Region », *Asian Survey*, vol. 31, n° 3, 1991, pp. 285-303.

PALDEN GYATSO et TSÉRING SHAKYA, *Fire under the Snow*, Londres, Harvill Press, 1997 ; *Le Feu sous la neige. Mémoires d'un moine tibétain*, trad. par Chr. Dumais-Lvowski et S. Boulongne, Paris, Actes Sud, 1997.

Hostile Elements : A study of Political Imprisonment in Tibet, 1987-1998, Londres, TIN, mars 1999.

JI Youquan, *Xizang pingpan jishi (An Account of the Suppression of Tibet)*, Pékin, Tibet People's Press, 1993.

« Lhasa interview, n° 22 », Document TIN T5(H), Londres, TIN, avril 1989.

MARSHALL S. D. et COOKE S. T., *Tibet Outside the TAR*, Washington, Alliance for Research in Tibet, 1997, distribué sous forme de CD-ROM par International Campaign for Tibet.

MA Yin (éd.), *China's Minority Nationalities*, Pékin, 1989.

MICHAEL F., « Tibetan Traditional Polity and its Potential for Modernisation », *The Tibet Journal*, vol. XI, n° 4, 1986, pp. 70-78.

–, « Letter to the Editor : Tibetan Social System », *The Tibet Journal*, vol. XIII, n° 3, 1987, p. 78.

MILLER B., « A Response to Goldstein's "Re-examining Choice, Dependency and Command in the Tibetan Social System..." », *The Tibet Journal*, vol. XII, n° 2, 1987-1988, pp. 65-67, et vol. XIII, n° 3, pp. 64-66.

« Personal view : Tibetan perspectives on Lhasa today », *TIN News Update*, Londres, TIN, 29 décembre 2000.

SAKLANI G., « The Hierarchical Pattern of Tibetan Society », *The Tibet Journal*, vol. III, n° 4, 1978, pp. 27-33.

SCHUH D., *Das Archiv des Klosters bKra shis bsam gtan gling von sKyid grong*, Bonn, VGH Wissenschaftsverlag GmbH, 1988.

Social Evils. Prostitution and Pornography in Lhasa, Tin Briefing Paper, n° 31, Londres, TIN, 1999.

« Tibet Birth Control Regulations », *TIN News Update*, Londres, TIN, 5 octobre 1992.

« TIN Documents on Birth Control », Londres, TIN, mars 1994.

Tibet Daily (Xizang Ribao), 18 mai 1990 ; voir le *BBC Summary of World Broadcasts*, 22 mai 1990, FE/0770 B2/6-7 pour la version de cette annonce à la télévision de Lhasa.

TIN News Update : « Ban on Education in India First Planned in 1993 », *TIN News Update*, Londres, 15 mars 1995 ; « Chinese Extend Ban on Tibetan Children going to Exile Schools », *TIN News Update*, Londres, 20 mars 1995 ; « Tibetans Sacked After Visiting India », *TIN News Update*, Londres, 27 mars 1997.

WO-LAP LAM, « Beijing rethinks party ideology », *South China Morning Post*, Hong Kong, 1er juillet 1992.

YAN Hao, « Tibetan Population in China : Myths and Facts Re-examined », *Asian Ethnicity*, vol. 1, n° 1, mars 2000, pp. 11-36.

Yishu.doc. : document en chinois non publié, catalogué dans les collections de TIN comme TIN ref : Yishu.doc.

ZHANG Shuguang et DUOQIONG, « La délégation chinoise dit que 8 % des prisonniers tibétains sont enfermés pour des activités contre l'État », 7 août 1998, Lhasa, Xinhua News Agency ; traduction publiée par le *BBC Summary of World Broadcasts*, 10 août 1998.

POUR EN SAVOIR PLUS

MARSHALL S. D., *Rukhag 3. The Nuns of Drapchi Prison*, Londres, TIN, 2000.

Tibet Daily (Xizang Ribao), 29 juillet 1998, édition chinoise ; publié en traduction sous le titre *Tibet Leader Raidi's Work Report : Part 1*, par le BBC Summary of World Broadcast, 26 octobre 1998.

TIN 1996, « More on Chinese Immigration Policy : Tibetan requests for limits on Chinese immigration ignored », Londres, TIN, 29 avril 1996.

TIN News Update, « Cultural Policy : History Book Banned, Tibetan Culture Declared "Non-Buddhist" », *TIN News Update*, Londres, TIN, 15 août 1997.

C.
La politique envers le dalaï-lama

Dans cette section, les questions et les réponses de *Cent questions* reflètent la position de la Chine en 1988, avant la remise du Prix Nobel de la paix au dalaï-lama. Depuis, la position du gouvernement chinois s'est beaucoup raidie, au fur et à mesure que le dalaï-lama acquérait un statut international, que ses partisans se faisaient de plus en plus nombreux et que la question du Tibet revenait comme un *leitmotiv* dans les discussions avec la Chine sur les droits de l'homme. Per Kvaerne qui répond ici aux premières questions, a préféré regrouper les questions 33 et 34, qui traitent du retour éventuel du dalaï-lama « en Chine ».

---

33. Quelle est la position des autorités chinoises vis-à-vis du dalaï-lama ?

34. Si le dalaï-lama revient en Chine, pourra-t-il s'installer au Tibet ?

Tous les patriotes qui veulent se rallier à la cause patriotique sont pardonnés et sont les bienvenus ; ils sont libres d'aller et venir. La position de la Chine se résume à 5 points :

1. La Chine est maintenant dans une période de stabilité politique, de développement économique et de coopération entre les communautés ethniques. Le dalaï-lama et son entourage devront, tôt ou tard, prendre en compte cette réalité.

2. Les contacts entre le gouvernement chinois et le dalaï-lama « doivent être francs et ouverts », sans marchandage ni retour sur les événements de 1959.

3. Le dalaï-lama et son entourage sont les bienvenus s'ils sont décidés à contribuer à l'unité du pays et à la réalisation des Quatre Modernisations [modernisation de l'agriculture, de l'industrie, du domaine scientifique et technique, de la défense].

4. À son retour, le dalaï-lama sera traité exactement comme il l'était avant 1959. On pourrait même lui proposer des postes officiels [à Pékin] *: vice-président du comité permanent de l'Assemblée populaire nationale, ou même vice-président du comité national de la Conférence consultative politique du peuple chinois ; mais on ne lui donnerait pas de responsabilités au Tibet, « car les jeunes du Tibet sont assez expérimentés pour bien travailler ». Il pourrait se rendre de temps à autre au Tibet. Les membres de son entourage seraient également bien traités.*

5. Pour revenir, il suffit au dalaï-lama de faire une brève déclaration, dont le contenu est laissé à son choix. [Les exigences du gouvernement chinois sont beaucoup plus précises : le dalaï-lama doit reconnaître que le Tibet est partie intégrante de la Chine.] *Il sera accueilli officiellement, après quoi le gouvernement publiera la nouvelle.*

Quant à son lieu de résidence, cela n'a pas d'importance. Bainqenerdini Qoigyi Gyaincain [le panchen-lama Chökyi Gyeltsen], *dans une interview donnée au* Washington Post *le 4 avril 1988 et publiée dans* Le Quotidien du Peuple *du 5 avril 1988, a déclaré que le dalaï-lama pourrait loger n'importe où, même au Tibet, l'unique condition étant qu'il « renonce à l'indépendance du Tibet, défende l'unité de la patrie et l'union nationale ».*

Per KVAERNE : Les autorités chinoises ont régulièrement considéré la question du retour du dalaï-lama comme une question de statut personnel. Mais, pour sa part, le dalaï-lama a toujours insisté sur le fait qu'il ne s'agissait pas de ses fonctions personnelles, de son statut ou de son bien-être, mais que la question était de trouver une solution à une situation politique au sein de laquelle les Tibétains en général sont privés des droits de l'homme les plus fondamentaux.

Du côté chinois, le dalaï-lama est invité à retourner dans la RPC ; il lui sera donné, ainsi qu'à son entourage, un emploi et un logement convenables ; il lui sera également accordé une situation politique très honorifique. On insiste sur le fait qu'il est seulement demandé au dalaï-lama de publier une déclaration adéquate concernant son retour, soit au moment de sa décision, soit au moment de son arrivée en Chine. Le gouvernement central enverra un officiel « au niveau ministériel accompagné de plusieurs personnes » pour le rencontrer et « organiser une cérémonie d'accueil ».

Envisagée d'une manière superficielle, la position chinoise semblerait singulièrement naïve. Même un bref coup d'œil sur les déclarations du dalaï-lama suffirait à convaincre que les termes des propositions chinoises ne l'intéressent absolument pas. En outre, la position chinoise à son sujet est en fait loin d'être claire. À la suite de l'attribution du Prix Nobel de la paix, en 1989, les autorités chinoises traitèrent le dalaï-lama de « gangster international » (*Le Quotidien du Peuple*, 11 octobre 1989), qualificatif peu approprié pour quelqu'un à qui sont offertes, à d'autres moments, de hautes positions honorifiques (même si elles sont dépourvues d'autorité).

De la même manière, la question du lieu de résidence du dalaï-lama lors de son éventuel retour est ambiguë. Comme l'évoque *Cent questions,* le précédent panchen-lama a déclaré que le dalaï-lama était entièrement libre de vivre au Tibet s'il le souhaitait (*Le Quotidien du Peuple*, 5 avril 1988) ; mais les auteurs de *Cent questions* éludent la question, en affirmant qu'elle est peu conséquente. La position officielle est toutefois moins ouverte. Ainsi est-il affirmé que le dalaï-lama ne serait pas chargé de fonctions politiques au Tibet, la raison donnée étant que « les jeunes du Tibet sont assez expérimentés pour bien travailler », même s'il est admis que le dalaï-lama pourrait « de temps en temps » se rendre au Tibet (point 4 des conditions chinoises) ; ce qui, incidemment, prouve qu'il serait astreint à résidence en Chine propre. Là encore, le manque de logique est flagrant, car il a été formellement déclaré au début de ce même point que, « après qu'il sera revenu s'installer au pays, le dalaï-lama sera traité *de tout point de vue* comme c'était le cas avant 1959 » (c'est nous qui soulignons) ; en d'autres termes, comme il l'était quand il résidait à Lhasa et qu'il y avait encore un gouvernement tibétain et une armée tibétaine.

Sous-jacente à ces apparentes ambiguïté et confusion, il y a toutefois une position fondamentale sur laquelle les autorités chinoises sont irréductibles à un compromis, c'est l'« unité du pays » et l'« union des Tibétains et des Han ». Cette position a été très clairement exprimée par le panchen-lama dans la déclaration citée plus haut : « La seule condition pour que le dalaï-lama puisse revenir en Chine et au Tibet, c'est qu'il renonce à l'indépendance du Tibet, [et qu'il] défende l'unité de la patrie et l'union nationale. » C'est là, bien sûr, le cœur du sujet. L'objectif primordial du gouvernement chinois est d'assurer l'unité de l'État, qui inclut le contrôle stratégique, économique et politique du Tibet. Les cérémonies de bienvenue et les honneurs politiques offerts au dalaï-lama ont pour but de souligner cette unité. En outre, les autorités chinoises ont forcément conscience que la force à l'œuvre derrière l'agitation constante au Tibet est une montée de l'engagement nationaliste, notamment parmi la jeune génération (post-Révolution culturelle). Si le dalaï-lama venait à résider de façon permanente à Lhasa, cela représenterait un immense encouragement pour la lutte nationale en faveur de l'indépendance. On comprend aisément que c'est quelque chose qui, du point de vue chinois, doit être évité à tout prix.

---

35. Quelle est la position du gouvernement chinois en ce qui concerne les visites du dalaï-lama dans d'autres pays ?

Le gouvernement chinois considère le dalaï-lama comme une personnalité religieuse, mais « surtout comme un exilé qui se livre à des activités politiques ». Le gouvernement est donc « opposé à ce qu'il mène des activités séparatistes », déforme l'histoire du Tibet et réclame l'indépendance, dans divers pays. De même, il refuse l'ingérence de pays étrangers dans les affaires intérieures de la Chine, « sous prétexte de "résoudre le problème du Tibet" ».

Per KVAERNE : Les autorités chinoises condamnent toute action entreprise par d'autres pays, ou des instances internationales, comme une « intervention dans les affaires intérieures de la Chine ». Ces expressions de vertueuse indignation se font particulièrement fortes lorsque s'expriment des protestations internationales contre les violations chinoises des droits de l'homme fondamentaux.

Mais, par ailleurs, la Chine n'hésite pas à exercer des pressions directes sur les autres gouvernements afin de poursuivre sa propre politique. La contradiction entre ces positions est particulièrement vive quand il s'agit du dalaï-lama. La raison en est facile à voir. À l'intérieur du Tibet comme en exil, le dalaï-lama symbolise les aspirations de tous les Tibétains à l'indépendance nationale, à la liberté et à la dignité individuelles. Il jouit, au niveau international, d'une grande – et croissante – estime, et il est reçu par des chefs d'État et des représentants des gouvernements partout dans le monde. Bien qu'aucun gouvernement n'ait jusqu'à présent pris formellement en compte la revendication des Tibétains à l'indépendance, les expressions d'inquiétude sur la situation des droits de l'homme au Tibet n'ont pas manqué. En outre, le Tibet en tant que problème international est invariablement mis en lumière dans les médias et dans la conscience publique lors des fréquentes tournées du dalaï-lama dans le monde entier.

Le gouvernement chinois a constamment réitéré des menaces avant les voyages à l'étranger du dalaï-lama. Ainsi, quand il a reçu le Prix Nobel de la paix, en 1989 – récompense qui contraria particulièrement les autorités chinoises, peut-être, en fin de compte, parce qu'aucun Chinois n'avait jamais reçu cette distinction dans quelque domaine que ce fût –, les autorités chinoises signifièrent au gouvernement norvégien que si le dalaï-lama était reçu de la manière habituelle pour les lauréats du Prix Nobel, qui comporte une audience avec le roi de Norvège, cela ne resterait pas sans conséquence pour les relations entre la Norvège et la Chine. Le pontife tibétain fut néanmoins reçu de façon normale, et les menaces des Chinois ne furent pas mises à exécution. Peu après, Vaclav Havel, nouvellement élu président de Tchécoslovaquie, invita le dalaï-lama à visiter son pays. Une fois encore, les Chinois protestèrent, et à nouveau la visite du dalaï-lama eut lieu comme elle avait été prévue. Mais alors qu'aucun pays occidental n'a jamais annulé d'invitation faite au dalaï-lama à cause des pressions exercées par les Chinois, on ne peut en dire autant des pays d'Asie où, dans les dix dernières années, de telles visites ont été annulées par la Thaïlande et la Mongolie. Récemment, la question de savoir si il fallait inviter le dalaï-lama, ou maintenir une invitation qui lui avait été faite, a suscité des débats passionnés au Japon, à Taiwan... Et la Corée vient de lui refuser (novembre 2000) un visa pour se rendre à l'invitation de l'Association des bouddhistes coréens. De manière similaire, Kofi Annan, le secrétaire général de l'ONU, a plié devant les menaces de boycott de la Chine et a demandé aux organisateurs du Sommet mondial du millénaire pour la paix (28-31 août 2000), qui rassemblait mille responsables religieux dans l'enceinte de l'ONU à New York, de ne pas inviter le pontife tibétain ; ce qui a d'ailleurs suscité une vague de vives protestations, y compris des délégués à cette conférence. La justification donnée par Kofi Annan était que le siège de l'ONU est « une maison pour les États membres » et que « leurs susceptibilités doivent être prises en compte ». (Le refus de recevoir le dalaï-lama à l'ONU, parfois même d'y laisser parler des associations protibétaines, est d'ailleurs constant : voir Thubten Samdup.)

Ces dernières années, pourtant, des signes de changement sont apparus dans la position de certains pays occidentaux sur le problème tibétain. Ainsi, dans une déclaration au Parlement britannique, le 13 janvier 1993, le ministre des Affaires étrangères a dit que le gouvernement anglais était « largement favorable au principe de pourparlers sans conditions préalables ». C'était la première fois que le gouvernement britannique appelait les Chinois à lever les conditions préalables concernant le dalaï-lama, et la première fois qu'il indiquait que les Chinois sont responsables des délais pour entamer les pourparlers. Cette nouvelle approche de la question tibétaine a été suivie par plusieurs gouvernements occidentaux, dont la France. Elle est maintenant la position de l'Union européenne.

---

36. Quelles sont les divergences essentielles entre le gouvernement et le peuple chinois, d'une part, et le dalaï-lama, d'autre part ?

Chingwa Tagtsé : palais familial du Ve dalaï-lama et monastère (rasés lors de la Révolution culturelle). Au premier plan, l'une des tombes des souverains tibétains (photo H. E. Richardson, *ca*. 1940).

Cérémonies du Nouvel An au Jokhang, à Lhasa (photo H. E. Richardson, *ca.* 1940).

Devant le Jokhang, à Lhasa : le pilier avec l'inscription bilingue (tibétain-chinois) du traité de paix entre le Tibet et la Chine, 821-822 (photo H. E. Richardson, *ca.* 1940).

Grandes peintures du Bouddha déroulées sur le Potala, lors des cérémonies du deuxième mois de l'année tibétaine (photo H. E. Richardson, *ca*. 1940).

Le monastère de Ganden avant sa destruction (photo H. E. Richardson, *ca.* 1940).

Un exemple de demeure aristocratique, Gyama Trikhang. Les rares spécimens ayant survécu à la Révolution culturelle sont actuellement détruits ou laissés à l'abandon (photo H. E. Richardson, *ca*. 1940).

Invasion du Tibet par l'armée populaire de libération, en 1951 :
« avance triomphante de la division qui a vaincu la résistance tibétaine »
(photo collection S. G. Karmay).

Pénétration de l'Armée populaire de libération au Tibet, en 1951
la « division du Nord-Ouest » en marche (photo collection S. G. Karma

Ce qui est en cause, c'est « l'intégrité territoriale du pays » et « l'union des diverses communautés ethniques de Chine ». « Sous l'influence de certains séparatistes » et avec l'appui de forces étrangères, le dalaï-lama essaye de « séparer le Tibet du territoire chinois ». C'est intolérable pour le gouvernement et l'ensemble des Chinois, y compris les Tibétains. Il ne faut pas oublier cependant ce que le dalaï-lama a fait pour l'unité nationale dans les années cinquante [la signature de l'Accord en dix-sept points], *et il faut espérer qu'il « va prendre conscience de la situation, se repentir au plus vite, cesser ses activités séparatistes » et revenir à une meilleure position.*

Per KVAERNE : La préoccupation essentielle du gouvernement chinois, répétée à satiété par les auteurs de *Cent questions*, est « la sauvegarde de l'intégrité territoriale du pays et l'union des diverses communautés ethniques de Chine ». Évidemment, cet objectif n'est pas compatible avec les aspirations à l'indépendance nationale, aspirations qui ont été exprimées par le dalaï-lama de manière plus éloquente et avec une plus grande autorité que quiconque, même si, par réalisme politique, il a ensuite infléchi sa position et ne demande plus que l'autonomie à l'intérieur de la Chine *(voir les questions 37 et 38).* Il y a par conséquent un conflit fondamental entre les positions chinoise et tibétaine, conflit que les autorités chinoises ont essayé de résoudre par la force.

En réalité, dans le monde des années 1990-2000, il y a un étrange anachronisme dans la rhétorique officielle chinoise, qui condamne « les slogans fabriqués par certains impérialistes », « certains séparatistes », et « les forces étrangères ». En même temps, il est peu réaliste d'espérer que le dalaï-lama pourrait revenir à la position ouvertement prochinoise qui était la sienne lorsqu'il était encore un tout jeune homme avec peu d'expérience politique, et quand l'attaque globale de la Chine contre la civilisation tibétaine était encore à venir.

Le dalaï-lama a demandé maintes fois qu'un référendum soit organisé parmi les Tibétains, pour trancher la question de leurs aspirations réelles au sujet de l'indépendance. Il a souligné qu'il n'y avait pas de conflit entre lui-même et le gouvernement chinois, mais une situation dans laquelle prévalaient la détresse et la frustration pour le peuple tibétain. Actuellement, aussi bien les positions des Tibétains en exil que celles des Chinois sont établies sur des hypothèses plus ou moins fondées. Tant que les autorités chinoises refuseront résolument de discuter même la possibilité d'un référendum, la situation actuelle continuera sans espoir de réel changement.

Le gouvernement de Pékin a reconnu en décembre 2000 que des contacts informels avaient été renoués avec le dalaï-lama (par l'entremise de son frère aîné, Gyalo Thöndup), mais le discours n'a pas changé, et les mêmes préalables sont posés avant toute discussion : le pontife doit reconnaître que le Tibet est une partie inaliénable de la Chine ; il doit cesser ses activités « séparatistes » et déclarer que Taiwan est une partie de la Chine (on peut comparer avec les conditions posées après le discours du dalaï-lama à Strasbourg, telles qu'elles sont formulées par la réponse chinoise à la question 38). La porte-parole du ministre des Affaires étrangères, Zhang Qiyue, a cependant admis pour la première fois que le dalaï-lama n'avait pas invoqué l'indépendance tibétaine, mais elle a réitéré la défiance du gouvernement envers sa « sincérité » (AFP, 7 décembre 2000). En fait, la campagne contre le dalaï-lama est toujours aussi virulente au Tibet et la position de Pékin n'a pas varié, comme le reflète un discours du nouveau Secrétaire du Parti de la RAT, Guo Jinlong (nommé le 16 octobre 2000) : « Notre lutte contre la clique du dalaï-lama est une lutte entre nous-mêmes et l'ennemi par nature, une lutte des classes à la vie à la mort » (rapporté par *The Economist*, 14 décembre 2000). Aussi les commentateurs pensent-ils que l'attitude conciliante de la Chine envers l'ouverture d'un dialogue avec le dalaï-lama n'est qu'apparente, et destinée à alléger les pressions de la communauté internationale. (Sur la réaction et la position du dalaï-lama devant cette ouverture nouvelle, voir le compte rendu intégral de la conférence de presse qu'il a tenue le 4 décembre 2000 à l'occasion du cinquantième anniversaire de sa prise de pouvoir effective, publié par le Département de l'information et des relations internationales du gouvernement en exil, Dharamsala.)

---

37. Quelle est l'attitude du gouvernement chinois à l'égard de « la proposition en cinq points » faite par le dalaï-lama en septembre 1987 aux États-Unis ?

Le gouvernement chinois estime que cette proposition « n'est pas quelque chose de nouveau ». Le fond en est de « préconiser, comme par le passé, "l'indépendance du Tibet" ». Le gouvernement et le peuple chinois s'opposent à tous les complots qui visent « à détacher le Tibet de la Chine et aux paroles du dalaï-lama qui nuisent à l'unité du pays et à l'union nationale ».

Per KVAERNE : Les auteurs de *Cent questions* critiquent le Plan de paix en cinq points pour le Tibet, présenté par le dalaï-lama le 21 septembre 1987 au cours d'une déclaration au Congrès américain, en affirmant qu'elle insiste sur « l'indépendance du Tibet ». Puisque les auteurs du livre chinois ont choisi de ne pas citer le texte dudit Plan, nous le donnons intégralement pour que les lecteurs puissent juger de son contenu en toute indépendance :

1. Transformation de l'ensemble du Tibet en zone de paix.
2. Abandon par la Chine de la politique de transfert de population, car elle menace l'existence même des Tibétains en tant que peuple.
3. Respect des droits de l'homme fondamentaux et des libertés démocratiques pour le peuple tibétain.
4. Restauration et protection de l'environnement naturel du Tibet et abandon par les Chinois de l'utilisation du Tibet comme zone de production d'armes nucléaires et de décharge de déchets nucléaires.
5. Début de négociations sérieuses sur le statut futur du Tibet et sur les relations entre les peuples tibétain et chinois.

À l'évidence, il n'y a absolument pas de demande pour l'indépendance dans cette proposition. On y trouve néanmoins une demande pour le respect des « droits de l'homme fondamentaux et des libertés démocratiques pour le peuple tibétain » ; et l'on peut bien soupçonner que le gouvernement chinois est pleinement conscient que, si de tels droits et libertés étaient accordés au peuple tibétain, celui-ci choisirait l'indépendance.

Le Plan de paix en cinq points devrait être considéré dans son contexte propre, qui est celui de la stabilité et de la paix régionales. Le point central est la transformation du Tibet en « une zone de paix ». Ce n'est pas un concept nouveau. Le Népal a de même proposé d'être déclaré zone de paix, et cette initiative a reçu le support public de la Chine. Traditionnellement, le Tibet a été un « État-tampon » neutre entre les deux grandes puissances de la Chine et de l'Inde. Avec l'occupation du Tibet, l'édification d'une force militaire chinoise massive dans ce pays a créé un état de tension permanente dans la région, ponctuée par l'explosion de conflits armés le long de la frontière avec l'Inde.

De même, « la restauration et la protection de l'environnement naturel du Tibet » constituent une question d'intérêt régional, mais qui concerne largement d'autres pays asiatiques. Bien qu'il soit difficile d'établir une évaluation précise des conséquences du déboisement, du pâturage intensif, de la pollution, de la manipulation des ressources hydrauliques, cela en raison du manque de statistiques et de données fiables, il est certain que le vaste plateau tibétain joue un rôle crucial dans la formation du climat d'une grande partie de l'Asie, et que le déboisement et l'érosion ont de graves conséquences en termes d'inondations et d'ensablement des cours d'eau dans des pays voisins, comme le Bangladesh.

Le Plan de paix en cinq points pour le Tibet représente une contribution potentielle mais significative pour la sécurité, la paix et le progrès régionaux. C'est pour cette raison que se manifeste un soutien international croissant envers les multiples initiatives prises par le dalaï-lama pour entamer avec le gouvernement chinois des négociations sérieuses et ouvertes, sans conditions préalables, sur l'avenir du Tibet.

---

38. Comment le gouvernement chinois juge-t-il la « nouvelle proposition » faite par le dalaï-lama en juin 1988, à Strasbourg en France au sujet du Tibet ?

Cette « nouvelle proposition » a été diffusée à la presse. Bien qu'elle soit différente de la proposition en cinq points de septembre 1987, le gouvernement chinois juge qu'elles sont identiques sur le fond : le dalaï-lama nie toujours l'appartenance du Tibet à la Chine, et la souveraineté chinoise. « Son but est d'internationaliser le problème du Tibet. » De telles propositions sont donc inacceptables : « La République populaire de Chine (...) ne fera aucune concession sur des questions de souveraineté. Le gouvernement chinois a déjà proclamé qu'il n'accepterait ni l'indépendance ni la semi-indépendance, ni l'indépendance sous une forme déguisée du Tibet. »

Le dalaï-lama a déclaré qu'il souhaitait envoyer un représentant entamer le dialogue : un représentant ou lui-même sont les bienvenus, en Chine, dans une ambassade chinoise ou dans tout autre lieu à deux conditions : 1. Que le dalaï-lama veuille sincèrement améliorer les relations avec le gouvernement central et qu'il « rende des services utiles à l'unité du pays, à l'union des Tibétains et des Han, au développement et à la prospérité du Tibet. » ; 2. Aucun étranger ne devra assister aux négociations. « On peut discuter de tous les problèmes, sauf de celui de l'indépendance du Tibet. »

Anne-Marie BLONDEAU : Le dalaï-lama avait été invité à Strasbourg par le Parlement européen, mais la Chine menaça d'annuler la visite imminente à Pékin du président de la Communauté européenne, à l'époque lord Plumb, si l'invitation au dalaï-lama était maintenue. Des parlementaires européens décidèrent alors d'inviter le dalaï-lama à titre privé. La presse s'empara évidemment de l'affaire et lui donna une publicité bien plus grande que si la Chine n'avait pas fait un tel scandale. Lors de sa visite « privée » au Parlement européen, le 15 juin 1988, le dalaï-lama distribua une *Adresse aux membres du Parlement européen* qui présentait ses propositions « pour résoudre le problème du Tibet », document qui fut relayé par une conférence de presse le même jour. En gros, le pontife réitérait ses propositions de Washington l'année précédente, mais les développait sur plusieurs points. Reprenant la division territoriale instaurée par les Yuan, il proposait que les Trois Provinces *(chölkha sum)*, c'est-à-dire l'ensemble de l'actuelle RAT et des anciens Kham et Amdo, constituent « une entité politique démocratique auto-gouvernée, en association avec la RPC ». En échange, la revendication d'indépendance était abandonnée. Le gouvernement de cette entité politique devrait être constitué : « pour l'exécutif, d'un chef élu par la population ; pour le législatif, de deux chambres, et d'un système judiciaire indépendant ». Ce gouvernement serait responsable de tout ce qui concernerait les Tibétains, tandis que la politique étrangère resterait du ressort de la Chine. Quant à la défense, le pays devrait, après consultation, être déclaré « zone de paix », mais, pour des raisons de défense, la Chine pourrait maintenir « un nombre restreint d'installations militaires au Tibet ».

Lors de sa conférence de presse, le dalaï-lama avait reconnu que cette proposition décevrait sans doute beaucoup de Tibétains. Tséring Shakya (1999, p. 423 et n. 88) décrit brièvement le choc que la proposition de Strasbourg – dont le gouvernement en exil du dalaï-lama n'avait connu la substance que peu de jours avant – causa dans la communauté exilée : pour les nationalistes, l'abandon de la revendication d'indépendance apparaît comme une trahison, et, jusqu'à aujourd'hui, ils disent de plus en plus clairement que la voie non violente choisie par le dalaï-lama est une impasse.

Quant à la réaction chinoise, elle fut tout aussi négative : le gouvernement chinois rejetait le statut proposé par le dalaï-lama, qui était une indépendance déguisée – dans les termes reproduits par *Cent questions* : « ni l'indépendance, ni la semi-indépendance, ni l'indépendance sous une forme déguisée » – et condamnait « l'internationalisation » de la question tibétaine (*Le Figaro*, 24 juin 1988). De plus, la proposition d'une « association » entre le Tibet et la Chine impliquait que le dalaï-lama continuait à voir les deux pays comme des États distincts, ce que ne pouvait admettre le gouvernement chinois. Le 23 septembre 1988, l'ambassade de Chine à New Delhi rendit publique la réponse officielle de son gouvernement à la proposition du dalaï-lama. Les auteurs de *Cent questions* la résument fidèlement, mais nous la donnons néanmoins dans sa totalité :

> Des entretiens du dalaï-lama avec le gouvernement central sont les bienvenus à tout moment. Ces entretiens peuvent avoir lieu à Pékin, à Hong Kong, ou dans n'importe lesquels de nos ambassades et consulats à l'étranger. Si ces endroits ne conviennent pas au dalaï-lama pour

> y mener des entretiens, il peut choisir le lieu qu'il souhaite. Mais il y a une condition, c'est qu'aucun étranger n'y soit mêlé. Nous sommes prêts à désigner un officiel d'un certain rang pour avoir un dialogue direct avec le dalaï-lama.
>
> Deux points doivent être clarifiés :
>
> 1. Nous n'avons jamais reconnu le « gouvernement du Kashag » [gouvernement tibétain en exil], qui s'est en permanence livré à des activités pour l'indépendance du Tibet. Nous ne recevrons aucune délégation ni aucun groupe d'observateurs désignés par le gouvernement du Kashag.
>
> 2. La nouvelle proposition avancée par le dalaï-lama à Strasbourg ne peut pas être considérée comme base d'entretiens avec le gouvernement central parce qu'elle n'a pas du tout renoncé au concept d'« indépendance du Tibet ».
>
> Si le dalaï-lama est sincère dans sa volonté d'améliorer ses relations avec le gouvernement central, et s'il est réellement soucieux du bonheur de la population tibétaine, du développement économique et de la prospérité de la nationalité tibétaine, il devrait véritablement abandonner l'« idée d'indépendance ». Le dalaï-lama devrait se placer lui-même dans la grande famille de la mère patrie unifiée, et rejoindre le gouvernement central, le gouvernement populaire du Tibet et la population tibétaine pour discuter les lignes politiques majeures concernant le Tibet (cité dans Tséring Shakya, 1999, pp. 425-426).

Cette réponse montre que la Chine reste inébranlable, qu'elle continue à ne vouloir discuter que de l'éventuel retour du dalaï-lama, et que toute proposition faite par celui-ci pour l'autonomie du Tibet *à l'intérieur* de la RPC est considérée comme une manière détournée d'aboutir à l'indépendance. La situation semble véritablement sans issue.

Comme nouvelle preuve de ce dialogue de sourds, on peut indiquer rapidement la suite des événements : semblant prendre au mot la bonne volonté affichée des Chinois, le gouvernement en exil annonça que les entretiens auraient lieu à Genève en janvier 1989, qu'ils seraient menés par un groupe d'officiels de Dharamsala, et conseillés par Michael van Walt van Praag, un juriste hollandais bien connu pour sa position protibétaine. Le gouvernement chinois ne put accepter de voir ainsi bafouées les conditions qu'il avait mises à tout dialogue : il accusa le dalaï-lama de manquer de sincérité et lui reprocha d'avoir violé les règles diplomatiques les plus élémentaires en publiant une date de rencontre sans en avoir discuté avec lui. Il fit savoir officieusement qu'il ne souhaitait pas poursuivre le projet d'entretiens et même le dialogue officieux entre les deux parties semble avoir été interrompu pendant plusieurs années (il a repris récemment, comme on l'a vu dans la question 36).

---

39. Comment la Chine considère-t-elle l'idée d'une « grande région autonome du Tibet », formulée par certains membres de l'entourage du dalaï-lama ?

Cette idée n'est pas réaliste. Il est vrai que des Tibétains habitent en dehors de la RAT, dans les provinces du Sichuan, du Qinghai, du Gansu et du Yunnan. Mais « ces zones n'ont jamais formé de circonscription administrative unifiée » et n'ont « jamais été une circonscription économique unie ». Dans sa délimitation des régions autonomes, la Chine a considéré à la fois la densité des minorités ethniques et la commodité d'administration et de développement économique et culturel. La RAT, qui s'étend sur plus de 1 200 000 kilomètres carrés, rencontre des difficultés de gestion à cause de cette superficie excessive. « C'est pourquoi l'idée d'une "grande région autonome du Tibet" n'est ni réalisable ni scientifique, du point de vue de la formation historique des circonscriptions ou des besoins du développement économique et culturel. »

Anne-Marie BLONDEAU : Les auteurs de *Cent questions* abordent ici l'un des problèmes les plus épineux de la question du Tibet : à supposer que les autorités chinoises accèdent à la demande d'autonomie des Tibétains – ou que ceux-ci finissent par recouvrer leur indépendance –, faut-il limiter cette autonomie à la RAT, ou l'étendre aux anciennes frontières politiques et culturelles du territoire tibétain, ce que revendiquent les Tibétains de l'exil ? On peut croire ou non à la déclaration selon laquelle le dépeçage des deux provinces orientales tibétaines, Kham et Amdo – réparties désormais dans quatre provinces chinoises –, n'a obéi qu'au souci d'efficacité administrative et économique ; mais il faut reconnaître que, jusqu'en 1950, ces régions, qui étaient théoriquement sous l'administration centrale de Lhasa, formaient une mosaïque ethnique et politique plus ou moins contrôlable et contrôlée. Fortement différenciés entre eux, par la topographie, les dialectes, les modes de vie, le Kham et l'Amdo étaient deux entités voisines, jalouse chacune de son identité. De plus, au cours de l'histoire, ces régions ont connu des mouvements de population presque incessants, depuis l'installation des premiers « colons » tibétains au VIIe siècle, anciens soldats de Songtsen Gampo, jusqu'aux différents groupes turcs, mongols et, depuis au moins le XVIIIe siècle, chinois, qui s'y installèrent. Politiquement, ces régions présentaient aussi une grande diversité, avec des « royautés » indépendantes (par exemple Dergé, Nyarong [Samuel, 1995, p. 77]), des régions inféodées au pouvoir de Lhasa grâce à l'implantation de grands monastères gélugpa (Kumbum, Labrang), mais qui étaient toujours sous la juridiction de « patrons » laïcs mongols, et des ethnies – nomades ou sédentaires – indépendantes en fait (par exemple les Sharwa dans l'Amdo [Karmay et Sagant, 1998]), dont l'obédience religieuse était souvent autre que gélugpa. Il faut ajouter que ces régions ont, de tout temps, été convoitées par la Chine et ont été régulièrement, depuis le VIIe siècle, la scène de guerres et escarmouches entre le Tibet et l'empire chinois. Dès le XVIIIe siècle, la dynastie des Qing dans toute sa puissance avait entrepris le « grignotage » de zones traditionnellement tibétaines et les avait incorporées à l'Empire, mais en avait ensuite restitué une partie à Lhasa *(voir la question 5)* ; après la révolution chinoise et l'instauration de la République nationaliste, les conflits frontaliers furent incessants, et la possession de territoires changea de mains constamment ; en 1949, le Yangzi servait de frontière. Ce « grignotage » s'est accompagné d'une colonisation insidieuse par des agriculteurs chinois qui, surtout dans l'Amdo, ont occupé les vallées en repoussant les Tibétains sur les hauteurs. Inutile de dire que la politique de la RPC n'a fait qu'amplifier cette colonisation et que les préfectures et villes tibétaines autonomes actuelles voient régulièrement leur pourcentage de population tibétaine diminuer *(voir plus bas la réponse de T. Cannon à la question 44)*. Dans ce délicat problème, même si l'on arrivait à résoudre une hypothétique délimitation de frontière, il ne faut pas oublier l'hostilité envers le gouvernement de Lhasa de plusieurs chefferies ou tribus du Kham, avant 1950, qui rêvaient d'un « État » khampa indépendant. Aussi, et bien que le flot des pèlerins venant à Lhasa du Kham et de l'Amdo soit toujours important de nos jours, il est impossible de dire, dans l'hypothèse où le choix leur en serait donné, si une majorité des habitants de ces régions décideraient de former un ensemble géopolitique avec le Tibet central.

Quoi qu'il en soit, nous voulons attirer l'attention sur la distinction faite par M. Goldstein (1997) et reprise par d'autres, entre « Tibet politique », qui équivaudrait à la RAT, et « Tibet ethnographique », qui serait ce que d'autres appellent « Tibet historique ». Ces définitions, pour commodes qu'elles soient, nous semblent réductrices et dangereuses pour un éventuel règlement de la question tibétaine : elles veulent nettement séparer le problème de la RAT de celui des régions orientales incorporées dans les provinces chinoises. Nous avons mentionné la difficulté d'une délimitation de frontière dans ces régions et la fragilité fréquente de l'autorité théorique de Lhasa ; est-ce une raison suffisante pour décréter que toutes les conquêtes de la Chine depuis le XVIIIe siècle doivent lui rester acquises ?

---

40. Pourquoi la Chine n'est-elle pas d'accord pour une politique de « un pays, deux systèmes » au Tibet ?

Le problème du Tibet est différent de celui de Hong Kong, Macao et Taiwan pour lesquels cette formule a été inventée « afin de réunifier le pays ». L'Accord en dix-sept points [de 1951] *précisait clairement que « le Tibet* [devait] *bénéficier de l'autonomie régionale sous la direction unifiée du gouvernement populaire central ». Cela a été réalisé en 1965. Cette autonomie régionale, au Tibet et dans d'autres régions de Chine, favorise et accélère le développement des minorités ethniques dans tous les domaines, « dans le but de réaliser un développement et une prospérité communs ».*

Anne-Marie BLONDEAU : La proposition faite à Strasbourg par le dalaï-lama contenait en filigrane l'idée de calquer le statut du Tibet sur celui de Hong Kong après son rattachement à la RPC : la défense et la politique étrangère du ressort de la Chine ; les affaires civiles gérées par un gouvernement tibétain. Ultérieurement, le 12 mars 1989 (*Le Monde*, 14 mars), le pontife tibétain a repris expressément la formule « un pays, deux systèmes » créée par Deng Xiaoping pour décrire ce que serait le statut de Hong Kong – et rassurer les hommes d'affaires.

Mais, comme l'indique la réponse de *Cent questions*, la position du gouvernement chinois n'a pas varié : pour lui, l'intégration du Tibet à la Chine est chose faite depuis 1965, c'est-à-dire depuis la création de la Région autonome du Tibet, et il n'y a pas à y revenir. On ne peut qu'enregistrer cette fin de non-recevoir.

La réponse chinoise à cette question suggère cependant que le refus d'envisager la formule « un pays, deux systèmes » pour régler le statut du Tibet repose au fond sur la vieille idéologie de la supériorité des Han sur les barbares. Cela ressort nettement si l'on rapproche la première et la dernière phrase du résumé ci-dessus : Hong Kong, Macao et Taiwan appartiennent à la communauté han, tandis que l'« autonomie régionale » a été inventée pour « accélérer le développement des minorités ethniques », en réalité intégrer à la Chine ses conquêtes des pays voisins (Tibet, Mongolie...), traditionnellement considérés comme barbares.

---

41. Le gouvernement chinois autorise-t-il les Tibétains qui ont suivi le dalaï-lama en exil et ont été naturalisés à venir dans leur pays natal ? Si oui, quelles sont les formalités nécessaires ?

La réponse, très courte (sept lignes) affirme que tous les Tibétains qui le souhaitent peuvent revenir au Tibet, pour rendre visite à leurs parents et amis, ou comme touristes. La seule condition est qu'ils « ne se livrent pas à des activités séparatistes contre la patrie ». Un visa leur sera délivré, sur présentation de leur passeport, par le consulat ou l'ambassade de Chine dans leur pays d'adoption.

Katia BUFFETRILLE : Avant de répondre à cette question, il semble important d'apporter quelques précisions. On le sait, le système politique chinois est totalement différent du nôtre. La Chine n'est que théoriquement un État de droit, et il faut faire une distinction entre les lois qui sont censées être les mêmes pour tous et dans tout le pays, et les règlements qui sont soumis à diverses interprétations, parfois simplement à un niveau local. Au Tibet, un exemple significatif est fourni par la politique antireligieuse violente exercée sous le « règne » du secrétaire du Parti, Chen Kuiyuan *(voir la question 49)*, et son assouplissement dès le remplacement de celui-ci par Guo Jinlong, en octobre 2000. Précédé par la réputation d'être un modéré, il a effectivement aussitôt augmenté les salaires des cadres et autorisé à nouveau les circumambulations autour de la ville sainte et les offrandes. Or, aucune loi n'a été votée ; rien n'a changé, si ce n'est le secrétaire du Parti et, avec lui, la possibilité d'une interprétation différente des règlements.

Cela posé, revenons à la question chinoise, qui affirme que les Tibétains naturalisés peuvent rentrer au Tibet. Cela ne concerne donc que les Tibétains qui ont fui le Tibet occupé et ont obtenu une nationalité étrangère. En ce sens, on peut dire que la réponse donnée par les auteurs de *Cent questions* est vraie : de nombreux Tibétains, laïcs et religieux, sont retournés au Tibet pour des séjours plus ou moins longs ; des maîtres religieux ont pu visiter leur monastère (ou en voir les ruines), et même donner des enseignements. Ce fut le cas pour Khyentsé Rinpoché qui, en 1985, se rendit dans le Kham (Tibet oriental) pour revoir son monastère, Zhechen, et rencontrer ses fidèles restés au pays (Ricard, 1996). Cependant, on ne peut faire abstraction du fait qu'une condition est posée à ces retours : « [...] qu'ils ne se livrent pas à des activités séparatistes contre la patrie ni ne portent atteinte à l'unité de la patrie et à l'union des communautés ethniques ». Il est difficile de définir à l'avance ce qui est considéré comme « activité séparatiste », et les directives gouvernementales sont soumises à des interprétations totalement différentes en fonction des personnes qui les appliquent, de la région et de l'époque. Dire donc que les Tibétains naturalisés sont les bienvenus au Tibet s'ils respectent de telles conditions n'est guère engageant, même si celui qui est naturalisé sait qu'il bénéficie ainsi de la protection de son pays d'adoption. Et il est vrai qu'à ce jour aucun Tibétain naturalisé n'a été arrêté. Même ainsi, la réponse de *Cent questions* n'est plus d'actualité. Au cours de l'été 2000, des

Tibétains porteurs de passeports français, suisses et canadiens ont demandé un visa pour un séjour temporaire au Tibet. Selon des sources tibétaines en exil, aucun n'aurait été accordé, ce qui pourrait être l'un des résultats de la politique menée par Chen Kuiyuan.

Mais qu'en est-il de ceux qui ne possèdent qu'un « certificat d'identité » ou un titre de séjour provisoire délivrés par leur pays d'accueil ? Si ils veulent aller au Tibet, ils peuvent obtenir auprès de l'Ambassade de Chine du pays où ils demeurent un laissez-passer spécifiant qu'ils sont des Chinois d'outre-mer. Le cas de Ngawang Chöphel est révélateur du problème. Né au Tibet, réfugié en Inde avec ses parents à l'âge de deux ans, Ngawang Chöphel est ethnomusicologue et professeur de musique. En 1992, il a entrepris des études aux États-Unis au Middlebury College, dans le Vermont, avec une bourse Fulbright ; il décida, en 1995, de se rendre au Tibet afin de réaliser un film sur les aspects culturels et historiques de la tradition orale dans la musique tibétaine. En tant que réfugié, il ne possédait qu'un certificat de nationalité indien et il voyageait au Tibet avec des papiers de « Chinois d'outre-mer » ainsi que l'exigent les autorités chinoises. Accusé d'activités séparatistes et d'espionnage, il a été condamné à dix-huit ans de prison et aucune des actions entreprises par l'Occident pour le libérer n'a, à ce jour, donné de résultats. Cette histoire met en lumière le sentiment d'insécurité de beaucoup de Tibétains qui désirent se rendre en visite dans leur pays, et explique pourquoi nombreux sont ceux qui y renoncent.

---

42. Quels sont les rapports entre le dalaï-lama en exil à l'étranger et le bainqen-lama [panchen-lama] qui est en Chine ? Existe-t-il des communications entre ces deux personnes ?

Le bainqen-erdini, dans une interview donnée au China Daily *le 29 septembre 1988, a indiqué qu'il avait eu une communication téléphonique avec le dalaï-lama le 4 avril. Le sujet de leur conversation avait été les émeutes qui s'étaient déroulées à Lhasa en mars : le bainqen-erdini avait fait des remontrances au dalaï-lama sur le caractère nocif, pour la cause tibétaine, de tout acte de violence, et l'avait encouragé à la négociation. Le dalaï-lama, de son côté, avait réclamé la clémence pour les personnes impliquées dans les émeutes. Dans cette interview, le bainqen-erdini a également révélé que les rapports personnels entre lui et le dalaï-lama étaient excellents, et que tous deux correspondaient et se téléphonaient.*

Anne-Marie BLONDEAU : La vie du Xe panchen-lama et le rôle que les Chinois ont voulu lui faire jouer après la fuite du dalaï-lama en 1959 ont été décrits plus haut *(question 13)*. Aux yeux de beaucoup, surtout à l'extérieur du Tibet, il passait pour un traître ou à tout le moins un collaborateur. On n'a appris que tardivement le courage dont il avait fait preuve dès 1962 en adressant un long rapport critique à Mao Zedong. Après sa mort, survenue le 28 janvier 1989, le dalaï-lama a dévoilé de son côté aussi les rapports épistolaires et téléphoniques qu'ils n'avaient pas cessé d'entretenir, mais il n'a pas révélé la teneur de ces conversations et messages (étant donné la position respective des deux pontifes dans la hiérarchie tibétaine, il semble très improbable que le panchen-lama ait « fait des remontrances » au dalaï-lama, son aîné de surcroît !). En tout cas, tant les déclarations du panchen que celles du dalaï-lama montrent bien le caractère artificiel de la prétendue opposition entre les deux plus hautes autorités tibétaines.

RÉFÉRENCES CITÉES

GOLDSTEIN M. C., *The Snow Lion and the Dragon*, Berkeley-Los Angeles-Londres, University of California Press, 1997.

KARMAY S. et SAGANT P., *Les Neuf Forces de l'homme. Récit des confins du Tibet*, Nanterre, Société d'ethnologie, 1998.

SAMUEL G., *Civilized Shamans. Buddhism in Tibetan Societies*, Washington, Smithsonian Institution Press, 1995.

TSÉRING SHAKYA, *The Dragon in the Land of Snows. A History of Modern Tibet since 1947*, Londres, Pimlico, 1999.

RICARD M., *L'Esprit du Tibet*, Paris, Seuil, 1996.

Pour en savoir plus

Un cavalier dans la neige… L'histoire d'Aten, un vieux guerrier Khampa, traduit de l'anglais par F. Botte et G. Million (Espace indo-himalayen, série Document), Paris, J. Maisonneuve, 1951.

Thubten Samdup, « The UN Must Recognize the Dalaï-Lama », *Globe and Mail*, 26 juillet 2000.

D.

Problème démographique

La démographie peut constituer, on le sait, un outil politique majeur. Il n'est donc pas étonnant que ce soit l'un des domaines où l'on rencontre les affirmations les plus contradictoires entre les Chinois et les Tibétains en exil, on l'a déjà vu à propos des questions 22 et 32. La garantie scientifique semble du côté chinois, puisque le gouvernement dispose de plusieurs recensements effectués en Chine et au Tibet, le premier en 1953. Le gouvernement tibétain en exil ne peut s'appuyer que sur des témoignages et des estimations, et il est vrai que les chiffres très précis qu'il avance sans indiquer sa méthode de calcul – et qui sont repris sans examen par les auteurs et les organismes protibétains – soulèvent le doute. Ainsi du chiffre de 6 millions de Tibétains en 1950, âprement contredit par les Chinois (qui font semblant de croire qu'il s'agit de la seule Région autonome, alors que les exilés envisagent l'ensemble du Tibet dans son acception traditionnelle). Bien entendu, le gouvernement en exil accuse les Chinois de manipuler les chiffres. L'enjeu est effectivement d'importance puisque s'il y avait 6 millions de Tibétains en 1950 et qu'il n'y en a plus que 3 870 000 lors du recensement de 1982 *(réponse chinoise à la question 45)*, cela prouve que les Chinois se sont réellement livrés à un génocide au Tibet.

Devant l'imprécision des sources ou les doutes qui pèsent sur leur fiabilité, on comprend que Terry Cannon, qui a bien voulu se charger de cette difficile section, se montre extrêmement prudent, et même laconique parfois. Nous nous devons pourtant de rappeler ici l'article de Yan Hao (2000) déjà signalé précédemment, que

T. Cannon n'a pas pu utiliser puisqu'il est paru après la rédaction de ses réponses. Nous renvoyons le lecteur aux commentaires partiels qui en ont été faits dans les questions 22 et 32, et nous avons choisi de publier les réponses de T. Cannon sans y apporter de modification. Il nous a paru inutile de nous lancer dans une bataille de chiffres en citant ceux de Yan Hao, et nous ne les ajoutons que lorsqu'ils actualisent les données ou apportent des informations qui nous ont semblé intéressantes.

---

43. La population tibétaine s'est-elle réduite depuis la libération pacifique du Tibet ?

Bien au contraire, elle a augmenté. La population tibétaine a beaucoup varié au cours des siècles : « [...] selon les livres d'histoire [dont les titres ne sont pas donnés], *au VIIe siècle, la population tibétaine était estimée à plus de 4 600 000 habitants ». Les guerres incessantes l'ont fait tomber à 560 000 au XIIIe siècle ; au XVIIIe siècle, elle était remontée à 940 000.*

La suite reprend les chiffres et pourcentages déjà fournis dans la question 22, à savoir : il y avait 1 270 000 habitants au Tibet, y compris la préfecture de Chamdo, en 1953 ; il y en avait 1 892 000, dont 94,4 % de Tibétains, en 1982. Soit, en vingt-neuf ans, une augmentation de 40 %, ce qui représente un rythme de croissance démographique rare dans l'histoire du Tibet.

Terry CANNON : Cette question est censée réfuter les déclarations provenant des Tibétains exilés et des critiques du régime chinois, qui affirment que les mesures prises à certains moments par le Parti communiste chinois ont réduit le nombre de Tibétains : cela a déjà été discuté dans la question 22. Ces critiques se réfèrent en particulier à la conquête militaire et politique du Tibet (la Région autonome) après 1950 ; à la période de famine lors du Grand Bond en avant (1958-1962) ; et à la répression durant la Révolution culturelle (1966-1976).

C'est une erreur délibérée que de considérer la totalité de la période depuis 1951, sans référence à ces trois phases spécifiques durant lesquelles un nombre inconnu de Tibétains sont morts au combat, en détention et sous la torture, et aussi de faim. Il est ainsi infiniment probable que le nombre de Tibétains dans la Région autonome aurait été plus élevé sans l'invasion chinoise. Toutefois, la Chine est la seule autorité capable de compter la population et de procéder à des recensements ; il est donc difficile pour les observateurs extérieurs de faire des déclarations précises sur le nombre de morts. Il n'y a pas non plus, c'est évident, de garantie d'exactitude pour les chiffres que les Chinois avancent concernant la population, étant donné qu'ils sont utilisés pour la propagande.

Il est important de noter que les trois phases mentionnées ci-dessus ont aussi affecté la Chine et de nombreux Chinois. En d'autres termes, même s'il est vrai que le Tibet n'aurait pas dû endurer ces périodes si les Chinois ne l'avaient pas envahi, il n'y a pas eu de discrimination particulière à l'égard des Tibétains. Plusieurs millions de gens sont morts, en Chine, pendant la Révolution ; durant la famine du Grand Bond en avant, on estime qu'au moins 13 millions et probablement plus de 30 millions de personnes sont décédées. Lors de la Révolution culturelle, des centaines de milliers de Chinois sont morts ou se sont suicidés lorsqu'ils ont été soumis à l'emprisonnement et à la torture. Parmi les minorités nationales, les Mongols de Mongolie intérieure ont probablement souffert encore plus que les Tibétains en termes du nombre de tués.

La seule chose que l'on puisse dire avec certitude, c'est que, contrairement à ce qui est dit dans l'énoncé de la question, la « libération » du Tibet en 1951 ne fut pas pacifique.

---

44. Le dalaï-lama et certaines autres personnes ont déclaré que le gouvernement chinois avait déplacé 7,5 millions de Han au Tibet, de sorte que les Tibétains sont devenus minoritaires au Tibet. Est-ce vrai ?

C'est une affirmation non fondée. En réalité, des Han instruits ou des experts sont allés à tour de rôle aider au développement de la région. Mais, à cause du climat et de l'altitude, ils retournent dans leur région d'origine au bout de quelques années. Selon le recensement de 1964, on comptait 37 000 Han travaillant au Tibet ; selon celui de 1982, 92 000, soit 4,8 % des habitants du Tibet. À la fin de 1986, les Tibétains étaient largement majoritaires, avec 95,68 % (1 937 000) de la population, les Han étaient 3,62 % (73 000), et il y avait 0,7 % (14 000) appartenant à des minorités ethniques : Loba, Monba, Hui et Naxi.

[Avec le « génocide » et les stérilisations forcées, le transfert de population non-tibétaine – essentiellement han – est effectivement la troisième accusation majeure formulée par le dalaï-lama et son gouvernement en exil. Ici encore, les auteurs de *Cent questions* confondent volontairement la Région autonome du Tibet et « le Tibet » dont parlent les exilés.]

Terry CANNON : La référence à « 7,5 millions de Han déplacés au Tibet » n'est pas claire, pas plus que la période de temps concernée. Comme d'habitude, la réponse ne semble considérer que la Région autonome du Tibet, et elle donne des chiffres très bas concernant le nombre de Han « au Tibet ». Il est encore vrai que la RAT est majoritairement tibétaine dans la population qui y réside normalement et, comparée à d'autres régions autonomes des minorités, l'afflux des Han y est beaucoup moins important. Néanmoins, le nombre de résidents han donné par les Chinois est certainement sous-estimé, et il omet le personnel militaire.

Ce qui est plus significatif, c'est que davantage de Tibétains vivent en dehors de la RAT, la plupart dans les régions avoisinantes qui forment l'aire d'habitat tibétain traditionnelle. Cela peut se déduire des chiffres fournis par les Chinois dans les questions 44 et 45. En d'autres termes, l'effet produit par l'empiètement et l'installation des Han s'est fait ressentir beaucoup plus fortement dans le Sichuan occidental et certaines parties du Qinghai, du Yunnan et du Gansu, où les Tibétains et les autres minorités nationales locales sont presque surpassés en nombre par les Han. La plupart de ces derniers sont des colons qui se sont établis dans ces régions comme fermiers et commerçants. Le plus fort de cette migration han, et la croissance naturelle de la population qui en a résulté, se sont produits au cours des cinquante dernières années. À titre d'exemple, dans le seul Sichuan et dans les régions désignées comme zones autonomes de minorités nationales (comtés et préfectures), il y avait plus de 3,8 millions de Han d'après le recensement de 1990 (comparés aux 4,5 millions appartenant aux minorités, dont un quart environ sont des Tibétains).

Dans la Région autonome du Tibet elle-même, de solides preuves attestent que les Chinois encouragent ou autorisent un nombre croissant de migrants han, qui s'installent spécialement dans les bourgs et les villes. Le caractère totalement tibétain de Lhasa a été sapé par la domination grandissante des Han sur la ville. De vastes zones de bâtiments tibétains ont été détruites pour créer l'image d'un centre urbain moderne *(voir la question 71)*. Il est important de garder à l'esprit que la destruction de la culture tibétaine ne dépend pas seulement du nombre des migrants et que, si la Région autonome reste peuplée d'une majorité de Tibétains, son caractère et sa culture peuvent être abîmés ou détruits. Même un nombre relativement faible de migrants han peut avoir un effet disproportionné sur la culture tibétaine, par le bouleversement des modes de vie et l'imposition de comportements étrangers.

[L'examen de la réalité de ce transfert forme la troisième partie de l'article de Yan Hao (pp. 29-35). En bref, il reconnaît que le transfert de population est effectif, qu'il s'est accéléré dans les dernières années et que « cela affectera certainement la culture tibétaine ». Mais il n'y voit aucun plan concerté du gouvernement chinois contre les Tibétains ou leur culture, mais plutôt « une partie du processus de modernisation qui a été mis en œuvre partout en Chine depuis la fin des années soixante-dix ». Il analyse ensuite les chiffres fournis par le recensement de 1990, en distinguant la RAT, d'une part (le « Tibet politique »), les régions à population tibétaine dans les provinces chinoises (le Tibet « ethnographique ») d'autre part ; il souligne que là où les Tibétains sont minoritaires, ils l'étaient depuis longtemps. *(Sur la distinction, reprise de M. Goldstein, entre « Tibet politique » et « Tibet ethnographique », voir la question 39).*

Le nombre d'immigrants au Tibet peut être beaucoup plus élevé que ce qu'indique le recensement, parce que celui-ci n'a tenu compte que des résidents depuis un an ; ces immigrants sont de deux sortes : une population « flottante » qui cherche à gagner sa vie en faisant du petit commerce ou les travaux pénibles que les autres ne veulent pas faire ; ils risquent de s'installer durablement, mais seulement dans les villes ; et les techniciens et ouvriers qualifiés qui viennent sur contrat et repartiront ensuite.]

---

45. Combien y a-t-il de Tibétains en Chine ? Comment sont-ils répartis ?

Le troisième recensement général (1982) indique que la Chine compte 3 870 000 Tibétains : 0,2 % sont éparpillés dans 24 autres provinces et régions autonomes et 99,8 % vivent dans la RAT et dans les provinces du Sichuan, du Qinghai, du Gansu et du Yunnan. Dans ces cinq régions, ils sont ainsi répartis : RAT, 1 786 544 ; Sichuan, 922 024 ; Qinghai, 754 254 ; Gansu, 304 540 ; Yunnan, 95 915.

Terry CANNON : La réponse chinoise à cette question peut rendre perplexe le lecteur, qui se demandera pourquoi il y a tant de Tibétains qui ne sont pas au « Tibet », et elle peut éventuellement suggérer que les Tibétains occupent les territoires d'autres populations. Mais en fait, comme on l'a déjà indiqué dans la réponse précédente, ces « communautés compactes » dans d'autres provinces chinoises désignent des régions traditionnellement habitées par des Tibétains, et beaucoup d'entre eux sont installés dans ce que la plupart des Tibétains considèrent comme les provinces du Tibet non comprises dans la Région autonome, c'est-à-dire le Kham et l'Amdo (incorporés dans le Sichuan, le Yunnan, le Gansu et le Qinghai).

[Les chiffres donnés par Yan Hao sont : 3 848 000 de Tibétains en 1982 (moins que ce qu'indique *Cent questions* pour la même année), et 4 593 000 d'après le recensement de 1990. L'actualisation des chiffres par région ou province est plus difficile, car Yan Hao ne donne que les pourcentages des Tibétains, des Han et des autres ethnies dans chacune. De plus, pour le Sichuan, le Yunnan et le Gansu, il ne tient compte que de quatre préfectures autonomes où le pourcentage de Tibétains est très élevé.]

---

46. Combien de communautés ethniques y a-t-il en Chine ? À côté des Tibétains, quelles sont les minorités ethniques relativement nombreuses ?

La Chine compte 56 minorités ethniques. Mis à part les Han (93,3 % de la population), le recensement de 1982 indiquait 15 minorités ethniques [actuellement appelées « nationalités »] *dont le nombre dépassait un million. La réponse en donne la liste, avec le chiffre et le pourcentage de la population. Parmi eux, les Tibétains figurent au septième rang, avec une population de 3 870 068, soit 0,39 % des habitants de la Chine.*

Terry CANNON : Cette question paraît être une comptabilité réelle des ethnies non chinoises ; elle est présentée d'une manière qui donne l'impression que le gouvernement est bien informé et sensible aux intérêts des minorités. Ce qui n'est jamais admis, ni même évoqué, c'est que, fondamentalement, le gouvernement communiste a hérité de l'empire de la dynastie des Qing (gouverné par la « minorité » mandchoue qui conquit les Han au XVIIe siècle). Le Parti communiste a toujours refusé d'accorder l'indépendance aux conquêtes coloniales des empereurs, et il a insisté sur le maintien du contrôle sur tous les territoires conquis par les anciens souverains de la « Chine ».

---

47. Combien de minorités ethniques y a-t-il dans la Région autonome du Tibet ? Comment sont-elles réparties ?

« À côté des Tibétains, la Région autonome du Tibet compte des minorités ethniques comme les Monba [Mönpa], *les Loba* [Lhopa],

les Naxi et les Hui. Il y a également les Deng et les Sharpa, qui restent à identifier en tant qu'ethnies. »

Les Monba, principalement dans le Moinyü [Mönyül], *dans le sud du Tibet, ont leur propre langue, mais pas d'écriture, et ils utilisent l'écriture des Tibétains avec lesquels ils sont en bons termes et scellent des alliances ; ils entretiennent avec eux des relations étroites dans les domaines économique, culturel et religieux, et des mœurs. Ils sont surtout agriculteurs, avec une minorité d'artisans.*

Les Loba vivent dans la région de Lhoyü [Lhoyül], *dans le sud-est du Tibet. Ils ont leur propre langue, mais pas d'écriture ; une minorité parle et écrit couramment le tibétain. La majorité se trouvent au sud de la « ligne McMahon », dans la zone « occupée par l'Inde », le reste au nord de cette ligne. Agriculteurs et chasseurs, ils excellent au tir à l'arc.*

Les Naxi se trouvent à Mangkan [?], *dans l'est du Tibet. Ils ont leur propre langue et utilisent généralement la langue et l'écriture chinoises. Ils sont surtout agriculteurs, avec une minorité d'éleveurs, d'artisans et de commerçants.*

Les Hui [musulmans] *se trouvent* [dans les villes de] *Lhasa, Xigaze* [Shigatsé], *Qamdo* [Chamdo] *et Zetang* [Tsethang]. *Ils emploient la langue et l'écriture tibétaines et le chinois ; ils ont des mosquées à Lhasa. Ce sont surtout des commerçants, des artisans, et ils font l'abattage des animaux.*

Les Deng sont dans la région de Zayu [Dzayül ?], *dans le sud-est du Tibet. Ils ont leur propre langue, mais pas d'écriture ; ils parlent généralement le tibétain. Avant 1950, ils étaient porteurs et commerçants ; maintenant, ils sont surtout agriculteurs et éleveurs.*

Les Sharpa [Sherpa] *se trouvent à Zham* [Dram] *et dans le district de Dinggyë* [Dingri], *dans le sud-ouest du Tibet. Ils ont leur propre langue mais pas d'écriture ; ils parlent en général le tibétain. Avant 1950, ils étaient porteurs et commerçants, mais ils sont maintenant agriculteurs et éleveurs.*

[L'ethnonyme sharpa (sherpa) s'applique généralement à la population népalaise rendue célèbre par son aide aux expéditions himalayennes. Les Sherpa entretenaient avant 1959 des liens religieux très forts avec le Tibet, en particulier avec le monastère de Rongpu, au pied de l'Everest. Au Népal, leur activité de porteurs s'est développée après 1950, alors que la fermeture de la frontière tibéto-népalaise entraînait la fin de l'économie traditionnelle de cette population de langue et de culture tibétaines.]

Terry CANNON : À nouveau, la réponse donnée ici est destinée à prouver le souci du gouvernement pour les intérêts des minorités, mais elle sert aussi à montrer que les Tibétains ne sont pas le seul groupe ethnique dans la région. Elle suggère qu'il pourrait être déraisonnable pour les Tibétains de faire des réclamations spéciales pour eux-mêmes, puisqu'ils ne sont que l'un des nombreux groupes habitant la région.

E.
Croyances religieuses

La religion tibétaine est probablement, pour le public occidental, l'aspect le plus visible et spectaculaire de la culture du Pays des Neiges. On dit un peu vite que tous les Tibétains sont des bouddhistes fervents occupés à égrener leur chapelet et faire tourner les moulins à prières – quand ce ne sont pas des mystiques doués de pouvoirs supranormaux passant leur vie à méditer… Le bouddhisme a réellement façonné la civilisation tibétaine (qui comporte néanmoins bien d'autres aspects) et les activités religieuses de tous ordres tissaient effectivement la vie quotidienne. Quelques questions dans cette section abordent une description de la religion tibétaine, mais la majorité d'entre elles concernent la politique chinoise en matière religieuse. Les réponses de *Cent questions* sont atemporelles et gomment non seulement les persécutions de la Révolution culturelle, mais aussi les fluctuations, constantes, entre libéralisme et répression, de cette politique.

---

48. Quelle est la politique du gouvernement chinois vis-à-vis des croyances tibétaines ?

La liberté de croyance est garantie par la Constitution, pour les Tibétains comme pour tous les autres Chinois. Cette liberté implique de pratiquer ou non une religion, d'embrasser la religion et la secte

– à l'intérieur d'une religion – de son choix, d'abandonner ou de reprendre une pratique. Croyants et non-croyants sont égaux devant la loi, et le gouvernement chinois traite les religions « sur un pied d'égalité ».

Anne-Marie BLONDEAU. *Remarques préliminaires*: La thèse soutenue dans cette section est que, si la Révolution culturelle a commis des excès regrettables, depuis 1986 la liberté de culte est totale au Tibet (compris toujours comme la seule Région autonome), et que le bouddhisme tibétain bénéficie de la protection du gouvernement. Bien entendu, les Tibétains en exil soutiennent le contraire et publient les récits de récents exilés qui font état d'arrestations, de tortures, de discriminations… Le scientifique qui se veut impartial n'a pas d'autre solution que de mettre en parallèle affirmations lénifiantes du gouvernement chinois et témoignages, tibétains et occidentaux, que l'on peut toujours accuser de partialité. C'est pourquoi on s'efforcera ici, d'une part, de « faire parler » les textes officiels chinois et, d'autre part, d'apporter des faits irréfutables et, parfois, l'appui d'observations personnelles faites sur le terrain en 1991 et 1993.

Il est très difficile de dresser un tableau d'ensemble de la situation religieuse au Tibet, pour diverses raisons : 1. L'extrême fluidité de la situation, de la « libéralisation » des années quatre-vingts, jusqu'à nos jours ; les périodes de relâchement et de contrainte se succèdent, obéissant aux événements propres du Tibet (manifestations), mais aussi à une politique fluctuante décidée au niveau général de la Chine ; 2. Les renseignements chinois ne concernent que la Région autonome (Tibet central et occidental) et laissent dans l'ombre les phénomènes sociologiques et religieux des populations tibétaines incorporées dans les différentes provinces chinoises ; 3. On ne connaît pas l'histoire des divers soulèvements qui se sont produits, d'après les Tibétains, avant 1987, mais, à commencer par la grande manifestation qui a eu pour la première fois des témoins occidentaux, celle de septembre 1987 à Lhasa, la majorité des mouvements endémiques de protestation ont toujours été conduits par des moines ou des nonnes, entraînant à leur suite un nombre plus ou moins grand de manifestants. Alors que le point de départ des manifestations est souvent la demande de libération de prisonniers, il est impossible de démêler au fond la part du nationalisme et celle de la dévotion envers le dalaï-lama parce que, pour l'instant, les deux causes se confondent. Aussi le gouvernement chinois présente-t-il les arrestations, emprisonnements et sévices comme des sanctions qui frappent légalement une poignée d'irrédentistes « séparatistes » qui troublent l'ordre public, tandis que le gouvernement en exil y voit les preuves d'une véritable persécution religieuse.

La réponse chinoise se place sur le plan constitutionnel, qui garantit effectivement la liberté de croyance, et elle ne répond pas à la question posée sur la politique adoptée : celle-ci ressortira peu à peu des réponses suivantes. On ne peut donc que prendre acte de cette déclaration de principe. Les auteurs auraient pu ajouter que, pour le Tibet, l'Accord en dix-sept points de 1951 réaffirmait le principe de la liberté de croyances et stipulait : « Les croyances religieuses, les mœurs et coutumes du peuple tibétain seront respectées, et les monastères lamaïques seront protégés. L'autorité centrale n'effectuera pas de changement quant au revenu des monastères » (art. 7). On verra plus loin ce qu'il en est.

Par ailleurs, si la liberté de croyance est bien inscrite dans la Constitution chinoise, de nombreuses contraintes la briment. On pourrait facilement appliquer ici la formulation de R. Barnett lorsqu'il parle des droits de l'homme *(question 20)* : « [...] dans le système chinois [...] une liberté est un privilège occasionnel accordé par l'État quand il le juge bon » et quand son exercice ne remet pas en cause l'un des Quatre Principes fondamentaux. Le Parti a vite fait de décréter que telles activités religieuses, tel mouvement, ou les personnages qui les animent sont subversifs et nuisent à l'unité et à la stabilité du pays ; les exemples récents le montrent – dont la presse s'est fait largement l'écho –, qu'il s'agisse des catholiques (la canonisation par le Vatican de martyrs chinois a entraîné des protestations officielles pour ingérence, la destruction d'églises, la poursuite et l'arrestation des prêtres « réfractaires »), de la secte Falungong, des musulmans au Xinjiang ou même des « paroisses » taoïstes non enregistrées qui se sont reconstituées partout en Chine. En réalité, la Chine « trie » dans les religions ; quatre sont reconnues dans leurs formes officielles : le bouddhisme, le taoïsme, le christianisme (catholicisme et protestantisme) et l'islam, ce qui permet de déclarer tout le reste hors-la-loi. À cet égard, la déclaration que l'on trouve dans la réponse chinoise à la question suivante est éloquente : « L'État protège les pratiques religieuses normales. »

---

49. Certains disent que le Parti communiste chinois lutte contre la religion. Quelle est la vérité ?

Il suffit de se rendre au Tibet pour vérifier que c'est faux. « Le Tibet compte actuellement plus de 1142 monastères et lieux de culte. La fumée de l'encens monte et les lampes au beurre de yack brûlent jour et nuit dans les temples et monastères, autour desquels des Tibétains, un moulin à prières à la main, se prosternent, front au sol. On trouve des statues du Bouddha dans la plupart des familles tibétaines, et on peut voir des étendards multicolores partout. »

Les membres du Parti communiste sont athées, mais ils laissent les autres pratiquer : ils savent que la religion ne peut pas être supprimée « d'une façon artificielle ». La Constitution chinoise stipule qu'« aucun organisme d'État, aucun groupement social, aucun individu ne doit contraindre un citoyen à épouser une religion ou à ne pas la pratiquer, ni adopter une attitude discriminatoire à l'égard du citoyen croyant ou du citoyen non croyant ; et que l'État protège les pratiques religieuses normales ».

Au cours des dix dernières années, le gouvernement central a donné à la RAT 36 millions de yuans pour restaurer des monastères et des temples endommagés pendant la Révolution culturelle (1966-1976). « La filiale tibétaine de l'Association des bouddhistes chinois a été rétablie, ainsi que d'autres filiales au niveau préfectoral et municipal ; un institut du bouddhisme du Tibet a été ouvert, de même que des cours de psalmodie dans les principaux monastères et temples. » La reprise de deux cérémonies, supprimées pendant la Révolution culturelle, est mentionnée : le « déroulement du portrait d'Amitalba [Amitâbha] *», en 1985, et la fête de Mönlam* [la Grande Prière] *en 1986.*

Les erreurs « gauchistes » pendant la Révolution culturelle ont fait subir « à bon nombre de monastères et de temples […] des dommages à divers degrés », mais il en a été de même dans le reste du pays. Ces erreurs ont été corrigées, et « la politique en matière de religion est en voie d'application ».

Anne-Marie BLONDEAU : La réponse de *Cent questions* mérite que l'on s'y arrête et qu'on l'examine en suivant un plan quelque peu différent. On reportera aux questions 52 et 57, qui y sont consacrées, les organismes officiels créés par le gouvernement chinois, tels que la branche régionale de l'Association des bouddhistes chinois citée ici.

Tout d'abord, les principes affirmés du Parti communiste chinois : ses membres sont athées, ce qui sous-entend qu'ils *doivent* être athées. Ce principe ne paraît pas souffrir d'exception en Chine propre. Au Tibet, la situation est plus floue, et ce que l'on peut en dire ne repose que sur des observations ponctuelles. Après la Révolution culturelle, et jusqu'aux années quatre-vingt-dix, il ne semble pas que le Parti contrôlait de manière stricte si ses membres tibétains avaient des activités religieuses à titre privé ; un bon nombre, par ailleurs, envoyaient leurs enfants dans les écoles tibétaines de l'exil en Inde. Un anthropologue a même pu observer que dans des villages du Tsang, au Tibet central (RAT), c'était le secrétaire (tibétain) du Parti local qui organisait la grande fête annuelle au dieu du terroir. Une série d'événements – les manifestations au Tibet à partir de 1987, celle des étudiants de Pékin sur la place Tiananmen en 1989 et l'accélération des réformes pour le développement économique – ont durci la politique chinoise ; on en verra le détail plus bas.

L'affirmation liminaire de l'athéisme du Parti communiste chinois est significative, de même que la manière allusive dont est évoquée la politique actuelle envers les religions : l'échec de leur éradication forcée entreprise pendant la Révolution culturelle a été publiquement reconnu, mais la tolérance officielle est purement stratégique ; elle tient compte de l'« arriération » des masses qui devront être amenées à rejeter leurs « superstitions » grâce au progrès matériel et à l'éducation socialiste (le document essentiel qui définit cette politique est une directive du Parti adressée à tous les cadres du Parti et du gouvernement en 1982, connue sous le nom de « Document 19 », traduite in MacInnis, 1989, pp. 8-26. Pour son application au Tibet, voir les documents officiels cités et traduits dans *Defying the Dragon*, pp. 7-8 et 108-114). Cette politique n'est donc pas spécifique au Tibet, elle s'applique à toute la Chine, qui connaît un renouveau religieux identique à celui du Tibet (pour le bouddhisme en Chine, voir Vandermeersch, 1989, pp. 27-36 et Wang-Toutain, 1997). Mais en ce qui concerne ce dernier, où la religion était indissociable de la vie culturelle et sociale, une discrimination de fait existe entre ceux qui manifestent leurs croyances et ceux qui les ont rejetées et détiennent le pouvoir : les membres du Parti, tenus d'être de purs matérialistes et athées, les Tibétains qui veulent suivre des études supérieures, être employés par le gouvernement ou occuper une position officielle.

La discrimination existe aussi au niveau des croyances et des pratiques, puisque « l'État protège [seulement] les pratiques religieuses *normales* ». En cela, la RPC ne fait que continuer la politique de l'empire, où les pratiques religieuses « déviantes » ont toujours été condamnées. Sur ce point, il est instructif de citer les missions de l'Association des bouddhistes chinois, créée en 1953 :

> – unifier tous les bouddhistes du pays dans le respect des normes de l'État socialiste ;
> – contribuer à l'application de la politique religieuse du gouvernement, sous le contrôle du Bureau des affaires religieuses ;
> – identifier et donner en exemple les meilleures traditions du bouddhisme (Vandermeersch, 1989, p. 27).

Ce que sont ces meilleures traditions est illustré par les sujets étudiés dans les académies du bouddhisme en Chine : *sûtra* (paroles du Bouddha sur lesquelles sont fondés Petit et Grand Véhicules), règles monastiques *(vinaya)*, et traités exégétiques *(shâstra)*. L'étude des *tantra* et des traditions tantriques, qui ont pourtant une histoire importante en Chine même, est absente. Au Tibet, il semble que la normalité repose sur le même choix. En 1987, un lama tibétain en exil retournant dans son pays natal au Kham fut averti que les seules pratiques autorisées étaient celles relevant de « l'éthique » *(vinaya ?)* et de la « sagesse transcendantale » *(prajñâpâramitâ)* (Ngawang Chojor, 1987, p. 7). Les informations recueillies par TIN (*Defying the Dragon*, p. 10) font état de l'interdiction d'exécuter certains rituels traditionnellement inscrits dans le calendrier liturgique des monastères ; de manière assez logique, cela touche les prières ou rituels écrits par le dalaï-lama et les prières de longue vie en sa faveur, mais aussi les rituels de propitiation des divinités terribles *(kangso)* et ceux dédiés aux divinités protectrices du Tibet, lesquels, il faut le noter, sont des rituels tantriques. Il peut s'agir de supprimer tout ce qui renforce le nationalisme tibétain ; plus probablement, il s'agit de la méfiance ancestrale de l'État chinois envers les pratiques considérées comme irrationnelles et magiques – cataloguées comme « superstitions » – et de sa volonté de canaliser les phénomènes religieux dans un cadre institutionnel contrôlable. Parmi d'autres, deux faits semblent corroborer cette hypothèse : l'interdiction des médiums populaires et la disparition apparemment généralisée des oracles attachés à certains grands monastères, et la reconnaissance de l'école gélugpa comme « Église » officielle. D'un point de vue purement politique, cette préférence ne s'explique pas, puisque c'est l'école du dalaï-lama, au pouvoir depuis le XVIIe siècle, et, en conséquence, symbole de l'ordre ancien à détruire ; il faut donc voir dans ce choix celui de l'école connue pour représenter le courant le plus intellectuel du bouddhisme tibétain et pour privilégier les règles « éthiques ». Ici encore, les analyses officielles des chercheurs chinois en sciences sociales éclairent l'utilité que présente un bouddhisme ramené aux seules lois éthiques pour aider l'État à éduquer les masses :

> Le bouddhisme n'est pas séparé du monde. [...] L'idée d'un « bouddhisme d'ici-bas » veut que les croyants se purifient en mettant en pratique les Cinq Commandements et les Dix Bonnes Conduites, et qu'ils développent les Quatre Vertus et les Six Moyens de salut, pour le bien d'autrui ; chacun a sa part de responsabilité dans la réalisation de la Terre pure [le paradis du Bouddha Amitâbha] ici et maintenant et doit contribuer à l'édification du socialisme. [...] Le premier directeur de l'Association des bouddhistes chinois, Yuan Ying, considérait que les activités dans l'intérêt du pays, la sauvegarde de la paix mondiale, le bien-être du peuple, ainsi que l'amour et la protection de la patrie étaient les tâches prioritaires que les croyants avaient le devoir d'accomplir. Le spécialiste du bouddhisme et grand patriote Xirao Jiacuo [Shérab Gyatso ?] écrivait cet appel alors qu'il était à son tour à la tête de l'association : « Il faut lutter pour créer le paradis sur terre. »

(« Questions religieuses à l'époque du socialisme chinois », Shanghai, Académie des Sciences sociales, 1987 ; cité et traduit in Vandermeersch, 1989, p. 30.)

Cette lutte inclut une nouvelle interprétation de l'interdiction de tuer tout être vivant, même le plus infime, qui découle de la vertu cardinale du bouddhisme du Grand Véhicule, la compassion : les ennemis qui attaquent la mère patrie, les insectes qui attaquent les récoltes doivent être détruits, et le même rapport cite l'exemple de religieux de la province du Fujian qui, après des pertes subies par les récoltes faute d'utiliser les pesticides nécessaires, « déclarèrent que, si l'on n'exterminait pas les insectes nuisibles, les récoltes ne pouvaient être protégées ; selon eux, “contrôler les insectes et sauver les jeunes pousses, c'est aussi agir conformément au bouddhisme”. Depuis, les moines ont partout cessé de considérer qu'éliminer les insectes nuisibles pour travailler les champs, c'était tuer » (*ibid.*, p. 31). Sans porter de jugement de valeur, on peut constater qu'effectivement le principe du respect absolu de la vie est incompatible avec l'exploitation moderne des terres et que le clergé bouddhique doit se trouver devant un dilemme douloureux. On s'interroge pourtant sur la spontanéité de la réaction des moines chinois confrontés à ce dilemme. Quant au Tibet, de nombreux témoignages attestent que la population et même les enfants des écoles ont été contraints de tuer, non pas des insectes, mais la faune, en particulier les oiseaux, leurs « tableaux de chasse » étant comptabilisés publiquement. S'agissait-il réellement de protéger les récoltes ? d'apporter un supplément alimentaire ? ou de combattre l'un des principes les plus chers aux bouddhistes ?

Le même rapport constate par ailleurs la force de rassemblement et de cohésion sociale que représente la religion. Il suggère, puisque « la morale réglemente la vie en société », de s'appuyer sur la foi bouddhique qui tire sa force de la rétribution des actes promise en cette vie ou en une autre, pour combattre la décomposition des mœurs résultant, comme toujours, des dix années de troubles de la Révolution culturelle (*ibid.*, pp. 32-33). Enfin, dernier bénéfice à associer le bouddhisme à la construction socialiste, il est un facteur unificateur des différentes « nationalités » chinoises, au nombre desquelles le Tibet : le *Rapport sur six ans de travail de l'Association des bouddhistes chinois* (Pékin, 1987) insiste sur l'aide constante apportée par le panchen-lama durant l'enquête, sur l'attention portée par l'association aux problèmes et questions des bouddhistes des « nationalités », ainsi que sur le rôle qu'elle joue dans les relations extérieures, avec Hong Kong et Taiwan comme avec le Japon (*ibid.*, pp. 33-36).

On voit donc que le gouvernement chinois protège effectivement un certain bouddhisme qui n'est pas tout le bouddhisme, un bouddhisme étatisé et sous contrôle. On ne peut s'empêcher de penser au catholicisme « d'État » reconnu lui aussi depuis 1953, tandis que le catholicisme romain reste banni.

Dans la suite de leur réponse, les auteurs de *Cent questions* évacuent bien légèrement les dévastations irrémédiables causées non seulement à la vie religieuse, mais au patrimoine culturel tibétain qui lui était étroitement associé : temples et monastères détruits avec tout ce qu'ils renfermaient – peintures murales et mobiles, statues, objets de culte, mais aussi bibliothèques et planches d'imprimerie xylographique. D'après l'estimation fournie par le gouvernement en exil du dalaï-lama, ce sont 80 % du patrimoine culturel du Tibet qui ont disparu. Bien loin d'être imputables aux seuls débordements de la Révolution culturelle, ces ravages se sont exercés dès l'entrée de l'Armée de libération dans l'Est tibétain, où les monastères ont chèrement payé leur résistance. Par ailleurs, les récits de réfugiés attestent que, dès 1960, des équipes chinoises spécialisées pillaient les monastères en envoyant en Chine les objets de valeur, dont certains étaient revendus sur le marché des antiquités *via* Hong Kong (Avedon, 1984, p. 119). Mais, en 1982, le Bureau des affaires religieuses à Lhasa annonça que Pékin avait décidé la restitution des objets d'art religieux à leur emplacement d'origine. Selon *Forbidden Freedoms* (1990, p. 14), les Tibétains envoyés à Pékin trouvèrent les preuves que des centaines de tonnes d'objets religieux en métal avaient été envoyés dans diverses fonderies de Chine ; néanmoins, plus de 13 000 statues anciennes auraient été retrouvées et renvoyées au Tibet, sans qu'il soit possible de dire combien d'objets d'art sont restés dans des collections privées chinoises ni passés clandestinement sur le marché.

La réponse de *Cent questions* s'ouvre sur une description de la vie religieuse au Tibet telle qu'on la trouve dans les récits de voyageurs avant 1950 : fumées de l'encens, lampes à beurre, moulins à prières, circumambulations et prosternations, innombrables icônes, drapeaux multicolores claquant au vent des cols et sur les maisons... Il est vrai que le voyageur au Tibet, dans les années quatre-vingt-dix avait l'impression superficielle, en dehors des villes, de retrouver le Tibet identique aux descriptions des récits anciens qu'il avait pu lire : les pèlerins affluaient dans les lieux de culte et y faisaient les prosternations et offrandes traditionnelles, des moines vaquaient tranquillement, les drapeaux de prière ornaient maisons et cols, etc. La vigueur avec laquelle les Tibétains ont repris leurs activités religieuses traditionnelles dès qu'elles ont été à nouveau autorisées au début des années quatre-vingts, après des années d'endoctrinement maoïste quotidien et, surtout, les dix années de destruction et de persécution de la Révolution culturelle, a surpris tous les observateurs occidentaux et, probablement, chinois. Mais qu'en est-il réellement ?

Comme on l'a brièvement signalé au début de cette réponse, la politique relativement libérale des années quatre-vingts a connu un revirement marqué ; il a été décidé, lors du IIIe Forum sur le travail au Tibet (juillet 1994) dont Robert Barnett indique les décisions concernant la religion *(questions 26 et 100)* : « [...] certains aspects de la culture et de la religion tibétaines n'étaient pas “compatibles” avec le socialisme et devaient être éliminés ». Une campagne d'« éducation patriotique » d'envergure a été lancée : elle ne touchait plus seulement les monastères où moines et nonnes devaient signer un document reniant le dalaï-lama et affirmant que le Tibet était partie intégrante de la Chine, mais elle concernait aussi les laïcs ; en même temps que les maisons et monastères étaient fouillés systématiquement à la recherche de photos du dalaï-lama, interdites désormais où que ce soit, les cadres du Parti étaient sommés de détruire leurs autels familiaux et de ne conserver aucun livre ni image religieux chez eux. De même, ceux dont les enfants avaient été envoyés dans les écoles tibétaines en Inde ont été avertis de devoir les rapatrier, sous peine de perdre leur travail et d'être interdits d'emploi dans un bureau ou une entreprise gouvernementaux. En 1998, il a été décidé d'étendre cette campagne aux régions tibétaines orientales englobées dans les provinces du Qinghai, du Sichuan, etc., qui jouissaient paradoxalement jusque-là d'une liberté religieuse beaucoup plus grande que la RAT. Enfin, une campagne pour répandre l'athéisme a été lancée en janvier 1999, et renouvelée pour quatre ans lors d'une réunion politique à Chengdu, en avril 2000 ; les restrictions aux pratiques religieuses, les contrôles policiers et les menaces ont pris une ampleur sans précédent au cours de l'année 2000, au point qu'un Tibétain de Lhasa aurait dit que c'était « comme une deuxième révolution culturelle » (*TIN News*). Selon cette source, confirmée par plusieurs chercheurs qui étaient à Lhasa dans l'été 2000, les fouilles de maisons se sont intensifiées, plus seulement pour chercher les photos du dalaï-lama, mais aussi les peintures religieuses *(thangka)* et les foyers à fumigations (dorénavant, brûler du genévrier en offrande aux dieux et planter des drapeaux de prière sur les toits étaient interdits) ; en plus des membres du Parti et des employés du gouvernement, étaient visés cette fois les commerçants et hommes d'affaires, et les Tibétains qui travaillent pour les étrangers. Il a été interdit aux élèves et aux étudiants, sous peine d'expulsion, de visiter les monastères, d'assister à des cérémonies religieuses et même, au mois de juin, de faire la circumambulation rituelle de Lhasa *(lingkor)* pour la fête anniversaire de la naissance, de l'illumination et de la mort du Bouddha *(Sagadawa)*.

Un article en première page du *Tibet Daily* du 4 juillet menaçait d'amendes les employés gouvernementaux s'ils participaient à des activités religieuses et donnait un numéro de téléphone pour inciter aux dénonciations. Il recommandait : « Les jeunes enfants devraient être éduqués en athéisme pour les aider à se débarrasser de la mauvaise influence de la religion » (*TIN News*).

Cette virulente campagne antireligieuse semble officiellement liée au plan de développement des régions occidentales *(voir la section sur le développement économique et la question 100)* pour lequel la stabilité sociale est nécessaire, comme l'indique une déclaration à la télévision tibétaine de Li Guangwen, membre du comité permanent du Comité du Parti de la région du Tibet, le 13 juillet 2000 :

> Nous avons la chance de vivre à l'époque du grand développement des régions occidentales. La tâche de préserver la stabilité sociale et politique est très importante. Nous devons adhérer fermement à la lutte antiséparatiste [...] et mobiliser les forces de la société tout

entière pour empêcher et frapper en accord avec la loi les activités séparatistes et les sabotages de la clique du dalaï [lama] (cité dans *TIN News*).

Sans que cela soit admis officiellement, ce durcissement de la politique peut aussi être dû aux divers problèmes religieux intérieurs à la Chine que l'on a mentionnés plus haut et, au Tibet, au choc de la fuite du hiérarque Karmapa, en janvier 2000, à laquelle la presse occidentale a donné une large publicité. On est loin en tout cas du deuxième principe énoncé par la Constitution chinoise : « [...] aucun organisme d'État [...] ne doit adopter une attitude discriminatoire à l'égard du citoyen croyant [...] » Mais, nouvelle preuve de la grande variabilité de la politique chinoise, depuis l'arrivée du nouveau secrétaire du Parti, Guo Jinlong, en octobre 2000, ces mesures draconiennes auraient été assouplies.

Comme preuve de la protection de « la religion » par l'État, la réponse de *Cent questions* cite les sommes allouées par le gouvernement de Pékin à la restauration « des monastères et des temples endommagés pendant la Révolution culturelle » *(sujet repris plusieurs fois, et qui est traité dans notre réponse à la question 71)*. Il faut d'abord souligner que c'est la même vigueur de la foi tibétaine qui a permis de reconstruire en un temps record les « 1 142 monastères et lieux de culte » que dénombre *Cent questions* en 1988 : la majorité des temples et des monastères ont été reconstruits par la population qui a donné son travail et son argent, et avec l'aide aussi des fonds collectés par les Tibétains exilés. Le gouvernement en exil du dalaï-lama affirme qu'avant les destructions de l'invasion, en 1950, puis de la Révolution culturelle, il y avait environ 8 000 monastères dans tout le Tibet, dont 6 000 ont été détruits. Pour la RAT, les chiffres donnés par *Forbidden Freedoms* (p. 33) d'après des sources chinoises se passent de commentaires : plus de 2 463 monastères existaient en 1959 ; 553 étaient en activité en 1966 et, en 1976, seuls 10 étaient encore debout. À partir de 1982, le gouvernement de la RAT décida de réparer d'abord 53 monastères, puis davantage les années suivantes, et l'on atteignait en 1989 le nombre de 1 142 monastères et centres religieux en activité cité par *Cent questions*.

Que le gouvernement chinois ait engagé des sommes considérables pour la restauration de certains temples et monuments est indéniable ; les derniers en date sont, à Lhasa, le Potala et le temple principal, le Jokhang. En revanche, il est impossible de déterminer quels monastères bénéficient réellement de cette aide à la reconstruction. Depuis la « libéralisation », les Tibétains ont rebâti à une vitesse incroyable leurs édifices religieux, à l'identique chaque fois qu'ils l'ont pu, assistés par la mémoire de vieux moines survivants, et, d'année en année, le témoignage des photos montre de nouveaux temples, de nouveaux collèges monastiques, là où il n'y avait plus que ruines. Mais qui finance les travaux, en dehors des grands chantiers ouverts pour la restauration des monuments les plus prestigieux, étapes obligées des circuits touristiques, occidentaux et japonais, mais aussi chinois ? Les réponses recueillies sont contradictoires : sur le site même, les moines certifiaient que c'étaient les donations et les journées de travail bénévole des fidèles qui permettaient la reconstruction (nous avons été témoin de cette aide des laïcs dans plusieurs monastères : Ganden, Néchung, Tsurphu, Mindröling, par exemple, sans être en état de dire si ces ouvriers percevaient un salaire ou non) ; des responsables de l'Académie des sciences sociales de Lhasa nous ont affirmé que ces monastères bénéficiaient de fonds publics ; enfin, il est bien connu, en dehors du Tibet, que des lamas en exil ont contribué financièrement au relèvement de leur monastère d'origine. Dans l'Est du Tibet (actuel Qinghai), en tout cas, si un monastère comme Kumbum a reçu des aides *via* notamment l'Association des bouddhistes chinois, la reconstruction de monastères moins célèbres, et surtout non gélugpa, reposait entièrement sur la contribution des fidèles, d'après le témoignage des chercheurs qui ont pu s'y rendre. La presse officielle chinoise reconnaît d'ailleurs que la majorité des reconstructions sont faites sur fonds privés ; par exemple, en 1989, la restauration de 200 monastères bénéficiait de fonds publics, 700 autres étaient rénovés par la population locale (*Beijing Review*, 24 avril 1989, cité dans *Forbidden Freedoms*, p. 35). Par ailleurs, dans plusieurs cas, le gouvernement n'a que très partiellement contribué aux travaux, mais cela lui permet de contrôler le monastère et d'inscrire le site parmi ceux qu'il a financés. Nous pouvons citer l'exemple de Tsurphu, siège des hiérarques Karmapa : le gouvernement chinois a donné environ 100 000 yuans en 1984 et une somme moindre ultérieurement, alors que plus de 2 à 3 millions de dollars US y ont été dépensés jusqu'en 2000, fonds qui proviennent principalement de Taiwan, Hong Kong, Malaisie et Singapour (communication personnelle de Ward Holmes, président de la Tsurphu Foundation). Ce cas n'est pas unique : dans les anciens Kham et Amdo, notamment, des Chinois de plus en plus nombreux – de Chine propre, de Taiwan et de Hong Kong – deviennent disciples de lamas tibétains et aident par leurs dons à la construction, la reconstruction ou l'embellissement des monastères et autres édifices religieux.

Les autorités cependant n'ont jamais vu d'un bon œil cette restauration massive, « qui gaspille une quantité de main-d'œuvre, de matériaux et de fonds » (*Nanfang Ribao*, 5 juin 1983, cité dans *Forbidden Freedoms*, p. 31). En fait, une autorisation administrative doit être demandée pour entreprendre une reconstruction (les conditions pour obtenir cette autorisation doivent être comparables à celles imposées aux bouddhistes chinois, sur lesquelles voir Wang-Toutain, 1997, p. 62 ; notamment, la communauté qui se reforme doit être autosuffisante). Pourtant, il semble que les Tibétains passent outre le plus souvent : *Forbidden Freedoms* (p. 34) fournit l'exemple d'un comté au nord de Shigatsé où, en 1990, trente monastères étaient en cours de reconstruction, dont un seul avait demandé l'autorisation ; mais la même source et Schwartz (1994) citent plusieurs cas de moines arrêtés sur le chantier même, pour « activités religieuses illégales ». En 1998, des Tibétains dans le Qinghai disaient qu'une limitation à la reconstruction allait être imposée et que seul l'achèvement des travaux en cours serait autorisé (selon *Defying the Dragon*, p. 13, cette réglementation est en vigueur dans la région de Lhasa depuis 1989) ; aussi se dépêchaient-ils de commencer les reconstructions qui n'avaient pas encore été entreprises. Nous ne savons pas ce qu'il en est actuellement.

---

50. Certains autres disent que l'affectation de fonds par le gouvernement central à la restauration de monastères et de temples au Tibet vise à attirer davantage de touristes étrangers. Est-ce vrai ?

Ces fonds sont destinés à « concrétiser la politique en matière de religion, à satisfaire les aspirations de la grande masse des Tibétains au pèlerinage, et en même temps, à protéger le précieux patrimoine historique et culturel de l'État, et non pas à attirer davantage de touristes étrangers ». Le Tibet est connu pour ses beautés naturelles : montagnes enneigées, lacs, faune sauvage, et pour ses coutumes et son artisanat « hauts en couleur » ; c'est donc « un haut lieu du tourisme » où l'on peut se rendre pour voyager, escalader les montagnes, chasser, faire des explorations. Si, en même temps, « des touristes étrangers veulent visiter des monastères et temples, ils seront chaleureusement accueillis ».

Anne-Marie BLONDEAU : Comme nous l'avons dit dans la réponse précédente, le gouvernement chinois a réellement dépensé des sommes considérables pour la préservation et la restauration de *certains* monuments et monastères – décrétés désormais « patrimoine historique et culturel de l'État », et non du Tibet ; une réglementation sur la protection des reliques, émise en 1990 par l'Assemblée populaire de la RAT, a précisé que « toutes les reliques religieuses sont propriété de l'État » (*Forbidden Freedoms*, p. 17). Dans la réponse chinoise à la question 71, il est dit que treize monastères « sont l'objet d'une protection spéciale de l'État, et onze sont sous la protection de la région », c'est-à-dire la RAT. Sur les 1 142 monastères et lieux de culte recensés dans la question précédente, cela est peu. Il est difficile de savoir selon quels critères la sélection des monuments à restaurer parmi « les plus importants » s'est effectuée : d'autres déclarations chinoises disent que le choix s'est porté sur les monuments de grande valeur historique. Mais la reconstruction du monastère de Samyé, par exemple, lieu symbolique s'il en est pour le bouddhisme tibétain – c'est le premier monastère construit au Tibet (au VIIIe siècle par le roi Trisong Détsen) –, n'a été entreprise que grâce à la persévérance du grand maître exilé Khyentsé Rinpoché et à l'argent qu'il collectait en dehors du Tibet. Nous avons vu aussi, cependant, que les informations recueillies sur place sont souvent contredites par l'administration du Patrimoine à Lhasa, qui soutient qu'une aide de l'État ou de la Région a aidé à la reconstruction ; c'est le cas à Samyé (voir Buffetrille, 1989).

On ne peut certes préjuger des intentions du gouvernement chinois, mais le pur souci de sauvegarde de la culture laisse dubitatif quand on constate que les « circuits touristiques » englobent précisément les monuments restaurés avec des capitaux chinois : à Lhasa et dans sa région, le Potala, le Jokhang, Norbulingka – la résidence d'été des dalaï-lamas –, les trois grands monastères de Drépung, Séra et Ganden ; dans le Tsang, Tashilhünpo, le monastère des panchen-lamas. Notons que tous ces monuments et monastères appartiennent à l'école gélugpa, dominante depuis l'accession au pouvoir des dalaï-lamas (XVIIe siècle). De plus, les documents officiels chinois sont très explicites sur ce point : le fameux « Document 19 », dont il a été question plus haut, recommande « les plus grands efforts » pour sauvegarder les monastères et les conserver en bon état, « de manière que leurs alentours soient propres, paisibles et tranquilles, convenables pour le tourisme » (cité dans *Forbidden Freedoms*, p. 75).

L'une des principales ressources du Tibet est actuellement le tourisme *(voir la section H sur le développement économique)*, et il n'est pas déshonorant de vouloir contribuer à son développement en restaurant les bâtiments les plus prestigieux. Mais il y a quelque hypocrisie à laisser sous-entendre que les touristes étrangers viennent d'abord au Tibet pour admirer ses paysages et s'immerger dans sa nature sauvage ; il est évident que la majorité des touristes sont attirés par le « mythe » du Tibet, terre de haute spiritualité : ce qu'ils veulent voir en priorité, ce sont les monuments religieux, et si possible les rituels qui s'y déroulent. En même temps, il est vrai, ils veulent contempler la beauté impressionnante de sa nature. Par ailleurs, voyager au Tibet, y faire de l'alpinisme ou y chasser ne se fait pas si librement que le laissent entendre les auteurs de *Cent questions* : tout cela exige des autorisations, est soigneusement encadré et ne peut se faire qu'à un coût exorbitant. De plus, les voyages individuels sont interdits *(voir aussi la question 96)*. La masse des touristes, étrangers comme chinois, visite donc le Tibet en tours organisés, de courte durée, qui suivent toujours les mêmes itinéraires et comprennent précisément les monuments restaurés avec des fonds publics, comme on l'a indiqué plus haut. Pour s'en convaincre, il suffit de feuilleter les offres de voyage au Tibet dans les catalogues des agences de voyage (il s'agit bien sûr des tours « classiques », et non des voyages de plus longue durée qu'offrent certaines agences spécialisées. Celles-ci, néanmoins, suivent aussi le plus souvent des itinéraires stéréotypés).

Quant à l'accueil chaleureux dans les monastères et les temples, il est surtout monnayé, puisqu'il faut s'acquitter de tickets à l'entrée et que les photos sont interdites, ou chichement autorisées moyennant une somme variable selon les lieux (20 yuans par photo à Tashilhünpo en 1995 ; 100 yuans à l'imprimerie xylographique de Dergé en 2000). Ces gains reviennent au monastère, si l'on se base sur le cas de Drépung étudié par Goldstein (1998) et la réponse chinoise à la question 54. En tout cas, dans ces sites « protégés » par l'État, les moines chargés de la perception des tickets et de la surveillance des touristes se montrent souvent de véritables cerbères, et réservent un accueil bien éloigné de la chaleur que l'on rencontre dans des monastères plus modestes qui n'ont pas profité des largesses gouvernementales.

---

51. Les Tibétains sont-ils libres d'assister à des activités religieuses ?

La liberté de croyance religieuse est réaffirmée. Les Tibétains « qui sont lamaïstes » ont le droit d'installer « une niche » [un autel] *ou « une salle pour le Bouddha »* [une chapelle] *chez eux, de prier, d'aller faire des aumônes dans tous les monastères et temples, d'assister aux cérémonies religieuses. À Lhasa, « des fidèles venus de diverses localités » font leurs dévotions en public devant le Jokhang ; de même dans les monastères, où les fidèles ajoutent du beurre de yak dans les lampes allumées, se prosternent devant les statues. Des centaines de milliers de personnes assistent à la fête annuelle de Mönlam. En 1986, le bainqen-lama* [panchen-lama] *y est venu de Pékin : il y a prêché, « imposé les mains à des milliers de fidèles et prié pour eux ».*

Anne-Marie BLONDEAU : Cette question fait double emploi avec la question 49, dont on a déjà commenté la réponse. Rappelons seulement que cette liberté de pratique – dans la limite des activités religieuses et cultuelles autorisées – varie d'un moment à l'autre et d'un lieu à l'autre : à l'été 2000 elle semblait appartenir au passé, mais à la fin de l'année 2000 certaines interdictions avaient été levées *(voir aussi la question 41)*. Par ailleurs, les pratiques énumérées dans la réponse chinoise sont des actes individuels qui ne requièrent pas l'intervention du clergé. Or, c'est de cette intervention et de l'interaction constante entre religieux et laïcs que les Tibétains sont privés : leur assistance aux cérémonies monastiques autorisées est limitée, et c'est seulement clandestinement qu'ils peuvent faire appel aux devins, prêtres et médiums qui leur étaient un secours contre les vicissitudes de la vie. Les nouvelles mesures temporaires pour l'administration des lieux d'activité religieuse dans la municipalité de Lhasa promulguées en février 1999, interdisent même au « personnel religieux » toute action pour « améliorer la santé d'autrui » (cité dans *News Review*, 2000, p. 48), ce qui désigne le recours des fidèles à la bénédiction d'un grand lama et aux rituels traditionnellement associés à la pratique médicale.

Enfin, la réponse chinoise ne mentionne pas les cultes « populaires » rendus aux divinités chtoniennes, individuellement ou collectivement *(voir la question 89)*, ni les innombrables rituels apotropaïques destinés à se rendre propices, apaiser ou écarter ces entités qui peuplent l'univers des Tibétains. Bien que le culte annuel à la divinité-montagne protectrice de chaque terroir soit encore très vivant dans les anciens Kham et Amdo, toutes ces croyances et pratiques sont stigmatisées comme « superstitions » liées à l'ancien régime féodal, ainsi que l'écrivait le *Quotidien des paysans* du 18 octobre 1989 (publié en chinois à Pékin) :

> Comme ces activités féodales et superstitieuses empoisonnent l'esprit des masses, affectent défavorablement le développement sain de nos jeunes générations, polluent l'état d'esprit général de notre société et empêchent la construction de la civilisation spirituelle socialiste dans nos régions rurales, en aucun cas nous ne devrions sous-estimer leur gravité et relâcher notre vigilance contre elles (cité dans *Defying the Dragon*, p. 11).

52. Comment sont choisis les dirigeants et les membres des organes de gestion des temples ? Quels sont leurs rapports avec le gouvernement ?

Ils « sont élus démocratiquement, sur la base de discussions menées par l'ensemble des moines ». Ces organes de gestion sont les « comités d'administration démocratique (ou groupe d'administration démocratique) », qui comportent un directeur, un sous-directeur et quelques membres. Ils sont « guidés » par « les organes des affaires religieuses du gouvernement » [voir question 57]*; leur tâche est de s'occuper « des activités bouddhistes, de la protection et de l'entretien des temples, et de la production, etc. » Pour ce qui touche aux « principes et politiques de l'État, les comités doivent demander des instructions aux organes des affaires religieuses du gouvernement et leur faire rapport ».*

Anne-Marie BLONDEAU : Il faut remarquer, d'abord, que ces comités d'administration démocratique sont une fabrication de la Chine communiste et n'existaient pas traditionnellement ; ils ont été créés dans les monastères les plus importants après le soulèvement de 1959 ; leur rôle a été défini par les règles pour l'administration démocratique des temples promulguées par l'Assemblée populaire de la RAT et régulièrement mises à jour, le plus récemment en février 2000 *(question précédente)*. À l'origine, leurs membres ont été choisis parmi les moines issus de la classe des « pauvres ». Actuellement, selon le monastère, ils sont élus par la communauté ou comportent des membres élus et des membres nommés par le Bureau des affaires religieuses. Dans plusieurs comités, d'anciens moines qui se sont mariés durant la Révolution culturelle jouent un rôle important, mais leur présence et celle de leur famille posent des problèmes à la communauté monastique. Les monastères les plus petits n'ont pas de comité, mais une personne désignée par les autorités locales sert d'agent de liaison avec elles (*Forbidden Freedoms*, p. 25).

Dans la réponse chinoise, on lit facilement entre les lignes que ce sont en réalité des organes de contrôle des monastères. Les tâches qui leur sont assignées sont décrites de manière plutôt vague ici ; en fait, ils se substituent à l'administration classique du monastère qui réglait en particulier les questions relevant réellement des « activités bouddhistes » : études, calendrier rituel, acceptation des « postulants », etc. De même pour la gestion des bâtiments et des finances, où leur rôle apparaît plus clairement : ce que *Cent questions* appelle « la production », c'est le travail rémunérateur auquel sont maintenant astreints les moines qui ne suivent pas le cursus d'études *(voir aussi la question 54)*. Le témoignage de religieux qui se sont enfuis du Tibet ces dix dernières années apporte des informations sur le rôle véritable, de contrôle policier, de ces comités, et de la défiance qu'ils inspirent souvent à la communauté. On peut ainsi comprendre, par exemple, qu'ils contrôlent la liste des moines inscrits régulièrement dans le monastère et sont prêts à dénoncer au moindre incident les « non-inscrits ». C'est aussi avec leur aide que sont organisées les sessions d'éducation politique et de contrôle de la pensée « correcte » des moines, menées par des « équipes de travail » composées de fonctionnaires et de cadres (y compris les chercheurs de l'Académie des sciences sociales), chaque fois que se produisent des troubles ou qu'une campagne politique est lancée. Les comités d'administration démocratique dépendent directement de l'antenne locale du Bureau des affaires religieuses, qui leur verse un salaire et auquel ils doivent faire rapport et dont ils doivent suivre les directives ; c'est à l'approbation de ce bureau, aussi, qu'ils soumettent les demandes d'entrée au monastère. D'après les informations rapportées par des moines exilés récemment, les comités sont plus ou moins répressifs et policiers selon les monastères et selon l'administration locale : *Forbidden Freedoms* (pp. 27-30) illustre cette variation d'attitude à travers l'exemple de quatre monastères (Drépung, Séra, Ganden et Shelkar). L'étude que M. C. Goldstein a consacrée à Drépung (1998) montre très clairement l'activité du comité au quotidien ; mais il ne mentionne aucune méfiance des moines à son égard, contrairement à *Forbidden Freedoms*, ce qui souligne la difficulté d'obtenir des informations fiables sur le Tibet (l'enquête de M. C. Goldstein à Drépung était en quelque sorte « officielle », il est vrai).

53. Y a-t-il au Tibet des écoles théologiques ?

Un « institut de bouddhisme » a été créé à Lhasa en 1980. Des « cours de lecture des soutras[1] *» sont donnés dans les principaux temples et monastères. À Pékin, « une école supérieure forme les bouddhistes tibétains », dont le « recteur » est* [en 1988] *bainqen-erdini Qoigyi Gyaincain* [le panchen-lama], *l'« un des deux dirigeants religieux du Tibet ».*

Anne-Marie BLONDEAU : Traditionnellement, les seules « écoles théologiques » étaient les monastères, dont certains étaient particulièrement réputés pour la qualité de leurs études « théologiques », c'est-à-dire de philosophie, d'épistémologie et de métaphysique. Après la Révolution culturelle, les monastères ont essayé de renouer avec la tradition, en réinstaurant le cursus classique des études : ils y parviennent difficilement, à cause du manque de *géshés*, décimés par la Révolution culturelle ou en exil, de la suppression des structures de l'enseignement, et de l'âge trop tardif auquel un garçon est officiellement autorisé à entrer au monastère ; on y reviendra dans la question suivante.

L'institut du bouddhisme créé à Lhasa dont parle *Cent questions* est un institut non confessionnel qui relève du Bureau des affaires religieuses de la Région autonome ; selon les sources, il a été fondé en 1980, 1982 ou 1985, à Néchung, l'ancien monastère de l'oracle d'État, en contrebas de Drépung, en même temps que des instituts similaires à Kumbum et Labrang, dans l'Amdo, et Kandzé, dans le Kham. La raison d'être de ces établissements était clairement énoncée dans la directive sur la politique en matière religieuse (« Document 19 »), adressée en 1982 par le gouvernement central à tous les cadres du Parti et de l'État :

> La tâche de ces séminaires est de créer un contingent de jeunes religieux qui, en termes de politique, aiment avec ferveur leur patrie et

1. Les Chinois – et souvent les sinologues – emploient une terminologie directement traduite du chinois, inadaptée au contexte tibétain, et parlent de « lecture des soutras », « hall des soutras », etc., quand il s'agit de textes religieux (pratiquement jamais des *sûtra*), de hall d'assemblée…

soutiennent la suprématie du Parti et le système socialiste, et qui possèdent des connaissances religieuses suffisantes (cité dans *Forbidden Freedoms*, p. 48).

Le but de ces créations en Chine à partir de la même date était, pour les bouddhistes chinois, un moyen de remédier à la coupure survenue dans la tradition et de former un nouveau clergé (Wang-Toutain, 1997, pp. 66-67) ; mais pour le gouvernement, il s'agit de former des lettrés « patriotes » qui deviendront ensuite l'élite dirigeante des monastères. À Néchung, en 1990, il y avait environ 180 étudiants qui étaient censés obtenir leur diplôme de *géshé* en dix ans (alors que le cursus monastique habituel est du double), et le programme comportait des cours d'histoire chinoise, de droit et de religion. Le doyen était membre du Parti, ancien Garde rouge et se déclarait incroyant (*Forbidden Freedoms*, p. 49). Cependant, un étudiant de cet institut rencontré en 1992 s'y était inscrit faute de pouvoir être admis officiellement dans l'un des monastères de Lhasa dont le quota était déjà atteint. (La méfiance de la population envers cet institut aurait fait réduire son programme d'abord, puis l'aurait fait fermer après 1992 : nous n'avons pas pu vérifier cette information.)

L'école supérieure du bouddhisme à Pékin – l'Académie chinoise de langue tibétaine des Hautes Études bouddhiques (Zhongguo Zangyuxi Gaoji Foxueyuan) – a été fondée en 1987 par le panchen-lama, non pas pour « former les bouddhistes tibétains », comme le dit *Cent questions*, mais pour donner une éducation à la fois classique et « moderne » aux enfants et jeunes gens reconnus comme des « réincarnations » *(trülku)* ; en plus du bouddhisme, l'enseignement comporte donc des cours de « politique religieuse, décrets de l'État, théorie religieuse, aussi bien que de connaissances scientifiques et culturelles » (Xinhua, 5 septembre 1990, cité dans *Defying the Dragon*, pp. 9-10). Le conseiller politique de l'Académie et directeur du Bureau de l'éducation au Conseil d'État, Ren Wuzhi, déclarait alors que « l'Académie devait renforcer son éducation en matière de patriotisme, de solidarité nationale et d'opposition au séparatisme » *(ibid.)*. Quant aux « cours de lecture des soutras » *(sic)* qui se déroulent dans les temples et monastères, il peut s'agir tout bonnement de l'étude des textes qui entrent dans le cursus de chaque monastère ; mais cela peut désigner aussi les sessions autorisées chaque année – deux à Drépung par exemple – pour un enseignement public auquel la population a le droit d'assister. Car il est interdit d'enseigner la religion en dehors des lieux dévolus à cet effet, ce qui veut dire que les laïcs peuvent à la rigueur inviter chez eux un religieux pour qu'il exécute un rituel, mais il ne leur est pas permis de lui demander des enseignements ou des initiations, comme c'était l'usage (Goldstein, 1998).

---

54. Voulez-vous présenter un peu la vie des lamas ? Ont-ils une journée bien remplie ?

Actuellement [en 1988], *il y a 20 000 « lamas sédentaires » au Tibet, la plupart jeunes, âgés d'une vingtaine d'années ; les plus jeunes ont seulement seize ans. Ils « consacrent quatre heures par jour à l'étude des écritures saintes et à la discussion des questions bouddhistes. Le reste du temps, ils s'occupent de* [sic] *diverses activités : commerce, jardinage, réception de touristes étrangers ou chinois, nettoyage ». Ils ont une vie confortable, car ils reçoivent des aumônes en plus des subventions de l'État, et bénéficient des revenus de leur travail ou commerce, et du tourisme. À Tashilhünpo, par exemple, « le revenu moyen des lamas est de plus de 100 yuans par mois, soit deux fois plus que celui des paysans locaux. Les nouveaux venus cependant vivent des subventions de l'État ». (La fin de la réponse répète que des comités administratifs ont été mis en place « dans de nombreux monastères du Tibet », dont les chefs sont élus par « les lamas ».)*

Anne-Marie BLONDEAU : Il faut commencer par faire un sort à l'emploi abusif du terme « lama » par les auteurs chinois en général. Tous les religieux tibétains sont loin d'être des moines, et tous les moines loin d'être des lamas. Le clergé tibétain comporte deux types de religieux : les moines ordonnés, qui vivent dans des monastères et suivent les règles de la discipline bouddhique telle qu'elle a été léguée par le bouddhisme indien ; ils prononcent un grand nombre de vœux, dont ceux de célibat, de pauvreté, d'abstinence d'alcool, etc. C'est probablement ce que *Cent questions* appelle les « lamas sédentaires ». Le deuxième type est moins homogène, car on y rencontre aussi bien des sortes de conteurs ambulants *(manipa)*, que des prêtres de village vivant en famille, des anachorètes ou des religieux habitant ensemble dans des monastères, à côté parfois d'une communauté monastique. Ce qui les caractérise est qu'ils ne prononcent pas les vœux monastiques – ils peuvent donc se marier, boire de l'alcool, etc. –, mais seulement ceux de « disciple laïc » (*gényen,* sanskrit *upâsaka*), et surtout le vœu des « êtres promis à l'Éveil » *(bodhisattva)* : atteindre l'Éveil pour faire le bien des êtres. La plupart sont des adeptes des *tantra* et, en fonction de leur naissance, de leur inclination personnelle et de leur éducation, ils pratiquent le tantrisme et peuvent atteindre de hautes réalisations spirituelles qui leur attirent renommée et disciples nombreux, religieux et laïcs. Parmi eux comme parmi les moines, le lama (sanskrit *guru*) est précisément le maître spirituel détenteur d'une lignée de transmission tantrique, seul autorisé à conférer les enseignements et les initiations de la voie des *tantra*.

Les auteurs de *Cent questions* se bornent donc à décrire – plutôt succinctement – la vie des moines dans les monastères, description qui amène déjà bon nombre de remarques. (On notera seulement que les nonnes sont également passées sous silence. Bien que leur nombre ait toujours été plus réduit que celui du clergé masculin, et leur rôle beaucoup plus modeste, elles ont actuellement pris le relais de la contestation et des revendications d'indépendance, ce qui leur confère un éclat nouveau, au Tibet comme en exil.)

Revenons à la réponse chinoise. Le chiffre de 20 000 moines en 1988 est invérifiable : on ne sait pas s'il concerne la RAT seulement ou l'ensemble des régions tibétaines, les moines dûment enregistrés ou la population monastique dans son ensemble. Si l'on compare avec le Tibet d'avant 1959, les données fournies par le gouvernement en exil du dalaï-lama divergent considérablement ici encore des estimations chinoises : plus de 592 000 moines au Tibet pour le premier ; de 100 000 à 200 000 pour les dernières, mais peut-être seulement pour la RAT (*Forbidden Freedoms*, p. 64). En tout cas, ce chiffre actuel de 20 000 moines représente à peu près la population monastique des trois grands monastères de Lhasa seuls, avant 1959 : on trouve souvent publiés des chiffres beaucoup plus hauts, mais une estimation raisonnable indique qu'il y avait environ 9 000 moines à Drépung, de 5 000 à 6 000 à Séra, plus de 3 000 à Ganden, 4 700 à Tashilhünpo et, dans l'Amdo (Tibet oriental), 4 000 à Labrang (Gyurme Dorje, 1996). On peut comparer avec les chiffres actuels fournis par la question suivante : 200 moines à Ganden, 750 à Tashilhünpo ! D'après des renseignements obtenus sur place en octobre 2000, il y avait alors 500 moines à Drépung, mais nous ne sommes pas en mesure de dire s'il s'agit du nombre de moines officiellement enregistrés, ou de la population monastique globale (selon Goldstein, 1998, p. 45, il y avait, en 1995, 540 moines « officiels », 396 « irréguliers » et une centaine extérieurs à la RAT, alors que le nombre maximum autorisé à l'époque était de 600). En effet, le gouvernement limite très sévèrement le nombre des résidents dans chaque monastère. Ni les critères ni l'administration responsable de la détermination des quotas ne sont clairs : il semble que le Bureau des affaires religieuses joue un rôle important dans ce domaine. La conséquence de cette limitation est que, à côté des moines « officiels » régulièrement admis et inscrits dans un monastère, il y a une population monastique « irrégulière », plus ou moins nombreuse selon la rigueur des autorités locales ; mais ces moines qui résident dans les monastères sans autorisation n'ont pas le droit de suivre les offices ni les enseignements et doivent entièrement subvenir à leurs besoins. Ils sont aussi les premiers expulsés au moindre trouble. Il faut ajouter que l'organisation en « collèges » quasi autonomes des plus grands monastères – eux-mêmes subdivisés en « maisonnées » – a été abolie. Or, c'est dans ces collèges à la discipline stricte que se regroupaient et étaient formés les étudiants venus de tout le Tibet mais aussi de Mongolie, de Chine, etc., désireux de poursuivre des études supérieures ; de retour dans leurs monastères d'origine, ils formaient à leur tour les étudiants locaux. L'administration et la discipline sont maintenant entre les mains du Comité d'administration démocratique, qui ne peut veiller aussi étroitement au comportement et à l'assiduité des moines que le faisaient les maîtres et les aînés dans chaque collège ; et il est en principe interdit d'entrer dans un monastère hors de sa région de résidence (Drépung, où les autorités ont accepté que des non-résidents suivent leurs études, fait exception [Goldstein, 1998, p. 163, n. 63]). Ainsi, l'ensemble de la structure monastique est désorganisé, ce qui explique que tant de moines s'enfuient en Inde pour recevoir une éducation traditionnelle dans les monastères reconstitués en exil.

La suite de la réponse de *Cent questions* est, elle, facilement vérifiable : tout voyageur au Tibet est frappé par l'absence de la classe d'âge des quarante-cinquante ans dans les monastères où l'on rencontre surtout, cela est vrai, de jeunes moines et quelques autres très âgés. La raison en est claire : la Révolution culturelle a vidé les monastères avant de les détruire ; les moines ont été publiquement dénoncés et humiliés comme « oppresseurs » du peuple. Soumis à des séances de rééducation, ils ont dû se défroquer, se marier et travailler comme tout laïc (l'exemple le plus symbolique est sans doute celui du Xe panchen-lama, qui a dû épouser une femme chinoise) ; ceux qui ont résisté ont été torturés et envoyés en prison ou dans des camps de « rééducation par le travail », où beaucoup sont morts. Le témoignage des rescapés qui ont pu s'échapper en Inde est édifiant, et l'on ne peut que conseiller de les lire *(références en fin de volume)*. Pendant la même période, il est évident qu'il n'y a eu aucun recrutement monastique, lequel n'a pu reprendre au mieux qu'en 1976, à la fin de la Révolution culturelle et, plus probablement, lors de la « libéralisation » qui a suivi la visite de Hu Yaobang en 1980 (sur laquelle voir Tséring Shakya, 1999, p. 381, et question 86). Les conséquences de ce « trou » démographique sont catastrophiques : le système très élaboré de formation intellectuelle et spirituelle a été anéanti ; il reposait sur un long apprentissage où les aînés servaient de tuteurs, de répétiteurs et de maîtres. En outre, si l'on considère que la majorité des moines avaient une vingtaine d'années en 1988, et qu'ils n'ont pu entrer au monastère que vers les années 1976-1978, cela signifie qu'ils avaient de dix à douze ans, mais probablement beaucoup plus. En effet, lorsque les auteurs de *Cent questions* indiquent que les plus jeunes moines ont « seulement 16 ans », ils ne disent pas qu'il est désormais interdit d'entrer au monastère avant cet âge, et même dix-huit ans *(mesures temporaires pour l'administration des lieux de culte, citées dans la question 51)*. Or, dans le système traditionnel, l'entrée au monastère se faisait vers huit ans : c'était donc dès le plus jeune âge que commençait le long façonnage du clergé (néanmoins, des tolérances locales existent aussi, et l'on rencontre jusqu'à présent des novices beaucoup plus jeunes que l'âge autorisé).

L'emploi du temps des moines, tel qu'il est indiqué, ne peut pas remédier à cette absence de formation initiale et de maîtres : quatre heures par jour seraient consacrées « à l'étude des écritures saintes et à la discussion de questions bouddhistes ». (Mais lorsque les « équipes de travail », dont on a parlé dans la question 52, s'installent dans les monastères pour des sessions d'éducation – de rééducation politique –, sessions qui peuvent aller de deux à trois semaines à plusieurs mois, toutes les activités religieuses et d'enseignement sont suspendues, car la présence de tous les moines est requise). Pour comparer à bon escient avec le système traditionnel, il faut savoir que la population monastique n'était pas homogène : il existait de grandes variations d'une école à l'autre, d'un monastère à l'autre, et à l'intérieur de chaque monastère. Schématiquement, les écoles gélugpa et sakyapa offraient une formation intellectuelle beaucoup plus rigoureuse que les autres, dans lesquelles l'approche mystique et les rituels tenaient une place plus importante. Mais en fonction de sa taille aussi, et des règles imposées par son fondateur, chaque monastère insistait sur tel ou tel aspect de la vie monastique. De son côté, la société religieuse reproduisait plus ou moins la hiérarchie de la société laïque avec, au sommet, les grands lamas (réincarnations de personnages prestigieux) et les abbés, chacun à la tête d'une « maison » plus ou moins importante, gérée par des moines intendants, trésoriers, secrétaires ; puis les « réincarnations » *(trülku)* de moindre renommée, les érudits et les moines engagés dans le cursus des études qui aboutissait au grade éminent de *géshé* ; enfin, ce que l'on pourrait appeler le bas clergé, de loin le plus nombreux, qui s'acquittait des tâches matérielles et n'allait guère au-delà de l'apprentissage de la lecture, de l'écriture et du calcul, même si, lorsque ses occupations le permettaient, il participait aux assemblées de prière et aux rituels.

Il est donc difficile de dépeindre en peu de mots la « vie des lamas » comme y invite la question posée ; le lecteur intéressé pourra se reporter aux autobiographies publiées par des moines exilés qui décrivent, certains minutieusement, le cursus des études et la vie monastique dans des monastères et des situations sociales différents. Si l'on s'en tient au cursus traditionnel dans l'un des grands monastères-universités de l'école gélugpa, quatre heures d'étude par jour sont dérisoires ! Dès son plus jeune âge, le moinillon partageait son temps entre le service de son maître et l'étude, entièrement fondée sur la mémorisation des textes : prières d'abord, puis, au fur et à mesure qu'il progressait, traités scolastiques divers selon le programme de chaque monastère ou de chaque collège. Dès l'enfance, plusieurs heures par jour étaient consacrées à cette seule mémorisation puis à la récitation à haute voix. Pour ceux qui s'engageaient dans les études, le programme réparti sur une vingtaine d'années approfondissait tour à tour les grands sujets dogmatiques et métaphysiques, ainsi que la maîtrise des outils intellectuels, essentiellement la logique et l'épistémologie. L'année était organisée en sessions d'études individuelles entrecoupées de sessions de débats organisés dans le cadre des collèges et dans celui du monastère tout entier, parfois entre deux monastères. La journée de travail des étudiants commençait avant le lever du jour et se terminait souvent près de minuit ; ceux qui le trouvaient nécessaire à leurs études pouvaient s'abstenir de participer aux assemblées de prière journalières – en principe obligatoires –, ce qui posait d'ailleurs un problème de survie aux moines issus de familles pauvres, car ils étaient ainsi privés des distributions de nourriture et des dons en numéraire faits par les laïcs au cours de ces assemblées.

Des données chiffrées manquent le plus souvent pour juger du pourcentage de moines actuellement autorisés à poursuivre des études ; à Drépung, en 1993, il y avait 137 étudiants sur un total de 427 moines (Goldstein, 1998, p. 36), mais à une date non précisée, un moine de Séra a rapporté que dans son monastère seuls dix étudiants étaient exemptés de travail pour poursuivre des études à plein temps (*Forbidden Freedoms*, p. 47). Tous les autres doivent s'engager dans des travaux rémunérateurs pour la collectivité ou pour eux-mêmes, tels que ceux cités par la réponse chinoise : commerce, jardinage, réception des touristes, etc., sans parler de la reconstruction du monastère. À première vue, c'était aussi le sort de la majorité des moines autrefois, mais le fait nouveau est que des horaires de travail stricts sont appliqués : huit heures par jour six jours par semaine (*Forbidden Freedoms*, p. 47) ; en conséquence, un grand nombre de rituels et de sessions de prière collective ont été supprimés du calendrier liturgique.

Cela nous amène aux revenus des monastères et des moines. Dans le Tibet ancien, les monastères étaient les plus grands propriétaires fonciers, et les plus importants formaient de véritables principautés monastiques, riches et puissantes. Spoliés de leurs terres, ils ont dû développer des moyens économiques de substitution, avec les moines comme main-d'œuvre : de l'agriculture à divers ateliers de fabrication, de bâtonnets d'encens par exemple. La richesse des monastères n'impliquait pas nécessairement celle des moines qui y résidaient. Dans le système traditionnel, il existait une énorme disparité, non seulement entre le haut et le bas clergé, mais aussi entre les moines dont la famille, aisée, pouvait subvenir aux besoins et ceux qui devaient trouver des moyens de subsistance ou des donateurs, soit parce que leur famille était trop pauvre, soit parce qu'elle était trop éloignée. À en croire la réponse chinoise, le sort actuel des moines semble bien meilleur, puisqu'ils jouiraient d'un revenu confortable. En réalité, la disparité, bien que réduite – il n'y a plus de lamas richissimes –, existe toujours : d'abord entre les moines enregistrés qui, effectivement, touchent une partie des revenus du monastère et les non-enregistrés qui doivent se débrouiller ; mais aussi entre les différentes catégories de résidents (étudiants, moines âgés, membres du Comité d'administration populaire, « commerçants »…), et entre les monastères aussi. L'exemple de Tashilhünpo donné ici est mauvais, car ce monastère a toujours été favorisé à cause de la politique chinoise envers le panchen-lama : c'est le seul qui n'ait pas été détruit pendant la Révolution culturelle ; c'est aussi celui où, apparemment, le quota de moines autorisé est le plus élevé *(voir les chiffres donnés dans la réponse chinoise suivante)*. Comme on l'a vu *(question 49)*, les autorités tolèrent la reconstruction des bâtiments et la reconstitution d'une communauté monastique à condition que celle-ci soit autosuffisante. Dans les monastères qui ont un Comité d'administration populaire, c'est lui qui gère les finances : les moines forment une sorte de coopérative à laquelle sont versés tous les revenus qui sont redistribués en fonction des « points de travail » acquis par chacun. Bien entendu, plusieurs catégories : moines âgés ou malades, étudiants, ne peuvent pas acquérir suffisamment de points pour vivre. Goldstein (1998) montre qu'à Drépung au moins un système élaboré permet de verser un minimum vital à tous les moines inscrits, insuffisant cependant. Contrairement aux allégations chinoises, seuls les membres des Comités, et des moines chargés de fonctions officielles précises, touchent un salaire direct du gouvernement. En réalité, comme dans le passé, la famille doit subvenir aux besoins (nourriture, vêtement, chauffage…) de son ou ses fils entrés dans les ordres, parfois à ceux de son maître âgé. Mais, plus que par le passé, les dons des laïcs forment un complément indispensable à la subsistance du clergé.

---

55. Quels sont les monastères renommés du Tibet ? Quelle est leur situation actuelle ?

La réponse cite sept « monastères renommés », dont l'histoire de la fondation et la description sont brièvement brossées :

Le monastère Jokhang, appartient à la « Secte jaune » et est considéré comme un lieu saint par les Tibétains. Construit au VIIe *siècle par les deux épouses, chinoise et népalaise, du roi Songtsan Gambo* [Songtsen Gampo], *il renferme une statue de Shakyamuni que la princesse Wencheng, l'épouse chinoise du roi, avait apportée de la capitale des Tang, Chang'an (Xi'an actuel). « À l'entrée du monastère se dresse une stèle marquant l'alliance Tang-Tubo. »*

Le monastère Drépung, le plus grand des monastères « de la Secte jaune », a été fondé en 1416 ; il renferme « un grand nombre de canons bouddhiques et de reliques précieuses ». « Le gouvernement local du Tibet y siégea après l'installation par l'empereur Shunzhi des Qing, en 1653, du Ve dalaï-lama à la tête du pouvoir politique et religieux au Tibet. »

Le monastère Séra, fondé en 1419, est l'un des plus importants monastères de « la Secte jaune ». De nombreux objets historiques et livres y sont conservés, « en particulier le Tripitaka, collection d'écritures bouddhiques, écrit en or, et des rouleaux en soie de l'époque des Ming et des Qing ».

Le monastère Gandan [Ganden], *le plus ancien de « la Secte jaune », a été fondé en 1409 par Tsongkhapa, le fondateur de cette secte. Détruit pendant la Révolution culturelle, il est en cours de reconstruction. Plus de 200 lamas y résident.*

Le monastère Trashilhünpo est l'un des importants monastères de « la Secte jaune dans le Tibet postérieur » [? dans la province du Tsang] *et il compte plus de 750 lamas. Fondé en 1447, il a été achevé douze ans plus tard. Les bainqen* [panchen]-*lamas successifs l'ont fait restaurer et agrandir.* [C'est le siège des panchen-lamas]. *Il renferme un grand nombre d'objets et de textes religieux, dont une statue du Bouddha Changpa [Jampa], de 26 mètres de haut.*

Le monastère Sagya [Sakya], *le principal de « la secte Sagya », se trouve à 150 kilomètres au sud-ouest de Xigatse* [Shigatsé]. *Il est constitué de deux temples : celui du nord, très endommagé pendant la Révolution culturelle, a été construit en 1079 « et agrandi au milieu du* XIIIe *siècle lorsque l'empereur des Yuan confia à Phagspa, grand maître de la secte Sagya, la conduite des affaires politiques et religieuses du Tibet ». Le temple du sud, construit en 1268, est bien conservé. Il est de style composite : tibétain, mongol et han, et sa « grande salle des soutras » peut contenir une dizaine de milliers de moines. Y sont conservés « beaucoup de livres canoniques manuscrits sous la dynastie des Yuan et d'objets offerts par des empereurs de la dynastie des Yuan » ; on peut aussi y voir une grande fresque « représentant l'entrevue de Phagspa avec l'empereur Koubilaï Khan ».*

Le monastère Palkor a une « pagode octogonale, belle et imposante », de onze étages, qui renferme de nombreuses sculptures et fresques. Le monastère appartenait d'abord à la secte Sagya, puis à diverses autres.

Le monastère Tshuphu [Tsurphu] *est dans le district de Doilungdêlên* [Tölung Dechen], *au nord-ouest de Lhasa. Fondé en 1187, c'est « le temple principal des Karma-pa… Karma, le supérieur de ce monastère, a reçu le titre de "roi de la loi du Grand Trésor Tathâgata" de la part de la dynastie des Ming. Le monastère conserve un grand nombre d'objets datant de la dynastie des Ming ».*

Anne-Marie BLONDEAU : Les sept monastères brièvement décrits ici sont tous situés dans la Région autonome du Tibet et, mis à part Sakya, appartiennent à l'école gélugpa (*« Secte jaune » pour nos auteurs chinois ; voir la question suivante pour un commentaire sur ces termes)*. Sont donc passés sous silence les monastères importants – par leur taille ou leur histoire – dans les anciennes provinces orientales du Kham et de l'Amdo ; on mentionnera seulement, pour s'en tenir aux deux écoles citées par *Cent questions,* Kumbum (où l'influence du style « han » est bien plus forte qu'à Sakya !) et Labrang, dans l'Amdo, tous deux gélugpa, et Dergé dans le Kham, sakyapa.

Même en ne considérant que la RAT, il faut remarquer que les monastères retenus par *Cent questions* sont à nouveau ceux visités par les circuits touristiques évoqués plus haut ; mais ces circuits incluent aussi, très souvent, les sites prestigieux et très importants pour l'histoire, et l'histoire de l'art, de Samyé et de Zhalu. Les auteurs de *Cent questions* font d'ailleurs preuve d'une certaine inconséquence, ou d'une belle ignorance, car ces deux sites sont également reconnus pour leur caractère composite, où se juxtaposent et se combinent les styles tibétain, népalais et chinois. Ils auraient donc très bien illustré aussi ce qui intéresse exclusivement ces auteurs parmi les trésors scripturaires et artistiques qui ont survécu à la Révolution culturelle : les témoignages de l'influence chinoise sur l'histoire et sur l'art tibétains.

Il serait fastidieux de reprendre une description plus détaillée des sept temples ou monastères retenus par *Cent questions*, et nous ne compléterons pas davantage cette liste : d'excellents livres d'art et guides touristiques et culturels le font mieux que nous ne pourrions le faire. Nous nous contenterons de quelques remarques et corrections.

D'abord, tous ces sites n'ont pas le même statut : le Jokhang, autour duquel s'est édifiée la ville de Lhasa, est le centre spirituel du Tibet, le lieu de pèlerinage que tout Tibétain rêve de visiter. Il ne s'agit pas d'une ville monastique, comme les autres établissements cités, mais d'un temple aux proportions imposantes, avec de multiples chapelles. Seule une petite communauté de moines y réside habituellement, même si, pendant la Grande Prière (Mönlam) tous les moines de Drépung, Séra et Ganden s'y rassemblaient. Quant à la « pagode » du monastère Pelkor Chödé à Gyantsé – le Kumbum –, c'est un temple en forme de *stûpa* monumental qui date du XVe siècle et constitue un ensemble architectural unique par sa taille et la qualité de ses sculptures et peintures. Enfin, notons que le Ve dalaï-lama avait accédé au pouvoir dix ans avant que l'empereur Shunzhi des Qing ne l'« installe [...] à la tête du pouvoir politique et religieux au Tibet » !

---

56. Quand le lamaïsme est-il apparu au Tibet ? Combien compte-t-il de sectes ?

« Le bouddhisme tibétain, appelé communément lamaïsme, est une branche du bouddhisme » que l'on trouve dans les régions tibétaines et mongoles en Chine. Il est « apparu vers la fin du Xe *siècle, a prospéré à partir du milieu du* XIIIe *siècle, a assumé le pouvoir politique au Tibet grâce à l'appui du gouvernement central des Yuan (1271-1368) et s'est étendu aux régions habitées de Mongols ». Avec le temps, il s'est subdivisé en de nombreuses écoles dont les principales sont les Nyingma-pa, les Kagyü-pa, les Sagya* [Sakya]*-pa, les Gelup* [Gélug]*-pa.*

Les Nyingma-pa, « communément appelés les "chapeaux rouges" », sont apparus au XIe *ou* XIIe *siècle. Leur nom : « École ancienne », « vient du fait qu'ils croient aux anciens mythes, en opposition à la "Nouvelle École" en vogue ».*

Les Kagyü-pa, « communément appelés les "chapeaux blancs" » datent du début du XIe *siècle ; ils s'adonnent surtout à l'ésotérisme. Ils ont de nombreuses « ramifications, dont des hautes personnalités furent nommées à des postes officiels par les cours impériales des Yuan et des Ming (1368-1644) et exercèrent le pouvoir au Tibet. Ils le perdirent sous les Qing (1644-1911) au profit de la « Secte jaune ».*

Les Sagya-pa, fondés au XIe *siècle, tirent leur nom du temple construit à Sagya* [Sakya]. *Ils connurent leur apogée sous les Yuan. « L'empereur Shizu de la dynastie des Yuan, Koubilaï Khan, nomma Phagspa, dirigeant de cette secte,* dishi *(tuteur religieux de l'empereur) et lui confia le pouvoir politique et religieux au Tibet. Vers la fin de la dynastie des Yuan, cette secte fut remplacée graduellement par les Kagyü-pa » et « elle ne conserva une certaine influence qu'à Sagya ».*

Les Gelup-pa [Gélugpa], *« appelés communément les "chapeaux jaunes" » ont été fondés par Tsongkhapa, au* XIVe *siècle. Les « lamas » de cette secte ne doivent pas se marier, et les « dirigeants religieux assurent leur succession par le système de l'incarnation ». Il y a deux lignées de « bouddhas vivants » : le dalaï-lama et le bainqen* [panchen]*-lama. Au* XVIIe *siècle, le* V^e^ *dalaï-lama « fut reconnu officiellement par la cour impériale des Qing et accéda au poste de dirigeant suprême des lamas tibétains et mongols ». Au milieu du* XVIIIe *siècle, le* VIIe *dalaï-lama assuma le pouvoir sur l'ordre de la cour impériale des Qing et « les Gelup-pa devinrent la secte dominante dans la région du Tibet ».*

Anne-Marie BLONDEAU : L'éditeur et rédacteur de *Cent questions* se targue d'avoir bénéficié de l'aide « des spécialistes de l'histoire du Tibet » en Chine ; ils n'étaient sans doute pas spécialistes d'histoire religieuse, car la réponse ci-dessus fait montre d'une ignorance consternante dans ce domaine, alternant erreurs et approximations. Elle est aussi déformée par l'idée fixe de prouver la dépendance du Tibet envers la Chine, et l'on apprend bien peu de choses sur le bouddhisme tibétain lui-même.

Nous ne chicanerons pas les auteurs sur le terme de « lamaïsme », trop « communément » trouvé, cela est vrai, même sous la plume des meilleurs spécialistes. C'est une appellation commode mais totalement injustifiée pour désigner le bouddhisme tibétain : elle laisse entendre une « religion des lamas » – nous avons signalé dans une question précédente l'impropriété de l'emploi généralisé de ce terme –, dont la référence au bouddhisme est pratiquement gommée. Les Tibétains bouddhistes condamnent vigoureusement l'emploi de ce terme, soulignant que la religion qu'ils pratiquent et qu'ils appellent simplement *chö* (sanskrit *dharma*, « ordre des choses, loi », etc.), ou *Sangyé ki chö*, Loi du Bouddha, est l'héritière et la continuatrice du bouddhisme indien. Dans tous les pays où il s'est implanté, le bouddhisme, né en Inde au VIe siècle avant notre ère a connu des variations et des adaptations locales ; le Tibet ne fait pas exception. Mais il ne viendrait à l'esprit de personne de fabriquer une appellation spécifique pour désigner le bouddhisme de Ceylan, de Birmanie, de Chine, du Japon ou d'ailleurs. D. S. Lopez (1998, pp. 15-45), en des pages aussi savoureuses qu'instructives, retrace l'histoire du terme depuis le XVIIIe siècle et les implications idéologiques de son adoption par les

Européens. Selon ses termes, « le lamaïsme était vu comme une déformation propre au Tibet, sa parenté [avec le bouddhisme indien] déniée par l'Inde (par la voix des indianistes britanniques) et par la Chine (par la voix de l'empire des Qing) ».

Pour en finir avec cette première phrase de la réponse chinoise, nous mentionnerons que le bouddhisme tibétain ne se trouve pas seulement « dans les régions tibétaines et mongoles en Chine » ; au cours de l'histoire, il s'est diffusé beaucoup plus largement : tout le long de l'arc himalayen, au Ladakh, dans les hautes vallées du nord de l'Inde et du Népal, au Sikkim (maintenant indien) et au Bhoutan ; il a été adopté au nord dans toute la Mongolie – et pas seulement en Mongolie intérieure – et a aussi exercé son influence en Chine propre, influence qui s'accroît de nos jours, comme on l'a dit, y compris à Taiwan.

Nous ne poursuivrons pas cette correction mot à mot et traceront seulement à grands traits l'histoire du bouddhisme au Tibet et celle de sa subdivision en écoles. Nous employons ce mot plutôt que « sectes », terme lui aussi fréquemment rencontré, mais qui, en plus de sa connotation péjorative en français, répond mal à une réalité faite d'appartenance à une tradition et d'adhésion à des enseignements transmis de maître à disciple : outre que l'on constate des échanges incessants entre les lignées de transmission de ces écoles, on rencontre également à l'intérieur de chacune des courants sectaires qui s'opposent aux tenants de leur propre tradition.

C'est vers le VIIe siècle – et non vers la fin du Xe – que le bouddhisme a fait son apparition au Tibet, et il a été imposé comme religion d'État par le souverain Trisong Détsen au milieu du VIIIe siècle, par un édit que l'historiographie tibétaine a conservé *(pour la partie purement historique, nous renvoyons à la première section de ce volume).* Il faut souligner la similitude de l'implantation du bouddhisme dans tous les pays d'Asie : introduit et soutenu par les rois, princes ou empereurs, il a suivi le sort de leurs dynasties. Au Tibet, l'effondrement de la dynastie de Yarlung, au milieu du IXe siècle, a marqué le déclin du monachisme, au moins au Tibet central ; au point que dans sa réécriture de l'histoire impériale, la tradition tardive a invoqué une persécution du bouddhisme – non documentée – par le dernier souverain, qui aurait conduit à la quasi-disparition de cette religion, éclipse qui aurait duré une centaine d'années. Les luttes de succession et le morcellement de l'empire suffisent à expliquer l'absence de sources pour cette période. Il est avéré, en tout cas, que de petites communautés de tantristes, moins liés aux institutions, se sont perpétuées et développées de manière autonome dans tout le pays.

Le fil de l'histoire se renoue à la fin du Xe siècle, lors de ce que les Tibétains appellent la diffusion ultérieure du bouddhisme *(chidar)*. Comparée à un feu mourant qui soudain flamboie, elle se produisit presque simultanément au Tibet central et au Tibet occidental, mais selon des modalités différentes. Au Tibet central, des religieux allèrent chercher l'ordination auprès de moines tibétains et chinois dans la région de Dunhuang, et ils réimplantèrent des communautés monastiques dans les sites anciens : se réclamant d'une transmission ininterrompue depuis l'introduction du bouddhisme au Tibet, ils formèrent l'un des groupes qui, ultérieurement, furent classés comme « Anciens » (Nyingmapa). À l'Ouest, des descendants de la dynastie impériale avaient fondé un royaume ; l'un des rois, pieux bouddhiste, inquiet des dérives qu'il constatait dans la religion pratiquée par les Tibétains, décida de restaurer la coutume ancienne des échanges avec le bouddhisme indien : il envoya des jeunes gens se former au Cachemire et invita des pandits ; cela marqua une nouvelle ère de traduction intensive des textes canoniques – y compris certains traduits à l'époque impériale, mais jugés incorrects – et de construction de temples et monastères au Tibet occidental. Peu après, le pandit indien le plus réputé, Atisha (958-1054), fut invité : c'est lui qui rétablit la Doctrine dans son intégrité et les règles monastiques dans toute leur rigueur, notamment pour l'école qui se forma autour de lui : « ceux qui suivent les instructions orales », les Kadampa. Au XVe siècle, la prédication de Tsongkhapa, qui connut un succès foudroyant au Tibet central, se présentera comme une nouvelle exégèse des œuvres d'Atisha, et la plus récente école du bouddhisme tibétain créée autour de son enseignement prendra le nom de « Nouveaux Kadampa », ou de Gélugpa, « les Vertueux » car, à leur tour, ils suivront strictement la règle monastique qui s'était bien relâchée dans les autres écoles.

Parallèlement, le renouveau religieux des Xe-XIe siècles incita des adeptes tantriques à partir en Inde et dans l'Himalaya chercher un guru susceptible de leur donner des enseignements et leur en conférer les initiations ; à leur retour, auréolés du prestige de cette transmission directe, ils attirèrent des disciples de plus en plus nombreux, ce qui obligea vite à transformer les ermitages initiaux en monastères, sur des terres et avec des fonds offerts par les fidèles laïcs. C'est ainsi que furent créés les établissements qui devinrent le siège des différentes écoles, lesquelles prirent le nom du monastère mère, par exemple les Sakyapa, « ceux de Sakya ». Le cas des Kagyüpa, « ceux de la transmission orale », est légèrement différent, puisque ce n'est pas le premier maître, Marpa, qui fonda une école, ni même son célèbre élève Milarépa, mais un disciple de celui-ci ; puis, à leur tour, ses nombreux disciples essaimèrent et fondèrent des monastères qui allaient devenir le siège des différentes branches Kagyüpa : Drigungpa, Phagmodrupa, Karmapa, etc. Riches, puissants et vénérés, les hiérarques de ces écoles, qui souvent appartenaient à une famille noble sur laquelle ils s'appuyaient, occupèrent le vide politique, et certains, parfois avec l'aide des Mongols, imposèrent temporairement l'hégémonie de leur école, comme on l'a vu dans la section historique.

Parce que tous ces groupes ne reconnaissaient comme valides que les nouvelles traductions des *tantra* et se réclamaient d'une transmission indienne directe, on les appela les « Nouveaux » par opposition aux adeptes fidèles aux textes et aux enseignements transmis depuis la période impériale, dénommés les « Anciens ». On voit que la formulation de la réponse de *Cent questions* est simplificatrice et que, si l'appellation d'Anciens est bien apparue aux XIe-XIIe siècles, leur tradition remonte en réalité à l'empire tibétain.

Les auteurs chinois continuent à vouloir distinguer les écoles du bouddhisme tibétain par la couleur de leur chapeau. Cet usage hérité de la cour impériale des Qing *(voir la question 6)* est source de confusion, car les formes et les couleurs des couvre-chefs religieux sont très variées, dans chaque école ; ainsi, « Chapeau rouge » (Zhamar) désignera plus probablement, pour les Tibétains, le hiérarque Karmapa second en importance après le « Chapeau noir » (Zhanag), qu'un religieux nyingmapa. De même, une coiffe jaune est portée ailleurs que chez les Gélugpa.

Nous ne reviendrons pas sur les distorsions de l'histoire relevées tout au long de ce volume, et nous préciserons seulement ce que

Cent questions appelle la « succession par le système de l'incarnation ». D'abord, contrairement à ce que la réponse chinoise pourrait laisser croire, ce système n'a pas pris naissance chez les Gélugpa mais chez les Karmapa, aux XIIe-XIIIe siècles. La raison en est simple : anciennement, une même famille seigneuriale se partageait le pouvoir temporel et le pouvoir spirituel, et la succession au trône abbatial se faisait d'oncle à neveu. Seuls parmi toutes les écoles importantes, les Karmapa ne jouissaient pas de l'appui d'une famille noble, et c'est probablement pour assurer la continuité de l'école et la sauvegarde de ses biens qu'ils ont institué ce système de succession par réincarnation consécutive des hiérarques. Ils ont donc adapté la double croyance inhérente au bouddhisme : celle en la réincarnation des êtres et celle en la capacité des bouddhas et bodhisattvas à « émaner » des formes corporelles en vue de sauver ces êtres ; ainsi, ce qu'on appelle une « réincarnation » – un « bouddha vivant » pour les Chinois – est d'abord un « corps d'émanation » *(trülku)* et, ensuite, une renaissance de son prédécesseur humain. C'est à cause de leur nature primordiale transcendante que les *trülku* jouissent d'une telle vénération et, avec le temps, ce système de succession fut adopté par toutes les écoles, tandis que les lignées de *trülku* se multipliaient à l'intérieur de chaque école et même de chaque grand monastère. C'est dire que chez les Gélugpa, si les dalaï-lamas et les panchen-lamas forment bien les deux lignées les plus prestigieuses, les *trülku* se comptaient par centaines à l'époque contemporaine.

Conformément à la ligne idéologique suivie au moment de la publication de *Cent questions*, les auteurs chinois passent sous silence une autre école religieuse importante, à la frange du bouddhisme, il est vrai, l'école bönpo. Pour les Tibétains, cette école – souvent présentée comme une religion à part – est la continuatrice des croyances prébouddhiques, le bön, dont les prêtres, plus ou moins sorciers, se seraient violemment opposés au bouddhisme lors de son introduction. Pour cette raison, les Bönpo ont été, ou ignorés, ou décriés et parfois persécutés par les bouddhistes tout au long de l'histoire. La réalité est beaucoup plus complexe, mais encore mal connue, et ce n'est pas le lieu ici d'entrer dans une discussion de la tradition tibétaine ; il suffit d'indiquer que, lorsque le bön apparaît constitué en école vers la fin du Xe siècle, il a adopté l'ensemble des croyances et des pratiques bouddhiques – y compris le monachisme –, tout en présentant des traits originaux, dans ses mythes et ses rituels notamment, qui semblent bien hérités du Tibet ancien.

Ce qui est intéressant, dans la perspective de notre ouvrage, c'est le revirement chinois à l'égard de cette école rangée jusque-là dans les « superstitions ». Ce revirement va de pair avec celui de la politique envers le dalaï-lama, dans les années quatre-vingt-dix : désormais honni, celui-ci entraîne dans sa condamnation celle du bouddhisme, stigmatisé comme une religion « étrangère » aux Tibétains ; nous renvoyons le lecteur à la réponse de R. Barnett à la question 100, qui cite un discours prononcé à Lhasa en 1997 par Chen Kuiyan, secrétaire du Parti de la RAT jusqu'en octobre 2000. P. Kvaerne (1998, pp. 72-73) rapporte plus largement ce même discours : assimiler la culture tibétaine à une culture bouddhiste est « tout à fait absurde », car elle existait plus de mille ans avant l'introduction du bouddhisme : « Le point de vue qui identifie la culture bouddhique à la culture tibétaine, non seulement n'est pas conforme à la réalité, mais il déprécie les ancêtres de la nationalité tibétaine et la nationalité tibétaine elle-même. » L'avenir dira si ce renfort inattendu aux affirmations des Bönpo sur leur antiquité restaurera leur image aux yeux des Tibétains bouddhistes, ou s'il sera un ferment de nouvelles discordes intranationales. (En exil, les Bönpo ont déjà recouvré leur respectabilité au niveau du gouvernement du dalaï-lama, qui leur donne une représentation égale à celle des écoles bouddhiques dans ses différentes instances.)

---

57. Selon certaines informations, la Chine va fonder un « Comité de direction pour le bouddhisme tibétain ». Quelle est la tâche de ce comité ?

Ce Comité « est un organisme fondé spécialement par l'Association des bouddhistes de Chine pour diriger les activités religieuses du bouddhisme tibétain. Il s'occupera de donner des directives au bouddhisme tibétain dans la Région autonome du Tibet, le Qinghai, le Gansu, le Sichuan et le Yunnan ». Il a pour rôle principal de « renforcer l'union entre les moines et les laïcs [...], d'aider le gouvernement à appliquer les règlements concernant les problèmes religieux stipulés dans la Constitution, les lois et politiques du pays, d'apprendre aux moines et religieuses à aimer la patrie et à obéir à ses lois ». Il est aussi chargé de protéger la liberté de croyance, les droits légitimes des monastères et des religieux, de « former des spécialistes de la doctrine bouddhiste, de donner des directives et d'assurer une surveillance à l'administration des temples et monastères [...] et d'améliorer la vie des moines et religieuses ».

Anne-Marie BLONDEAU : Nous n'avons trouvé aucune trace de la création d'un « Comité de direction pour le bouddhisme tibétain » dans les documents dont nous disposons (en particulier dans le tableau chronologique de l'Histoire des institutions politiques au Tibet, dressé par Conner et Barnett, 1997, pp. 166-191). La traduction du nom des différents organismes chinois varie souvent d'un auteur à l'autre, et, lors de la publication de *Cent questions* en 1988, il pouvait s'agir du projet d'établissement au niveau régional du nouveau Bureau (ou Commission) des affaires religieuses qui, en 1986, avait été fusionné au niveau central – à Pékin – avec la Commission des affaires des nationalités pour donner naissance à la Commission des nationalités et des affaires religieuses (que les Tibétains continuent à appeler Bureau des affaires religieuses, appellation que nous avons aussi conservée précédemment). Néanmoins, à notre connaissance, la branche tibétaine ne gère que la RAT et non les préfectures autonomes tibétaines incorporées aux provinces chinoises du Qinghai, Gansu, etc., comme le suggère la réponse de *Cent questions*.

Quoi qu'il en soit, il n'est pas inutile de fournir ici le dispositif des organismes de contrôle religieux en Chine, avec leurs branches dans la RAT.

Le premier d'entre eux a été l'Association des bouddhistes de Chine – dont les buts ont été décrits dans la question 49 –, créée dès 1952 ; ses membres, parmi lesquels figuraient à l'origine des lamas tibétains éminents, sont nommés par le gouvernement auprès de qui elle a officiellement un rôle de conseiller. La branche tibétaine a été établie en 1956 (Conner et Barnett, 1997) ou 1957 (*Forbidden*

Freedoms, p. 20) et ultérieurement elle a émané des branches spécifiques dans plusieurs villes (branche de Lhasa en 1984). L'Association des bouddhistes tibétains n'a aucun pouvoir, et son rôle se borne à transmettre au Bureau des affaires religieuses les plaintes – soigneusement filtrées – des bouddhistes et à collecter et rédiger les biographies des grands lamas et l'histoire des monastères. Épurée de ses membres « antirévolutionnaires » après les manifestations de 1987 et les suivantes, elle est de plus en plus politisée, et l'activité prioritaire qui lui est maintenant assignée est de « renforcer les liens entre le gouvernement et les pratiquants religieux » (*ibid.*, pp. 21-24).

Au niveau gouvernemental, l'organe le plus important est l'ex-Bureau des affaires religieuses qui dépend du Parti à travers le Département du travail du Front uni. Selon le « Document 19 » *(voir la question 49)*, « tous les lieux de culte sont sous le contrôle administratif du Bureau des affaires religieuses » (cité dans *Forbidden Freedoms*, p. 19). Sa branche tibétaine a été établie en 1956 ; le bureau a été démantelé pendant la Révolution culturelle et rétabli en 1978, puis transformé en 1988 en Commission des nationalités et des affaires religieuses, comme on l'a dit. Dans la RAT, une administration déléguée existe dans chaque préfecture et quelques municipalités ; à en croire les exemples donnés par *Forbidden Freedoms* (pp. 20-21), les cadres locaux responsables des affaires religieuses, parfois anciens Gardes rouges, n'ont guère le souci de respecter la liberté de croyance et peuvent même être des adversaires déclarés de la religion. Or on a vu que toutes les questions touchant celle-ci : restauration des bâtiments, entrée dans les ordres, quota de moines dans chaque monastère, célébration des fêtes, pèlerinages, etc., dépendaient de ce bureau et de ses autorisations ou vetos.

Dans les monastères, ses émanations sont les Comités d'administration démocratique et, chaque fois que les événements ou les directives gouvernementales l'imposent, les « équipes de travail » chargées de la rééducation politique des moines et nonnes.

RÉFÉRENCES CITÉES

AVEDON J., *In Exile from the Land of Snows,* New York, Knopf, 1984.

BUFFETRILLE K., « La restauration du monastère de bSam yas : un exemple de la continuité de la relation chapelain-donateur au Tibet ? », in *Journal Asiatique*, t. CCLXXVII, n°3-4, 1989, pp. 363-411.

CONNER V. et BARNETT R., *Leaders in Tibet : A Directory*, Londres, TIN, 1997.

Defying the Dragon. China and Human rights in Tibet, Manille-Londres, LAWASIA et TIN, mars 1991.

Forbidden Freedoms. Beijing's Control of Religion in Tibet, Washington, International Campaign for Tibet, 1990.

GOLDSTEIN M. C., « The Revival of Monastic Life in Drepung Monastery », in M. C. Goldstein et M. T. Kapstein (éd.), *Buddhism in Contemporary Tibet. Religious Revival and Cultural Identity*, Berkeley-Los Angeles-Londres, University of California Press, 1998, pp. 15-52.

GYURME Dorje, *Tibet Handbook with Bhutan*, Bath, Footprint Handbook, 1996.

KVAERNE P., « Le Bön, l'autre religion », in K. Buffetrille et Ch. Ramble (éd.), *Tibétains 1959-1999 : quarante ans de colonisation*, Paris, Autrement, n° 108, collection Monde, 1998, pp. 58-73.

LOPEZ D. S. Jr., *Prisoners of Shangri-La. Tibetan Buddhism and the West*, Chicago-Londres, University of Chicago Press, 1998 (l'ouvrage est en cours de traduction aux éditions Autrement).

MACINNIS D. E., *Religion in China Today : Policy and Practice*, Maryknoll (NY), Orbis Books, 1989.

News Review : Reports from Tibet, 2000, Londres, TIN, n° 29, 2001, pp. 46-49.

NGAWANG Chojor, « The Year of Preaching Dangerously », *Tibetan Review*, XXII-3, mars 1987.

SCHWARTZ R. D., *Circle of Protest. Political Ritual in the Tibetan Uprising*, Londres, Hurst, 1994.

TIN News Update, Londres, TIN, 26 juillet 2000.

TSÉRING SHAKYA, *The Dragon in the Land of Snows. A History of Modern Tibet since 1947*, Londres, Pimlico, 1999.

VANDERMEERSCH L., *Bouddhisme et politique en Asie orientale* [Problèmes politiques et sociaux, série Extrême-Orient, n° 95], Paris, La Documentation française, n° 603, 3 mars 1989.

WANG-TOUTAIN F., « *La Voix du Dharma* se fait-elle de nouveau entendre en Chine ? », in Catherine Clémentin-Ojha (éd.), *Renouveaux religieux en Asie* [Études thématiques, 6], Paris, École française d'Extrême-Orient, 1997, pp. 61-81.

POUR EN SAVOIR PLUS

BLONDEAU A.-M., « Les religions du Tibet », in *Histoire des religions,* t. III, Paris, Gallimard, Bibl. de la Pléiade, 1970, pp. 233-329 ; rééd. Folio essais, n° 334, 1999.

CHAYET A., *Art et archéologie du Tibet*, Paris, Picard, 1994.

HELLER A., *Arts et sagesses du Tibet*, Paris, Zodiaque, 1999.

HENSS M., *Tibet. Die Kulturdenkmäler*, Zürich, Atlantis, 1981.

LO BUE E. et RICCA F., *Gyantsé Revisited*, Turin-Florence, publications du CESMEO, 1990.

–, *The Great Stupa of Gyantsé. A Complete Tibetan Pantheon of the Fifteenth Century*, Londres, Serindia, 1993.

SCHWARTZ R. D., « Religious Freedom and the Monasteries of Tibet », *Chöyang*, n° 3, 1990, pp. 112-120.

SNELLGROVE D. L., *Indo-Tibetan Buddhism. Indian Buddhists and their Tibetan Successors*, Boston, Shambala, 1987.

VITALI R., *Early Temples of Central Tibet*, Londres, Serindia, 1990.

Sur le bön

KARMAY S. G., « L'identité bönpo aujourd'hui », in K. Buffetrille et Ch. Ramble (éd.), *Tibétains 1959-1999 : quarante ans de colonisation*, Paris, Autrement, n° 108, collection Monde, 1998, pp. 74-95.

SNELLGROVE D. L., *The Nine Ways of Bon,* Londres, Oxford University Press, 1967.

Récits autobiographiques

DAGPO RIMPOTCHÉ, *Le Lama venu du Tibet. Autobiographie*, Paris, Grasset, 1998.

GESHÉ RABTEN, *Vie et enseignements de Geshé Rabten. Un lama tibétain à la recherche de la vérité,* Saint-Michel-en-L'Hern, éditions Dharma-Rabten Choeling, 1980.

GOLDSTEIN M., W. SIEBENSCHUH et TASHI TSERING, *The Struggle for Modern Tibet. The Autobiography of Tashi Tsering*, Armonk-New York-Londres, M. E. Sharpe, 1997.

KHYONGLA RATO, *My Life and Lives. The Story of a Tibetan Incarnation*, New York, Rato Publications, [1977] 1991.

LOBSANG GYATSO, *Memoirs of a Tibetan Lama*, Ithaca-New York, 1998.
RICHARDSON H. E. (éd.), *Mémoires de Tashi Khedrup, moine aventurier tibétain*, Genève, Olizane, 1991.
THOUPTEN PHUNTSHOG, *J'ai connu le Tibet libre*, Paris, Grasset, 2001.

Guides touristiques et culturels

BATCHELOR S., *Tibet. À la découverte du Toit du monde*, Genève, Artou, 1988.
BOOZ E. B., *A Guide to Tibet*, Londres, Collins, 1986 (pour la beauté de ses photos).
CHAN V, *Tibet Handbook. A Pilgrimage Guide*, Chico (Californie), Moon Publications, 1994.
DOWMAN K., *The Power-Places of Central Tibet : The Pilgrim's Guide*, Londres et New York, Routledge et Kegan Paul, 1988.
GYURME Dorje, *Tibet Handbook with Bhutan*, Bath, Footprint Handbook, 1996.

F.
Les droits autonomes

Avant d'envisager ce que sont censés être les droits autonomes des Tibétains, il faut redire avec force que la création par la RPC de régions et préfectures autonomes dans les contrées « où vivent des minorités nationales (ou nationalités) en groupes compacts » est un subterfuge grossier pour masquer l'annexion de pays historiquement indépendants et leur colonisation. Sur l'idéologie qui sous-tend la création de ces régions pseudo-autonomes, nous renvoyons au préambule de la réponse d'E. Sperling à la question 1, concernant les Yuan.

Le lecteur qui aura eu la patience de nous suivre jusqu'ici doit s'être formé une idée assez précise de ce que sont dans les faits les « droits autonomes » des Tibétains dont il a été spécifiquement traité déjà dans la section sur les droits de l'homme et occasionnellement dans tout le volume. E. Sperling *(question 16)* et R. Barnett *(question 20)* soulignent que les « régions autonomes » jouissent d'ailleurs d'une autonomie politique moindre que les provinces chinoises ordinaires. Et, selon la formule du premier, « l'autonomie à l'intérieur de la RPC signifie, au mieux, l'autonomie dans l'exécution de la politique, mais non dans la création de cette politique ». Cela explique que le gouvernement chinois refuse définitivement toute discussion sur les droits autonomes de ses « nationalités » et fait la sourde oreille aux propositions du dalaï-lama *(questions 37-38)* d'accorder au Tibet une véritable autonomie à l'intérieur de la RPC, en prétendant qu'il s'agit d'une indépendance déguisée.

Ici, la contradiction entre les principes affichés et la réalité est flagrante et nous n'entrerons pas dans le jeu des auteurs chinois en commentant à nouveau les réponses 58 à 62. Nous actualiserons seulement les données chiffrées ou factuelles des questions suivantes, en nous servant des références citées à la fin de la section.

---

58. Quelles sont les mesures prises par le gouvernement chinois vis-à-vis des minorités ethniques ?

Les auteurs commencent par redonner le pourcentage respectif des Han (93 %) et des 55 minorités (environ 6,7 %) dans la population. Suivent les principes qui régissent la politique envers les minorités :

– égalité entre toutes les communautés, quelle que soit leur taille. Toute discrimination et oppression de l'une envers l'autre sont interdites ;

– solidarité et aide mutuelle des communautés ethniques ;

– liberté de développer sa langue et son écriture, de conserver ou réformer ses us et coutumes, liberté de croyance, pour chaque communauté ethnique ;

– autonomie régionale pour les minorités vivant « en groupes compacts ».

En accord avec ces principes, le gouvernement a promulgué plusieurs lois : en 1951, il a ordonné d'interdire, ou de changer, les noms de lieux et toutes appellations insultants pour les minorités. En 1952, il a promulgué la « Décision sur la protection de l'égalité en droits de tous les membres des minorités ethniques dispersées », qui assure les minorités des mêmes droits que les Han, leur donne « le droit d'accuser ou de se défendre devant les tribunaux dans leur langue ou écriture », et celui de porter plainte auprès du gouvernement en cas d'oppression ou de discrimination. En 1952, également, a été promulgué le « Programme de la pratique de l'autonomie régionale des minorités ethniques », qui garantit aux minorités ethniques « vivant en groupes compacts » le droit de gérer leurs propres affaires. Grâce à quoi, outre la Région autonome de Mongolie, créée en 1947, 4 régions, 30 départements et 103 districts (« bannières » en Mongolie intérieure) autonomes ont été fondés.

La loi électorale de 1953, amendée en 1979, établit la représentation de chaque minorité ethnique, même peu nombreuse, dans toutes les Assemblées populaires régionales et à l'Assemblée populaire nationale.

Dix instituts de minorités et des établissements d'enseignement supérieur spécifiques ont été créés pour la formation de cadres : il en est sorti un million de cadres en trente ans.

En ce qui concerne les langues et les écritures des minorités ethniques, la « Commission de conseil-recherche sur les langues et écritures des minorités ethniques » a été créée en 1951. Elle « est chargée d'aider les communautés n'ayant pas d'écriture à en créer une, et celles dont l'écriture est imparfaite à la parfaire ». Par ailleurs, les administrations autonomes des régions autonomes ont le droit d'employer leurs propres langue et écriture. Elles sont aussi utilisées pour les élections des « représentants du peuple dans les circonscriptions autonomes » ; elles peuvent l'être dans l'enseignement et le sont dans les médias : presse, radio, maisons d'édition mis en place par les minorités ethniques.

Enfin, pour développer l'économie et la culture des minorités ethniques, le gouvernement dépense annuellement de fortes sommes en subventions, en produits agricoles, industriels et manufacturés, et en création d'infrastructures ; il envoie aussi nombre de scientifiques, de techniciens et de gestionnaires.

[L'agence officielle Xinhua a rapporté, le 28 février 2001, que le président Jiang Zemin avait signé le même jour l'ordre d'amender la loi sur l'autonomie régionale, qui passe de 67 à 74 articles. Les amendements visent à mettre en œuvre la politique de développement des régions de l'Ouest et renforcent le pouvoir direct de l'État sur ces régions. Selon le rapport de Xinhua, il n'est pas fait mention de l'exercice des droits autonomes (*Tin News Update*, 13 mars 2001).]

---

59. Quand la région autonome du Tibet a-t-elle été créée ? Combien y a-t-il de régions autonomes en Chine ?

Les préparatifs pour la création de la RAT avaient commencé en avril 1956 – le dalaï-lama était président du comité de préparation –, et elle a été officiellement créée en septembre 1965. Après la fuite du dalaï-lama, en 1959, « le gouvernement central déclara la dissolution du gouvernement local du Tibet, confia au comité de préparation l'exercice de toutes les fonctions du gouvernement local et nomma le bainqen-[panchen] *lama président par intérim de ce comité ».*

En 1988, il y a cinq régions autonomes : celles du Tibet, de Mongolie intérieure, ouïgoure [uighur] *du Xinjiang, hui du Ningxia, et zhuang du Guangxi.*

---

60. De quel point de vue le Tibet est-il autonome ?

Les pouvoirs et les droits autonomes de la RAT sont définis en sept points :

– exécution des lois et de la politique de l'État « en fonction des conditions réelles de la région » ;

– promulgation « des règlements autonomes et des règlements spécifiques sur l'exercice de l'autonomie », toujours en tenant compte des particularités locales. Ces règlements entrent en application après approbation par le comité permanent de l'Assemblée populaire nationale [c'est-à-dire de Pékin] *;*

– autonomie financière : la RAT « prend en toute indépendance les dispositions nécessaires » à son développement économique ;

– administration indépendante de l'éducation, des sciences, de la culture, de la santé publique et des sports ; protection et mise en valeur du patrimoine culturel, et développement de la culture tibétaine ;

– organisation, « sous l'autorité du Conseil des affaires d'État », des « forces de sécurité publique pour maintenir l'ordre au Tibet » ;

– les autorités de la RAT, dans l'exercice de leurs fonctions, emploient « la langue ou les langues et les écritures qui y sont communément en usage » : ces langues sont actuellement la chinoise et la tibétaine ;

– « la Constitution de la Chine stipule que » le président – ou le vice-président – du Comité permanent de l'Assemblée populaire, et le président du gouvernement de la région autonome, doivent être des

« citoyens de la communauté ethnique qui exerce l'autonomie de cette région ».

---

61. Quelles lois garantissent l'autonomie de la Région autonome du Tibet ?

« L'Assemblée populaire de la région autonome du Tibet a stipulé, rien qu'à partir de 1979, 21 règlements ou décrets ayant force de loi et 14 décisions ou résolutions ayant caractère de décret... » Cinq d'entre eux sont cités, qui concernent : l'adaptation à la RAT du Code pénal de la RPC, de la loi sur le mariage en RPC ; l'organisation des « élections aux assemblées populaires aux divers échelons de la RAT », la protection des forêts, « l'étude, l'usage et le développement de la langue tibétaine ».

---

62. Quelle est la proportion de Tibétains et de Han parmi les responsables gouvernementaux de la région autonome du Tibet ?

[Les chiffres donnés valent pour 1988] *: il y a 53 000 cadres dont 33 000 Tibétains, soit 60 %. « Parmi les dirigeants du comité du Parti de la RAT, du comité permanent de l'Assemblée populaire, du gouvernement populaire local et de la Conférence consultative politique de la région autonome, les cadres tibétains représentent 83,9 %, les cadres han 15,9 % et ceux des autres minorités ethniques 0,2 %. Les postes principaux de responsables des comités permanents de l'Assemblée populaire, de la Conférence consultative politique et des gouvernements populaires locaux à tous les échelons sont assumés par des Tibétains ou des membres d'autres minorités ethniques. »*

Anne-Marie BLONDEAU et Katia BUFFETRILLE : Robert Barnett a déjà partiellement analysé ces chiffres dans la question 26 ; nous développons quelque peu la question, en nous appuyant sur la même source que lui.

Conner et Barnett (1997, pp. 18-19) remarquent que le terme chinois rendu par « cadres » englobe à la fois les employés gouvernementaux, les cadres du Parti et un grand nombre de professionnels et techniciens qui travaillent dans des projets officiels ou des entreprises d'État, mais ne sont pas des « cadres administratifs ». En 1986, par exemple, sur 52 000 cadres dans la RAT, 29 000 étaient employés dans des entreprises et des commerces d'État. On peut extrapoler à partir des chiffres fournis par la réponse chinoise, laquelle par ailleurs, illustre l'amalgame entre les instances du Parti et celles du gouvernement.

En outre, si le nombre global des cadres administratifs tibétains est effectivement très largement majoritaire par rapport aux cadres han, il faut aussi examiner le rang et les positions qu'ils occupent, ainsi que leur proportion dans chaque préfecture et comté. Conner et Barnett (1997), qui ne prennent en compte que les cadres dirigeants, analysent dans des tableaux détaillés les données fournies par le « Registre des organes gouvernementaux chinois : sud-ouest, nord-ouest » *(Zhongguo Zhengfu Jigui Minglu Xinan Xibei [cia cel])* pour l'année 1992. Il en ressort que dans l'administration au niveau de la Région, les Tibétains étaient 44 % contre 53 % de Han (la frange restante était composée de Hui, musulmans, qui peuvent être chinois ou tibétains) ; sur 37 départements (ministères), 20 (54 %) étaient dirigés par un Tibétain, 15 (41 %) par un Chinois, 2 (5 %) par un Hui. La proportion s'inverse au niveau des préfectures et des comtés avec respectivement 62 % et 76 % de Tibétains. Mais dans deux préfectures les officiels chinois étaient largement majoritaires : Nyingtri (tib. Kongpo) où l'on trouve une forte densité de population chinoise, militaire et agricole, et Nagchu, où l'armée est aussi très présente ; ce n'est sans doute pas sans relation avec le fait que des bases de lancement de missiles nucléaires sont installées dans ces deux préfectures *(question 84)*.

En ce qui concerne les postes occupés par les cadres tibétains, *Cent questions* met en avant la direction d'organismes consultatifs qui n'ont aucun pouvoir de décision, pas plus que n'en a le président du gouvernement local de la RAT, qui est un Tibétain conformément aux lois qui régissent l'autonomie *(voir la question 20)*. De même, à chaque niveau de l'administration : région, préfectures, comtés, un Tibétain « paravent » occupe généralement la première position, mais souvent le vice-président ou le directeur délégué (adjoint) sont chinois *(voir aussi la question 65)*, tandis que le pouvoir réel est entre les mains du membre du Parti le plus élevé.

---

63. *Qui furent les présidents successifs du gouvernement local de la région autonome du Tibet ? Étaient-ils tous été tibétains ?*

Depuis la création de la RAT, en 1965, tous les présidents du gouvernement local ont été tibétains. Ce furent, successivement : Ngapo Ngawang-Jigme, Tianbo [Sangyé Yeshé], *Doji Tsaidan* [Dorjé Tséten] *et Doje Tsairam* [Dorjé Tséring].

[Le dernier cité, Dorjé Tséring, a occupé ce poste jusqu'en 1991 ; Gyancain (Gyeltsen) Norbu lui a succédé de 1991 à 1997, puis Legcog (Legchog), élu pour la période 1997-2003 (*China Directory*).]

---

64. *Qui furent les présidents successifs du comité permanent de l'Assemblée populaire de la Région autonome du Tibet ? Quelle était leur appartenance ethnique ?*

Depuis la création de la RAT, en 1965, les présidents de ce comité ont été Ngapoi Ngawang-Jigme et Yang Dongsheng, tous deux tibétains.

[Yang Dongsheng est le nom chinois de l'un des premiers Tibétains qui ont adhéré au Parti communiste ; son nom tibétain était Shérab Döndrup (Tséring Shakya, 1999, p. 34). D'après nos sources *(China Directory)*, il ne semble pas avoir été Président de ce comité : Ngapo était toujours en exercice en 1988, et il a occupé ce poste jusqu'à la fin de 1993. Depuis 1994 jusqu'à ce jour, le président du comité permanent de l'Assemblée populaire de la RAT est Raidi (*alias* Ragdi/Radi). Il est en même temps secrétaire exécutif délégué du comité tibétain du parti communiste chinois depuis 1993. On constate un léger flottement sur la date de sa prise de poste : selon d'autres sources utilisées dans ce volume, il était déjà président du comité permanent de l'Assemblée populaire en 1992.]

65. Combien compte-t-on de districts et de municipalités sous la juridiction de la Région autonome du Tibet ? De quelle origine ethnique sont les chefs de ces districts et municipalités ?

« La Région autonome du Tibet a sous sa juridiction deux municipalités, Lhasa et Xigatse [Shigatsé], *et 75 districts ou bureaux d'administration du niveau du district. Les chefs des districts ou maires des municipalités sont tous Tibétains. »* [citation intégrale de la réponse]

Anne-Marie BLONDEAU et Katia BUFFETRILLE : C'est le lieu ici de parler des difficultés que l'on rencontre à établir des équivalents ou des traductions des divisions territoriales et administratives chinoises. Nous avons suivi dans ce volume l'usage anglais, qui donne (en ordre d'importance décroissant) : préfecture, chinois *di qu* (tibétain *sakhül*) ; municipalité, chinois *shi* (tibétain *drongkyer*) ; comté, chinois *xian* (tibétain *dzong*), ou translittéré du chinois : *shan* égale « district » pour *Cent questions.*

Les municipalités sont de statuts différents : Lhasa est du niveau d'une préfecture, tandis que Shigatsé est de celui d'un comté (Barnett et Akiner, 1997, p. 210). La même source fournit une liste de 79 comtés en 1997, et non 75, augmentation due à des redécoupages de circonscriptions faits par le gouvernement.

Nous avons commenté *(question 62)* la présence de Tibétains à la tête des différents organes administratifs ; ajoutons que sur 72 comtés documentés par Barnett et Akiner, 62 avaient au moins un directeur adjoint chinois, tandis que 10 seulement n'en avaient pas (*ibid.*, p. 200).

---

66. La Chine compte-t-elle d'autres circonscriptions autonomes tibétaines que la région autonome du Tibet ?

En plus de la RAT, il y a 10 départements et 2 districts tibétains autonomes : les départements autonomes de Ganzi et d'Aba au Sichuan, de Dêqên au Yunnan, de Gannan au Gansu, de Golog, de Hainan, de Yushu, de Huangnan, le département autonome mongol et tibétain de Haixi, le département autonome tibétain de Haibei, au Qinghai ; les districts autonomes tibétains de Muli au Sichuan et de Tianzhu au Gansu.

Anne-Marie BLONDEAU et Katia BUFFETRILLE : Le même problème de vocabulaire se pose ici. Nous appelons préfecture autonome ce que *Cent questions* désigne comme département, et comté autonome pour district. Il s'agit bien entendu du Tibet oriental, les anciens Kham et Amdo. Il est presque impossible de retrouver les toponymes originaux sous les transcriptions chinoises, quand ils n'ont pas été carrément remplacés ; nous donnons ci-dessous une liste plus claire, classée par province chinoise, avec les noms tibétains :

– Au Sichuan, deux préfectures autonomes : Ganzi/Garze/Gerze (tib. Kandzé) et Aba (tib. Ngaba) ; un comté autonome : Muli/Mili (tib. *idem*).

– Au Yunnan, une préfecture autonome : Deqen/Diqing (tib. Déchen).

– Au Gansu, une préfecture autonome : Gannan (tib. Ganlho, « sud du Gansu ») ; un comté autonome : Tianzhu (tib. Pari, à l'est du Kokonor).

– Au Qinghai, cinq préfectures autonomes tibétaines : Guolo (tib. Golog), Hainan (tib. Tsolho, « sud du lac [Kokonor] »), Haibei (tib. Tsochang, « nord du lac [Kokonor] »), Yushu (tib. Jyékundo), Huangnan (tib. Malho, « sud du fleuve Machu ») ; une préfecture autonome mongole et tibétaine : Haixi (tib. Tsonub, « ouest du lac [Kokonor] »).

---

67. Pourquoi aucun Tibétain n'a-t-il assumé les fonctions de premier secrétaire du comité du Parti communiste chinois dans la région autonome du Tibet ?

C'est vrai mais cela n'a rien d'étonnant, « parce qu'au sein du Parti communiste chinois il n'y a pas de division ethnique. Les membres de n'importe quelle origine ethnique ont le droit d'assumer des fonctions dirigeantes dans le Parti, conformément aux statuts du Parti ».

Anne-Marie BLONDEAU et Katia BUFFETRILLE : Robert Barnett, à la fin de sa réponse à la question 20, a déjà donné les raisons pour lesquelles un Tibétain n'a jamais accédé à la direction du Parti communiste au Tibet ; ce poste, éminemment politique, a toujours été réservé à des Han et, une fois, à un Chinois de nationalité Yi, qui a cédé sa place en 1993 au terrible Chen Kuiyan cité à plusieurs occasions dans ce volume. Plus de cinquante ans après l'annexion du Tibet, et si l'on prend au mot la Constitution chinoise sur l'égalité des nationalités à l'intérieur de la RPC, on comprend mal comment des Tibétains peuvent être secrétaires délégués du Parti, mais ne pas accéder à la position de premier secrétaire de leur propre région ni même, pourquoi pas de la RPC, puisque « les membres de n'importe quelle origine ethnique ont le droit d'assumer des fonctions dirigeantes dans le Parti ».

RÉFÉRENCES CITÉES

BARNETT R. et AKINER S. (éd.), *Resistance and Reform in Tibet*, Londres, Hurst, 1994, pp. 112-120.

China Directory (in pinyin and chinese), Kanagawa (Japon), Radiopress Inc., années 1988 à 2001 (publié annuellement).

CONNER V. et BARNETT R., *Leaders in Tibet : A Directory*, Londres, TIN, 1997.

Tin News Update, 13 mars 2001.

TSÉRING SHAKYA, *The Dragon in the Land of Snows. A History of Modern Tibet since 1947*, Londres, Pimlico, 1999.

POUR EN SAVOIR PLUS

Defying the Dragon. China and Human rights in Tibet, Manille-Londres, LAWASIA et TIN, mars 1991, pp. 86-88.

SMITH W. W. Jr., *Tibetan Nation. A History of Tibetan Nationalism and Sino-Tibetan Relations,* Boulder (Colorado), Westview Press, 1996, pp. 323-386, 681-683.

G.
Culture et éducation

La culture tibétaine est hautement valorisée en Occident à travers son art religieux et ce que l'on connaît de son architecture monumentale, dont l'exemple emblématique est le Potala. Ses autres aspects sont moins connus mais tout aussi importants, qu'il s'agisse d'une considérable production littéraire savante ou d'une culture populaire riche et colorée où l'oralité jouait un grand rôle. Dans ces domaines aussi, le gouvernement chinois se prévaut de ses réalisations tandis que les exilés assurent que la civilisation tibétaine est gravement menacée par la sinisation. Celle-ci est indéniable dans la culture urbaine, même si elle est encore peu visible dans les campagnes. Mais, pour ces dernières, le problème le plus aigu est sans aucun doute l'accès à l'éducation : les statistiques citées dans cette section et dans la suivante (« Développement économique ») révèlent que le Tibet se place parmi les derniers des pays en développement.

---

68. Quelle politique le gouvernement chinois pratique-t-il envers la culture traditionnelle du Tibet ?

Il ne faut pas confondre le vandalisme des Gardes rouges pendant la Révolution culturelle et la politique « de protection et de respect pour la culture traditionnelle de chaque communauté ethnique » suivie le reste du temps par le gouvernement chinois. Par exemple, le

Potala « figure sur la liste des monuments historiques bénéficiant de la protection spéciale de l'État », et les œuvres d'art et livres qu'il renferme sont « bien protégés ».

Le gouvernement favorise aussi le développement de la médecine et de la pharmacopée traditionnelles. Pour la littérature, « en 1987, la Chine avait publié plus de 600 sortes de livres en tibétain, et en avait distribué 43,5 millions d'exemplaires. » L'épopée de Gésar a été « sauvée, révisée et imprimée ». L'opéra, les chants et danses tibétains ont été soutenus « et le répertoire traditionnel a été développé ».

Amy HELLER et Anne-Marie BLONDEAU : La politique à l'égard de la culture traditionnelle tibétaine a beaucoup varié au cours de l'occupation. On doit distinguer entre la politique officielle, son application, et la politique telle qu'elle est vécue au quotidien dans la Région autonome du Tibet. Pendant la Révolution culturelle (1966-1976), partout en Chine les valeurs culturelles ont été renversées, mais la destruction de temples et monastères, le saccage de leurs trésors artistiques et littéraires ont été particulièrement étendus au Tibet. La reconstruction religieuse n'est que partielle. Si, toutefois, la politique officielle encourage le concept d'une Chine « multiethnique unifiée », selon la terminologie de la documentation gouvernementale récente (*La Politique chinoise*, 1999, p. 1), en même temps « la Constitution chinoise stipule qu'il faut s'opposer au chauvinisme des grandes ethnies, en particulier à celui des Han, et au nationalisme local » (*ibid.*, p. 12). Au niveau pratique, cela veut dire « d'abord et avant tout former des citoyens tibétains totalement sinisés » (Tournadre, 1999), dans le but de renforcer l'union entre les ethnies. Cela est vrai tant pour les Tibétains vivant dans les provinces du Qinghai, du Gansu, du Yunnan et du Sichuan que pour les habitants de la Région autonome du Tibet. Les problèmes culturels engendrés par cette politique sont clairs : au Tibet, la culture était complètement liée, d'une part, à la religion, principalement le bouddhisme, d'autre part, aux structures sociales (rôle prépondérant du clergé, cérémonies d'État, rituels villageois communautaires, etc.). Destructions, limitations imposées à la pratique religieuse, suppression des structures sociales traditionnelles ont fait disparaître bon nombre de manifestations culturelles ou les ont dénaturées (des exemples seront donnés plus loin). Par ailleurs, le clergé n'est plus le seul dépositaire du savoir, et le gouvernement chinois a toujours comme objectif la « laïcisation » des Tibétains, ce qui est complètement antinomique avec la notion de « culture tibétaine traditionnelle » (ceci est valable aussi pour la question 70). C'est la raison pour laquelle les fêtes « populaires » sont en principe autorisées, mais parfois encadrées et « récupérées » pour en faire de simples manifestations folkloriques, inclues désormais dans les circuits touristiques ; par exemple, la « foire » de Jyékundo, qui rassemble maintenant de vastes foules autour de courses de chevaux, de compétitions diverses et d'une foire commerciale et qui, à l'origine, était une fête aux divinités du terroir. P. Kvaerne (1994, pp. 180-182) décrit un tel « festival de culture populaire » dans l'Amdo à la fin des années quatre-vingts ; il en souligne l'aspect de mascarade et le caractère artificiel, mais aussi le message politique qu'il comporte : de paix et de bonheur au Tibet, et d'entente entre toutes les nationalités chinoises. Pour les mêmes raisons, les rituels villageois – conçus comme hors de l'emprise bouddhique – sont dans l'ensemble favorisés, alors que, aux yeux de l'observateur occidental, ils sembleraient renforcer davantage l'identité et l'autonomie locales, plutôt qu'une identité comme citoyen de la mère patrie Chine (Karmay, 1994). C'est que, ici aussi, la République populaire de Chine est l'héritière de l'empire et, en l'occurrence, de la politique de « folklorisation » des coutumes, chants et danses populaires, afin de les intégrer à la culture han et les rendre inoffensifs pour le pouvoir en place (sur ce point, on peut lire le très intéressant article de S. Trebinjac [1990], qui montre ce processus de contrôle des manifestations populaires à l'œuvre dès la dynastie des Han, avant notre ère). Au Tibet, sous contrôle de la RPC, on peut citer comme exemples l'institution de « concours » dotés de prix pour les bardes chantant l'épopée de Gésar, ou la publicité faite au concours, traditionnel celui-là, des « sculptures de beurre » *(torma)* exécutées par les moines de Lhasa et de Kumbum, le soir du quinzième jour du premier mois tibétain (cette exposition publique et en plein air clôturait le jour le plus saint des fêtes de la Grande Prière – sur laquelle voir la question 89 ; à Lhasa, le dalaï-lama venait en palanquin examiner les sculptures et décidait laquelle méritait le premier prix [Richardson, 1993, pp. 27-30]).

Les auteurs donnent plusieurs exemples ou domaines dans lesquels s'exerce la protection gouvernementale de la culture : le Potala, la médecine et la pharmacopée, l'édition en tibétain, l'épopée de Gésar *(voir aussi la question 70)*, l'opéra, les chants et danses. Les questions suivantes reviennent sur ces sujets, et on ne dira ici que quelques mots de l'opéra – ou théâtre – tibétain, et des chants et danses. Il est vrai que ces arts sont protégés, « à la chinoise », c'est-à-dire que des instituts de formation artistiques ont été créés en Chine propre et dans la RAT, où sont formés des chanteurs, acteurs et danseurs *professionnels*. Or, s'il existait au Tibet des troupes de théâtre et de danseurs que l'on pourrait qualifier de professionnelles, leur exécution restait très fruste, et ces troupes étaient ou bien des troupes ambulantes, ou bien des troupes de villageois qui gardaient leurs activités agricoles en dehors de la période « théâtrale » de l'année, où elles devaient venir offrir les prémices de leur répertoire au dalaï-lama, puis au monastère de Drépung, avant de donner des représentations dans les familles nobles et, enfin, au palais d'été des dalaï-lamas, le Norbulingka. Là, toute la population de Lhasa venait assister aux spectacles durant une semaine, ce qui était l'occasion d'un gigantesque pique-nique durant lequel les habitants de Lhasa festoyaient, se recevaient de tente à tente, jouaient aux dés… Cette fête dite « du lait caillé » *(zhotön)* marquait, en fait, la fin de la retraite d'été des moines. Elle existe toujours, mais, parallèlement, les pièces se jouent également dans des théâtres ; de plus, comme la réponse chinoise à la question 70 l'indique bien, son origine religieuse a été gommée au profit d'une « Fête de l'opéra du Tibet ». Et surtout, la formation « à la chinoise » des acteurs-chanteurs a complètement sinisé, à la fois leurs mimiques, leurs gestes – très maniérés – leurs maquillages et leur manière de chanter, avec l'introduction de modulations typiquement chinoises. Cela vaut aussi pour les troupes de chanteurs et danseurs soi-disant « populaires » qui se produisent sur scène et que l'on envoie faire des tournées de spectacles à l'étranger. Le contraste est saisissant avec l'exécution des mêmes chants et danses par des villageois, certainement moins « jolis » à voir, mais tellement plus authentiques !

Quant au répertoire, les auteurs de *Cent questions* vantent le développement du répertoire traditionnel. Celui-ci était d'une dizaine de pièces, toutes à sujet moral ou religieux, à l'exception de celle qui mettait en scène le mariage du roi Songtsen Gampo avec une princesse chinoise et une princesse népalaise *(Gyaza Belza)*. Ce qu'omet de dire *Cent questions*, c'est que, si l'on excepte la création d'une pièce de théâtre à partir de l'épopée, la majorité des créations nouvelles sont directement inspirées par l'idéologie communiste : elles mettent en scène la libération de serfs opprimés par leurs méchants seigneurs, le sacrifice pour la patrie d'un héros national, etc. Pour les autres, la censure est impitoyable : en 1996, une pièce de théâtre et sa version filmée, *Les Secrets du palais du Potala*, ont été interdites, car, dans la mise en scène de la rencontre du Ve dalaï-lama et de l'empereur Shunzi, le premier ne faisait pas le *kowtow* (prosternation) devant l'empereur.

---

69. Certains journaux étrangers rapportent que la Chine n'accorde pas d'importance à la culture et à l'histoire tibétaines. Quelle est la situation réelle ?

Des efforts importants sont consentis par le gouvernement chinois pour « maintenir et développer la culture et l'histoire tibétaines ». Toute une série d'instituts et d'organismes d'enseignement et de recherche ont été créés : l'institut d'éducation nationale de la RAT, des « institutions d'études sur l'enseignement de la langue tibétaine », un centre de formation d'enseignants de langue tibétaine, des écoles de médecine tibétaine et une faculté de médecine tibétaine à l'Université du Tibet ; des cours sur l'histoire et la religion tibétaines sont donnés à cette université ; l'Académie des sciences sociales [de Lhasa] *a été fondée « pour les recherches sur l'histoire, la culture et la religion au Tibet ». « Des manuels en tibétain de l'école primaire jusqu'à l'école secondaire de deuxième cycle, et des ouvrages de référence pédagogiques » sont rédigés, traduits* [du chinois] *et publiés.*

Des sommes très importantes sont allouées par le gouvernement central depuis 1980, pour la restauration des monastères et d'autres vestiges historiques au Tibet. Par exemple, depuis 1981, 4 millions de yuans ont été consacrés à l'entretien du Potala, et le gouvernement central envisage de consacrer à sa conservation des fonds spéciaux, après que les spécialistes actuellement rassemblés eurent remis leurs conclusions.

Amy HELLER : La réponse chinoise est des plus vague et elle mélange la culture *(questions 68-69)* avec les questions de restauration des bâtiments *(question 71)* et d'enseignement ; ici, les sujets – culture et restauration des bâtiments – seront regroupés dans les questions adéquates, et nous renvoyons à la question 74 traitée par F. Meyer pour ce qui est de la médecine traditionnelle. Notons seulement que, depuis la publication de *Cent questions*, le projet de restauration du Potala a été exécuté *(voir la question 71).*

Pour ce qui est de l'importance accordée à la culture et à l'histoire tibétaines, il faut remarquer d'abord que, pour les Chinois « han », *la* culture est celle de la civilisation chinoise, conçue comme « centrale », les autres étant extérieures, périphériques et, somme toute, barbares et objets de curiosité. C'est ainsi en tout cas que l'afflux de touristes han au Tibet est vécu, tant par les habitants que par les touristes : qui se moque de qui dans le jeu de se déguiser en habits de nomades tibétains pour se faire photographier devant les monastères, que ce soit à Kumbum, dans le Qinghai, ou devant le Potala, à Lhasa ? (Sur l'engouement récent des Chinois pour la culture tibétaine, voir *Courrier international*, n° 539, p. 61, qui publie la photo de Chinois en costume tibétain sur le toit du Jokhang en train de se photographier.)

Cela dit, il est vrai que certaines activités culturelles traditionnelles sont protégées et encouragées mais, comme on l'a indiqué déjà dans la réponse précédente, de manière très sélective. Selon l'objectif à atteindre, qui est la laïcisation de la société tibétaine, il s'agit des manifestations auxquelles le clergé ne participait guère dans le Tibet ancien : courses de chevaux, danses, théâtre en plein air… Les activités culturelles dans le domaine religieux ont été soit interdites, soit réduites de façon notable en ce qui concerne leur ampleur et leur impact et, de toute manière, lorsqu'elles sont laissées à la volonté de chacun, elles ne sont pas patronnées par le gouvernement. On peut donner comme exemple le pèlerinage aux lieux saints, qui était certainement l'activité religieuse « nationale » des Tibétains, et dont les formes traditionnelles ont été largement décrites, avec leurs implications dans les domaines social, culturel et économique *(voir les références à la fin de cette section)* ; actuellement, la politique varie d'année en année, et les pèlerinages sont tantôt tolérés, tantôt réprimés, soit par des sanctions économiques, soit par des restrictions politiques.

En bref, tant que la « culture » est définie comme celle de la société non-cléricale, la culture tibétaine est officiellement protégée (*La Politique chinoise*, 1999). Dès que la notion de « culture » est relative au clergé, les concepts de féodalisme et d'exploitation humaine sont utilisés pour la dévaloriser et décourager la pratique religieuse.

La question de la religion est certes difficile dans un système communiste, par définition athée. Mais, dans le cas du Tibet, il est clair que l'hostilité envers la culture religieuse est renforcée, à la fois par l'opposition au régime de gouvernement par les religieux – et par l'aristocratie – qui était celui des dalaï-lamas, et par l'attachement indéfectible, à ce jour, des Tibétains à cette culture.

Sur un autre plan, la réponse chinoise à cette question décrit aussi la création d'écoles, d'instituts de recherche, etc., chargés d'étudier la langue et l'histoire tibétaines et de promouvoir leur étude. Cela correspond à une réalité concrète. On reviendra sur la langue dans la question 75. Pour ce qui est de l'histoire, la manière de l'étudier est un reflet de l'idéologie politique : telle qu'on l'étudie actuellement, l'histoire est orientée vers la preuve de la subordination du Tibet à la Chine et la justification de la souveraineté chinoise (cf. *Did Tibet become an Independent Country ?*). L'histoire politique du Tibet a été systématiquement revue et corrigée pour l'aligner sur ces revendications et la « juste cause » de l'occupation chinoise au Tibet depuis 1959. L'idéologie ne reconnaît que la version chinoise d'un Tibet politiquement intégré au territoire chinois depuis le XIIIe siècle, mais la réalité historique beaucoup plus complexe est écartée. Si l'existence d'un vaste empire tibétain du VIIe au IXe siècle est acceptée, toute notion de l'indépendance politique du Tibet au XXe siècle est niée officiellement (on ne peut que renvoyer à la section sur l'histoire).

Pour finir, mentionnons un aspect inattendu de « l'encouragement de la culture traditionnelle du Tibet », qui est la construction de bâtiments modernes en béton, « dans le style tibétain ». Cela constitue un véritable contresens esthétique et technique par rapport à l'architecture traditionnelle (Voir Chayet, 1994. L'auteur présente une analyse concise mais très explicite des caractéristiques de l'architecture tibétaine, à travers celle des tombeaux préhistoriques, historiques, jusqu'aux plans architecturaux de nombreux monastères). Nous y reviendrons dans la question 71.

---

70. Quelle est l'attitude du gouvernement chinois vis-à-vis de la littérature et de l'art traditionnels du Tibet ?

Pour montrer l'attachement du gouvernement chinois à la littérature et à l'art tibétains, qui « constituent une partie importante de la culture traditionnelle de la Chine », trois exemples sont donnés :

1. Le recueil et l'édition de l'épopée de Gésar, la plus longue épopée du monde, qui comporte « plus de 15 millions de caractères ». Elle « décrit authentiquement le morcellement et les troubles du Tibet pendant les quatre cents ans qui ont suivi l'écroulement du royaume des Tubo ». On y trouve aussi « les cérémonies religieuses, le système de mariage et les us et coutumes des Tibétains à cette époque ». Cette épopée est l'un des sujets de recherche nationale ; des organismes de recherche ont été créés pour son étude, les bardes sont rassemblés et enregistrés, les versions écrites collectées : « 18 tomes en tibétain et quelques tomes en chinois ont été publiés, et plus de 2600 cassettes ont été enregistrées par des artistes spécialisés dans le folklore. »

2. La diffusion et le développement de l'opéra du Tibet. Il y a beaucoup de troupes d'opéra dans la RAT et dans les préfectures tibétaines autonomes ; « même les villages ont leur troupe d'amateurs » : par exemple, « le district de Maizhokunggar [Meldro Gungkar] *dans la banlieue de Lhasa, compte à lui seul 20 troupes [...] d'amateurs. La fête du beurre... qui était autrefois une activité purement religieuse, s'appelle maintenant également "Fête de l'opéra du Tibet", à cause du grand nombre de représentations » données pendant cette semaine.*

3. Le nouveau développement de l'art des tangkas [thangka], *art religieux spécifique au Tibet, qui « ressemble au rouleau* [de peinture chinoise] *et traite de sujets fort divers ». Des expositions ont été orga-*

nisées, qui ont eu beaucoup de succès : en mai 1986 à Pékin ; lors de l'été 1987 à Paris.

De plus, des publications diverses : histoire de l'opéra du Tibet, recueils de chansons folkloriques, de contes populaires, de proverbes, de danses folkloriques sont en préparation, tandis que, depuis 1983, « une dizaine de troupes artistiques tibétaines se sont rendues aux États-Unis, en Grande-Bretagne, en France, en Corée et à Hong Kong ».

Amy HELLER et Anne-Marie BLONDEAU : On ne peut nier qu'au cours des cinquante dernières années, et sous l'impulsion des Chinois, la recherche sur certains aspects de la littérature tibétaine, le recueil et la diffusion des textes écrits et oraux, ont connu un essor considérable, tandis qu'une production littéraire moderne et originale se développait parmi de jeunes écrivains tibétains. Mais ici, comme dans le domaine plus global de la culture, c'est la création littéraire laïque – au moins aux yeux des Chinois – qui a été valorisée. Or, la masse de la littérature produite au Tibet pendant mille trois cents ans est, dans une majorité écrasante, religieuse : scolastique et rituelle, bien sûr, mais aussi hagiographique, historiographique, poétique... Même ce que les Chinois considèrent comme « laïc » ou « populaire » : l'épopée, l'opéra (ou théâtre), la littérature médicale ont été écrits par des clercs et ont servi de vecteurs à la bouddhisation du peuple tibétain ; en d'autres termes, une interaction difficile à démêler s'est produite entre des formes d'origine sans doute populaire, comme l'épopée, et la production littéraire « savante » dont nous disposons, où la religion – bouddhiste ou bönpo – est omniprésente et forme souvent la trame même de l'intrigue. Interaction qui a joué aussi sur les bardes de l'épopée dont les chants actuels sont le reflet, parfois la copie, des versions écrites. Aussi, s'il est vrai que le ressort de tous les épisodes de l'épopée est la guerre que le roi-héros, Gésar, doit faire à ses ennemis successifs, et qu'il n'y règne que batailles, ensorcellements et intrigues, c'est désormais dans un cadre bouddhisé où Gésar, incarnation d'un bouddha, lutte contre des incarnations de démons qui risquent de détruire non seulement son royaume, mais le monde. Penser, comme semblent le faire les Chinois, que l'épopée est le reflet fidèle d'une société où l'emprise du clergé ne s'était pas encore fait sentir – et donc l'utiliser à des fins idéologiques contre l'ancien régime tibétain – est en conséquence totalement illusoire.

Pour ce premier exemple cité par *Cent questions*, il faut effectivement saluer l'activité des recherches entreprises et louer leurs résultats, bien qu'ils ne soient pas dénués de dangers pour la culture tibétaine. Comme le soulignent les auteurs, l'épopée de Gésar est probablement la plus longue du monde et, parce qu'elle est encore véhiculée par des bardes « inspirés », c'est-à-dire qui reçoivent la révélation – sous des formes diverses – du texte qu'ils chantent au fur et à mesure, elle n'est pas close et des épisodes nouveaux ont vu le jour à l'époque contemporaine. De plus, en dépit des nombreuses publications d'épisodes de versions écrites, la découverte de nouveaux textes, dans des archives ou chez des particuliers, n'est pas improbable. Cette épopée, qu'une publication d'Alexandra David-Neel (1930) a fait connaître du public occidental, a été relativement peu étudiée en Occident et, surtout, elle l'a été à travers ses versions écrites. La raison en est que l'accès au terrain était impossible. C'est donc l'un des mérites des chercheurs chinois et tibétains formés en Chine que d'avoir localisé les bardes vivants, de les avoir enregistrés – il existe réellement des milliers d'heures d'enregistrement (Yang Enhong, 2000) – et associés aux recherches ; ils ont ainsi constitué, pour l'avenir, un fonds documentaire considérable qui, sans eux, aurait été perdu car, avec le changement inéluctable des conditions de vie, il est certain que les bardes vont disparaître, remplacés par la radio, la télévision et les mirages de la vie moderne. L'Occident a aussi connu cette disparition des veillées et des conteurs.

Un effet pervers de l'intérêt porté aux bardes a été indiqué dans la question 68 : c'est leur « professionnalisation » et leur « folklorisation » ; sans y revenir, on fournira seulement un exemple : à l'occasion de colloques internationaux ou de visites importantes, on donne en spectacle sur scène et devant un micro, successivement des bardes « inspirés » et des acteurs qui « jouent » l'épopée. Mais l'intérêt accordé par les chercheurs chinois à l'épopée a produit un autre effet, sans doute non prévu, dans la population tibétaine cette fois. Il faut savoir que, avant la « libération pacifique » du Tibet, l'épopée n'était plus guère vivante en dehors du Tibet oriental où se rencontraient les bardes et que, même, sa lecture était interdite dans les grands monastères gélugpa. Or, l'édition abondante d'épisodes de Gésar dans des publications bon marché – on y reviendra – a provoqué un véritable engouement de tous les Tibétains pour ce monument littéraire de leur culture. Bien plus, ils ont cristallisé sur ce héros guerrier leur nationalisme et leurs frustrations de peuple occupé, si bien qu'il est devenu le symbole d'un Tibet glorieux, libre et puissant (Karmay, 1994, p. 115). Il est assez ironique de constater que, pour les Chinois, l'étude de l'épopée semble avoir été encouragée parce qu'elle « décrit authentiquement le morcellement et les troubles du Tibet pendant les quatre cents ans qui ont suivi l'écroulement du royaume des Tubo », sous-entendu jusqu'à l'intégration du Tibet à la Chine par la dynastie des Yuan !

Le deuxième exemple avancé par *Cent questions* est celui de « la diffusion et du développement de l'opéra du Tibet », que nous avons traité dans la réponse à la question 68. Ce qu'en disent ici les auteurs chinois illustre notre propos antérieur : création de troupes professionnelles, désacralisation de la Fête du beurre (du lait caillé, *zhotön*), devenue une Fête de l'opéra du Tibet. Tout autre commentaire semble superflu.

Il n'a été question jusqu'ici que des formes traditionnelles de la littérature tibétaine, tributaire essentiellement, on l'a dit, du clergé, dépositaire du savoir ; même si l'on rencontrait des lettrés parmi la noblesse, ils ont laissé une production littéraire des plus minces. Le démantèlement de l'enseignement monastique traditionnel fait que l'on ne forme plus de lettrés dans les monastères, et la production littéraire classique est donc pratiquement tarie (sauf en exil, bien sûr). En revanche, un phénomène nouveau est apparu, sous l'influence de l'école et de l'université chinoises : c'est une littérature produite par les laïcs, dans des formes non traditionnelles, notamment nouvelles et romans, et aussi une poésie qui s'exprime en vers libres, par exemple (sur ces nouvelles formes littéraires, voir *Action poétique*, n° 157 [2000], et Tséring Shakya, 2000). On a assisté aussi à une floraison de revues littéraires, dans la Région autonome du Tibet comme dans les anciennes provinces orientales, Kham et Amdo. Il faut remarquer, néanmoins, que bon nombre des jeunes auteurs tibétains s'expriment désormais en chinois, non plus en tibétain.

Quant aux thèmes traités, ils sont étrangers évidemment aux sujets favoris de la littérature classique et ils ne se dégagent que peu à peu du conditionnement politique obligé des premiers romans et nouvelles. Jusque-là, un seul roman laïc était bien connu, écrit par un aristocrate de Lhasa au XVIIIe siècle ; il s'inspirait, pour le style comme pour le contenu, des épopées indiennes telles que le *Râmayana*. C'était le seul exemple où la religion n'était pas le sujet central ; au contraire, le récit se concentrait sur la vie des gens, contée presque comme une aventure romantique (Tséring Shakya, *op. cit.*). Mais, à l'instar de la littérature chinoise contemporaine, les nouvelles formes littéraires qui sont devenues populaires au Tibet sont souvent des récits prosélytes du régime communiste. Tséring Shakya montre bien le cadre idéologique dans lequel une littérature tibétaine « laïque » a été encouragée, et les contraintes politiques qui pèsent sur elle. La première revue consacrée à la littérature moderne, *Art littéraire du Tibet,* publiée en 1980 par l'Association des écrivains de la RAT, comportait dans sa première livraison quatre nouvelles écrites par des auteurs tibétains, mais toutes rédigées à l'origine en chinois et traduites en tibétain par la suite. L'objectif était d'émouvoir le public chinois au récit des souffrances du peuple tibétain sous l'ancien régime et de fournir une justification morale à la libération du Tibet ; en conséquence, ces nouvelles relatent l'histoire de « serfs tibétains » qui contestent la féodalité (Tséring Shakya, *op. cit.*). Cette revue a été suivie de plusieurs autres consacrées à la littérature moderne, mais le fait que le sujet traité doive inclure un commentaire social est très évident, bien que le choix de ce qui est « politiquement correct » se soit modifié au gré des changements politiques à l'intérieur et à l'extérieur de la RAT.

La publication dans des revues imposait de courtes nouvelles. Mais en 1982, parut le premier roman, *Une fleur de bon augure*, écrit à la louange de l'Armée populaire de libération ; il obtint le prix du meilleur roman des minorités nationales mais ne rencontra pas le succès populaire. En revanche, le deuxième roman, *La Turquoise* [ornement] *du sinciput* (1985), qui obéissait pourtant aussi à la ligne politique de dénigrement de l'ancienne société, est devenu un best-seller. Le style de ces deux œuvres –surtout de la dernière – constituait une réelle innovation dans la langue écrite, et, même si la thématique des récits est prévisible, leur langue est vivante. Comme l'analyse avec justesse Tséring Shakya (*op. cit.*) : « Tandis que la langue suit les règles grammaticales et stylistiques traditionnelles, l'auteur réussit à donner aux dialogues aussi un aspect littéraire [...]. Le mélange du parler quotidien et d'une forme littéraire a rendu le livre facilement accessible à un large public, ce qui est l'un des critères de la nouvelle littérature. »

Une place à part doit être réservée à la nouvelle poésie, qui s'exprima d'abord dans une revue, *Douce Pluie*, publiée pour la première fois en 1981. Son chef de file fut Döndrup Gyel, qui a su défendre par sa plume un nationalisme tibétain moderne, ni selon la ligne du Parti ni nostalgique de l'ancien régime. Écrivain prolifique, en poésie et en prose, il rédigeait en tibétain et en chinois. Il s'est suicidé en 1985, à l'âge de trente-deux ans (Stoddard, 1994a. Pour la traduction de quelques poèmes, voir *Action poétique,* n° 157).

Pour clore le sujet de la littérature, il faut dire un mot de l'édition. Après la Révolution culturelle, la politique gouvernementale chinoise a favorisé l'édition populaire, dans le format du livre de poche, et bon marché, afin de diffuser les œuvres de Marx, Lénine, Mao et autres ouvrages idéologiques, ainsi que les textes politiques : dès 1952, le *Texte de la politique envers les minorités nationales* était publié en tibétain à Pékin, la *Constitution de la RPC* en 1954 (Stoddard, 1994b, p. 129 ; l'auteur fournit par ailleurs une analyse détaillée des publications en tibétain entre 1950 et 1994). La réponse chinoise à la question 68 se targue à juste titre du volume des publications (à la date de 1987, plus de 600 titres en tibétain, distribués à 43,5 millions d'exemplaires). Ce chiffre inclut probablement l'importante production de manuels scolaires, techniques, agricoles, etc., et d'ouvrages de propagande, traduite du chinois. Quoi qu'il en soit, la diffusion de la littérature tibétaine a grandement profité de cette politique. On a parlé plus haut de l'édition qui concerne l'épopée, mais les autres formes de la littérature classique sont également devenues très accessibles, dans ces éditions bon marché ou bien, là où les imprimeries ont conservé les bois xylographiques, dans une édition traditionnelle (en feuillets oblongs empilés). Quelles qu'aient été les motivations des Chinois, il est notable que cela a permis une vulgarisation de la littérature que le Tibet n'avait jamais connue. Pour ne donner qu'un exemple : les œuvres de Gédün Chöphel, un auteur du début de ce siècle (voir Stoddard, 1985), bien connu pour sa forte personnalité, ses talents artistiques et littéraires, et ses opinions « progressistes », ont été publiées à Lhasa en trois volumes qui ont été épuisés en peu de jours.

Malheureusement, depuis le virage politique du IIIe Forum sur le travail au Tibet, le budget des publications académiques et littéraires a été sévèrement réduit en 1996 : le tirage des revues a presque diminué de moitié, et un auteur qui veut être publié doit assurer le financement de l'édition de son ouvrage, soit de 10 000 à 20 000 yuans (1 yuan = 80 centimes fin 2001).

Le troisième exemple cité par la réponse chinoise est « le nouveau développement de l'art des tangkas », comme preuve de la protection accordée à l'art tibétain. Le sens qu'il faut donner à ce « nouveau développement » est d'ailleurs obscur, puisque les auteurs se contentent de citer deux expositions de peintures tibétaines, à Pékin et à Paris (*Trésors du Tibet*, 1987), après une description plus que sommaire de ce que sont les *thangka*, peintures mobiles sur étoffe qui servent de support à la méditation et au rituel, ou qui ont un but didactique : scènes de la vie du Bouddha par exemple. Nous examinerons plus largement quel est le sort actuel de l'art tibétain.

Célèbre en Occident, où de nombreuses expositions lui sont consacrées, l'art tibétain était majoritairement religieux dans ses formes – peinture et sculpture – comme dans ses thèmes. S'il fait maintenant l'objet de conservation et de restauration *(le musée du Potala par exemple, voir question 71)*, l'art traditionnel n'est pas vraiment encouragé, en ce sens qu'il ne bénéficie pas d'un enseignement officiel, et que des productions nouvelles ne sont pas suscitées. Des artistes traditionnels continuent à se former auprès de vieux maîtres ; on les voit à l'œuvre dans toutes les restaurations de temples et de monastères. Mais cela est rare. Au contraire, les Chinois prisent et encouragent les « nouveaux » artistes, laïcs, tibétains ou chinois installés au Tibet, qui soit interprètent l'art traditionnel, soit sont influencés par la peinture ou la sculpture occidentales. À la fin des années quatre-vingts s'est formée l'école de Kandzé, dans l'ancien Kham, célèbre pour sa réinterprétation des *thangka* traditionnels ; mais si le style, le décor et, dans une certaine mesure, la manière peuvent faire illusion, les sujets traités sont profanes. Selon l'analyse très fine qu'en fait P. Kvaerne (1994), ils sont subtilement composés pour véhiculer sous une forme familière aux Tibétains les nouveaux mythes qu'on veut leur imposer : la grandeur héroïque des temps où le bouddhisme ne régnait pas en maître, l'amitié entre les Han et les Tibétains, l'attrait de la consommation. Il reste à déterminer l'impact de ces œuvres sur la population, et si une peinture « de commande » peut avoir une postérité féconde. Parmi les nouveaux artistes, néanmoins, il existe des peintres très doués qui, tout en restant soumis aux thèmes obligés – patriotiques ou pastoraux – présentent une véritable originalité picturale (Stoddard, 2000). Quant à la sculpture, un exemple que l'on ne peut manquer de voir est la reproduction monumentale de deux yaks, installée à l'entrée de Lhasa pour commémorer le quarantième anniversaire de la « libération pacifique » *(photo 20).* Cette sculpture en béton recouverte de peinture dorée montre comment l'art est valorisé à Lhasa de nos jours. Le yak sculpté est un exemple du processus de laïcisation, car un yak n'aurait jamais été le sujet principal d'une sculpture auparavant.

Après la Révolution culturelle, conformément à la politique de restauration et de restructuration économique mise en place, certains artistes et artisans tibétains ont été autorisés à travailler selon leurs techniques traditionnelles. Cependant, les priorités économiques et le manque de main-d'œuvre rendent difficile la transmission de leur savoir, car le système d'apprentissage – aussi bien pour l'art que pour les professions du bâtiment – a été détruit. Depuis 1995, à Lhasa, des architectes tibétains et étrangers ont œuvré pour rétablir ces apprentissages, mais, à notre connaissance, ces programmes sont limités aux grandes villes, surtout Lhasa pour l'instant *(voir aussi la question suivante).*

---

71. Qu'a-t-on fait dans le domaine de la protection du patrimoine artistique et historique au Tibet ?

Les auteurs répètent que « la protection du patrimoine est la politique constante du gouvernement chinois », et que, après la

Révolution culturelle qui a produit de graves destructions au Tibet comme dans le reste du pays, les erreurs ont été « redressées », la protection du patrimoine renforcée et la restauration des monuments historiques entreprise « autant que possible ». Les chiffres déjà cités dans des réponses précédentes sont redonnés : au Tibet, 36 millions de yuans ont été consacrés par l'État à la restauration des « temples » importants, 13 monastères sont sous la protection spéciale de l'État, 11 sous celle de la RAT. « En mars 1980, Lhasa a créé une compagnie de restaurateurs des constructions anciennes qui a réparé 11 temples et monastères connus » (Drépung, Séra, Ganden, le Jokhang, Norbulingka, Tashilhünpo, etc. [il n'y a pas d'autre nom cité dans cette liste]*). Ont été ainsi restaurés « plus de 10 000 m² de bâtiments et 1 500m² de fresques ».*

D'autres monuments historiques, non religieux, ont bénéficié de crédits spéciaux : les tombeaux des rois du Tibet et le « site de la citadelle de Gyanze [Gyantsé] *– témoin de la lutte en 1904 du peuple tibétain contre les agresseurs britanniques ».*

Enfin, une « commission administrative du patrimoine » a été créée peu de temps après la fondation de la RAT et du personnel spécialisé affecté à l'administration et la protection du patrimoine tibétain.

Amy HELLER : Même si les statistiques sur la destruction des temples et monastères pendant la Révolution culturelle sont contestées, rares sont les villes ou villages où l'on trouve des bâtiments religieux ou historiques intacts. C'est dire l'ampleur des destructions. Il est vrai que le gouvernement chinois et celui de la RAT ont depuis mis en œuvre une politique de protection du patrimoine, confiée à un organisme spécial, le Département d'art et d'archéologie de la Région autonome du Tibet, dont les bureaux se trouvaient jusqu'à récemment dans les dépendances des anciens palais d'été des dalaï-lamas, le Norbulingka. C'est probablement la « commission administrative du patrimoine » dont parle la réponse chinoise ; des archéologues surtout y travaillent, mais nous ne savons rien sur la formation qu'ils ont reçue. De même, les archives historiques qui ont survécu sont conservées dans un bâtiment construit à cet effet ; au Potala, la bibliothèque, inestimable, et les trésors artistiques accumulés au fil des siècles sont préservés. On peut mentionner ici que dans une chapelle au sommet du Potala une salle particulière a été aménagée où sont exposés de nombreux trésors artistiques (toutefois, leur disposition montre clairement qu'il s'agit d'une installation artificielle, et non pas d'un autel décoré dans un but religieux, comme dans les autres chapelles du Potala. Il s'agit de toute évidence d'objets qui ont échappé à la Révolution culturelle mais dont la provenance n'est pas précisée et l'accumulation totalement hors contexte). L'inventaire du patrimoine artistique et historique a été entrepris et, tout récemment, un musée s'est ouvert à Lhasa (même si l'exposition des pièces est tout entière vouée à la démonstration que le Tibet a fait partie de la Chine depuis l'époque des Yuan). La volonté de protection du patrimoine est donc évidente, et le processus de conservation et de restauration de monuments culturels est entamé, mais il sera long. Les moyens de restauration – humains, financiers et techniques – sont limités, et parfois les intentions les meilleures aboutissent à de piètres résultats. Les exemples abondent de restaurations maladroites qui ont détruit ou endommagé irrémédiablement des structures ou des peintures : on peut citer le vernis de consolidation appliqué aux peintures murales du *stûpa* monumental (Kumbum) de Gyantsé, datant du XVe siècle, qui a attaqué les pigments de façon irréversible, ce qui est le contraire de tout principe de conservation (Heller, 1993) ; des panneaux de peintures murales au Jokhang (le grand temple de Lhasa), tombés en miettes au moment de leur dépose pour restauration ; ou, souvent, la restauration « sauvage » entreprise dans leurs monastères par les moines qui, faute de directives strictes, repeignent les peintures murales anciennes avec des couleurs acryliques qui interdisent toute restauration ultérieure.

L'exemple le plus important de protection du patrimoine est sans doute le Potala, ancien palais des dalaï-lamas et siège de leur gouvernement. (Ce monument est maintenant un musée ; bien que le monastère qu'il abritait soit encore habité par une vingtaine de moines, ils sont devenus les gardiens des salles visitées par les touristes.) La réponse chinoise à la question 69 fait état des sommes très importantes consacrées par l'État à la restauration du Potala. Depuis la publication de *Cent questions* ce monument emblématique

tique a été restauré de fond en comble, probablement à grands frais. Les travaux ont duré plusieurs années ; ils concernaient le gros œuvre, et l'on pouvait voir le bâtiment éventré et les poutres et piliers anciens qui avaient été déposés. D'après les Chinois, l'édifice était sur le point de s'écrouler, mais on ne connaît pas exactement la nature des travaux et restructurations qui ont été exécutés, car le gouvernement chinois a refusé toute aide d'experts étrangers.

D'un autre côté, l'intérêt du gouvernement chinois pour le patrimoine culturel tibétain a son revers, d'importance ; c'est l'application au Tibet des mêmes concepts d'urbanisme qui ont défiguré les villes chinoises anciennes : percée de larges artères, mépris du contexte architectural qui, au lieu des « zones protégées » que nous connaissons dans nos villes ou quartiers historiques, a rasé les anciens quartiers enserrant les monuments historiques pour y installer des places ou des squares ornés de maigres massifs et a construit à proximité de ces monuments des bâtiments modernes hideux (voir à ce sujet Barnett, 1998). Le Jokhang avait déjà subi ce sort, avec la création d'une vaste place devant son entrée ; le Potala n'y a pas échappé. Il a été inscrit par l'Unesco sur la liste du Patrimoine mondial en 1995, ce qui aurait dû entraîner la restauration des bâtiments environnants pour respecter le contexte architectural. Leur démolition a été déplorée, mais elle a été exécutée trop rapidement pour qu'une intervention quelconque puisse l'empêcher. En conséquence, on voit maintenant, immédiatement devant le Potala, une esplanade carrée, avec des fontaines et des lampadaires électriques, et deux sculptures neuves de lions chinois dans le style du XVe siècle qui encadrent l'entrée de l'enceinte historique. Cela en dépit du principe de la convention signée avec l'Unesco, qui cherche à respecter l'intégrité du cadre historique d'un lieu (Mac Lean, 1993), et qui implique que ce palais tibétain, construit à partir de 1645, ne devrait en aucune manière être « orné » de lions chinois qui imitent le style du XVe siècle !

Mais on ne doit pas oublier la conservation et la restauration de ce qui reste de l'architecture non monastique. Sans parler des autres villes tibétaines, ou de l'architecture militaire et des demeures nobles, les historiens urbanistes qui ont étudié la ville de Lhasa constatent la disparition de cette architecture : à partir de 1993 et jusqu'en 1998, 35 bâtiments anciens, en moyenne, ont été démolis chaque année. Depuis 1998, un moratoire sur la démolition de bâtiments traditionnels dans le centre historique de Lhasa a été promulgué, et 76 bâtiments ont été désignés pour leur restauration en tant qu'immeubles (Alexander et de Azevedo, 1998, pp. 25-26). Les projets de restauration d'immeubles ont été menés de concert avec les résidents eux-mêmes et avec les habitants du quartier. Les questions d'assainissement des égouts et de l'entretien des conduites d'eau étaient à l'origine des projets, et plusieurs interventions ont été menées pour améliorer ces aspects de la vie dans le quartier historique de Lhasa (Tibet Heritage Fund, 1999). Une organisation non gouvernementale européenne, le Tibet Heritage Fund, a œuvré pour ces restaurations et assainissements en collaboration avec 270 personnes à Lhasa, dont un certain nombre ont bénéficié de plans de formation, et d'apprentissage dans les techniques anciennes de construction. La municipalité de Lhasa a également formé des équipes d'artisans et d'ouvriers spécialisés dans la restauration, ce qui veut dire que la revalorisation de l'architecture non monastique semble désormais prise en considération. Actuellement, la politique urbaine de la ville de Lhasa encourage activement la restauration de nombreux immeubles et temples au centre historique de la ville. En outre, la nomination du Jokhang sur la liste de l'Unesco est chose faite (septembre 2000).

Il est à espérer que l'ensemble de ces mesures, si leur application est poursuivie, permettra au cœur du Lhasa historique de respirer autrement, et de préserver un peu de l'identité culturelle tibétaine. Mais il ne faut pas se cacher que la croissance extrême de la population : de 30 000 en 1950 à 450 000 en 1990 dans l'ensemble de la municipalité de Lhasa, est cause d'une situation globalement difficile, et que la spéculation foncière est présente ici comme partout ailleurs.

---

72. Où en sont les études tibétologiques en Chine ?

Les Tibétains ont « une longue histoire et une brillante culture […]. La tibétologie est une science multidisciplinaire, dont les recherches, dans le plein sens du terme, remontent à la dynastie des

Tang (618-907) ou encore plus loin. Des milliers d'écrits relatifs à la tibétologie ont été les résultats de ces recherches effectuées à différentes époques. »

Les recherches tibétologiques sont en plein essor et ont obtenu des résultats remarquables dans les domaines de la formation de tibétologues – tibétains et d'autres ethnies – et du rassemblement des documents historiques. Des organismes de recherche ont été créés ; en particulier, la création du Centre de recherches tibétologiques de Chine, en mai 1986, a favorisé le développement des études tibétologiques dans tout le pays.

Amy HELLER et Anne-Marie BLONDEAU : Remarquons d'emblée que la définition chinoise de la tibétologie diffère grandement de celle qui est couramment admise en Occident, celle d'une discipline moderne qui utilise tous les outils des sciences humaines et sociales pour l'étude du Tibet et de sa civilisation. Les Chinois, eux, englobent dans leur définition la documentation en chinois sur le Tibet ou les Tibétains – qui apparaît depuis les *Annales des Tang* – dans les écrits officiels, les encyclopédies, les récits de voyage ou de pèlerinage… Tous écrits qui, pour la science occidentale, sont des documents et non des recherches scientifiques ; mais cela permet aux Chinois de revendiquer, même dans ce domaine, l'antiquité de la discipline en Chine. Néanmoins, cette théorie posée, les tibétologues chinois travaillent au quotidien avec des méthodes et des outils en tous points comparables à ceux de leurs collègues occidentaux, si l'on excepte les sujets « politiquement sensibles » qui sont tabous, les *a priori* idéologiques inévitables et l'absence d'esprit critique, souvent, à quoi s'ajoute une méconnaissance presque totale des publications extérieures, ce qui nuit à la valeur intrinsèque des travaux chinois dans certains domaines. Mais la tibétologie chinoise est jeune, contrairement à la définition chinoise de la discipline, et il serait trop facile d'en souligner les faiblesses qui, à coup sûr, seront corrigées au fur et à mesure que les contacts avec l'étranger se multiplieront. On peut en citer un exemple : dans les premières éditions de textes classiques – épopée, historiographies, biographies, etc. –, les éditeurs « révisaient » le texte pour le rendre lisible par un lectorat contemporain ; maintenant, ils publient le texte original et proposent leurs lectures et corrections éventuelles en note.

Avec ces restrictions, il est vrai que la tibétologie a été officiellement encouragée. Il y aurait environ 2000 « tibétologues » en Chine, dont la moitié serait d'origine tibétaine, regroupés essentiellement à Lhasa, à Chengdu, à Xining, et à Pékin. (Ce nombre élevé ne doit pas faire illusion, car il inclut tous ceux qui s'occupent du Tibet : politologues, traducteurs, éditeurs, etc.) Il existe une cinquantaine d'instituts de tibétologie, mais dont certains n'ont qu'un ou deux membres (Tan Hongkai, 2000).

Certaines disciplines ou sujets sont particulièrement favorisés ; on l'a vu avec la littérature et la protection du patrimoine. L'ethnologie et l'étude de la vie des nomades ont été reconnues comme étant d'utilité économique aussi bien que culturelle. Toutefois, si la recherche sur l'histoire ancienne – avec les limitations et les impératifs politiques soulignés dans les questions précédentes – et l'archéologie connaissent un essor, l'étude de l'histoire moderne est particulièrement contrôlée. Cette attitude est très nette. Ainsi Lhagpa Phüntsog, l'actuel secrétaire général du Centre chinois d'Études tibétaines, à Pékin, a récemment déclaré : « Les traditions du passé sont une abondante fontaine de sagesse. Mais nous ne devrions pas nous complaire dans le passé ; nos efforts doivent aussi bénéficier aux Tibétains d'aujourd'hui. » Et il a ajouté : « Alors que la clique du dalaï-lama, sous le couvert de tibétologues, s'active à déformer les réalités actuelles au Tibet, les tibétologues chinois ont l'obligation de dire au monde ce qu'était le Tibet, et ce qu'il est » (Tan Hongkai, 2000).

D'un autre côté, aussi, la tibétologie est exploitée sciemment, car la traduction en tibétain des classiques chinois et de la littérature chinoise courante, qui est une manière d'intégrer culturellement les Tibétains à la culture han, est du ressort des « tibétologues » chinois.

Curieusement – est-ce un effet de l'ethnocentrisme han ? – les auteurs de *Cent questions* insistent sur la création du Centre de recherches tibétologiques de Chine, auquel la question suivante est entièrement consacrée ; ils ne disent pas un mot des autres institutions, certaines fort actives pourtant, dans les villes que l'on a citées plus haut. En particulier, l'Académie des sciences sociales de Lhasa a des activités tout à fait parallèles à celles du Centre de Pékin et a déjà édité un grand nombre d'ouvrages rares, dont certains appartiennent à la bibliothèque du Potala. L'Académie publie aussi une revue en tibétain, *Recherches tibétaines (Böjong zhibjug)*, plus éclectique et moins orientée politiquement que *La Tibétologie en Chine* publiée par le Centre de Pékin.

---

73. Que fait le Centre de recherches tibétologiques [de Pékin] ? Qui en est le responsable ?

Ce centre est chargé « d'organiser et de coordonner les recherches tibétologiques dans l'ensemble du pays » et il a de multiples activités de recherche, de recueil et d'édition de la littérature tibétaine, de publication de travaux tibétologiques, de formation des jeunes tibétologues, d'échanges scientifiques en Chine et à l'étranger. Son administrateur général [en 1988] *est le savant tibétain Dojie Caidan* [Dorjé Tséten], *qui a occupé le poste de président du gouvernement populaire de la RAT.*

Les réalisations et recherches en cours concernent : la « mise à jour » et la publication du Tripitaka *en tibétain* [*Les Trois Corbeilles* ou recueils des textes canoniques du bouddhisme indien], *ainsi que des publications de travaux chinois ; le classement et l'étude des manuscrits sanskrits* [conservés au Tibet]*; l'étude des relations entre le gouvernement central et le gouvernement local du Tibet depuis les Yuan, celle du servage. Le centre publie aussi régulièrement la revue trimestrielle* La Tibétologie en Chine*, en chinois et en tibétain.*

Amy HELLER : Depuis sa création, en 1986, le Centre de recherches tibétologiques de Pékin s'est beaucoup développé ; même s'ils ne sont pas libres dans le choix de leurs sujets d'étude, des chercheurs de talent y travaillent, et leurs résultats, tant dans le domaine de l'édition des textes classiques – religieux, historiques, littéraires – que dans celui de la recherche, sont loin d'être négligeables. Plusieurs départements sont particulièrement intéressants :

ceux de linguistique, de recherche sur l'épopée de Gésar, d'études bönpo...

Le responsable pendant longtemps en a été Dorjé Tséten, un politicien qui a également exercé des fonctions de responsabilité administrative et politique au sein de la Région autonome du Tibet, comme l'indique la réponse de *Cent questions*. Depuis 2000, le responsable est un autre Tibétain, Lhagpa Phüntsog, qui a été président de l'académie des sciences sociales de Lhasa, puis vice-président de la Région autonome du Tibet de 1992 à 1997 (Connor et Barnett, 1997, p. 241).

En plus des activités signalées par la réponse chinoise, le centre de Pékin a réuni trois congrès internationaux de tibétologie en 1986, 1991 et 1997, sur des domaines de sciences sociales et humaines, comprenant l'histoire, l'archéologie, l'ethnologie, la littérature.

---

74. Qu'a fait la Chine pour développer la médecine et la pharmacopée tibétaines qui, dit-on, sont très remarquables ?

Elles « tiennent une place très importante dans la médecine et la pharmacopée chinoises [...]. Le gouvernement chinois a accordé une attention particulière à leur développement » en veillant à leur transmission, leur revalorisation et leur amélioration. Des publications importantes ont été faites, d'ouvrages classiques et nouveaux. Pour l'enseignement, « une faculté de médecine tibétaine a été créée à l'université du Tibet, et des cours de formation ont été organisés à l'hôpital de Lhasa ». « L'Institut de médecine tibétaine du Tibet est en projet [en 1988]. *»*

« Avant la libération », il n'y avait que trois centres de médecine : « Mantsikhang » [Mentsikhang] *et « Yagpoyi »* [Cagpori] *à Lhasa, « Gejina »* [?] *au monastère de Tashilhünpo, mais qui ne soignaient que très peu de gens. Maintenant, la RAT compte 7 hôpitaux de médecine tibétaine qui est présente aussi dans 71 hôpitaux de district. Il y a 1 170 praticiens et 9 fabriques de produits pharmaceutiques tibétains. « Le Tibet compte également 700 autres établissements médi-*

caux. Les paysans et éleveurs, ainsi que les citadins, bénéficient de soins médicaux gratuits. »

Fernand MEYER : Avant 1950, la biomédecine était quasiment inconnue dans les régions de langue et de culture tibétaines, à l'exception de soins éventuellement dispensés par de rares missions anglaises à vocation diplomatique ou commerciale. Ces régions étaient également dépourvues d'une organisation sanitaire formelle. En revanche, une large gamme de recours thérapeutiques était disponible, dans des proportions variables selon les lieux, depuis les soins familiaux jusqu'à la médecine traditionnelle savante, en passant par l'acquisition de mérites religieux, les prières et lectures de livres saints, les pèlerinages, les cures chamaniques et les rituels de guérison. La médecine tibétaine, une des sciences traditionnelles fondées sur un corpus écrit, était elle-même dispensée par des praticiens aux niveaux de savoir et de pratique très inégaux du fait qu'ils ne constituaient pas un groupe professionnel et que leur activité n'était soumise à aucun contrôle. L'apprentissage médical était essentiellement assuré, souvent en parallèle à des enseignements religieux, dans des lignages familiaux ou de maître à disciple. Le collège du Cagpori, à Lhasa, fondé à la fin du XVIIe siècle par le gouvernement tibétain, fut sans doute la première institution spécifiquement dédiée à l'enseignement médical. Il reprenait toutefois le modèle traditionnel de l'organisation monastique. Par la suite, quelques grands monastères se dotèrent d'institutions semblables. La fondation, par le XIIIe dalaï-lama, du Mentsikhang (« centre de médecine et d'astrologie ») à Lhasa, en 1916, répondait à sa volonté de développer un enseignement médical plus affranchi du modèle monastique et orienté vers la pratique. Le recrutement des étudiants organisé à partir d'un réseau de monastères peut être considéré comme une première ébauche de système sanitaire. Chaque praticien confectionnait ses propres remèdes, dont le nombre et la sophistication étaient très variables. Seules quelques institutions comme le Mentsikhang de Lhasa disposaient d'une organisation collective pour la production de médicaments sans qu'ils fassent, toutefois, l'objet d'un commerce à distance. Nous manquons de données qui nous permettraient d'évaluer, même grossièrement, la situation sanitaire du Tibet avant 1950, le nombre de médecins traditionnels, ou la part respective des divers recours thérapeutiques disponibles dans les soins aux malades.

La pénétration de l'Armée rouge au Tibet en 1950 marqua le début de profonds bouleversements sociaux, politiques et culturels. Ils s'accompagnèrent de l'introduction, très rudimentaire au début, de nouveaux modes d'organisation sanitaire et de soins qui avaient alors cours en Chine, et qui dérivaient en grande partie du modèle biomédical. Les premiers dispensaires et hôpitaux chinois furent établis dans quelques chefs-lieux en 1954. C'est également à cette époque que furent formés les premiers agents de santé tibétains au nombre desquels des praticiens traditionnels acquirent ainsi les premiers éléments de biomédecine. Le collège médical du Cagpori fut détruit en 1959, lors de la répression par l'armée chinoise du soulèvement de la population de Lhasa. Ces événements marquèrent aussi la fin du gouvernement traditionnel du Tibet avec la fuite en exil du dalaï-lama et d'une grande partie de l'élite. La nouvelle administration, mise en place par les autorités chinoises qui la contrôlaient étroitement, intégra les rescapés du Cagpori aux membres du Mentsikhang, qui fut alors placé (environ 80 personnes) sous l'autorité du bureau sanitaire de la municipalité de Lhasa. Dans le cadre d'une politique affirmant désormais clairement sa volonté de rupture radicale avec l'ancien ordre social, le Mentsikhang reçut l'injonction de développer les soins primaires au service des masses autrefois défavorisées. Toutefois, l'établissement fut condamné à végéter par manque de ressources financières, et sa pérennité même finit par être contestée par certaines autorités. Par ailleurs, la désagrégation du tissu religieux, sous l'effet de la confiscation des patrimoines et des campagnes de lutte contre les « superstitions », réduisait de façon drastique l'accès à la gamme traditionnelle des recours thérapeutiques dans l'ensemble des régions tibétaines.

En 1961, le Mentsikhang finit par recevoir le soutien officiel des autorités de Lhasa après s'être engagé dans de profondes transformations qui impliquaient sa complète sécularisation et l'adoption de certains standards biomédicaux : création de services spécialisés, port de blouses blanches et de calots, recours à certaines techniques diagnostiques ou thérapeutiques modernes, etc. Dans la foulée, il obtint aussi la permission de reprendre l'enseignement de la médecine traditionnelle en 1963, avec une promotion de 45 élèves que l'on avait pris soin de recruter uniquement dans des familles autrefois défavorisées, et qui comprenait pour la première fois une proportion notable de femmes. Même si la mémorisation des textes de base restait aussi privilégiée que par le passé, le nouveau cadre de l'enseignement était celui de la classe d'étude moderne. L'année suivante, une unité de production de médicaments fut individualisée au sein du Mentsikhang.

La promotion de 1963 ne put terminer son cursus en raison des importants désordres suscités par la Révolution culturelle et son combat hystérique contre tout ce qui pouvait évoquer la culture traditionnelle. Les maîtres furent persécutés, et les plus jeunes durent partir travailler dans les communes populaires rurales. Toute pratique médicale traditionnelle exposait aux agressions de l'activisme révolutionnaire jusque dans les lieux les plus reculés. Le Mentsikhang fut donc réduit pendant de nombreuses années à l'état de vestige ruiné et voué à une disparition définitive.

Au début des années soixante-dix, avec le reflux du cataclysme destructeur de la Révolution culturelle, les médecins tibétains rescapés sur lesquels ne pesait pas de suspicion politique, et quel qu'ait été leur niveau de formation, furent sollicités pour participer à la restauration d'une ébauche de service de santé. La situation sanitaire était en effet catastrophique, et les ressources, tant humaines qu'économiques, extrêmement limitées. Le recours à un savoir local et à une pharmacopée indigène facilement disponible et peu onéreuse s'imposa. Vers 1975, on reprit donc des formations rudimentaires en « médecine tibétaine ». Toutefois, ces enseignements, colligés dans de petits manuels en format moderne et expurgés de toute référence religieuse ou même traditionnelle, étaient essentiellement orientés vers un usage empirique d'une gamme restreinte de remèdes simples, sur le modèle des « médecins aux pieds nus » alors vantés dans toute la Chine. Ces formations intégraient aussi des rudiments d'anatomie, de physiologie et de thérapeutique biomédicales. Les qualifications ainsi obtenues par nombre de praticiens encore en activité aujourd'hui à tous les niveaux hiérarchiques restèrent d'un niveau très médiocre.

Les réformes socio-économiques introduites en Chine par Deng Xiaoping après 1976 n'eurent des répercussions sensibles dans la RAT qu'à partir de 1980. Le Tibet connut alors une relative libéralisation politique et économique, ainsi qu'une certaine ouverture sur le monde extérieur avec, notamment, le développement du tourisme et de l'aide proposée dans divers domaines par des organismes internationaux ou des associations non gouvernementales. Cette nouvelle orientation, qui a aussi permis la renaissance de certains aspects de la culture traditionnelle, dont la médecine, a été maintenue depuis, avec toutefois d'importantes fluctuations imposées par les mots d'ordre de la politique chinoise nationale ou régionale. Les institutions de soins et d'enseignement de la médecine tibétaine, intégrées dans le système sanitaire entièrement administré par l'État, bénéficièrent d'importants financements octroyés par le gouvernement central et les autorités de la Région autonome du Tibet.

En 1980, le Mentsikhang de Lhasa, qui était toujours un établissement de soins de niveau municipal, fut placé sous l'autorité directe du Bureau de la santé de la Région autonome, ce qui en faisait une institution centrale du dispositif sanitaire, à côté de son équivalent biomédical, l'Hôpital du peuple. D'importants travaux d'agrandissement dotèrent alors le Mentsikhang de bâtiments neufs destinés à accueillir les services de consultation externe, d'un nouveau cursus d'enseignement professionnel de la médecine tibétaine, recrutant au niveau moyen du secondaire, et de deux petits départements de recherche, l'un en médecine et l'autre en astrologie et calcul du calendrier. L'unité de fabrication de médicaments traditionnels fut également dotée de nouveaux locaux et de machines permettant d'accroître la production. Celle-ci prendra un caractère quasi industriel avec le transfert de l'entreprise, en 1995, dans le vaste ensemble de bâtiments qui constitue aujourd'hui l'Usine de médicaments tibétains du Mentsikhang. Ces développements renforcèrent encore l'influence du modèle biomédical. Mais, en même temps, la médecine tibétaine put officiellement se réapproprier une grande partie de son héritage, y compris certains de ses référents religieux. L'enseignement fut à nouveau établi sur les traités fondamentaux non expurgés, on réédita des textes médicaux anciens, l'iconographie médicale traditionnelle fut remise à l'honneur, et les statues des personnages fondateurs de la médecine tibétaine vinrent côtoyer les échantillons de matière médicale présentés dans une salle d'exposition du nouveau Mentsikhang. Vers le milieu des années quatre-vingts, celui-ci devint d'ailleurs une étape obligée des circuits touristiques organisés, une vitrine attrayante où les autorités pouvaient montrer aux visiteurs étrangers à la fois leur souci de santé publique et leur mécénat culturel. Enfin, le directeur du Mentsikhang, un érudit qui avait autrefois étudié auprès des anciens maîtres de l'établissement, occupa pendant de nombreuses années un poste de haut niveau au sein du gouvernement de la Région autonome du Tibet.

En 1985, des bâtiments construits sur un nouveau site ont permis de doter le Mentsikhang de l'infrastructure hospitalière (150 lits) dont il était dépourvu jusqu'alors. La même année, l'enseignement d'État de la médecine tibétaine fut délocalisé dans un institut spécifique créé à cet effet, avec un effectif d'environ 70 étudiants, dans le cadre de la jeune Université du Tibet à Lhasa. Cet établissement de référence fut progressivement développé, puis doté d'un campus propre, et promu en 1995 à un niveau administratif équivalent à celui des facultés de médecine de Chine. Cette nouvelle faculté de médecine tibétaine put dès lors recruter des étudiants au niveau requis pour l'entrée à l'Université du Tibet, laquelle restait d'ailleurs dépourvue d'un équivalent biomédical. Elle a formé les promotions de jeunes praticiens traditionnels qui furent intégrés dans la structure sanitaire publique de la Région autonome, tant à Lhasa que dans les chefs-lieux des préfectures ou des comtés. Des cursus d'enseignement de base ou plus approfondi, destinés notamment à former des agents de santé, furent également organisés dans certaines préfectures. Enfin, des institutions de soins semblables au Mentsikhang de Lhasa, et assurant parfois aussi un enseignement, ont été établies hors de la Région autonome, dans divers territoires administratifs à population tibétaine des provinces chinoises du Qinghai, du Sichuan ou du Yunnan.

La structure sanitaire actuelle de la Région autonome du Tibet est une organisation pyramidale d'État étroitement liée aux niveaux de l'administration territoriale : préfectures (tib. *sakhül*), comtés (tib. *dzong*), cantons (tib. *shang*), villages, et dirigée par le Bureau de la santé, qui relève des autorités régionales. Des branches de ce bureau central chargées d'appliquer la politique sanitaire, de suivre l'administration des services de santé, de distribuer les médicaments ainsi que les subventions de l'État se retrouvent au niveau des préfectures, puis des comtés. La taille et le degré d'équipement des hôpitaux, tant en matériel qu'en personnel (nombre et qualification), diminuent avec leur place dans la hiérarchie territoriale. Au niveau préfectoral et dans bien des chefs-lieux de comtés, un établissement de soins en médecine tibétaine a été établi indépendamment de l'hôpital biomédical. À un niveau inférieur aux comtés, les ramifications les plus périphériques du système sanitaire ne dépassent pas les chefs-lieux de cantons où ils se limitent à des dispensaires pauvrement équipés et tenus en général par deux ou trois auxiliaires de santé ayant reçu une formation de base. Dans certains villages, des volontaires bénéficiant d'une petite gratification financière assurent des soins primaires après une très courte formation. La majorité des soignants du système sanitaire bénéficie du statut de fonctionnaire, mais elle tend actuellement à diminuer au profit d'agents contractuels. Les services de santé sont très largement subventionnés par l'État, notamment en milieu rural où la distribution de médicaments, lorsque le stock imparti n'est pas épuisé, se fait à prix modiques ou même gratuitement. À la suite de la politique chinoise de libéralisation économique, les autorités de la Région autonome ont commencé à entreprendre une réforme du système sanitaire dont les insuffisances sont aujourd'hui reconnues. Elle vise notamment à une relative décentralisation en faveur des comtés appelés à instaurer des cotisations d'assurance maladie, et à développer progressivement un secteur privé. Par ailleurs, depuis une quinzaine d'années, diverses organisations internationales ou non gouvernementales ont pu mettre en place, sous strict contrôle des autorités, des programmes plus ou moins vastes d'aide et de développement sanitaires (formation, prévention, infrastructure, soins), certains d'entre eux impliquant la médecine tibétaine.

Des praticiens ayant reçu des formations plus ou moins approfondies en médecine tibétaine, parfois en plus d'un enseignement de base en biomédecine dans le cas des auxiliaires de santé, se trouvent donc à tous les niveaux de la structure sanitaire. Le nombre total du personnel sanitaire en rapport, à des degrés divers, avec la médecine tibétaine semble être d'environ mille cinq cents, ce qui doit représenter près de 30 % de l'ensemble. Les remèdes tibétains bénéficient d'ailleurs à peu près dans cette même proportion des subventions allouées par l'État aux médicaments distribués par ses services sanitaires. Il est toutefois généralement admis qu'une prescription biomédicale est en moyenne deux à trois fois plus chère que celle d'un traitement traditionnel. En fait, les populations tibétaines, même rurales, ont maintenant pris l'habitude de recourir à la pharmacopée moderne dont on peut fréquemment observer un usage inadéquat, notamment des antibiotiques et des injections considérés comme des panacées d'action rapide, alors que, paradoxalement, la longue éclipse qu'a connue la médecine traditionnelle l'a rendue relativement étrangère aux jeunes générations. Il apparaît ainsi aujourd'hui que, de manière générale, les malades souhaitent pouvoir disposer à leur gré de ces deux types de thérapeutiques selon les avantages respectifs qu'ils leur prêtent. Il est d'ailleurs assez fréquent que des soignants, surtout les moins qualifiés, associent les deux.

Pour tous les praticiens tibétains de Chine, le Mentsikhang et la Faculté de médecine traditionnelle de Lhasa sont toujours les institutions de référence.

Le Mentsikhang, qui n'a cessé de se développer depuis vingt ans, emploie aujourd'hui environ 450 personnes, dont une trentaine de cadres médicaux et plus de 70 médecins qualifiés. Il compte douze départements : médecine interne, santé maternelle et infantile, ophtalmologie, etc., deux sections de recherche (médecine et astrologie), et a intégré certaines techniques biomédicales, notamment diagnostiques (radiologie et échographie, par exemple). La fréquentation de sa consultation externe s'est régulièrement accrue et dépasse 260 000 patients par an, alors que ses services d'hospitalisation disposent d'un total de 300 lits. L'unité de production de médicaments tibétains du Mentsikhang, la plus importante de ce type dans le monde, emploie près de 190 personnes dans la production et dispose d'un vaste réseau de vente avec environ 180 agents. Elle fabrique de façon quasi industrielle plus de 200 types de préparations médicinales traditionnelles et s'est engagée récemment dans la production de quatre formules nouvelles à conditionnement moderne destinées au marché chinois. Tant par sa taille que par sa fréquentation, le Mentsikhang est comparable aux cinq hôpitaux biomédicaux que compte Lhasa.

La Faculté de médecine traditionnelle du Tibet abrite actuellement plus de 300 étudiants répartis en huit classes et engagés dans des cursus de trois ou cinq ans suivis chacun de une ou deux années de stage pratique. L'admission, sur examen évaluant en particulier la maîtrise du tibétain littéraire, s'effectue au niveau moyen des études secondaires pour le cursus court ou à celui de l'entrée à l'université pour le cursus long d'étude approfondie. De rares étudiants poursuivent au-delà une formation supérieure impliquant un travail de recherche.

Chaque chef-lieu de préfecture *(sakhül)* est doté d'un établissement semblable au Mentsikhang de Lhasa et connu localement sous la même appellation. Il comporte un service de consultations externes et un secteur d'hospitalisation, une unité de production de remèdes et, souvent, un petit département de recherche. À titre d'exemple, le Mentsikhang de la préfecture de Nagchu emploie 115 personnes et près de 70 000 patients fréquentent sa policlinique chaque année. Il produit également quelque 200 préparations médicamenteuses traditionnelles distribuées localement. Certains de ces établissements assurent aussi des cursus d'enseignement, généralement courts, pour la formation d'auxiliaires de santé.

Au niveau de la quasi-totalité des chefs-lieux de comté *(dzong)*, un établissement de médecine tibétaine, souvent séparé de l'hôpital biomédical et disposant parfois d'un petit service d'hospitalisation, est desservi par une équipe restreinte de praticiens dont au moins l'encadrement a bénéficié d'une formation approfondie. Un nombre croissant de ces établissements projette actuellement de développer sa production de médicaments traditionnels afin de mieux répondre aux besoins locaux. Enfin, il se trouve fréquemment que l'un des deux ou trois auxiliaires de santé qui desservent en général les dispensaires cantonaux, parfois pourvus de quelques chambres d'hospitalisation, a bénéficié d'une formation de base, exclusive ou non, en médecine tibétaine.

Comme cela a été mentionné plus haut, le système sanitaire de Chine, y compris à un moindre degré dans les régions tibétaines, a commencé à laisser se développer un secteur privé. C'est ainsi que des organismes non gouvernementaux étrangers ont été sollicités pour le financement, en divers lieux, de formations de base en médecine tibétaine à l'intention de jeunes ruraux recrutés dans des zones mal desservies par le système sanitaire public et destinés à retourner chez eux pour exercer une activité de praticien privé ou contractuel du système public. Les dernières années ont également vu se multiplier les entreprises privées ou mixtes de production de médicaments tibétains en raison des profits attendus d'une demande croissante sur le marché chinois ou international. Ce processus de privatisation d'une partie du système sanitaire va rapidement poser la question, entre autres pour la médecine tibétaine, des standards de qualification et de pratique requis, au niveau régional ou national, pour l'obtention du droit officiel à l'exercice.

La médecine tibétaine a été l'objet d'un nombre relativement important de publications en Chine durant les vingt dernières années : plus de 120 ouvrages et de 330 articles en langue tibétaine témoignent, selon une estimation non exhaustive, de la vitalité de ce domaine et de l'intérêt qu'il suscite. Ces publications, de qualité très inégale et parfois répétitives, mais certaines excellentes, sont très variées : réédition d'une trentaine de textes ou corpus classiques (certains, dont le traité fondamental *Gyüzhi*, ont été traduits en chinois), manuels d'enseignement, monographies et commentaires de textes classiques, pharmacopées et formulaires pharmaceutiques, dictionnaires, études historiques, essais d'analyse critique, articles de recherche clinique, etc.

La médecine tibétaine apparaît donc comme l'un des éléments du patrimoine culturel qui ont le mieux survécu aux profonds bouleversements ayant affecté le Tibet au cours des cinquante dernières années. Elle le doit sans doute à plusieurs facteurs : la place reconnue à la médecine traditionnelle en Chine même, sa disponibilité locale à un faible coût, son orientation pragmatique d'allure rationnelle susceptible d'être encouragée aux dépens de ses aspects religieux, et son aptitude, aisément contrôlable, à servir d'image emblématique d'une politique chinoise voulant se montrer soucieuse de promouvoir à la fois le bien-être et l'héritage culturel des Tibétains. Ce dernier facteur et les perspectives économiques ouvertes par l'intérêt croissant pour la médecine tibétaine sur le marché mondial des thérapies alternatives, y compris en Chine urbaine, ont sans doute été déterminants pour l'organisation du grand congrès international de médecine tibétaine qui s'est tenu à Lhasa en juillet 2000. Au cours des mêmes décennies, les notions et pratiques biomédicales ont été introduites jusque dans les chefs-lieux reculés, mais sous des modalités qui restent encore rudimentaires en dehors de quelques grands centres urbains, tandis que l'offre thérapeutique traditionnelle a été largement amputée de tout ce que les nouvelles autorités ont assidûment combattu comme relevant des « superstitions ». La médecine tibétaine a été intégrée dans le système sanitaire au prix d'une évolution qui a emprunté certains traits au modèle biomédical : enseignement institutionnel sanctionné par des diplômes, laïcisation, professionnalisation, focalisation plus exclusive sur la nature somatique des maladies au détriment de leurs aspects psychoaffectifs ou sociaux, consultation plus impersonnelle des malades dans le cadre formel d'une officine, d'un dispensaire ou d'un hôpital, réévaluation de certaines conceptions ou pratiques en référence à la science moderne, abandon de la préparation des médicaments par les praticiens au profit d'une production spécialisée par des entreprises pharmaceutiques, recours conjoint à certaines techniques biomédicales diagnostiques ou thérapeutiques, etc. Certaines de ces tendances marquent aussi, à des degrés divers, l'évolution de la médecine tibétaine hors des frontières chinoises sous l'impulsion des communautés de l'exil. En même temps, pour beaucoup de praticiens et de patients qui ont recours à la médecine tibétaine, celle-ci permet d'affirmer leur identité culturelle ou d'exprimer de manière privilégiée à travers son idiome les tensions et les frustrations sociopolitiques d'une manière qui, au Tibet chinois, n'expose pas à la répression politique.

---

75. Où en est l'utilisation du tibétain au Tibet ?

La liberté d'utiliser leur propre langue est garantie aux communautés ethniques par la Constitution. Depuis la « libération pacifique du Tibet », des spécialistes de la langue tibétaine ont été formés, le nombre des journaux et revues en tibétain, dont Le Quotidien du Peuple, *a augmenté. Les écoles primaires utilisent le tibétain dans les zones agricoles et pastorales, et le tibétain est aussi « la langue essentielle » dans les écoles primaires urbaines. Des cours de tibétain sont donnés dans l'enseignement secondaire et supérieur, et l'université du*

Tibet a une « faculté de langue tibétaine ». Divers instituts pédagogiques et de recherche sur la langue ont été ouverts dans la RAT ; des manuels scolaires en tibétain ont été publiés.

Les documents officiels de la RAT destinés à la population sont rédigés en tibétain, ou sont bilingues, tibétain et chinois.

Le gouvernement populaire et l'assemblée de la RAT ont élaboré la « réglementation concernant l'étude, l'usage et le développement de la langue tibétaine » et, en février 1988, un « comité directeur du travail dans le domaine de [la] *langue tibétaine », dont les conseillers sont Ngapoi Ngawang-Jigme et bainqen-erdini* [le panchen-lama], *a été mis en place et a commencé l'élaboration des « mesures d'application » de cette réglementation. « Par exemple, les documents officiels de la Région non libellés en langue tibétaine seront refusés à partir de la fin de 1990. » Les sceaux, certificats et noms des organismes publics doivent être bilingues. Ces mesures vont certainement développer la langue tibétaine et son utilisation.*

Amy HELLER et Anne-Marie BLONDEAU : Plus de dix ans après l'optimisme de la réponse chinoise, quelle est la réalité au Tibet actuel ?

Pour ce qui est des médias, il existe un journal en tibétain, *Le Quotidien du Tibet*, mais il est difficile à trouver, même à Lhasa. Il y a désormais des chaînes radiophoniques officielles qui émettent en chinois et en tibétain ; de même, la télévision est produite une nuit sur deux en tibétain. Est-ce un pur hasard si c'est le plus souvent la nuit d'émission en tibétain que le réseau électrique est bloqué pour surconsommation pendant toute la soirée ? Quoi qu'il en soit, on peut aussi capter à ses risques et périls la diffusion radiophonique de Radio Free Tibet et, en anglais, de nombreuses chaînes indiennes et étrangères, dont la BBC. La radio et la télévision sont des outils efficaces de sinisation : elles sont accessibles partout au Tibet, également envahi de radiocassettes bon marché jusque dans les tentes de nomades.

Quant à l'enseignement, l'école primaire est effectivement en tibétain – ou l'était jusqu'en 1997 –, avec introduction progressive de la langue chinoise, obligatoire dans le secondaire. L'Assemblée populaire de la RAT avait, comme le dit *Cent questions*, adopté en

1987 une « réglementation concernant l'étude, l'usage et le développement de la langue tibétaine » : elle imposait le tibétain comme seule langue dans l'enseignement primaire et stipulait que le chinois ne devait être introduit qu'à l'âge de neuf ans. Le tibétain devait remplacer le chinois dans le secondaire à partir de 1993, et la plupart des cours à l'Université de Lhasa devaient se faire en tibétain peu après 2000. Le « Comité directeur du travail dans le domaine de la langue tibétaine », créé en 1988 d'après *Cent questions* (*China's Current Policy*, p. 18, parle d'un « Comité directeur de la RAT pour le tibétain écrit et parlé », installé en 1993), était chargé de mettre en œuvre cette réglementation.

Tout a été remis en question à la suite du IIIe Forum sur le travail au Tibet et de ses directives pour le développement économique de la RAT, son alignement sur les autres provinces et la suppression du « séparatisme » tibétain. C. Bass (2000) explique comment les mesures en faveur de l'enseignement du tibétain prévues par le Ier colloque sur le Tibet, en 1980, ont été abandonnées au profit du chinois lorsque la priorité a été donnée au développement économique dans les années quatre-vingt-dix, et donc à l'efficacité immédiate. Le comité directeur a été dissout, et ses membres « seniors » transférés au Bureau de traduction régional. Les projets d'extension du tibétain dans le secondaire ont été abandonnés, et les cours en tibétain à l'Université, supprimés, tandis que les professeurs devaient réécrire les manuels pour en expurger le contenu religieux (*China's Current Policy*, p. 19). L'Université du Tibet, à Lhasa, propose un enseignement dans plusieurs branches, mais tout ce qui est enseignement scientifique est dispensé en dehors de la Région autonome du Tibet et en chinois. Actuellement, tous les cours sont en chinois, sauf ceux du département de littérature tibétaine (Tournadre, 1999). En 1997, le secrétaire délégué du Parti de la RAT, Tenzin Gyatso, rendit publique la décision d'imposer le chinois obligatoire dès le primaire. Raidi, secrétaire exécutif délégué du Comité tibétain du Parti communiste chinois, expliquait qu'« une nationalité ethnique qui n'étudie et n'utilise que sa propre langue écrite et parlée est définitivement une nationalité ethnique insulaire, sans avenir ni espoir » (Xinhua, 9 mars 1999, cité dans *China's Current Policy*, 20).

Dans ce contexte, l'application de la réglementation qui prévoyait la rédaction en tibétain des documents officiels à partir de 1990 et l'usage du tibétain comme langue officielle de la RAT est bien sûr suspendue. Aujourd'hui, dans tous les bureaux, les réunions de travail se tiennent obligatoirement en chinois, même si l'assemblée est composée uniquement de Tibétains (Tournadre, *ibid.*).

Il est inutile de dire que ces mesures encouragent, forcément, l'utilisation du chinois comme langue courante au Tibet ; même les chercheurs tibétains utilisent le chinois entre eux et, dans un entretien ou une conférence en tibétain, prennent des notes en chinois. Mais ce qui est encore plus grave est l'analphabétisme. Une revue chinoise (*China's Tibet*, 1995, p. 36) a donné les chiffres suivants, d'après le recensement de 1990 : parmi les Tibétains de plus de quinze ans, 44,43 % étaient analphabètes. Seuls 0,57 % avaient reçu une formation universitaire ; 2,12 % avaient suivi le lycée ; 3,85 % une formation secondaire, et 18,6 % avaient fréquenté l'école primaire *(voir aussi l'analyse de l'analphabétisme faite par V. Iversen dans la section sur le développement économique : la question 28 sur la scolarisation et la question 86).* Selon N. Tournadre *(ibid.)* : « La primauté totale du chinois dans l'éducation et sur les médias a pour conséquence de scinder la société tibétaine en deux groupes : la population urbaine, en général très sinisée et qui a accès à l'éducation secondaire, et, d'autre part, les paysans et les éleveurs nomades (environ 80 % de la population globale) qui parlent tibétain, souvent analphabètes [...]. Lorsque ces jeunes descendent dans les villes, ils se sentent vraiment étrangers. »

C'est pour tenter de remédier à cela que le Lycée tibétain de Pékin recrute 70 % de ses élèves parmi ceux dont les parents ne sont pas cadres ou employés dans les usines ; certains viennent même des familles nomades des hauts-plateaux *(People's Daily)*. La formation du niveau du lycée est donnée dans 24 écoles qui recrutent annuellement 1 300 adolescents tibétains, telles que le Lycée tibétain de Pékin déjà cité, qui compte 700 élèves tibétains. Ils étudient le tibétain, mais aussi le chinois et l'anglais.

Selon N. Tournadre *(ibid.)* : « La seule façon de sortir de l'impasse actuelle serait de réaliser un système éducatif réellement bilingue tibétain-chinois et d'accorder au tibétain une place importante sur tous les médias de la Région autonome tibétaine et des préfectures autonomes tibétaines de Qinghai, Sichuan, Gansu, et Yunnan. » On en est d'autant plus loin que, dans le cadre du « développement de l'Ouest », les étudiants, chercheurs et techniciens chinois sont fortement incités à porter leur savoir à l'ouest et que des associations ont été formées entre les meilleures universités de l'est et de l'ouest, dont celle de Lhasa (sur le détail de ces actions qui incluent le Xinjiang et la Chine occidentale propre, voir *China's Great Leap West*, pp. 55-56).

RÉFÉRENCES CITÉES

Action poétique, n°157, Paris, 2000.

ALEXANDER A. et AZEVEDO P. de, *The Old City of Lhasa. Report from a Conservation Project* (avec un relevé du plan de la ville), Tibet Heritage Fund, 1998.

BASS C., « Le développement de l'enseignement », *Action Poétique,* n° 157, 2000, pp. 71-74.

CHAYET A., *Art et Archéologie du Tibet*, Paris, Picard, 1994.

China's Current Policy on Tibet. Life-and-Death Struggle to Crush an Ancient Civilization, Dharamsala, Department of Information and International Relations, 2000.

China's Tibet, n° 2, 1995.

China's Great Leap West, Londres, TIN, 2000.

CONNER V. et BARNETT R., *Leaders in Tibet*, Londres, TIN, 1997.

Courrier international, n° 539, 1-7 mars 2001.

DAVID-NEEL A. et Lama YONGDEN, *La Vie surhumaine de Guésar de Ling, le héros thibétain*, 1930 ; rééd. Paris, Éd. du Rocher, 1992.

Did Tibet become an Independent Country after the Revolution of 1911, Pékin, China Intercontinental Press, 1994 (brochure distribuée dans les ambassades en plusieurs langues).

HELLER A., « La sauvegarde des monuments historiques », in Olivier Moulin (éd.), *Tibet, l'envers du décor*, Genève, Olizane, 1993, pp. 177-182.

KARMAY S. G., « Mountain Cults and National Identity in Tibet », in R. Barnett et Shirin Akiner (éd.), *Resistance and Reform in Tibet*, Londres, Hurst, 1994, pp. 112-120.

KVAERNE P., « The Ideological Impact on Tibetan Art », in Robert Barnett et Shirin Akiner (éd.), *Resistance and Reform in Tibet*, Londres, Hurst, 1994, pp. 166-185.

–, « The Ideological Impact on Tibetan Art », in Robert Barnett et Shirin Akiner (éd.), *Resistance and Reform in Tibet*, Londres, Hurst, 1994, pp. 166-185.

La Politique chinoise à l'égard des ethnies minoritaires et son application, Office d'information du conseil des affaires d'État de la République populaire de Chine, Pékin, septembre 1999.

MAC LEAN M. G. H. (éd.), *Cultural heritage in Asia and the Pacific : Conservation and Policy*, Proceedings of a Symposium held in Honolulu, Hawaii, September 8-13, 1991, The Getty Conservation Institute, 1993.

People's Daily, « Tibetan Teens dream of Study in Beijing », 1er juillet 2000.

RICHARDSON H. E., *Ceremonies of the Lhasa Year*, Londres, Serindia, 1993.

STODDARD H., *Le Mendiant de l'Amdo*, Nanterre, Société d'ethnographie, 1985.

–, « Don grub rgyal (1953-1985) : Suicide of a Modern Tibetan Writer and Scholar », in *Tibetan Studies*, Proceedings of the International Association for Tibetan Studies Fagernes 1994, Oslo, 1994a, vol. 2, pp. 825-836.

–, « Tibetan Publications and National Identity », in Robert Barnett et Shirin Akiner (éd.), *Resistance and Reform in Tibet*, Londres, Hurst, 1994b, pp. 121-156.

–, « La peinture contemporaine à la fin du XXe siècle », *Action Poétique*, n° 157, 2000, pp. 61-67.

TAN Hongkai, « Experts on Tibet have more work to do », *China Daily* (*Renmin Ribao*), 13 juin 2000 (qui cite des remarques de Lhapa Pauntsho [Lhagpa Phüntsog], secrétaire général du Centre chinois d'études tibétaines à Pékin).

Tibet Heritage Fund, *1998 Annual Report*, Hong Kong, 1999.

TOURNADRE N., entretien de Bruno Philip avec Nicolas Tournadre, *Le Monde*, 26 janvier 1999, p. 17.

TREBINJAC S., « Que cent chants rivalisent, qu'une musique éclose. Étude sur le traditionalisme d'État en Chine », *Archives européennes de sociologie*, n° 31, 1990, pp. 60-79.

TSÉRING SHAKYA, « "The Waterfall and Fragrant Flowers". Literature or Propaganda ? The Development of Tibetan Literature since 1950 », *Mânoa, A Pacific Journal of international Writing*, n° 12/2, 2000, pp. 28-40.

YANG Enhong, « The Study of Singing Tradition of the Tibetan Epic "King Gesar" », *IIAS Newsletter,* n° 18, février 1999, p. 16 ; trad. fr., « Qui sont les bardes ? », *Action poétique*, 157, 2000, pp. 46-48.

POUR EN SAVOIR PLUS

BARNETT R., « Lhasa, la ville illisible », in K. Buffetrille et Ch. Ramble (éd.), *Tibétains. 1959-1999 : quarante ans de colonisation*, Paris, Autrement, n° 108, collection Monde, 1998, pp. 129-162.

BASS C., *Education in Tibet, Policy and Practice since 1950*, Londres, TIN, 1998.

STODDARD H., *Special Report on the City of Lhasa submitted to UNESCO and ICOMOS*, Paris, 1993.

Théâtre : pièces traduites

BACOT J., *Trois mystères tibétains*, Paris, Bossard, 1921.

–, *Zugiñima* [Cahiers de la Société asiatique XIV et XV], Paris, Imprimerie nationale, 1957.

BLONDEAU A.-M., *La Vie de Pema Öbar*, Paris, Presses orientalistes de France, 1973.

NORBU T. J. et EKVALL R. B., *The Younger Brother Don-yod, a Tibetan Play*, Bloomington, Indiana University Press, 1969.

Pèlerinages

BLONDEAU A.-M., « Les pèlerinages tibétains », in *Les Pèlerinages* [Sources orientales 3], Paris, Seuil, 1960.

BUFFETRILLE K., *Pèlerins, lamas et visionnaires. Sources orales et écrites sur les pèlerinages tibétains*, Arbeitskreis für Tibetische und Buddhistische Studien, Université de Vienne, 2000.

–, « Pèlerinages et montagnes sacrées », in Katia Buffetrille et Charles Ramble (éd.), *Tibétains 1959-1999 : quarante ans de colonisation*, Paris, Autrement, 1998, pp. 96-128.

HUBER T., *The Cult of Pure Crystal Mountain. Popular Pilgrimage and Visionary Landscape in Southeast Tibet*, New York-Oxford, Oxford University Press, 1999.

–, (éd.), *Sacred spaces and Powerful Places in Tibetan culture. A collection of Essays*, Dharamsala, Library of Tibetan Works and Archives, 1999.

MACKAY A. (éd.), *Pilgrimage in Tibet*, Londres, Curzon, 1998.

Épopée

HELFFER M., *Les Chants dans l'épopée tibétaine de Ge-sar d'après le Livre de la Course de cheval*, Paris-Genève, Droz, 1977.

STEIN R. A., *L'Épopée tibétaine de Gesar dans sa version lamaïque de Ling*, Paris, Annales du Musée Guimet, 1956.

STEIN R. A., *Recherches sur l'épopée et le barde au Tibet*, Paris, PUF, 1959.

Médecine

A Brief Introduction of Tibetan Medicine and Hospital, Lhasa, Tibetan Medical Hospital of the Autonomous Region, 1987.

CRAIG J. R., « The Transformations of Tibetan Medicine », *Medical Anthropology Quarterly*, 9 (1), 1995, pp. 6-39.

Khenpo TRORU TSENAM, « Tibetan Medicine Today : A View From Tibet », in Jan Van Alphen et Anthony Aris (éd.), *Oriental Medicine*, Londres, Serindia Publications, 1995, pp. 146-153 ; trad. fr., *Médecines orientales. Guide illustré des Médecines d'Asie*, Arles, Solin-Actes Sud, 1998.

MEYER F., « La médecine tibétaine : tradition ancienne et nouveaux enjeux », in Olivier Moulin (éd.), *Tibet, l'envers du décor*, Genève, Olizane, 1993, pp. 89-95.

–, *Gso-ba rig-pa. Le système médical tibétain*, Paris, Éd. du CNRS, 1981.

–, PARFIONOVIC Y. et GYURME Dorje (éd.), *Tibetan Medical Paintings. Illustrations to the* Blue Beryl *Treatise of Sangye Gyamtso (1653-1705)*, Londres, Serindia Publications, 1992.

H.
Développement économique

Pour cette section, nous rompons avec le plan suivi dans l'ouvrage : question, résumé de la réponse chinoise, puis réponse de l'un de nos auteurs. En effet, Vegard Iversen, qui s'est chargé de traiter le sujet du développement économique, a jugé préférable d'examiner globalement l'état du développement au Tibet ; il s'en explique, d'ailleurs. On trouvera donc d'abord l'ensemble des questions 76-78 et 83 regroupées, avec les réponses chinoises, puis l'exposé de V. Iversen ; ensuite les questions 79-82 également regroupées et, enfin, la question 84, qui conclut de manière plutôt incongrue cette section, en traitant du nucléaire.

---

76. Où en est le développement économique du Tibet ?

« Après la réforme démocratique, en particulier après 1978, l'économie a connu un développement rapide et obtenu des résultats remarquables. » Le secteur industriel qui n'existait pas comporte à présent 250 petites et moyennes entreprises ; l'artisanat, l'agriculture et l'élevage ont aussi beaucoup progressé. Suivent les chiffres significatifs de cette expansion économique fournis par des statistiques de 1987 : la production industrielle et agricole est passée de 180 millions de yuans en 1959 à 900 millions, dont 712 millions pour l'agriculture ; la production de céréales a atteint 467 000 tonnes. Le tourisme a rapporté 56 millions de yuans en chiffre d'affaires, avec un bénéfice

net de 13 millions. « Le développement du tourisme a entraîné celui des transports, des télécommunications, du commerce et des services publics. » Importations et exportations ont augmenté de 36,4 % par rapport à 1986.

« Le développement économique a permis d'améliorer le niveau de vie des Tibétains. La production céréalière annuelle était en moyenne de 300 kg par personne » ; le revenu moyen annuel des agriculteurs et des éleveurs était de 361 yuans ; des éléments de confort, tels que téléviseurs, réfrigérateurs, machines à laver sont entrés dans les foyers. « Les dépôts bancaires des habitants s'élevaient à 1,54 milliards de yuans en mai 1987. »

---

77. Quelles sont les politiques de l'autorité centrale à l'égard du développement économique du Tibet ? En quoi consiste l'aide qu'elle accorde au Tibet ?

Après 1980, une série de mesures souples tenant compte de la réalité du Tibet ont été prises. « Le bas niveau économique et les conditions défavorables du Tibet » obligent l'État à lui accorder une aide importante, qui consiste en :

1. Subventions financières : 12 milliards de yuans entre 1952 et 1986.

2. Travaux d'infrastructure : 3,43 milliards de yuans entre 1952 et 1987.

3. Allocations diverses : 5,91 milliards de yuans entre 1979 et 1986.

4. Exemption ou réduction d'impôts : à partir de 1980, exemption sur l'agriculture, l'élevage, les entreprises collectives et les exploitations individuelles.

5. Aide matérielle : 484 millions de yuans entre 1979 et 1983 (par exemple « 5,3 millions de kilos de thé mis en vente au Tibet » entre 1979 et 1984).

6. Augmentation des crédits accordés aux paysans et éleveurs.

7. « Construction de 21 000 kilomètres de routes desservant tous les districts sauf celui de Metuo [Métog, c'est-à-dire Pémakö, au sud-est].

8. Création d'établissements d'enseignement : 3 d'enseignement supérieur, 14 écoles secondaires professionnelles, 64 lycées, 2 380 écoles primaires. Parmi eux, les établissements pilotes sont des internats. En 1986, le « lycée Beijing-Tibet » a été créé, et 16 provinces et municipalités ont créé des « classes tibétaines ».

9. Envoi d'équipes médicales et sanitaires, totalisant 2 623 personnes entre 1973 et 1987 ; il y a 95 hôpitaux de district et 770 « organismes thérapeutiques employant 8 834 personnes ».

10. Crédits affectés à l'entretien des temples et monastères : plus de 36 millions de yuans, entre 1980 et 1987.

Le Tibet ne fournit aucune contribution financière à l'État, lequel consacre les crédits accordés uniquement au développement de la région et à l'élévation du niveau de vie des Tibétains : les « frais d'entretien des unités de l'armée stationnées au Tibet sont prélevés sur les dépenses militaires nationales ».

---

78. Quelles sont les conditions favorables au développement économique du Tibet ?

Actuellement sous-développé, le Tibet possède « de bonnes conditions pour le développement économique » : il est riche en ressources naturelles (élevage, avec possibilité de développement de l'industrie textile, du cuir, et du traitement des produits animaux), et en ressources minérales (chrome, lithium, borax, gypse, cuivre, fer, charbon, soufre et mica, etc.) ; ses forêts « ouvrent de vastes perspectives à l'industrie du bois » ; sa faune et sa flore médicinale sont réputées. Ses ressources hydrauliques le placent au deuxième rang national, et ses ressources géothermiques au premier rang.

De plus, « le Tibet se trouve sur le toit du monde et ses paysages sont splendides, et les coutumes nationales, originales ». Lieu saint du bouddhisme, ses nombreux monuments religieux et ses monuments historiques « constituent des conditions favorables au développement du tourisme ».

En vertu des droits sur l'autonomie régionale accordés par la Constitution, et de l'autorisation du gouvernement, le Tibet peut adopter des mesures spéciales pour accélérer son développement économique. Enfin, il bénéficie d'une aide importante de la part du gouvernement central et des provinces sœurs.

---

83. Quels sont les obstacles au développement économique du Tibet ?

Les difficultés auxquelles le Tibet est confronté sont : « la faiblesse des forces productives, la pénurie d'énergie, la faiblesse des transports et de l'enseignement, la pénurie de personnes qualifiées, la faiblesse du niveau de gestion et la faiblesse du rendement économique, en plus des conditions naturelles désavantageuses en comparaison avec le reste du pays » ; ce qui explique le bas niveau du revenu moyen des habitants.

Pour y remédier, le comité du Parti communiste chinois pour la RAT et le gouvernement populaire local « demandent à la communauté tibétaine de mettre en pratique la réforme, d'ouvrir ses portes sur l'extérieur et de rendre l'économie dynamique ».

Vegard IVERSEN

1.1. Introduction

En introduction aux questions et réponses sur le développement économique au Tibet, nous devrons considérer le concept de développement à la lumière des conceptions économiques modernes. Le développement, comme nous le verrons, ne peut être dissocié de l'amélioration du bien-être humain, c'est un processus destiné à produire des résultats dans ce domaine. Il s'ensuit que l'évaluation des efforts de développement doit être orientée vers les résultats obtenus en matière de bien-être. Le bien-être est un terme global qui recouvre la santé, le degré d'alphabétisation, les revenus réels, etc. L'objectif des efforts de développement selon l'analyse économique moderne n'est donc pas d'accroître la consommation matérielle, comme le soutient Clarke (1998), mais de produire des améliorations dans l'ensemble beaucoup plus large des dimensions du bien-être. Le maigre discours académique sur le développement du Tibet n'a intégré aucune conceptualisation significative du développement ni admis les principes de base sur lesquels l'évaluation des efforts en matière de développement doit être construite. En bref, on y trouve peu de traces des outils utilisés systématiquement par les universitaires et les praticiens du développement pour le contrôle et l'évaluation des efforts dans ce domaine. Un discours sur le Tibet peut difficilement être dissocié des questions centrales sur le développement partout ailleurs, même si, naturellement, le fait que le Tibet est une zone de haute altitude avec des écosystèmes fragiles, que la culture tibétaine possède des caractéristiques particulières, etc., a un rôle important à jouer. Cela, cependant, doit compléter les préoccupations fondamentales sur le développement, et non se substituer à elles.

Une autre question significative, curieusement absente du discours habituel sur le Tibet, concerne le rôle et les responsabilités de l'État dans un processus de développement. Les gouvernements ont manifestement des responsabilités d'une importance certaine concernant le succès des efforts du développement, qui fondent l'évaluation de la performance de l'État. Notre but est de pointer quelques-unes des carences importantes dans le discours habituel sur le développement au Tibet, et de suggérer des remèdes pour ces insuffisances. La critique qui en résulte s'applique à l'exposé sur le développement au Tibet donné par *Cent questions*, aux autres publications officielles traitant du développement dans ce pays, ainsi qu'au discours académique.

La stratégie de développement national poursuivie par la République populaire de Chine, le rôle du Tibet et d'autres zones des régions de l'ouest dans cette stratégie s'intègrent dans le champ de notre critique et seront donc brièvement exposés. Une perspective régionale permet une comparaison des réussites, au niveau du développement, entre le Tibet et d'autres parties de la Chine, ainsi que d'autres parties du monde. Cette dernière comparaison est importante, car on pourrait conclure à partir des publications chinoises que, sans la prise de pouvoir par la Chine, en 1959, le Tibet serait resté dans son équilibre politique et économique de 1959. Faire de cet équilibre particulier un point de référence pour une comparaison ultérieure est une distorsion qui veut ignorer le simple fait que le monde n'est pas un lieu statique. C'est la performance *relative* de la politique chinoise au Tibet qui est l'objet pertinent de l'enquête.

En imposant un régime de développement particulier, un organisme, dans ce cas un gouvernement, peut inciter mais peut aussi faire obstacle au développement. Les écarts entre une voie optimale hypothétique de développement pour le Tibet et les voies choisies par l'administration actuelle peuvent illustrer ce point.

1.2. Progrès économique et résultats en matière de bien-être

Un grave défaut des premiers débats sur le développement, après la Seconde Guerre mondiale, a été la focalisation étroite sur les conditions d'une politique qui aiderait à stimuler la croissance économique. Le rôle potentiellement important de la croissance pour le développement doit être reconnu, mais l'augmentation de prospérité produite par la croissance est essentiellement un moyen pour atteindre quelque chose d'autre. Alors que la croissance, en ouvrant des opportunités, contribue au développement, elle ne suffit pas à elle seule à couronner de succès les efforts de développement. Sen (1988) affirme que ce succès doit être jugé en fonction des effets sur la vie des gens, c'est-à-dire sur leur niveau de vie ou de bien-être. Ainsi, les indicateurs fondés sur les changements intervenus dans l'ensemble de l'activité économique, tels le PNB *per capita*, ne rendraient compte du développement que si la corrélation statistique entre PNB et indicateurs essentiels du bien-être était suffisamment étroite. Cependant, la coexistence d'un fort taux de croissance et d'un taux élevé de pauvreté dans des pays comme le Brésil milite contre l'idée que la croissance est une panacée pour diminuer la pauvreté.

La recherche d'une interprétation signifiante du concept de développement nécessite donc l'exploration d'autres voies. Sen (1988) fait appel aux définitions de Berlin (1969) de liberté « négative » et « positive » pour expliquer la manière dont des aspects différents de la liberté affectent les chances que les gens ont de mener une vie décente. Les individus jouiront d'une pleine liberté « négative » si ni les autorités ni d'autres ne peuvent interférer dans la conduite de leur vie quotidienne. La liberté « négative » donne donc la priorité au droit des individus à façonner leur propre vie sans ingérence d'autrui (chez les économistes, la liberté négative a été défendue principalement à cause de ses propriétés instrumentales séduisantes ; dans une économie de marché parfaite, une liberté négative totale produira une distribution des ressources efficace). Même si la valeur intrinsèque de la liberté « négative » peut être reconnue, cette notion est insuffisante pour ce qui est d'une conceptualisation satisfaisante de la liberté qui engloberait les nombreux aspects de préoccupations qui s'imposent lorsqu'on raisonne sur le niveau de vie dans les pays pauvres. Ces préoccupations débordent clairement l'absence d'ingérence. Tant que le niveau de vie est concerné, il n'y a pas moyen d'échapper à une focalisation sur les résultats (Sen, 1988, p. 16).

> Une manière de considérer le développement est de le faire en termes de l'extension des libertés réelles dont les citoyens jouissent pour poursuivre les objectifs qu'ils ont leurs raisons de valoriser ; en ce sens, l'aptitude humaine peut être vue, grossièrement, comme la caractéristique centrale du processus de développement (Dreze et Sen, 1996, p. 10).

La notion d'aptitude est « essentiellement celle de liberté : l'éventail d'options qu'une personne a en décidant quel genre de vie [elle veut] vivre » (*ibid.*, p. 11). Ces options constituent une collection de manières de vivre qui dépend des biens de consommation essentiels en possession d'une personne, de la disponibilité de ce que les économistes appellent biens publics, et de la prestation d'une série de services fondamentaux fournis par l'État. La pauvreté en revenus ou des moyens inadaptés pour assurer des rations alimentaires convenables sont des formes de privation d'aptitude, caractérisée par une réduction des chances qu'a un individu d'accéder à une existence meilleure. Par exemple, un homme pauvre dans un pays où existent des libertés civiles est confronté à des restrictions dans son éventail de choix ou de libertés « positives » (Dasgupta, 1993). Les aptitudes ou la gamme des manières de vivre seront affectées de façon significative par l'accès à des services tels que l'éducation et les soins de santé de base. De plus, ces services ont des caractéristiques telles que leur prestation sans une implication gouvernementale active dans les phases préliminaires des processus de développement est improbable. C'est pourquoi ils constituent une responsabilité essentielle du gouvernement.

Cela pourrait mettre un point final à la discussion, mais il y a plus. Des études empiriques provenant de pays en développement ont montré que les investissements dans l'éducation primaire sont des investissements à haute rentabilité économique. Même si un gouvernement, dans un pays en développement, suit un programme étroit limité à maximiser la croissance économique, les investissements de base dans l'éducation élémentaire devraient constituer l'une de ses priorités majeures (pour une vue d'ensemble critique de cette documentation, voir Schultz, 1988 et 1993, et Psacharopoulos, 1994).

Ces observations font de l'éducation primaire et des soins élémentaires de santé de bons indicateurs pour juger des orientations des gouvernements en matière de développement. Il pourrait être tentant de soutenir que la liberté « négative » peut avoir moins d'importance si elle n'est pas accompagnée par des modifications dans les libertés « positives » ou les aptitudes. Il faut résister à cette tentation, car il est difficile de prétendre avec objectivité que les libertés individuelles – politiques et autres – sont dépourvues de valeur intrinsèque. Une autre question est de savoir si les droits politiques entrent pour quelque chose dans le développement. Les études sur les famines ont émis l'hypothèse que les libertés politiques contribuent à la prévention des famines (voir Dreze *et al.*, 1995). La preuve existe aussi, cependant, de corrélations effectives entre la liberté « négative », plus spécifiquement les droits politiques, et d'autres dimensions du bien-être, ce qui suggère que les droits politiques et civils contribuent tout autant au développement (Dasgupta, 1993).

C'est dans cette interaction entre la liberté « positive » et la liberté « négative » qu'il faut rechercher des éclaircissements sur l'évolution des résultats en matière de bien-être (Dasgupta, 1993). En conclusion, les efforts de développement nécessiteraient de provoquer de telles évolutions, et l'évaluation de leurs effets serait inadéquate sans tenir compte des augmentations survenues ou non dans le domaine des libertés « positive » et « négative ». Il existe un certain nombre d'outils à notre disposition pour contrôler de telles évolutions, nous en passerons brièvement quelques-uns en revue dans la section 4 ci-dessous. Mais nous devons d'abord considérer le rôle de l'État avec un peu plus d'attention.

1.3. Le rôle de l'État dans un processus de développement

Une interprétation extrême de la liberté « négative » pourrait signifier un sacrifice des bénéfices mutuels dans une coopérative à risques. Les gouvernements ont le pouvoir d'imposer des taxes et de réguler les activités économiques à hauts niveaux de nuisances (externalités négatives). En retour, les contrats sociaux implicites, dont ces pouvoirs peuvent être partie intégrante, assignent aux gouvernements des obligations ou des devoirs. Il y a peu de doute que les gouvernements, dans ce que l'on peut appeler, en gros, les pays en développement, ont été bien loin de remplir leurs obligations idéales, et qu'ils ont souvent exercé des responsabilités importantes avec peu d'efficacité et de succès. Simultanément, cependant, la documentation sur le développement fournit d'amples preuves de ce qu'un gouvernement compétent et scrupuleux, même avec des ressources limitées, peut réaliser (des exemples notables sont l'État du Kerala en Inde, Sri Lanka et la Chine ainsi que nous le verrons plus tard). Si l'on suit Dasgupta (1993, p. 26), un problème majeur en philosophie politique est de déterminer le dosage correct de gouvernement, de marché, d'activités communautaires et d'activités domestiques ; et la question de savoir pour quelles responsabilités les gouvernements ont de bonnes compétences détermine un domaine approprié à l'engagement gouvernemental.

Selon la Banque mondiale (discussion lors d'une table ronde non technique sur « Development Strategies : The Roles of the Public and Private Sector », entre A. Sen, N. Stern et J. Stiglitz ; Stern, 1991, et Dasgupta, 1993), les responsabilités cruciales des gouvernements dans les sociétés en développement comprennent : *a)* la mise à disposition des « biens publics » et la correction des autres défauts du marché ; *b)* la prestation d'une série de services de base ; *c)* la mise à disposition de réseaux de sécurité sociale [1]. Ici, les

1. Le plan fiscal inclut les taxes pour la réglementation des activités privées à externalités positives et négatives, y compris les activités nuisibles à l'environnement. Contrairement à la croyance populaire, les économies libérales peuvent

points *b* et *c* renvoient à une série de responsabilités gouvernementales que peu de théoriciens du développement rejetteraient.

Les biens publics et les autres défauts du marché attribueront à la responsabilité de l'État la fourniture d'infrastructures (pour une vue d'ensemble sur la question des taxations dans les pays en développement, voir Ahmad et Stern, 1991). Routes, électricité, câbles, approvisionnement en eau potable, constituent l'infrastructure de la communauté. La mise à disposition de ces biens, appelés monopoles naturels, implique des coûts fixes substantiels. Ce qui est important, de notre point de vue, c'est que la fourniture d'une infrastructure de base sera entravée si elle est laissée au secteur privé (Dasgupta, 1993, p. 147). Sans vouloir affiner cet argument, ce qui est possible sur la base de la documentation existante, il suffit de dire que les gouvernements, dans les premières étapes des processus de développement, doivent être fortement impliqués dans l'établissement de l'infrastructure de base.

De plus, on peut affirmer qu'une définition raisonnée des responsabilités gouvernementales y inclurait l'éducation primaire et secondaire et les soins de santé élémentaires dans les premières phases des processus de développement. L'État serait le seul agent crédible pour assurer leur développement. On arriverait à une conclusion similaire sur la base des droits à l'éducation et aux soins de santé (Stern, 1991). Il y a d'autres arguments théoriques en faveur d'un État proactif dans les premières étapes d'un processus de développement ; cela n'affecte pas la nature de l'argumentation que nous suivons.

1.4. La mesure des résultats en matière de bien-être

Le rôle de la liberté, « positive » et « négative », dans les évaluations du bien-être a été indiqué plus haut. Pour la première, les moyens à travers lesquels des progrès du bien-être peuvent être réalisés ont été illustrés par le revenu réel, la santé et l'éducation. La présente section traitera de quelques principes élémentaires pour

beaucoup contribuer aux débats sur l'environnement avec un fort accent sur le rôle régulateur de l'État.

l'évaluation et le contrôle des processus de développement, selon la conceptualisation du développement évoquée ci-dessus.

Les mesures de la pauvreté sont largement appliquées dans la recherche, comme outils pour aider les gouvernements et d'autres organismes dans la planification des interventions, et pour le contrôle de l'efficacité des programmes destinés à soulager la misère. Un fondement de ces mesures est la définition d'un foyer comme pauvre si son revenu est insuffisant pour acheter un panier des produits qui satisferaient le minimum de ses besoins nutritionnels. Des dispositions peuvent être prises pour étendre la définition et y inclure raisonnablement d'autres besoins de base, ce qui définit un seuil de pauvreté.

Le recensement fournit alors le pourcentage de la population vivant sous le seuil de pauvreté. Des données d'enquêtes donnent des estimations sur la pauvreté pour d'autres régions de Chine, mais n'ont pas, selon Lafitte (1999), donné d'informations pour le Tibet. Il existe cependant une estimation officielle disponible pour le Tibet, sur laquelle nous reviendrons plus tard. La profondeur ou la gravité de la pauvreté d'une personne ou d'un foyer peuvent être mesurées par le déficit des revenus des gens pauvres. La mesure de l'écart des revenus fournit une information sur la proportion dans laquelle le revenu moyen des pauvres doit augmenter pour que la pauvreté disparaisse. Pour d'autres régions de Chine, des estimations des familles en état d'extrême pauvreté sont présentées, mais il n'y a pas de chiffres disponibles pour le Tibet (Lafitte, 1999). Nous pourrions pousser la discussion beaucoup plus loin, mais nous nous en abstiendrons (la documentation sur la pauvreté est vaste. Pour une vue générale de bonne tenue et accessible, voir Ravallion, 1992).

En mettant en place des mécanismes de contrôle, les variations dynamiques de la pauvreté et sa profondeur peuvent être mesurées et fournir de précieuses informations sur l'impact d'une politique sur la pauvreté, en même temps que la possibilité d'identifier les secteurs où des interventions ou des ajustements de cette politique sont particulièrement recommandés.

Des données sur la santé et la situation nutritionnelle fournissent des informations pertinentes pour l'évaluation du bien-être. Les mesures anthropométriques, en plus d'être relativement faciles à mettre en œuvre, sont utiles pour prévoir les risques de santé de l'adulte et de l'enfant. La taille par rapport à l'âge, et le poids par rapport à la taille aident à prévoir la morbidité et la mortalité chez les enfants, et l'importance des études utilisant des indicateurs anthropométriques telles que les études sur les enfants au Tibet, par Harris *et al.* (1996), ne pourra jamais être assez soulignée.

L'indice de masse corporelle (IMC), conseillé pour évaluer la situation nutritionnelle courante des adultes, ne nécessite que les mesures de taille et de poids.

Deux autres catégories majeures d'indicateurs de santé qui peuvent fournir aux décideurs politiques des informations précieuses sur la mortalité et la morbidité sont d'un usage fréquent : la longévité ou l'espérance de vie moyennes reflètent la durée de vie que l'on peut attendre d'un nouveau-né. De plus, les données concernant la mortalité des nourrissons, c'est-à-dire la mortalité durant les douze premiers mois de vie, et celles concernant la mortalité infantile, c'est-à-dire avant l'âge de cinq ans, peuvent renseigner les décideurs politiques sur les déficiences importantes dans les standards d'hygiène, les habitudes nutritionnelles, la qualité des soins de santé ou l'éducation, pour donner quelques exemples.

Dans les pays en développement, la grossesse et la naissance sont fréquemment associées à de hauts risques, et les données sur la mortalité maternelle sont utiles pour évaluer la qualité des soins donnés aux mères. L'efficacité des programmes d'éducation peut être contrôlée à travers les chiffres de l'alphabétisation, et à travers un contrôle strict de l'inscription et de l'assiduité à l'école des garçons et des filles des différents groupes d'âge et des différentes origines socioéconomiques ou ethniques. Les données sur l'infrastructure de l'éducation fournies par *Cent questions* peuvent ainsi compléter, mais en aucun cas remplacer, de telles informations fondamentales. Par ailleurs, les exemples d'indicateurs donnés ci-dessus ne sont pas exhaustifs.

Ce qui est important, c'est qu'un grand choix d'outils est disponible pour identifier les besoins et pour s'assurer que leur satisfaction résulte des programmes engagés. Bien entendu, il est possible de disjoindre les données et de calculer les indicateurs par groupes de population, par zones rurales et urbaines, et par sexe. L'absence de telles informations laisse le monde extérieur dans l'ignorance de l'état des conditions de vie de base au Tibet, et rend la planification publique beaucoup moins efficace qu'elle n'a besoin de l'être. Tout cela est plutôt élémentaire, mais l'absence de discussions centrées sur les données du Tibet, du bien-être de base, rend nécessaire de formuler ce que beaucoup trouveront évident.

L'indice de développement humain (IDH) du Programme des Nations unies pour le développement (PNUD, UNDP en anglais) est un exemple d'indice de bien-être qui vise à mettre en œuvre le développement en combinant les données sur le revenu, l'espérance de vie et l'éducation (voir UNDP, 1994, pour les calculs des indices régionaux de développement humain pour la Chine). Dans la terminologie ci-dessus, l'IDH représente un indice qui mesure les libertés « positives » ou les aptitudes. Pour des valeurs entre 0 et 1, l'IDH donne une base pour classer les performances. Il est aisé de critiquer cet indice. Par exemple, la longévité en dit plus sur la quantité que sur la qualité de la vie, et le revenu moyen est tout aussi inadéquat. Les écologistes prétendront que cet indice ne prend pas en compte la qualité des ressources de l'environnement et leurs modifications.

L'IDH ne tient pas compte non plus des modifications de liberté « négative ». Pour les pays et les régions du monde où les violations des libertés de base sont très importantes, cela représente un grave défaut de l'indice, qui peut être compensé par une information supplémentaire sur les droits politiques et les libertés civiles. Alors que le gouvernement de la République populaire de Chine obtient, dans d'autres régions de Chine, des réussites impressionnantes par rapport à l'extension de la liberté « positive » ou des aptitudes, la valeur intrinsèque de la liberté « négative » a été peu prioritaire dans la politique de développement de ce pays.

Cependant, les rapports chinois sur la liberté « positive » en dehors du Tibet établissent une base d'évaluation de ce qu'un gouvernement chinois orienté vers le développement peut réaliser. En fait, les réussites de la Chine en termes de prestation de services fondamentaux, comme l'éducation et les soins de santé, ont été soulignées dans d'importantes études comparatives de la Chine et de l'Inde. Nous reviendrons sur ces études un peu plus loin.

À ce stade, il suffit de faire les observations suivantes : si l'évaluation des efforts de développement et les effets des politiques de développement sont le sujet des chapitres sur le développement économique dans *Cent questions*, l'exercice est loin de répondre à ce que l'on pouvait raisonnablement espérer. Mais il existe des témoignages pour compléter les informations fournies, et, malgré leurs graves défauts, ils apportent des informations essentielles sur la situation du développement au Tibet.

2.1. Contexte de la Région autonome du Tibet

La Région autonome du Tibet couvre une superficie de 1 200 000 kilomètres carrés. En bref, le plateau nord, ou Changthang, englobe la plupart des régions de haute altitude ; le plateau central environnant Lhasa, la capitale, comprend les zones de production agricole les plus importantes, et le plateau sud-est, ou pays des gorges, est riche en ressources forestières. Les zones propices à l'agriculture sont limitées à environ 2 % de la superficie totale, et situées principalement dans les régions centrales et les vallées. C'est là que vit la plus grande partie de la population tibétaine (2,4 millions de personnes). L'agriculture et l'élevage – associé ou non à l'agriculture – sont les principales composantes traditionnelles des revenus ruraux. Le Tibet compte environ 500 000 pasteurs nomades (Goldstein et Beall, 1989).

Le sud-est de la Région autonome du Tibet comprend la deuxième plus vaste zone de la biomasse forestière de la Chine. Si l'on se réfère à la réponse chinoise à la question 78, le Tibet possède des forêts luxuriantes de grande valeur économique. La RAT est également riche en minéraux dont, pour quelques-uns, les réserves sont rares ou en voie d'épuisement dans d'autres régions de Chine. Les gisements de chrome et de cuivre sont au premier rang à l'échelon national (*Beijing review*, n° 20, 1991, p. 21). Le Tibet possède aussi les plus importants gisements de borax et d'uranium du monde et la moitié des réserves mondiales de lithium. La valeur potentielle des minéraux est considérable, et l'un des objectifs en établissant la Région autonome du Tibet en zone économique spéciale, était d'accroître les activités minières dans les zones nord et ouest de la région. Le potentiel hydroélectrique de la Région autonome du Tibet est considéré comme étant le plus important en Asie et l'un des plus importants dans le monde.

De plus, le Tibet a un riche héritage culturel et écologique, avec des ressources uniques en faune sauvage. Plusieurs parcs nationaux ont été créés, dont la Changthang Wildlife Reserve, créée en 1992, qui couvre une superficie de 300 000 kilomètres carrés. On y trouve des yaks sauvages, des ânes sauvages tibétains *(kyang)*, des antilopes tibétaines, des gazelles, des bharals, des argalis, ainsi que des prédateurs tels que léopards des neiges, loups et ours bruns (Miller, 1994).

2.2. Le Tibet et la politique régionale chinoise

Pour promouvoir l'efficacité des investissements et accroître le taux de croissance, les économistes de l'Académie chinoise des sciences sociales ont préconisé une stratégie de développement industriel en deux phases sur vingt ans, qui implique une voie de développement régional inégale, et où les régions côtières sont désignées comme points centraux dans la première partie du processus. Au début du XXIe siècle, l'effort sera mis sur l'ouest, avec le Yunnan, le Xinjiang et le Qinghai comme bases industrielles importantes (Hsu, 1991). Dans ce modèle, on assigne aux régions occidentales le rôle de fournisseur de matières premières pour les régions côtières.

Sur cette question, le secrétaire du Parti, Zhao Ziyang, a fait en 1988 la déclaration suivante :

> Notre but est de rechercher la prospérité commune pour toutes les nationalités, mais cela ne peut être réalisé simultanément. Pour le présent, l'Ouest doit fournir les matières premières à l'Est et, en retour, offrir un marché prêt pour les marchandises que l'Est produit.

Le prix d'achat des matières premières est donc essentiel quant à la croissance et à la distribution du revenu entre le Tibet et les autres provinces ouest et côtières de la Chine. Le point essentiel est bien exprimé par Xia Shen (1988 ; cité d'après Hsu, 1991) :

> Cela n'a aucun sens que les provinces intérieures de la Chine exportent leurs matières premières industrielles vers les pays étrangers quand les propres usines des régions orientales de la Chine sont affamées à cause de la pénurie de ces matières. La Chine peut gagner beaucoup

plus dans les échanges avec l'étranger quand des produits manufacturés sont exportés plutôt que des matières premières. Naturellement, il faut trouver un mécanisme pour partager avec les régions qui produisent ces matières premières les profits des échanges avec l'étranger.

L'extraction et le transport des matières premières des régions occidentales aux régions orientales est une politique officielle et délibérée. Si le prix est inférieur à ce que les régions occidentales pourraient obtenir sur les marchés mondiaux, net des frais de transport, les régions occidentales subventionneraient *de facto* le développement industriel à l'est. Ces subventions implicites peuvent n'apparaître dans aucun budget officiel, mais elles représentent des pertes de revenus pour les régions productrices.

En outre, pour un produit comme la laine, l'article commercialisé le plus important parmi les pasteurs nomades, Goldstein et Beall (1989) n'ont pu obtenir les chiffres du bénéfice fait sur les quotas que les nomades sont contraints de fournir aux bureaux de commerce du comté, puisque les chiffres du commerce sont secrets en Chine. Les estimations suggèrent cependant une modeste plus-value de 53 % du montant perçu par les nomades de Phala (comté de Ngaring, Tibet occidental). Mais pour le cachemire, la plus-value était estimée à 360 %. Ce sont, bien entendu, des subventions cachées qui passent des régions occidentales aux parties orientales de la Chine, et qui n'apparaîtront pas dans le type de statistiques que *Cent questions* offre. Il faut souligner qu'une politique dans laquelle les régions occidentales fournissent un approvisionnement en matières premières aux parties orientales de la Chine peut s'écarter de manière significative d'une stratégie de développement dans le meilleur intérêt de l'Ouest.

Comme peu d'informations sur les pratiques de transfert de ressources et de prix d'achat sont disponibles, c'est un domaine qui demande plus ample attention de la part des chercheurs.

Alors que le développement industriel du Tibet sous domination chinoise a été très limité, et que l'exploitation des abondantes ressources minérales y a été, jusqu'à présent, très réduite, le secteur forestier a été, quant à lui, lourdement exploité (pour un bon rapport sur ce sujet, voir Winkler, 1997).

2.3. L'état du développement au Tibet

La question 77 aborde la politique suivie et l'assistance fournie par le gouvernement central pour le développement économique du Tibet. Il est instructif de diviser le temps écoulé depuis 1959 en deux périodes, avant et après 1980, parce que cette date coïncide avec la mise en route des réformes du marché en Chine et la mission d'enquête du secrétaire du Parti, Hu Yaobang, au Tibet.

Le gouvernement central soutient qu'il a aidé le Tibet à travers un grand nombre de mesures et de subventions. Selon *Cent questions*, le gouvernement central a accordé 12 milliards de yuans de subventions financières ; 3,4 milliards d'investissements en capital et 5,9 milliards en assistances diverses. De tels chiffres sont d'un intérêt limité s'ils ne sont pas accompagnés de données plus détaillées.

Pour la période précédant 1980, les remarques faites par Hu Yaobang après sa visite au Tibet peuvent être utilisées comme une approximation grossière de l'état des choses au Tibet dans les années quatre-vingts :

> En regard d'autres provinces et d'autres régions autonomes du pays, il est manifeste qu'au Tibet le niveau de vie des gens est très en retard. Cela signifie que le fardeau des masses doit être considérablement allégé.
>
> Des mesures politiques spécifiques et flexibles appropriées aux conditions du Tibet doivent être mises en œuvre sur tout le front économique de la région, incluant l'agriculture, l'élevage, les finances et les échanges, le commerce, l'artisanat et les communications, ceci dans le but de promouvoir rapidement le développement économique du Tibet.
>
> L'éducation n'a pas bien progressé au Tibet. En tenant compte des caractéristiques spéciales du Tibet, des efforts devraient être faits pour créer des universités et des écoles primaires et secondaires dans la région (Goldstein et Beall, 1989, pp. 625-626).

Ces observations peuvent être vérifiées à partir des données sur le développement industriel et les réalisations scolaires. Il reste à répondre à la question de savoir si la période suivant la réforme a apporté des changements significatifs. Nous aurons davantage à en dire plus loin.

2.4. L'expansion de Lhasa

Ainsi que Rong Ma (1997) et Lafitte (1999) l'ont noté, on peut déduire de la rapide expansion de Lhasa certaines des priorités gouvernementales. La superficie de Lhasa, sous l'effet de constructions incessantes, a plus que décuplé, passant de deux kilomètres carrés en 1964 à 25-30 kilomètres carrés en 1994 [1]. Une caractéristique de la décennie suivant 1980 a été l'afflux de Chinois han dans la capitale et les régions environnantes. Les habitants d'autres régions de la Chine sont encouragés à émigrer au Tibet par une série d'incitations financières qui grèvent de manière importante le budget du gouvernement de la Région autonome du Tibet.

Rong Ma (1997, p. 181) rend compte des dépenses du gouvernement de la Région autonome du Tibet sur la période 1960-1993. Le *tableau 1* résume les chiffres en monnaie constante (*i. e.* non ajustés à l'inflation), avec le pourcentage des dépenses totales entre parenthèses.

Le tableau présente les principaux postes du budget et la part en pourcentage de chaque poste sur la période 1960-1993. Pour la période 1980-1993, ces postes couvrent au moins 84,5 % des dépenses totales du gouvernement de la Région autonome du Tibet. Les chiffres démontrent l'expansion rapide, en monnaie constante, des dépenses gouvernementales sur la période 1980-1993. Mais cette période a aussi connu une inflation excessive sur les biens de consommation importants, ce qui rend les chiffres difficiles à interpréter. Selon Rong Ma (1997, p. 180), le poste budgétaire « Services culturels » représente les investissements en ressources humaines dans l'éducation, les soins de santé, la recherche scientifique et les sports. Ce poste a donc des implications potentielles de bien-être ; l'efficacité de la politique et des dépenses d'éducation dans les

1. D. Bronger, présentation lors d'une table ronde sur les stratégies de développement à soutenir au Tibet contemporain. Université de Brandeis, 8-11 mai 1999. Voir aussi Leckie, 1994.

Tableau 1

Dépenses du gouvernement de la TAR 1960-1993 (millions de yuans)

	1960	1965	1970	1975	1980	1985	1990	1991
Administration (1)	18,4 11,9 %	29,0 25,6 %	24,9 23,5 %	38,7 16,1 %	76,0 16,3 %	132,5 12,9 %	196,5 15,2 %	342,8 15,8 %
Services culturels (2)	6,0 3,8 %	12,7 11,2 %	10,6 10,0 %	34,3 14,3 %	77,0 16,5 %	171,0 16,6 %	286,5 22,2 %	411,2 19,3 %
Unités industrielles (3)	2,6 1,7 %	5,3 4,7 %	5,2 4,9 %	28,1 11,7 %	61,3 13,2 %	109,0 10,6 %	135,1 10,4 %	95,4 4,4 %
Contruction (4)	75,1 48,6 %	36,5 32,3 %	46,2 43,5 %	81,6 34,0 %	157,2 33,7 %	342,4 33,6 %	146,5 11,3 %	368,2 17,0 %
Autres (5)	4,0 2,6 %	5,9 5,2 %	1,6 1,5 %	2,9 1,2 %	48,3 10,4 %	137,2 13,3 %	351,8 27,2 %	604,0 28,0 %
TOTAL % du total	154,5	113,1	106,1	240,2	466,0	1029,4	1292,4	2160,0
(1)+(2)+(3)+ (4)+(5)	68,6 %	79,0 %	83,4 %	77,3 %	90,1 %	87,0 %	86,3 %	84,5 %

années quatre-vingts peut être évaluée sur la base des données des recensements de 1982 et de 1990.

Quant à la part des dépenses attribuées aux unités industrielles, elle a été irrégulière sur cette période. Dans la question 76, les auteurs de *Cent questions* soutiennent qu'il y a eu des progrès substantiels dans le secteur industriel du Tibet, avec création de 26 000 emplois [1]. Mais Rong Ma (1997, p. 184) déclare que le développement industriel au Tibet a été, en réalité, très limité. Dans le secteur rural, Walker (1989) fait état d'un poids industriel d'une valeur totale de 1,1 % en 1986, le chiffre le plus bas de toutes les provinces de Chine. L'industrialisation limitée qui a eu lieu jusqu'en 1986 a donc été un phénomène essentiellement urbain. De plus, la majorité des travailleurs dans les emplois industriels sont des

1. Ce chiffre ne figure pas dans l'édition française, mais dans l'édition anglaise *(les éditeurs)*.

Chinois, ce qui rend les effets de l'industrialisation sur l'emploi pratiquement négligeables pour les Tibétains.

En termes d'autres types de politique économique, le potentiel de développement de secteurs clés au Tibet n'a pas été utilisé. Il fait peu de doute, par exemple, que la présence de l'État chinois au Tibet a représenté un obstacle direct au développement de l'industrie du tourisme. Au Népal voisin, les revenus de l'industrie touristique se sont montés à plus de 24 % du total des revenus des échanges extérieurs en 1989-1990. Le nombre approximatif de touristes étrangers qui ont visité le Tibet de 1985 à 1989 a été d'environ 23 000, alors que le Népal a reçu 273 000 touristes en 1991. Au Népal, les revenus globaux de l'industrie ont atteint 73 millions de dollars US. De plus, le potentiel économique de l'artisanat tibétain n'a pas été bien appréhendé dans ce processus rigide de planification. Au Népal, le développement de l'industrie du tapis tibétain a commencé par une coopération entre des donateurs étrangers et la communauté tibétaine réfugiée. En 1989-1990, la valeur des exportations de tapis tibétains du Népal s'élevait à 74 millions de dollars US, et elle a augmenté au début des années quatre-vingt-dix. En 1989, le montant des exportations de tapis de la Région autonome du Tibet était d'environ 11 000 dollars US (Tibet Autonomous Region, *Statistical Yearbook*, 1990, p. 38).

Le tableau 1 montre qu'en dehors de l'administration, concentrée dans la capitale, le gouvernement a investi essentiellement dans la construction. La construction de routes a constitué probablement une part considérable de ces investissements, et le réseau routier au Tibet s'est développé rapidement après 1959. L'expansion rapide de Lhasa, due en partie à la croissance de l'emploi dans le secteur public et en partie aux affaires et au commerce, a nécessairement d'autres ramifications.

2.5. Quelques considérations macroéconomiques

Concernant les problèmes de la différentiation sociale et de l'afflux de travailleurs chinois dans la Région autonome du Tibet, Clarke (1987, p. 40) soutient qu'à un premier niveau d'analyse, leur impact peut être considéré comme positif. Il soutient en outre que le nombre élevé de Chinois au Tibet n'est pas une expérience uniquement chinoise ou tibétaine ; c'est tout aussi vrai en ce qui concerne la modernisation réalisée par l'Occident en Afrique et en Asie (le nombre total de travailleurs au titre de l'aide à l'Afrique est d'environ 80 000, le nombre de Chinois à Lhasa seule est probablement plus élevé). Le mouvement de population au Tibet est parallèle à celui de mouvements similaires dans d'autres régions de Chine, y compris la Mongolie intérieure, et plus récemment le Xinjiang (concernant ce dernier, voir Lafitte, 1999. Sur la Mongolie intérieure, voir aussi *The Economist*, 1999). À un certain degré d'abstraction, l'expansion rapide de Lhasa peut être considérée comme une combinaison de deux chocs macroéconomiques. Le premier est un boom de la construction dans une aire géographique limitée. Le second est une injection d'argent liquide et de personnel, produite par un accroissement dans le secteur public des postes administratifs.

La construction publique est un exemple de politique fiscale en expansion dont on attendrait, dans un cadre macroéconomique standard, une augmentation de la demande collective, de l'activité économique et de la production. Ce choc a des effets de premier ordre, et multiplicateurs. Un boom dans la construction devrait invariablement avoir comme résultat un accroissement de nouvelles possibilités d'emplois urbains, avec des implications dépassant les limites de la capitale. Une injection d'argent liquide et de personnel peut avoir, en revanche, des effets tout à fait différents. La composition et les préférences de la main-d'œuvre influenceront les effets au niveau de l'activité économique tout entière. Si la consommation urbaine comprend une forte proportion de produits importés, l'effet d'expansion du choc sera modifié. Une partie de l'augmentation de la demande « s'échappera » donc vers d'autres régions de Chine et, si les préférences favorisent fortement des marchandises produites ailleurs, cela limitera les effets sur l'économie locale.

En outre, avec des contraintes d'approvisionnement dans les marchés importants, un accroissement rapide de la population pourrait entraîner une poussée des prix. La présence de telles contraintes dans la production de nourriture semble probable d'après les données de la production de grain dans les années quatre-vingts. Selon les niveaux de production à la fin des années soixante-dix, il semble qu'il n'y ait pas eu, avant 1989, de réponse significative des producteurs de grains.

Un taux d'augmentation annuelle de 0,8 % dans la production de grain, de la fin des années soixante-dix à quatre-vingt-dix, est difficilement la preuve de réformes ayant eu un fort impact sur la production. Étant donné ce qui apparaît être une réponse très limitée des paysans, on devrait s'attendre à ce qu'un afflux rapide de population vers la capitale provoque des pressions inflationnistes sur les marchés alimentaires. Selon Schwartz (1997, p. 156), les prix du marché libre pour les grains ont augmenté dans les zones urbaines de 110 %, 153,2 %, 140,6 %, et 129 % respectivement dans les années 1986, 1987, 1988, et 1989. L'État, à la suite de cette expérience, a importé des grains pour stabiliser les prix du marché libre.

Une hausse des prix du grain, toutes choses étant égales, profitera aux producteurs de grain. Une évaluation des effets en termes de bien-être sur d'autres producteurs ruraux, par exemple les familles de pasteurs, nécessiterait de comparer l'évolution des prix des produits d'élevage à ceux de grain et à un indice général des prix. Mais pour les consommateurs citadins, l'augmentation du prix de la nourriture érode les salaires réels ; les effets des hausses de prix du milieu des années quatre-vingts peuvent avoir été cruels pour les familles citadines vulnérables. À notre connaissance, il n'y a pas d'estimation de la pauvreté urbaine au Tibet. Rong Ma (1997) rapporte cependant les résultats d'une enquête qu'il a conduite à Lhasa, dans laquelle 38,5 % des chefs de famille tibétains interrogés

Tableau 2
Production totale de grain, 1977-1990 (milliers de tonnes) :
State Bureau of Statistics (1992)

1977	500	1984	494
1978	513	1985	531
1979	423	1986	454
1980	505	1987	467
1981	484	1988	508
1982	448	1989	550
1983	369	1990	555

ont répondu « pas de travail », ou « pas de travail stable », ce qui conduit à penser qu'il y a probablement un nombre significatif de familles vulnérables dans la capitale.

2.6. Le bien-être dans les zones rurales de la Région autonome du Tibet

Le Tibet rural a été soumis à plusieurs vagues de mesures politiques depuis 1959, quand les monastères perdirent leur mainmise sur les avoirs fonciers. Mais la possibilité d'une liberté économique accrue a été barrée par d'autres institutions qui ont continué à exercer un contrôle considérable sur les prises de décisions économiques, individuelles et familiales.

Le Grand Bond en avant, qui a commencé en 1958 en Chine, les années de la Révolution culturelle et la période succédant à la mise en route des réformes du marché, en 1979, représentent des lignes politiques et des périodes d'intérêt majeur. La collectivisation de l'agriculture en Chine durant le Grand Bond en avant a été l'une des expériences les plus coûteuses en souffrance humaine dans l'histoire du développement de l'après-guerre. Dans la période 1958-1961, une mauvaise planification de la part du gouvernement a abouti à une famine d'une ampleur jamais connue en Chine durant ce siècle. L'Annuaire statistique de Chine (1990) rapporte un taux officiel de mortalité de 25,4 % en 1960, ce qui suggère une mortalité supplémentaire de 9 millions de personnes pour cette seule année. Il est difficile de vérifier les conséquences, pour le Tibet, de cette expérimentation à grande échelle.

La politique de collectivisation de l'agriculture par l'introduction des communes rurales a été officiellement démantelée au Tibet au début des années quatre-vingts. La terre et le cheptel ont été distribués aux membres des communes sous le système de responsabilité familiale. Le démantèlement du système communal de propriété de la terre et l'attribution de biens fonciers individuellement aux familles devraient représenter un changement positif. Les réformes agraires, si elles sont menées d'une manière sensée, sont une démarche progressive vers l'égalité ; elles ont constitué des éléments importants et couronnés de succès dans les stratégies pour réduire la pauvreté dans des pays d'Asie, y compris la Corée du Sud, le Japon et la Chine en général. Le système de responsabilité familiale consiste en un contrat entre les familles et le gouvernement sur le droit à cultiver la terre mais semble en pratique impliquer un bail de longue durée. De plus amples données sur la manière dont les réformes ont été appliquées sont rares, et il faudrait examiner dans quelle mesure elles sont fiables (Schwartz, 1997 et Osmaston, 1997 ont interrogé chacun une poignée de familles). L'année 1979 est l'année de référence pour l'introduction des réformes extensives du marché en Chine.

L'information sur les revenus paysans a été fondée sur quelques cas étudiés et sur des statistiques officielles. La fiabilité de ces dernières pose un problème, comme le démontrent les cas étudiés. Osmaston (1997) et Schwartz (1997) fournissent des témoignages individuels utiles pour l'élaboration d'hypothèses, mais sur une échelle trop limitée pour qu'ils puissent être interprétés comme preuves, ainsi que le reconnaissent ces deux auteurs. De leur côté, Goldstein et Beall (1989) étudient les effets des réformes sur les nomades (pasteurs uniquement) du plateau du Nord (Changthang).

L'étude de Osmaston (1997) couvre le village de Jangté, situé au centre de la vallée de Lhasa. Un pan important de la politique gouvernementale sous les VIIe et VIIIe (1991-1995) plans quinquennaux a consisté à intensifier la production agricole dans les régions centrales comprises dans le projet « Un fleuve-deux rivières », c'est-à-dire les vallées du Yarlung Tsangpo, de la rivière de Lhasa et du Nyangchu. L'objectif de ce projet était d'étendre l'accès à l'irrigation, à la fois pour l'agriculture et pour améliorer les pâturages. Selon Osmaston, dans le passé, les rendements de grain étaient autour de 1,5 à 2 tonnes d'orge à l'hectare. Dans les zones qui bénéficient de possibilités d'irrigation, dont Jangté est un exemple, la production moyenne de grain est de 3 tonnes à l'hectare. C'est en dessous du record officiel de 4,5 tonnes à l'hectare, mais cela indique une croissance du rendement. De plus, le fort essor – dont nous avons parlé plus haut – des activités économiques à Lhasa, a créé des possibilités d'emplois en ville pour les villageois. Cela apparaît cependant comme un simple effet secondaire de l'expansion de Lhasa plutôt que comme le reflet d'une politique économique dont le but principal serait de générer davantage d'emplois. La dérégulation des prix, accompagnée d'une forte demande de

. Le monastère de Samyé : état après la Révolution culturelle
photo K. Buffetrille, 1986).

. Le monastère de Samyé après restauration (photo K. Buffetrille, 1989).

3. Promesse d'un avenir radieux pour le Tibet sous l'égide des trois guides : Mao Zedong, Deng Xiaoping et Jiang Zemin, sur fond de Potala (photo L. Paradise, 2001).

4. Assemblée monastique d'un genre nouveau dans les ruines du monastère de Ganden : séance d'éducation politique (photo K. Buffetrille, 1987).

5. Décharge publique au pied du monastère de Séra, près de Lhasa (photo L. Paradise, 2001).

6. Plan d'urbanisation de la zone de la décharge (photo L. Paradise, 2001).

7. Construction d'une charpente traditionnelle à Samyé (photo K. Buffetrille, 1987).

8. Restauration de peintures murales à Samyé (photo K. Buffetrille, 1987).

9. Exemple de *mandala* (« cosmogramme ») traditionnel (collection particulière).

10. Peintures modernes, école de Kandzé, reprenant le type du *mandala* pour des thèmes laïcs (photos J. N.).

11. Élégantes chinoises à Lhasa ; le conducteur du *rickshaw* est également chinois (photo L. Paradise, 2001).

12. Supermarché à Lhasa, près du Jokhang, construit sur l'emplacement d'une maison noble (photo K. Buffetrille, 1994).

13. Rituel au dieu du terroir à Rebkong, Amdo (photo K. Buffetrille, 1999).

14. La modernité à Lhasa : reflet du Potala dans un immeuble récent (photo K. Buffetrille, 1997).

15. Bar de style hollandais à l'entrée de la ville (photo L. Paradise, 2001).

16. Une nomade à Markyang, comté de Nyémo, RAT (photo K. Buffetrille, 2000).

17. Jeune citadine à Lhasa (photo K. Buffetrille, 2000).

18. Nouvelle mosquée en construction à Lhasa, financée par l'Arabie Saoudite ; devant, des éventaires de commerçants musulmans (photo L. Paradise, 2001).

19. Place aménagée devant le Potala. À droite, la colline du Cagpori où se trouvait le Collège de médecine, rasé et remplacé par une antenne de télévision (photo K. Buffetrille, 2000).

20. Sculpture en béton de yaks gigantesques, érigée à Lhasa pour commémorer le quarantième anniversaire de la « libération pacifique » du Tibet (photo K. Buffetrille, 2001).

21. Statue équine représentant « l'envol du Pays des Neiges » vers le progrès (photo L. Paradise, 2001).

22. Restauration au Jokhang, avec des peintures acryliques (photo K. Buffetrille, 1992).

23. Pèlerins sous la neige, sur la route allant de Golmud à Lhasa (photo K. Buffetrille, 1985).

24. Les Chinois ont installé des rangées de billards dans les rues des villes. Ici, à Nagchuka, un moine joue en dépit des règles monastiques (photo K. Buffetrille, 1992).

25. Rue de Lhasa, sur fond de Potala (photo L. Paradise, 2001).

26. Une cimenterie, à la sortie de Lhasa ; au fond, le Potala (photo L. Paradise, 2001).

27. Écroulement d'un pan de muraille au Potala restauré par les Chinois (photo L. Paradise, 2001).

produits agricoles, suggérerait une augmentation relative des prix du grain, bénéficiant aux familles paysannes. L'introduction du système de responsabilité familiale semble représenter un pas dans la bonne direction en ce qui concerne l'agriculture, mais le détail des réformes demande une recherche supplémentaire. Le témoignage de Schwartz (1997), bien qu'insuffisant, peut suggérer que ces réformes ont été bien mises en pratique.

Goldstein et Beall (1989) étudient les effets des réformes postérieures aux années quatre-vingts dans une communauté nomade de 57 familles à Phala ; ils fournissent un condensé important sur la manière dont les politiques successives ont affecté ces nomades depuis le début des années soixante. Les changements manifestes postérieurs aux années quatre-vingts comprennent un retour graduel des libertés religieuses, ce que les auteurs désignent par une revitalisation culturelle diffuse (*op. cit.*, pp. 626-628). D'autres pratiques traditionnelles ont réapparu, comme l'abattage des animaux laissé à un groupe social particulier, ou le mariage traditionnel. La politique culturelle postérieure à 1980 a donc permis à ces nomades de revitaliser leur culture et, ce faisant, de rétablir la fierté de leurs coutumes et de leur style de vie. Le système de responsabilité a été mis en place à Phala en 1981, et tous les animaux de la commune ont été divisés de manière égale entre les nomades. Pour ces derniers, environ 50 % des calories annuelles proviennent de l'orge et du grain. Des modifications dans les termes du commerce des grains et des produits d'élevage affecteraient donc les revenus réels des familles nomades, la laine constituant l'article le plus important de leur commerce, lequel passe en grande partie par le bureau du district au nom des quotas imposés. C'est bien entendu l'équivalent d'un impôt, parfois à un taux très élevé. Mais cela n'a pas empêché une hausse relative de la valeur des produits d'élevage et un meilleur accès aux marchés grâce à de nouvelles routes, ce qui a développé de manière significative la physionomie des échanges dans cette région. Une observation intéressante à propos des types d'inégalités est la suivante :

> Le nivellement imposé par la commune [populaire] et la division égale de son cheptel en 1981 ont réduit les énormes inégalités économiques qui étaient si typiques de la société ancienne ; mais les sept

dernières années d'économie de marché ont abouti à une concentration croissante d'animaux dans les mains d'un petit nombre de nouvelles familles fortunées, et l'émergence, à nouveau, d'une strate de familles qui ne possèdent pas d'animaux, ou peu (*op. cit.*, p. 637).

La vision globale communiquée aux auteurs concernait l'augmentation de l'activité économique par rapport à l'époque des communes, quand la faim était courante. La demande locale en travail avait augmenté, tout comme sa rémunération. De plus, des subsides sous forme d'orge étaient remis à 10 familles : ces familles étaient pauvres dans la société ancienne aussi. Cependant :

> Alors qu'il y a eu une amélioration substantielle du niveau de vie à Phala depuis 1981, il faut signaler que selon des mesures objectives la plupart de ces nomades sont encore très pauvres. Leurs tentes ont rarement de tapis et ils portent souvent des vêtements en lambeaux. Beaucoup ne peuvent manger de la viande que quatre ou cinq mois par an ; un bon nombre n'ont même pas une tente en poil de yak et vivent dans de petites tentes en coton qui sont fréquemment déchirées et endommagées par les vents violents (*op. cit.*, p. 641).

Cette étude nous rapproche de ce sur quoi nous avons attiré l'attention précédemment. Elle est cependant antérieure aux modifications radicales de la perception officielle des styles de vie nomade, exprimée plus récemment (1996) dans la Région autonome du Tibet, et qui propose leur sédentarisation et une réglementation sévère des libertés. Cette population est donc, une fois de plus, sous la menace sérieuse d'une politique d'ingénierie sociale à grande échelle.

Au niveau global, Walker (1989) applique la classification du Bureau des statistiques d'État (State Bureau of Statistics) pour définir deux provinces chinoises (Gansu et Shaanxi) comme pauvres, en se fondant sur un revenu moyen inférieur à 300 yuans. En 1986, le revenu agricole moyen au Tibet était de 344 yuans par tête, ce qui plaçait le Tibet légèrement au-dessus du Yunnan (338), du Sichuan (338) et de six autres provinces, mais en dessous du revenu agricole du Qinghai (369) et du Xinjiang (420). Pour les régions adjacentes au Tibet, la proportion de la population rurale classée comme pauvre était importante au Qinghai (50,9 %), au Sichuan (62,3 %), au Gansu (77,8 %) et particulièrement dramatique au Yunnan (85,8 %). Ces chiffres démontrent le problème avec des revenus *per capita*. Tandis que 85,8 % de la population du Yunnan était classée comme pauvre, le chiffre correspondant pour le Sichuan était de 62,3 % alors que les revenus agricoles moyens étaient identiques dans les deux provinces. Sur la base du revenu agricole moyen, la situation du Tibet n'était que légèrement meilleure par rapport à celle du Sichuan et du Yunnan. En 1989, le revenu agricole par tête au Tibet, environ 400 yuans, était seulement au-dessus de celui de la province du Gansu (Dreze et Saran, 1995). À la lumière de ces données, les estimations de pauvreté pour le Tibet fournies par la Région autonome du Tibet (1996), qui laissent entendre que 480 000 personnes se trouvent sous le seuil de pauvreté, ne sont pas très convaincantes.

Les chiffres de la consommation peuvent donner une autre base pour l'évaluation de la pauvreté dans les zones rurales du Tibet. Les provinces dont la ration calorique moyenne chez les paysans était la plus basse étaient le Gansu (2 227), le Guizhou (2 243), et enfin le Tibet (2 129). Les chiffres moyens de la consommation de grain et de légumes au Tibet étaient bien en dessous du niveau moyen de la Chine, et aussi notablement en dessous du niveau des autres provinces occidentales. Ces chiffres sont indicatifs (*Statistical Yearbook of China*, 1986, p. 590), mais ils montrent l'importance d'une information plus abondante et de meilleure qualité. Utilisant l'exemple de la province du Gansu, où la pauvreté a chuté à 69,7 % en 1988, et à 69 % en 1995, Lafitte (1999) montre que le nombre des familles vivant dans une extrême pauvreté a augmenté de 50,5 % à 54,5 %, ce qui illustre la pertinence des données sur les écarts de pauvreté.

2.7. Les réalisations dans l'éducation

Fournir l'éducation de base et les soins de santé est une responsabilité majeure des gouvernements orientés vers le développement ; ce sont des domaines auxquels les gouvernements visant les besoins de la population et d'importantes retombées économiques devraient donner une entière priorité. Ce sont aussi des domaines où les modifications au cours du temps peuvent être appréhendées avec une relative facilité.

Dans plusieurs études comparatives importantes entre l'Inde et la Chine, Dreze et Loh (1995), Dreze et Saran (1995) et Dreze et Sen (1996) jettent un éclairage intéressant sur les réalisations dans l'éducation en Chine, incluant le Tibet. L'intérêt de ces comparaisons réside dans la quasi-coïncidence entre l'indépendance de l'Inde, en 1947, et la révolution de 1949 en Chine. En 1950, par conséquent, la situation de l'éducation en Inde comme en Chine était mauvaise, et probablement à un niveau comparable.

Tandis que la Chine a réalisé des progrès remarquables dans l'alphabétisation, les réalisations de l'Inde sont nettement moins impressionnantes. Des recensements parallèles effectués au début des années quatre-vingts et quatre-vingt-dix servent de base à l'étude comparative entre les deux pays. Globalement, le niveau d'alphabétisation a atteint 77,8 % en Chine, et 52,2 % en Inde. Les tableaux ci-dessous – dressés par Dreze et Loh (1995) – sont tirés des données du recensement en Chine pour les années 1982 et 1990.

Ces tableaux fournissent les taux d'alphabétisation pour les zones agricoles et urbaines, par sexe, l'accent étant mis sur les provinces occidentales et les moins développées de Chine. Le *tableau 3* donne les taux d'alphabétisation d'après le recensement de 1982. Même si ce tableau ne comporte pas toutes les provinces,

TABLEAU 3

Taux d'alphabétisation. Recensement de 1982, Chine

Région	Hommes		Femmes	
	urbains	ruraux	urbaines	rurales
Chine entière	90,5	77	73,6	46,9
Mongolie intérieure	89,2	73,6	76,1	49,7
Sichuan	87,5	77,2	71,6	47,9
Guizhou	73,9	67,6	47,4	26,2
Yunnan	84,2	61,6	66,8	29,4
Gansu	90,5	61,8	74,8	26,2
Tibet	79,9	35,9	60,2	11,6
Xinjiang	86,4	68,5	74,2	56,1

TABLEAU 4

Taux d'alphabétisation. Recensement de 1990, Chine

Région	Hommes		Femmes	
	urbains	ruraux	urbaines	rurales
Chine entière	90,5	84,3	73,6	62,9
Mongolie intérieure	92,9	81,2	82,6	62,6
Sichuan	92,5	85,5	81,6	66,8
Guizhou	87,8	76,1	69,2	41,1
Yunnan	91	72,2	76,8	43,4
Gansu	91,6	67,9	76,4	38,2
Tibet	80,7	38,2	57,1	11,5
Xinjiang	92,5	79,2	84,4	71,7

TABLEAU 5

Évolution de l'alphabétisation en pourcentage, 1982-1990

Région	Hommes		Femmes	
	urbains	ruraux	urbaines	rurales
Chine entière	0	+7,3	0	+16
Mongolie intérieure	+3,7	+7,6	+6,5	+12,9
Sichuan	+5,0	+8,3	+10,0	+18,9
Guizhou	+13,9	+9,5	+21,8	+14,9
Yunnan	+6,8	+10,6	+10,0	+14,0
Gansu	+1,1	+6,1	+1,6	+12,0
Tibet	+0,8	+2,3	- 3,1	- 0,1
Xinjiang	+6,1	+10,7	+12,2	+15,6

il inclut celles dont les taux d'alphabétisation sont les plus faibles de Chine : Tibet, Yunnan, Gansu et Guizhou.

Bien que ces quatre provinces soient placées ensemble en dernière position, il existe des différences notables entre elles. En 1982, le Tibet avait le plus faible taux de toutes les provinces, à la fois dans les zones agricoles et urbaines et pour les deux sexes. Alors que le Yunnan, le Gansu et le Guizhou formaient un groupe d'une relative homogénéité sur le plan de l'alphabétisation, le Tibet restait très en arrière. De plus, l'écart entre urbains et ruraux en ce qui concerne l'alphabétisation dans la RAT était plus grand que dans toutes les autres provinces, ce qui souligne le désintérêt relatif envers les zones rurales de la politique publique.

Les années quatre-vingts constituent la décennie qui a suivi la visite de Hu Yaobang au Tibet, dont on a dit qu'elle avait amené le parti communiste à repenser la politique suivie au Tibet *(voir la question 86)*. Les chiffres du recensement de 1990 peuvent être utilisés pour détecter les effet de ce changement de pensée sur les taux d'alphabétisation au Tibet. Le *tableau 4* présente, dans les mêmes provinces, l'évolution de l'alphabétisation entre le recensement de 1982 et celui de 1990. La première chose à dire est qu'on peut considérer une décennie comme un temps suffisamment long pour que des progrès notables soient possibles en matière d'éducation.

Le niveau d'alphabétisation a été notablement amélioré dans beaucoup de provinces, mais le groupe des trois provinces qui devançaient le Tibet a augmenté considérablement son avantage lors de cette période. Tandis que le Yunnan, le Guizhou et le Gansu ont fait de gros progrès, en particulier dans les zones rurales, le Tibet a stagné. D'où, comme l'ont relevé Dreze et Sen (1996), la seule exception notable au schéma selon lequel les provinces chinoises ont un taux d'alphabétisation plus élevé que celui des États indiens, est le Tibet. Il est non seulement à la traîne parmi les provinces chinoises, mais aussi en dessous de n'importe quel État indien.

En fait, comparés aux niveaux d'alphabétisation dans d'autres pays en 1995, les chiffres de 1990 concernant l'alphabétisation des femmes au Tibet dépasseraient le taux d'alphabétisation de deux pays seulement : le Burkina Faso et le Niger. Le taux d'alphabétisation des hommes dépasserait celui du Burkina Faso, du Niger, de l'Érythrée, du Sénégal et du Yémen. Ainsi, le Tibet est non seulement au bas de l'échelle en Chine, mais aussi dans le monde *(tableau du Programme des Nations unies pour le développement : UNDP, 1998)*.

Les investissements en capital humain sont parmi les plus utiles que les États puissent faire. Ils améliorent le bien-être et sont des instruments de croissance. Les gouvernements qui incluent les affaires dans le champ du développement investissent dans les hommes. Ce fait a été bien compris par l'État chinois, qui l'a appliqué partout ailleurs en Chine. Les rapports sur l'éducation au Tibet sont catastrophiques et sapent les déclarations des autorités chinoises, qui affirment poursuivre de sérieux efforts pour le développement du Tibet.

2.8. Santé et résultats nutritionnels

Il est difficile de parvenir à des conclusions fiables pour savoir si les mauvais résultats dans le secteur de l'éducation primaire s'étendent à celui de la santé. Avec le Yunnan, la Région autonome du Tibet a gardé le plus fort taux de mortalité avec 7,94 morts pour 1 000 habitants en 1989.

Comme pour l'éducation, la Chine hors le Tibet a réalisé de remarquables progrès dans le domaine de la santé. Dans leur étude comparative entre l'Inde et la Chine, Dreze et Sen (1996) utilisent les chiffres de la mortalité infantile, de l'espérance de vie et du pourcentage des bébés à faible poids de naissance pour illustrer l'écart qui s'était creusé entre les deux pays en 1992. Ces chiffres sont reproduits dans le tableau ci-dessous :

	Inde	Chine
Taux de mortalité infantile sur 1000 naissances vivantes	79	31
Espérance de vie à la naissance (années)	59	69
Proportion de bébés à faible poids de naissance, 1985-1990 (%)	33	9

Une extension des indicateurs de santé au-delà de ces chiffres confirmerait l'impression que la Chine devance l'Inde dans la lutte contre les carences de santé. Les différences entre le Tibet et les autres provinces de Chine en termes de niveau de santé sont cependant plus difficiles à évaluer. Alors qu'en 1992 l'administration tibétaine en exil suggérait que la durée de vie moyenne au Tibet ne dépassait pas quarante ans ou était comparable à la situation de 1959, les chiffres officiels donnés par les autorités chinoises atteignaient 61,3 ans en 1984, à peine plus bas que la moyenne nationale de 64 ans. Les deux chiffres sont probablement biaisés.

Une tentative de recherche commune menée par l'Unicef et le Bureau de santé de la mère et de l'enfant de la RAT a été entreprise dans la préfecture de Lhasa en 1986. Cette enquête concluait que les enfants tibétains étaient en dessous des enfants chinois han pour le poids et la taille, à l'âge de trois à six mois. L'état nutritionnel des enfants tibétains était, cependant, considéré comme globalement acceptable. L'organisation anglaise Save the Children a réexaminé les chiffres de 1986 et a ajouté des données sur un nouveau groupe d'enfants. Elle a constaté des retards de croissance chez 40 % des enfants, ce qui met en question la validité des résultats de l'étude de 1986. Pour un plus petit échantillon, Harris *et al.* (1996) rapportent des observations qui semblent soutenir cette dernière hypothèse. Des données sur des familles citadines, semi-citadines, rurales et pastorales ont été collectées, et des mesures anthropométriques utilisées pour étudier l'état nutritionnel de l'enfant.

Selon cette enquête, la fréquence des retards de croissance diffère sensiblement entre les enfants citadins et non citadins, 33 % des premiers et 65 % des seconds présentant des retards. Ces observations ont des implications importantes. Les conséquences possibles d'un retard de croissance chez les enfants incluent une morbidité accrue et une sensibilité plus grande aux infections (Schrimshaw *et al.*, 1968). En outre, des déficiences nutritionnelles, dont les retards de croissance sont un symptôme, peuvent affecter la croissance du cerveau et les capacités mentales.

Un lien étroit entre le niveau d'éducation des femmes et la santé des enfants est fréquemment observé dans les pays en développement (sur ce point, voir Wolfe et Behrman, 1987, et Schultz, 1993). Ce serait bien extraordinaire si les niveaux extrêmement bas de l'alphabétisation féminine observés dans le Tibet rural n'affectaient pas défavorablement les résultats de santé, tout comme l'état nutritionnel des enfants.

Cent questions réduit les investissements dans le domaine de la santé aux termes de nombre de lits d'hôpital, de médecins et de personnel médical. De tels chiffres, pour les mêmes raisons que ci-dessus, ne sont pas pertinents pour répondre aux questions que les auteurs sont censés traiter, et des problèmes semblables à ceux de l'éducation surviennent dans le secteur de la santé. En premier lieu, les dépenses et les mesures politiques sont fortement orientées vers les zones urbaines.

En avril 1997, l'accès aux services hospitaliers était effectivement limité par la politique d'hospitalisation. À Lhasa, en avril 1997, l'hospitalisation était conditionnée par une avance de 2 000 yuans. En comparaison, le seuil de pauvreté dans la campagne chinoise était de

1 157 yuans par tête en 1995. Donc, même si l'on tient compte d'une certaine inflation entre ces dates, le montant demandé constitue une lourde charge dans le budget annuel d'un fermier pauvre.

Il est juste de dire qu'il existe des interrogations concernant la politique de santé et l'accès à des soins efficaces au Tibet. Les organisations non gouvernementales auxquelles nous avons parlé à Lhasa, en 1997, soulignaient que le manque de médicaments ainsi que la mauvaise formation du personnel médical affectaient la qualité des services de santé disponibles. Mais comme l'éducation, les soins de santé de base sont une responsabilité gouvernementale inévitable dans les premiers stades d'un processus de développement.

Une fois encore, l'évaluation des progrès du développement dans le domaine de la santé devrait être centrée sur les résultats en matière de bien-être ; un certain nombre d'indicateurs nutritionnels et de santé peuvent fournir de précieux conseils pour l'évaluation des réalisations et des besoins. Les outils pour de telles évaluations sont disponibles depuis de nombreuses années, mais ils n'ont pas été utilisés de manière appropriée.

2.9. Droits politiques et libertés civiles

Nous sommes loin de la perspective de contrat social auquel nous faisions appel dans l'introduction, quand on regarde les premiers événements qui ont caractérisé la présence chinoise au Tibet en 1959 et la répression de la révolte à Lhasa. Un gouvernement dont la description officielle de ces événements est celle d'une libération pacifique est coupable de donner peu de poids à la souffrance humaine, et il échoue ainsi à offrir un point de départ convaincant pour un discours significatif sur le développement.

Avant et pendant la Révolution culturelle, la majeure partie de l'héritage culturel du Tibet a été détruite, y compris monastères, temples, reliques religieuses, littérature et édifices historiques. Norbu (1973) rapporte que dans son village natal de Sakya, le nombre de temples est passé de 108 à 1. Dans le point 10 de la question 77, le gouvernement déclare qu'à travers sa politique concernant les croyances religieuses, il a attribué plus de 36 millions de yuans à la réparation et la construction de monastères au Tibet.

Selon Norbu, la République populaire de Chine a été responsable, durant les années de la Révolution culturelle, de la destruction de 95 % des manifestations matérielles du bouddhisme tibétain. Le gouvernement alloue actuellement des fonds spéciaux à la reconstruction de quelques-uns des principaux monastères, et il a approuvé la reconstruction des monastères les plus importants ainsi que de plus petites structures religieuses. Tout cela a été examiné par d'autres auteurs dans les sections précédentes.

D'autres aspects notables de la politique chinoise au Tibet incluent des campagnes à long terme qui mettent l'accent sur l'infériorité et la barbarie de la culture et de la religion tibétaines ; elles ont souvent impliqué des procédures et des mesures profondément humiliantes. Des violations sérieuses et systématiques des droits de l'homme ont eu lieu de manière constante et répétée, particulièrement dans les années quatre-vingts. Des verdicts sévères frappent des individus pour des fautes qui, objectivement, doivent être classées comme mineures : le cas de Ngawang Phülchung, un moine de trente ans, peut servir d'exemple de répression politique. Phülchung a été condamné à dix-neuf ans de prison, en 1989, lors d'un « jugement par les masses », pour « avoir organisé et rejoint une clique contre-révolutionnaire et pour avoir répandu de la propagande contre-révolutionnaire ». Sa faute était d'être le chef d'un groupe de dix moines du monastère de Drépung qui travaillaient à la traduction de la Déclaration universelle des droits de l'homme et à la rédaction du Manifeste de Drépung, document qui définissait une série de lignes directrices pour un Tibet démocratique et indépendant.

Nous avons relevé plus haut que les libertés civiles constituent une dimension importante du bien-être humain. De telles libertés n'ont pas seulement une valeur intrinsèque, mais aussi une valeur d'efficacité. Dasgupta (1993, p. 120) rapporte ces résultats encourageants fondés sur des données provenant de 51 des pays les plus pauvres du monde :

> Les droits politiques et civils sont corrélés de manière positive et significative, avec le revenu national par tête réel et son augmentation, avec des améliorations dans les taux de survie enfantine, et avec une augmentation de l'espérance de vie à la naissance.

Les droits civils et politiques, en dehors du fait d'avoir une valeur intrinsèque, contribuent donc aux efforts de développement.

Conclusion

Depuis les années soixante et pendant plus de quarante ans, le Tibet a été l'objet de ce que la Chine affirme être un projet de développement. Même si l'on ne tient pas compte des excès et de la dévastation dus à la Révolution culturelle, ni de la répression continuelle qui s'exerce sur les droits civils et politiques, les politiques suivies par l'État chinois ont été caractérisées par une lourde négligence dans des domaines essentiels du développement. Nous avons utilisé la politique en matière d'éducation élémentaire comme exemple de cette négligence, et montré que le Tibet était bien près d'être le dernier pays du monde dans ce domaine. Étant donné la responsabilité primordiale de l'État dans la prestation des services d'éducation, la responsabilité de cette anomalie revient uniquement au gouvernement de la République populaire de Chine. Dans le domaine de la santé, les effets sont plus incertains. Cependant, les résultats de l'étude de Harris *et al.* (1986) sont inquiétants et suggèrent que des actions urgentes sont nécessaires.

Le monopole imposé par le gouvernement chinois au Tibet a entravé la génération de revenus et d'emplois, par exemple dans l'industrie du tourisme pour laquelle le Tibet a toujours un énorme potentiel. De plus, le développement des artisanats locaux n'a que récemment commencé à recevoir l'attention des autorités. Une politique de développement reflétant les intérêts tibétains a été assujettie à une stratégie nationale dans laquelle les provinces occidentales de Chine prennent le rôle de fournisseurs de matières premières, ce qui a eu des conséquences néfastes pour les forêts du Tibet.

L'introduction du système de responsabilité familiale apparaît comme un pas dans la bonne direction pour autant que l'agriculture est concernée et que son intensification offre une voie pour améliorer les moyens d'existence des ruraux. Combinés avec les réformes du marché postérieures à 1980, les revenus des producteurs agricoles et pastoraux auraient dû augmenter. Mais il faudrait beaucoup plus de témoignages sur l'état actuel des choses pour parvenir à des conclusions certaines sur la qualité générale de la vie rurale au Tibet. De plus, il y a peu d'informations systématiques sur les réseaux de sécurité sociale et leur fonctionnement au Tibet.

Quelques-unes de ces inquiétudes majeures sont résumées dans le rapport sur le développement humain du Programme des Nations unies pour le développement (UNDP, 1994), rappelant les références à l'indice de développement humain dont nous avons parlé plus haut :

> Sur une longue période, la Chine a investi libéralement dans le développement humain. Aussi, en dépit de son faible revenu par tête, elle entre dans la catégorie moyenne de l'indice de développement humain (IDH). Mais il existe de grandes disparités régionales. Au sommet de l'échelle de l'IDH régional, se trouvent Shanghai (0,865) et Pékin (0,861) dont l'IDH les placerait au 31e rang. Au bas de l'échelle, il y a le Qinghai et le Tibet (0,404) qui occuperaient respectivement les 110e et 131e rangs. Maintenant que la Chine s'est engagée dans une croissance économique rapide, dirigée vers le marché, elle devra veiller à ce que les disparités régionales existantes ne s'accroissent pas davantage. Des interventions réfléchies de l'État seront requises pour assurer une distribution plus équitable des services sociaux.

Les rangs, ici, sont ceux que Shanghai ou le Tibet auraient occupés parmi les pays du monde en 1994, ce qui souligne que le Tibet est rangé en dessous de toutes les provinces de Chine, selon un indice qui intègre les données d'espérance de vie (nous ne savons pas sur quelle base l'UNPD a calculé l'espérance de vie), d'éducation élémentaire et de revenu moyen. Étant donné le potentiel de développement du Tibet, c'est le reflet de quarante ans d'occasions perdues.

À l'heure actuelle, les projets de sédentarisation forcée de la population nomade du Tibet constituent un sujet de vive inquiétude. Nous avons brièvement indiqué aussi que l'expansion de Lhasa peut avoir un certain nombre d'effets macroéconomiques qui requièrent un examen plus poussé.

La double nature de l'économie tibétaine – rurale et urbaine – facilite grandement la tâche d'identification des approches crédibles pour étudier l'augmentation du bien-être de la population tibétaine. Très peu de Chinois résident dans les zones rurales, et le nombre de Tibétains habitant en zones urbaines est faible, si on le compare à la population rurale.

Répétons que d'excellents outils pour étudier les évolutions en matière de bien-être sont disponibles depuis longtemps, mais qu'ils n'ont pas été utilisés de manière active au Tibet.

---

79. Actuellement y a-t-il des projets d'entreprises mixtes à capitaux chinois et étrangers et d'entreprises à capitaux étrangers au Tibet ?

Depuis l'application de la politique de réformes et d'ouverture, des investisseurs tibétains résidant à l'étranger, chinois de Hong Kong et Macao, et étrangers ont manifesté leur intérêt. Fin 1987, quinze lettres d'intention avaient été signées « avec des pays et unités territoriales » et trois projets d'aide internationale avaient été décidés officiellement. Des réductions ou des exemptions d'impôts et de taxes sont offertes aux investisseurs, parmi lesquels les Tibétains résidant à l'étranger seront davantage favorisés encore.

---

80. Dans quels domaines le Tibet souhaite-t-il coopérer avec des entreprises étrangères ?

Plus de vingt secteurs attendent les investisseurs étrangers, comme par exemple : énergie, communications, bâtiment, industrie légère, textile, alimentation, agriculture, sylviculture, élevage, aquaculture, industries de transformation. Les visites d'affaires sont bienvenues au Tibet. Le cadre des coopérations pourrait être des entreprises à capitaux mixtes, à capitaux étrangers, cogérées, ou de commerce compensatoire. Cette coopération bénéficiera à la fois au Tibet et aux investisseurs.

---

81. Comment les étrangers peuvent-ils investir au Tibet ?

Les investisseurs étrangers sont les bienvenus au Tibet. En 1986, une « délégation d'étude économique du Tibet » a signé à Hong Kong, lors d'une négociation commerciale, des « lettres d'intention pour coopérer dans certains projets ».

« Le principe général consiste à élargir les sphères d'investissement, à accorder des traitements préférentiels aux investisseurs étrangers et à encourager les industriels et hommes d'affaires à établir au Tibet des agences ou bureaux de travail. » Le contact avec le gouvernement de la RAT est à établir « par le truchement des organisations chinoises à l'étranger ou par d'autres moyens pour mener des négociations ».

Anne-Marie BLONDEAU : Les trois questions précédentes traitent du même sujet, les investissements étrangers au Tibet. Très clairement, lors de la rédaction de *Cent questions* les projets étaient encore embryonnaires. Nous n'avons pas trouvé de collègue spécialiste de ce domaine, et nous nous proposons ici d'examiner brièvement la situation à l'heure actuelle à travers les divers renseignements publiés par TIN, qui analyse la documentation chinoise disponible, notamment la traduction de la presse audiovisuelle offerte par la BBC dans son Summary of World Broadcasts (SWB).

Le développement des régions occidentales de Chine – qui faisait partie du discours politique dès Mao Zedong – est devenu une priorité depuis le lancement par Jiang Zemin du plan de ce nom, en juin 1999, avec la raison avouée de résoudre le problème des « nationalités » et d'assurer la stabilité nationale par le développement économique. Les implications pour le Tibet sont analysées ailleurs dans ce volume, et nous nous limiterons aux conséquences sur les investissements extérieurs, et non seulement étrangers, au Tibet. En effet, à ce jour, les principaux investisseurs sont chinois, venus de la riche côte est, de Hong Kong et même de Macao (construction d'un casino dans une île à Lhasa), car les hommes d'affaires étrangers ne semblent guère enthousiastes :

La Chine a besoin des investissements et experts étrangers pour mettre en œuvre les grands projets d'infrastructure envisagés dans la stratégie du développement de l'Ouest. En 1998, la dépense totale des

> gouvernements locaux des régions occidentales était de 148 milliards de yuans (17,8 milliards de dollars US) : plus du double de leur revenu [...]. Des signes évidents suggèrent, néanmoins, qu'attirer les investissements d'outre-mer vers les régions occidentales sera une gageure considérable pour la Chine. De nombreuses firmes étrangères qui ont des intérêts commerciaux en Chine considéreraient qu'un investissement dans les régions occidentales serait un « article promotionnel » [vendu à perte] pour augmenter leur potentiel commercial et construire de bonnes relations avec les ministères à Pékin. Beaucoup des compagnies étrangères qui, en octobre 2000, assistaient à Chengdu, la capitale provinciale du Sichuan, à une conférence sur les perspectives offertes dans la région au commerce étranger étaient extrêmement sceptiques au sujet du potentiel commercial – citant l'infrastructure médiocre, les conditions difficiles, la corruption et les attitudes conservatrices au sein des autorités locales. La promesse annoncée de suspension des impôts et d'autres mesures favorables a été insuffisante pour modifier cette perception (*China's Great Leap West*, pp. 2-3).

Au Tibet s'ajoutent la crainte de troubles politiques et, on le verra, les campagnes internationales contre les projets qui menacent l'environnement et qui supposent un transfert massif de population han. En conséquence, près de 90 % des investissements étrangers directs vont aux régions côtières de Chine. Par ailleurs, le développement de l'Ouest concerne toutes les provinces occidentales, dont le Sichuan relativement riche, par exemple, et pas seulement le Tibet ou le Xinjiang. Selon le tableau des investissements étrangers pour les années 1996, 1997 et 1998 dressé d'après les chiffres fournis par l'*Annuaire de Chine* 1998 et 1999, le Tibet n'a bénéficié d'aucun investissement ; on estime cependant qu'un million de dollars aurait atteint la RAT – comparé à plus de 372 millions au Sichuan, près de 146 millions au Yunnan en 1998, etc. (*China's Great Leap*, p. 119).

Pékin a assoupli les procédures pour les compagnies minières étrangères, qui peuvent désormais demander directement une licence pour prospecter dans les régions autonomes, sans passer par un partenaire chinois. De son côté, le gouvernement de la RAT envoie des missions commerciales pour attirer les investisseurs ; il a organisé une foire de commerce et d'investissement à Hong Kong du 15 au 19 octobre 2000, où étaient présentés 96 projets dans les secteurs minier, du tourisme et des matériaux de construction, mais aussi de la médecine traditionnelle, de l'agriculture et de la protection de l'environnement. Pour le tourisme, les douze projets soumis requéraient des investissements extérieurs de 84,6 millions de dollars sur un montant total estimé à 90,8 millions de dollars (*China's Great Leap*, p. 125), ce qui donne une idée du budget dont peut disposer la RAT pour ses grandioses projets. Treize lettres d'intention concernant l'exploitation des ressources, la médecine traditionnelle et l'élevage auraient été signées, ainsi que quatorze agréments de projets d'exportation. À la même foire, un fascicule était distribué qui faisait miroiter les conditions préférentielles pour les investisseurs, décidées par le gouvernement de la RAT et couvrant les domaines de la finance et des taxes, de la banque, du commerce avec l'étranger, du foncier, des formalités administratives et de la résidence. Ce dernier point attire particulièrement l'attention, car il vise de manière évidente à stabiliser au Tibet la population chinoise « flottante » : les investisseurs et les étudiants obtiendront un statut de résident temporaire pendant trois ans, au bout desquels ils pourront obtenir un statut de résident permanent (*ibid.*, p. 126).

En réalité, comme on l'a dit, les firmes étrangères sont réticentes pour investir au Tibet, en grande partie à cause de l'insuffisance de l'infrastructure, qui rend le transport des marchandises sur d'énormes distances problématique et très onéreux. À ce jour, la majorité de l'argent étranger qui parvient au Tibet est sous forme d'aides diverses, pour des projets allant de la construction d'écoles à la restauration des monuments, en passant par la formation de personnel de santé, par exemple ; mais ce ne sont pas des investissements à proprement parler. De plus, ces actions sont parfois lancées sans étude préalable ni grand discernement, comme un récent projet de l'Union européenne – abandonné sous la pression des associations de défense du Tibet – qui prévoyait la fourniture d'engrais et l'implantation d'une agriculture moderne, sans étude d'impact sur l'écosystème fragile du Tibet et dans une région à forte implantation de cultivateurs chinois. Bien qu'ils ne touchent que très marginalement le Tibet, il faudrait aussi parler des projets chinois dans le Xinjiang, le Gansu, etc., pour lesquels la Banque mondiale a consenti des prêts colossaux (selon *China's Great Leap*, la Banque mondiale est le plus gros investisseur en Chine) et dont on se rend compte maintenant qu'ils ont abouti à des transferts de population han dans des zones qui sont détruites par un peuplement massif.

Finalement, le seul secteur où les compagnies étrangères manifestent un réel intérêt est celui de l'exploitation des ressources naturelles, particulièrement celui de l'énergie. Une grande partie des ressources en énergie de la Chine se trouvent, pour les produits pétroliers (pétrole et gaz), au Xinjiang et dans les régions tibétaines du Qinghai et, pour l'énergie hydroélectrique, dans la RAT et au Qinghai, c'est-à-dire au Tibet. Dans le cadre du plan de développement des régions de l'Ouest, des compagnies pétrolières étrangères – dont BP, Shell, Total, Mitsubishi... – sont invitées par le gouvernement chinois à créer des joint-ventures pour la planification des projets, l'exploitation et la commercialisation des produits. Mais les associations écologistes cherchent à empêcher que les Occidentaux investissent dans l'énergie dont elles jugent les projets dangereux pour l'environnement naturel et humain ; on en reparlera dans la question 84.

---

82. Quelles sont les ressources touristiques du Tibet ? Comment les étrangers peuvent-ils y aller ?

Ces ressources sont très grandes : naturelles et humaines. Le « toit du Monde » a des paysages magnifiques et variés, le plus haut sommet du monde, le Qomolangma ou Everest s'y trouve ; la faune sauvage contient des espèces rares et le pays est riche en géothermie et sources thermales. Ce sont donc des conditions favorables pour le tourisme, l'alpinisme, l'exploration, etc.

Les particularités humaines du Tibet sont aussi propices au tourisme : temples, monastères, constructions anciennes, palais, tombeaux royaux, monuments historiques. « Le Tibet a une brillante culture traditionnelle qui trouve son expression dans les tangkas [thangka], *les fresques, la sculpture, le théâtre, la danse, la musique, la poésie, la prose et les contes populaires. » Les Tibétains sont francs, généreux et hospitaliers : les touristes seront donc bien accueillis.*

Pour faciliter le tourisme, la RAT a créé plusieurs agences : « la succursale du Tibet de l'agence du tourisme de Chine, l'agence du tourisme des jeunes du Tibet, la compagnie anonyme du tourisme Qomolangma du Tibet, Chine-Hong Kong, la société des services de tourisme sportif international du Tibet et la compagnie du tourisme de Lhasa ». Pour faire du tourisme dans le pays, il suffit de s'adresser à l'une de ces agences. Il existe [en 1988] *21 hôtels dont la qualité s'est beaucoup améliorée, qui disposent de plus de 3 800 lits pour les touristes étrangers.*

Anne-Marie BLONDEAU : Le potentiel touristique du Tibet, évident, a été évoqué précédemment dans plusieurs questions. Lorsque, au début des années quatre-vingts, les autorités chinoises ont entrouvert les portes du Tibet, y voyager n'était possible que pour quelques privilégiés et des jeunes gens intrépides qui ont parcouru le pays en tous sens, sans permis et dans des conditions aventureuses. Depuis, le tourisme a été sérieusement encadré à travers les agences officielles citées dans la réponse chinoise, seules autorisées à organiser des voyages dans le pays, restreints de plus aux circuits en groupes. Le nombre des Occidentaux reste probablement limité par le prix élevé qui est demandé et, au goût de certains, le niveau médiocre de l'hôtellerie : deux des raisons probables de la défaveur du Tibet au profit du Népal, relevée plus haut par V. Iversen. Mais la majorité des touristes est composée de Chinois han, de plus en plus attirés par la curiosité envers cette culture « exotique » vantée par la publicité qui lui est faite dans les magazines et la télévision, publicité dont la réponse chinoise est un bon exemple (on peut remarquer que le Tibet y est présenté peu ou prou comme une réserve d'Indiens, avec ses beautés naturelles et ses vestiges archéologiques, et non comme un pays vivant). Selon l'Agence de presse officielle chinoise (Xinhua, 13 octobre 2000), la semaine de vacances pour la fête nationale a vu un nombre record de touristes au Tibet, qui venaient pour la plupart des riches régions côtières : Shanghai, Guangzhou, etc. (*China's Great Leap*, p. 128). En 1999, la RAT avait reçu 448 000 visiteurs, étrangers et « nationaux » (Xinhua, 22 mai 2000, cité *ibid.*, p. 129), soit une augmentation de près de 50 % en deux ans. Mais un nombre beaucoup plus important de Han se rendent dans les provinces occidentales de Chine : Yunnan, Sichuan, etc. (48 millions de touristes au Sichuan en 1999) et visitent en même temps les régions tibétaines qui y ont été incorporées. C'est là que l'on organise pour eux des fêtes « folkloriques » et des cérémonies de mascarade dans les monastères.

La nouvelle campagne de développement de l'Ouest insiste sur le potentiel économique que représente le tourisme dans ces provinces défavorisées de Chine, et le gouvernement central leur a alloué des sommes importantes pour l'amélioration de l'infrastructure routière et hôtelière, pour l'adduction d'eau et le traitement des ordures. Le *China Daily* du 13 septembre 2000 déclarait : « On pense que développer l'industrie du tourisme est un moyen idéal pour renforcer l'économie dans ces régions [de l'Ouest], qui comptent 80 % des populations pauvres du pays » (cité *ibid.*, p. 129). On a vu dans la question précédente que le gouvernement de la RAT, de son côté, cherche aussi à attirer des investissements extérieurs dans ce secteur.

Les auteurs de *China's Great Leap West* remarquent que la manne touristique bénéficie surtout aux tour-opérateurs et bien peu aux Tibétains, qui sont même soumis à une nouvelle menace sur leur emploi : au printemps 2000, le gouvernement de la RAT a recruté plus de cent guides touristiques chinois ; il n'est pas dit si c'est pour renforcer le contingent des guides tibétains, ou pour les remplacer (peut-être parce qu'ils parlent mieux chinois et anglais).

Les risques que présente pour l'environnement et la culture un tourisme de masse au Tibet ne doivent pas être ignorés ; on ne peut que trembler quand on voit ce que sont devenus de hauts lieux de Chine comme le Wutai shan, le mont Emei et tant d'autres sites : téléphériques, hôtels, restaurants, boutiques, etc., s'empilent côte à côte et se disputent les faveurs d'une cohue chinoise bruyante, irrespectueuse de l'atmosphère des lieux. Lors d'une conférence en juillet 2000 sur la préservation de l'héritage culturel, patronnée par l'Unesco, la Banque mondiale et le gouvernement de Pékin, un spécialiste de la question, le professeur Xie, a affirmé : « C'est pire que ce qui s'est passé pendant la Révolution culturelle. En ce temps-là, ils ont détruit des statues individuelles, mais maintenant, ils abîment la société toute entière » (AFP, 10 juillet 2000, cité *ibid.*, p. 129).

Pour ce qui est de la culture tibétaine, le désir d'attirer les touristes ne peut qu'accélérer le phénomène de folklorisation, que nous avons dénoncé dans les questions 68-70, et accroître les menaces pesant sur l'héritage culturel (objets volés pour les amateurs d'art) et l'environnement : J. Belleza (1995) l'illustre tristement pour le Kailash, montagne sacrée des hindous et des bouddhistes au Tibet occidental.

---

84. On dit que la Chine a installé des armes nucléaires au Tibet et y a déversé des déchets nucléaires. Est-ce vrai ?

La réponse tient en cinq lignes : *« La Chine n'a jamais déployé d'armes nucléaires au Tibet, ni déversé de déchets nucléaires dans cette région. » Le Tibet n'a jamais souffert de pollution nucléaire ; il est même « moins pollué par les déchets industriels et autres que les autres régions du pays ».*

Anne-Marie BLONDEAU : On ne peut évidemment pas attendre qu'une réponse émanant des services officiels chinois dévoile des secrets d'État et révèle où sont implantés les sites stratégiques de ses armes nucléaires. La Chine est actuellement la quatrième puissance nucléaire du monde, après les États-Unis, la Russie et la France. Elle a signé en 1992 le Traité de non-prolifération des armes nucléaires, mais ne l'a pas encore ratifié. Elle est accusée de faire commerce de ses armes et, en particulier, d'avoir fourni l'arme nucléaire au Pakistan et de continuer à l'aider dans son programme d'armement (Domenach et Richer, 1987, pp. 605 et 625-626). Il est de notoriété publique qu'elle effectue ses essais au Lopnor (Xinjiang), mais aussi dans le Tsaidam (province du Qinghai), au nord-est de la RAT, que les Tibétains en exil considèrent comme faisant partie du Tibet, ce qui n'était plus vrai en 1950 que pour une partie de ce territoire. Quoi qu'il en soit, la réponse chinoise ici encore n'envisage sous le terme « Tibet » que la Région autonome. Nous fournirons quelques éléments de réponse qui proviennent essentiellement d'une étude publiée en 1998 par un Tibétain exilé, Tsultrim Palden Dekhang, dans *Green Tibet*, organe du Bureau de l'environnement et du développement, au Département de l'information et des relations internationales du gouvernement tibétain en exil (traduit en français dans

Actualités tibétaines, 1999). Cette étude, qui fournit des renseignements très précis, s'appuie sur un certain nombre de sources vérifiables ; mais elle tire argument, aussi, de témoignages de Tibétains récemment réfugiés en Inde qui sont, eux, totalement invérifiables.

La première base nucléaire chinoise était installée dans la préfecture autonome tibétaine de Haibei *(voir la question 66)*, à une quinzaine de kilomètres à l'est du Kokonor, dans un bassin fluvial qui se déverse dans le Fleuve Jaune (tib. Machu). Dans les années soixante-soixante-dix – la première bombe nucléaire chinoise a explosé le 16 octobre 1964 (Domenach et Richer, 1987, pp. 232-234, pour lesquels voir aussi l'arrière-plan historique) –, la situation internationale a poussé la Chine à développer dans l'urgence sa capacité nucléaire ; les conditions de sécurité auraient été négligées, tant au niveau des rejets toxiques que de celui du traitement des déchets, enfouis peu profondément dans le terrain marécageux, ou même déversés dans le Kokonor, auquel l'usine est reliée par la voie ferrée Lanzhou-Golmud. La base a été officiellement fermée en 1987 (Xinhua, 20 juillet 1995) et déplacée dans le Sichuan, mais, selon des Tibétains, elle continue à être surveillée en permanence par des agents de la sécurité chinoise. Dans la même région, à Ledu (tib. Drotsang), une usine de missiles maritimes – testés sur le Kokonor – a été implantée en 1986 et fortement développée en 1995. Quatre sites de lancement de missiles nucléaires continentaux et intercontinentaux, capables d'atteindre les États-Unis, la Russie et l'Europe, sont situés dans le Qinghai, trois dans le Tsaidam, mais le quatrième à la frontière du Qinghai et du Sichuan, c'est-à-dire dans le sud de l'ancien Amdo. En dépit des dénégations ou des fins de non-recevoir chinoises, au moins trois sites de lancement de missiles existeraient dans la RAT : deux dans la région de Nagchuka (environ 250 kilomètres au nord de Lhasa) – dont la première a été construite en 1970 –, un au Kongpo (au sud-est de Lhasa), et des missiles seraient stockés souterrainement à un kilomètre à l'ouest du monastère de Séra. Enfin, des avions armés de bombes nucléaires seraient stationnés sur les aéroports du Tibet, notamment à Shigatsé.

En ce qui concerne la pollution émanant des installations nucléaires, la RAT n'en a effectivement pas souffert jusqu'à présent. Il n'en est pas de même dans l'ancien Amdo (Qinghai), où des rapports tibétains signalent un taux anormalement élevé de cancers, de maladies inconnues et de morts d'hommes et d'animaux dans la région du Kokonor. Faute d'enquêtes précises, il n'est pas possible de se prononcer. De même pour les rapports qui concernent des faits identiques et signalent la pollution des eaux à proximité des mines d'uranium dans et hors la RAT. Mais le plan de développement des régions de l'Ouest prévoit d'intensifier l'exploitation des ressources minières du plateau tibétain, dont l'uranium est un composant important, et l'on peut craindre que toutes les mesures de sécurité ne soient pas respectées, ce qui conduirait à une pollution majeure non seulement du Tibet, mais aussi de tous les pays d'Asie qui reçoivent les fleuves nés au Tibet. Enfin, un rapport officiel chinois faisait état en 1997 du projet d'irriguer la région désertique du Lopnor en détournant une partie des eaux du Tsangpo (qui devient le Brahmapoutre en Inde) et du Yangzi, en employant des explosions atomiques pour les percements des tunnels nécessaires à la traversée des monts Kunlun (Xinhua, 30 novembre 1997, cité dans *Tibet 2000*, p. 108). L'utilisation d'explosions atomiques a été démentie très récemment par les Chinois, et nous n'avons pas d'autres informations. On imagine sans peine l'impact qu'aurait sur l'environnement immédiat et lointain (contamination probable des eaux) une telle pratique.

La pollution n'est pas que nucléaire et, étant donné la faible industrialisation du Tibet à ce jour, les auteurs de *Cent questions* ont beau jeu d'affirmer que ce pays est « moins pollué par les déchets industriels et autres que les autres régions du pays » (dont le taux de pollution est parfois désastreux). Pourtant, l'exploitation intensive des ressources minières ne se fera pas sans risques et, dès à présent, la multiplication des cimenteries pour répondre aux projets de construction du gouvernement, qui fonctionnent apparemment sans souci de l'environnement, empoisonnent l'atmosphère et recouvrent de blanc les villages et les champs environnants (*China's Great Leap*, pp. 73-76, « The environmental Impact of Western Development »).

Mais *Cent questions* se garde de développer les problèmes écologiques et d'environnement : nous le ferons brièvement à sa place. La protection de l'environnement fait l'objet d'une loi en Chine, et, dès 1989, des parcs nationaux étaient créés au Tibet. Malgré cela, les Chinois se sont livrés pendant cinquante ans à une déforestation massive dans les provinces occidentales comprenant l'ancien Kham, et dans le sud-est de la RAT. Les splendides montagnes boisées si caractéristiques de ces régions ne montrent plus que la roche dénudée – l'érosion a emporté la terre – et des moignons d'arbres coupés sans soin. P. Kvaerne a abordé le sujet dans la question 37, et montré les conséquences pour tous les pays situés en aval, où l'on dit de plus en plus ouvertement que les moussons catastrophiques et les inondations dévastatrices de ces dernières années sont dues à cette déforestation. En Chine même, les débordements du Yangzi à l'été de 1998 ont été meurtriers, causant la mort de 3 000 personnes. Ce fut un choc pour le gouvernement chinois ; les scientifiques mirent en accusation le déboisement excessif du haut Yangzi et le Premier ministre, Zhu Rongji, admit que c'était l'une des causes du désastre. Depuis, la protection et la régénération de l'environnement sont devenues une priorité politique nationale ; elles sont déclarées une condition essentielle de la réussite du plan de développement des régions de l'Ouest. Des mesures immédiates ont été prises (qui ne concernaient pas alors la RAT, pourtant gravement affectée aussi par les inondations et les glissements de terrain cet été-là) : interdiction de couper des arbres, et reboisement, y compris dans les terres qui avaient été précédemment transformées en pâtures où l'élevage intensif était encouragé, et en champs le plus souvent destinés aux migrants han. Ces mesures cependant, une fois de plus imposées de manière uniforme « du haut vers le bas », sans études cas par cas ni concertation avec les populations concernées, créent de nouveaux problèmes et des difficultés vitales pour ces populations, privées de leurs pâturages ou de leur revenu agricole (*China's Great Leap*, pp. 71-83).

Dans sa réponse citée plus haut, P. Kvaerne évoque aussi les conséquences sur l'environnement des travaux hydrauliques parfois gigantesques qui ont été entrepris. Il faut pourtant reconnaître qu'ils ont permis d'irriguer des terres jusque-là non cultivées et d'améliorer ailleurs les rendements (ce qui peut avoir aussi des retombées négatives, sur lesquelles voir *China's Great Leap*, pp. 74-75). Mais on doit souligner l'inutilité apparente pour les Tibétains et le risque majeur que fait peser le complexe hydroélectrique du lac Yamdrok : ce lac gigantesque (678 km^2) au sud de Lhasa n'est alimenté par aucun cours d'eau et domine la vallée du fleuve

Tsangpo de près de 850 mètres. Le projet était de construire une conduite forcée qui descende l'eau du lac à une usine de production électrique au niveau du fleuve, et de faire remonter l'eau dans le lac par des turbines. Beaucoup d'entreprises occidentales ont refusé de prêter leur savoir-faire et de collaborer à ce projet qui leur semblait hasardeux ; ce sont principalement des Autrichiens qui l'ont finalement mené à bien. Les travaux ont été longs et difficiles à cause de la nature instable des sols, et la zone était interdite aux Tibétains. L'ouvrage partiellement terminé a été inauguré en 1995, mais la rumeur dit que le système n'a pas marché et que les ingénieurs ont fait un simulacre pour les officiels chinois. L'achèvement des travaux était prévu pour 2000, mais ni la presse chinoise ni les organismes occidentaux n'en ont reparlé, et nous ne savons pas comment il fonctionne. Des Tibétains à Lhasa nous ont dit que le niveau du lac baissait, ce qui voudrait dire – si c'est vrai – que le système de remontée de l'eau a échoué. Un Autrichien contractant du projet aurait estimé que le lac serait asséché d'ici à vingt ans (« Diary of Yamdrok Tso », p. 31). L'assèchement de ce lac serait catastrophique pour l'environnement ; mais aussi, il signifierait pour les Tibétains, qui le tiennent pour sacré, la réalisation de la prophétie qui annonce la fin du Tibet si le lac vient à être sec.

Dans d'autres domaines, il faudrait parler de la désertification qui s'étend dans certaines zones, à cause de la culture intensive et des labours trop profonds qui ont fragilisé la mince couche de terre arable, emportée par l'érosion ; de la dégradation du sol causée par un apport d'engrais inadaptés ; et des risques que l'on peut prévoir des transferts de population dans le Qinghai, soit pour implanter des paysans chinois pauvres d'autres régions, soit comme ouvriers sur les chantiers industriels prévus : extraction de minéraux, exploitation des ressources pétrolières, qui supposent aussi la création d'infrastructures dans des zones écologiquement fragiles. C'est sur ce front que se battent actuellement les associations écologistes qui font pression sur la firme BP (British Petroleum) pour que sa filiale Amoco, qui possède 2,2 % dans la société PetroChina, filiale de la Compagnie pétrolière d'État de Chine, vende ses parts et ne soit pas ainsi impliquée dans le projet d'un gigantesque pipe-line qui doit conduire le gaz du bassin du Tarim au Xinjiang, jusqu'à Shanghai ; le pipe-line traversera neuf provinces, dont les régions tibétaines du

Qinghai (sur le détail du projet et les pressions exercées, voir *China's Great Leap*, pp. 123-124).

RÉFÉRENCES CITÉES

Actualités tibétaines, nos 15 et 16, 1999.

AHMAD E. et STERN N. H., *The Theory and Practice of Tax Reform in Developing Countries*, Cambridge, Cambridge University Press, 1991.

BELLEZA J., « Ghang Rinpoche Trashed and Commercialised », *Himal*, janvier/février 1995, pp. 23-25.

BERLIN I., « Two Concepts of Liberty », in *Four Essays on Liberty*, Oxford, Oxford University Press, 1969.

China's Great Leap West, Londres, TIN, 2000.

CLARKE G. E., « China's Reforms of Tibet, and their Effects on Pastoralism », IDS Discussion Paper n° 237, Brighton (G.-B.), 1987.

– (éd.), *Development, Society and Environment in Tibet*, Papers presented at a Panel of the 7th Seminar of the International Association for Tibetan Studies, Vienne, Verlag der Österreichischen Akademie der Wissenschaften, 1998.

DASGUPTA P., *An Inquiry into Well-Being and Destitution*, Oxford, Oxford University Press, 1993.

« Diary of Yamdrok Tso Hydroelectric Project », *Green Tibet Annual Newsletter 1995-1996*, pp. 30-31.

DOMENACH J.-L. et RICHER P., *La Chine*, 2 vol., Paris, Imprimerie nationale, 1987.

DREZE J., SEN A. et HUSSEIN A., *The Political Economy of Hunger*, WIDER-studies in Development Economics, Oxford, Clarendon Press, 1995.

DREZE J. et LOH J., *Literacy in India and China*, Centre for Development Economics, Delhi School of Economics, 1995, Working Paper n° 29.

DREZE J. et SARAN M., « Primary Education in India and China », in K. Basu, P. Pattanaik et K. Suzumura (éd.), *Choice, Welfare and Development. A Festschrift in Honour of Amartya Sen*, Oxford, Clarendon Press, 1995.

DREZE J. et SEN A., *India : Economic Development and Social Opportunity*, Oxford, Oxford University Press, 1996.

GOLDSTEIN M. C. et BEALL C., « The Impact of China's Reform Policy on the Nomads of Western Tibet », *Asian Survey*, vol. 29, n° 6, 1989, pp. 619-641.

HARRIS N., YANGZOM Y., PINZO L., GYALTSEN P. et CRAWFORD P. B., « Effects of Age, Community Location, and Illness on Nutritional Status of High Altitude Tibetan children 0-7 years », *International Child Health : A Digest of Current Information*, vol. II, n° 4, 1996, pp. 99-113.

HSU R., *Economic theories in China 1976-1988*, Cambridge, Cambridge University Press, 1991.

LAFITTE G., « Off-farm employment in Rural Tibet », Paper presented to the Roundtable Symposium on Sustainable Development in Contemporary Tibet, Brandeis University, Boston, 9-11 mai 1999.

LECKIE S., « Social engineering, occupying powers and evictions ; the case of Lhasa, Tibet », *Environment and Urbanization*, vol. 6, n° 1, 1994, pp. 74-88.

MILLER D., *Changtang Wildlife Reserve Tibet : Rangeland Survey Report*, New York Zoological Society/The Wildlife Conservation Society, Bronx Zoo, 1994.

NORBU D., *Red Star over Tibet*, 1973 ; réédition New Delhi, Sterling Publishers, 1987.

OSMASTON H. A., « Agriculture in the main Lhasa-valley », in G. E. Clarke (éd.), *Development, Society and Environment in Tibet*, 1997, pp. 121-152.

PSACHAROPOULOS G., « Returns to Investment in Education : A Global Update », *World Development*, 22 (9), 1994, pp. 1325-1343.

RAVALLION M., *Poverty Comparisons. A Guide to Concepts and Methods*, Washington D. C., World Bank, 1992.

RONG Ma, « Economic patterns of the Tibet Autonomous Region », in G. E. Clarke (éd.), *Development, Society and Environment in Tibet*, 1997, pp. 167-187.

SCHULTZ T. P., « Education Investments and Returns », in H. Chenery et T. N. Srinivasan (éd.), *Handbook of Development Economics*, Amsterdam, Elsevier Science Publishers, 1988.

SCHULTZ T. P., « Returns to Women's Education », in E. M. King et M. A. Hill (éd.), *Women's Education in Developing Countries*, Baltimore, John Hopkins University Press, 1993.

SCHWARTZ R., « The reforms revisited : Grain procurement in Tibet », in G. E. Clarke (éd.), *Development, Society and Environment in Tibet*, 1997, pp. 153-165.

SCRIMSHAW N. C., TAYLOR C. E. et GORDON J. E., *Interactions of Nutrition and Infections*, Genève, World Health Organization, 1968.

SEN A., « What is Development ? », in H. Chenery et T. N. Srinivasan (éd.), *Handbook of Development Economics*, Amsterdam, Elsevier Science Publishers, 1988.

STERN N. H., « Public policy and the economics of development », *European Economic Review*, 35, 1991, pp. 241-271.

TAR, 1996, *Agenda 21 for Sustainable Mountain Agricultural Development in Xizang.*

Tibet 2000. Environment and Development Issues, Dharamsala, Département de l'information et des relations internationales, Central Tibetan Administration, 2000.

UNDP, *Human Development Report 1994*, 1994.

UNDP, *Human Development Report 1998*, 1998.

WINKLER D., « Deforestation in Eastern Tibet : Human Impact Past and Present », in G. E. Clarke (éd.), *Development, Society and Environment in Tibet*, 1997, pp. 79-96.

WOLFE B. et BEHRMAN J. R., « Women's Schooling and Children's Health », *Journal of Health Economics*, 6, 1987, pp. 239-295.

POUR EN SAVOIR

SCRIMSHAW N. C., TAYLOR C. E. et GORDON J. E., *Interactions of Nutrition and Infections*, Genève, World Health Organization, 1968.

WANG Xiaoqiang et BAI Nanfeng, *The Poverty of Plenty*, Londres, Macmillan Press, 1991.

I.
Conditions de vie

Dans cette section, pas plus les questions que les réponses chinoises n'examinent réellement quelles sont les conditions de vie actuelles des Tibétains : citadins, agriculteurs, éleveurs… Pour les Chinois, le tableau de la société « féodale » ancienne, noirci à dessein, est suffisant pour prouver l'amélioration du statut social et du niveau de vie des Tibétains. S'ils n'ont pas encore rejoint le développement des autres provinces chinoises, cela n'est dû qu'aux conditions naturellement difficiles du Tibet et – non dit ici mais proclamé dans toutes les déclarations officielles – à l'arriération de la société ; arriération qui permet de ne pas se poser de questions sur le manque de qualification des Tibétains alors qu'ils « jouissent » depuis cinquante ans des bienfaits du système éducatif chinois, ni sur les raisons pour lesquelles il n'y a pas d'industries de transformation au Tibet, mais seulement l'exploitation des ressources naturelles, etc.

Les deux dernières questions concernent, de manière assez caricaturale, les « mœurs et coutumes » et les fêtes traditionnelles. Katia Buffetrille et Janet Gyatso, en traitant cette section, rétablissent la société traditionnelle dans son authenticité et fournissent quelques aperçus sur les conditions de vie actuelles des Tibétains, qui ressortent également de bien d'autres réponses dans ce volume.

---

85. Comment vivent aujourd'hui les Tibétains ? Quelle différence y a-t-il avec le passé ?

Le régime social du Tibet était le servage féodal, et « la quasi-totalité des terres et des moyens de production appartenaient aux "trois grands seigneurs" (c'est-à-dire le gouvernement local, les dignitaires des monastères et la noblesse). Les masses populaires, quant à elles, vivaient dans la misère ».

Les « trois grands seigneurs » ne représentaient que 5 % de la population, mais ils accaparaient plus de la moitié de la production. Les serfs qui leur appartenaient ne jouissaient d'aucune liberté et pouvaient être donnés par leur seigneur en même temps que la terre à laquelle ils étaient attachés ; ils « travaillaient en général sous la surveillance et le fouet des intendants ». Leurs enfants étaient asservis à leur tour. Les récalcitrants étaient enfermés dans des prisons ou des cachots dans les propriétés des seigneurs. Ils étaient aussi écrasés de corvées appelées « woula » [ulag], *et étaient obligés de contracter de lourdes dettes qu'ils ne pouvaient pas rembourser et dont le montant exorbitant était dû de génération en génération.*

À Lhasa par exemple, sur une population de 20 000 habitants, un millier de familles vivaient de mendicité et habitaient dans des abris de toile à la périphérie de la ville. « On voyait partout des "prisonniers" emmenottés [sic] *ou enchaînés mendier dans les rues. »*

Après 1959, le servage a été aboli, « et les Tibétains libérés sont désormais devenus les maîtres de la société [...]. Le Tibet a connu un grand développement dans tous les domaines, économique, culturel et autres ». Le niveau de vie, pour toutes les catégories sociales, est en constante amélioration, beaucoup de Tibétains se sont construit de nouvelles maisons ; seules quelques familles en difficulté sont encore aidées par le gouvernement. L'approvisionnement est abondant.

Katia BUFFETRILLE : Robert Barnett a déjà discuté la question du « servage » au Tibet avant la « libération pacifique » *(question 19)*. Il nous semble nécessaire cependant d'examiner globalement le régime social ancien, car le sujet a donné lieu à la publication de volumes entiers, d'articles, de films et de photos de propagande que les Chinois utilisent pour tenter de répandre une vision totalement erronée sur le Tibet d'avant 1950 (ce qui ne veut pas dire que tout soit faux dans la réponse chinoise).

Dans le système économique traditionnel des Tibétains, les échanges monétaires étaient très limités et la plus grande partie de l'activité commerciale était fondée sur l'échange direct de biens, de terres ou de services. Le moyen de production essentiel était la terre, et le système foncier est révélateur de la structure sociale : les droits sur la terre étaient liés à différents statuts sociaux. Des services rendus à l'État ou à des individus étaient rétribués sous forme de domaines, et des droits sur la terre impliquaient des devoirs sociaux et, souvent, des fonctions politiques. Trois groupes seulement pouvaient être propriétaires : l'État, le clergé et les nobles (les « trois grands seigneurs » des Chinois), mais partout on considérait, en dernière instance, que la terre appartenait au dirigeant et donc, dans les régions sous le contrôle de Lhasa, au dalaï-lama. Il n'y avait pas de séparation entre le pouvoir économique et le pouvoir politique, c'est-à-dire que les mêmes personnes qui contrôlaient la terre contrôlaient l'État. Cependant, des différences notables existaient selon les régions ; il n'est pas possible de parler ici de l'ensemble du Tibet, et nous nous bornerons à des remarques concernant le Tibet central, ce qui correspond à la région dont parlent les auteurs de *Cent questions*.

Le Tibet était une société à strates *(rig)* très hiérarchisée dans laquelle existait une séparation entre religieux et laïcs ; ces derniers étaient divisés en trois strates : la noblesse, le peuple, la strate inférieure (bouchers, pêcheurs, dépeceurs de cadavres, et forgerons).

La noblesse était héréditaire et attachée à un fief, mais ne formait pas une strate uniforme puisque l'on pouvait y distinguer quatre classes (Petech, 1973). Les fiefs se transmettaient héréditairement et, en retour, les familles nobles avaient le devoir de donner un, parfois deux fonctionnaires à l'État. Des domaines, de taille plus ou moins importante, étaient liés à des fonctions spécifiques telles que celle de gouverneur et étaient rendus lorsque l'on quittait son poste. Les plus grandes familles résidaient généralement à Lhasa, et leurs terres, souvent constituées de parties dispersées, étaient laissées entre les mains d'un intendant. Les charges de la noblesse étaient l'armée, le gouvernement et l'administration.

La noblesse n'était cependant pas exempte d'une certaine vulnérabilité. Dans des circonstances normales, on ne privait pas une famille de ses propriétés mais, en cas de nécessité, on saisissait le moindre prétexte pour reprendre possession d'un domaine. C'était le cas à chaque changement de dalaï-lama (également lors de l'accession d'un régent au pouvoir). La famille dans laquelle il était né, et qui n'appartenait pas obligatoirement à la noblesse, était alors anoblie et recevait un nombre important de terres. La demande était donc considérable et, parce que les nouveaux domaines ne pouvaient provenir de la transformation de terres vierges en terres agricoles, la seule solution était de récupérer des domaines. Alors, que faire sinon confisquer à certains leurs biens pour les donner à d'autres ? L'histoire tibétaine a connu ainsi de multiples épisodes où des nobles furent dépossédés de leurs domaines, pour des raisons graves comme sous des prétextes plus ou moins futiles (Goldstein, 1973).

Mais c'est sur le peuple tibétain composé principalement de « serfs qui appartenaient aux seigneurs et ne jouissaient d'aucune liberté personnelle » que la propagande chinoise a toujours mis l'accent.

La nature du lien entre le peuple et le seigneur est controversée, et nous renvoyons le lecteur à la question 19. Rappelons cependant que les Chinois ont invoqué comme première raison de leur intervention au Tibet la nécessité de libérer le pays des influences impérialistes, avant de prétendre vouloir les libérer du « servage » et du « féodalisme » ; ils proclamaient d'ailleurs, au début des années cinquante, qu'ils respecteraient le système traditionnel, ce qui a été consigné dans l'Accord en dix-sept points conclu en 1951 *(question 14)*, plus précisément dans les articles 3, 4, 7 et 11. Ils ont tenu leurs engagements au Tibet central durant un certain temps, même après le soulèvement de Lhasa et la fuite du dalaï-lama, en 1959 ; mais, au Tibet oriental, ils avaient depuis longtemps spolié monastères et nobles de leurs terres pour les réorganiser en communes populaires.

Dans le peuple, les statuts étaient variables : on trouvait des artisans, des commerçants, des éleveurs nomades ou semi-nomades, des serviteurs, mais la majorité était composée de paysans. Une classe moyenne (commerçants à longue distance) n'était apparue qu'après le XIXe siècle (le commerce régional, ou même transhimalayen, était une activité de complément, occasionnelle ou régulière, de beaucoup d'agriculteurs). Revenons aux paysans. Que l'on emploie le terme de « serfs » défendu par M. C. Goldstein (1986), celui de « gens du commun », ou de « sujets », il importe surtout de savoir ce que recouvre, dans le cadre du Tibet, le terme utilisé quel qu'il soit. Les auteurs de *Cent questions* affirment que « dans tout le Tibet, on ne trouvait pas un seul serf qui n'appartenait pas à un seigneur », ce qui semble évident puisque la caractéristique essentielle d'un serf est de dépendre d'un seigneur. Les paysans étaient, de fait, héréditairement liés à la terre et travaillaient gratuitement pour un seigneur ou un monastère qui leur fournissaient en échange une terre dont, il est vrai, ils n'étaient pas propriétaires.

Il faut souligner que, contrairement à ce que disent les auteurs de *Cent questions*, les paysans avaient une identité légale, c'est-à-dire que s'ils avaient des devoirs, ils avaient également des droits. Les seigneurs – laïcs ou religieux – n'avaient pas le droit de modifier le montant des taxes dues par un serf, ni les dimensions de la terre dont il jouissait ; si cela arrivait, ce dernier était autorisé à traîner son maître en justice (ce qui arrivait très rarement, mais la possibilité existait). Les seigneurs avaient effectivement des droits sur les paysans qui pouvaient, cependant, avoir recours au niveau d'autorité supérieur. On tentait généralement de régler les conflits au niveau le plus bas : groupes d'entraide entre maisonnées, chef de village, autorité locale détentrice de la terre (noblesse, monastère) ou État (sur les terres relevant directement de son autorité, ou à Lhasa, par exemple). Le seigneur avait la charge d'arbitrer les disputes en cas de différends entre paysans, et, de leur côté, ces derniers attendaient de leur maître qu'il règle leurs conflits avec des paysans dépendant d'un autre seigneur. Lorsqu'un domaine changeait de mains, le serf restait attaché à la terre, et s'il s'enfuyait, son maître avait le droit de le faire rechercher et de le punir. Les conditions régissant ces obligations réciproques étaient consignées dans des documents écrits.

Les « serfs », en outre, ne constituaient nullement une masse indifférenciée, comme on pourrait le croire à lire la réponse chinoise. Il y avait, en réalité, un nombre important de catégories, et si la mobilité sociale n'existait quasiment pas entre seigneurs et paysans (le cas exceptionnel étant les familles de dalaï-lamas), en revanche, il y en avait une chez les paysans. Les deux grands groupes étaient les « payeurs de taxes » *(trelpa)* et les « petits foyers » (*düchung* : litt. petites fumées). Les premiers, situés en haut de la hiérarchie, jouissaient de terres dont ils ne pouvaient être dépossédés tant qu'ils remplissaient leurs obligations (corvées et taxes) envers leur maître ; ils pouvaient même les donner à bail. Les « petits foyers », parfois étaient attachés à une terre (généralement ils jouissaient d'un petit lopin dont ils n'étaient pas obligatoirement « propriétaires »), parfois étaient ce que nous pourrions qualifier de « détachés mais dépendants » *(mibog)*. Cette expression n'est nullement la traduction du tibétain, mais cherche simplement à en rendre le sens ; elle requiert donc une explication. Les membres de ce groupe, tout en dépendant d'un seigneur envers qui ils avaient des obligations, étaient libres d'aller où ils voulaient et d'exécuter un travail pour la personne de leur choix. Leur obligation consistait à payer annuellement à leur seigneur la somme qui avait été fixée lorsque l'autorisation de partir leur avait été accordée (Goldstein, 1986).

Les taxes, nombreuses et variées, étaient dues à l'État, au monastère, ou au seigneur. Quelques-unes étaient versées en argent, d'autres en nature : grain, produits laitiers, pièces de tissu, etc., mais la plupart étaient sous forme de travail, travail de la terre essentiellement. Plus spécifiquement, des maisonnées devaient quelquefois donner l'un de leurs fils au monastère ou à l'armée, ce qui posait toujours un problème à la famille, qui perdait ainsi une force de travail ; au niveau local, il arrivait que l'on demande aux paysans de construire ou de réparer une digue, une route, un pont... Les villageois pouvaient aussi avoir la charge de repeindre le monastère, de ramasser du bois pour leur maître, moudre la farine, couper de l'herbe, transporter de l'eau. Des jeunes garçons de huit à dix ans, originaires des provinces rurales, étaient recrutés pour la troupe de danse officielle du dalaï-lama (Goldstein *et al.*, 1997, p. 11) et, en échange, la famille était exemptée de taxes (*ibid.*, p. 23). Il y avait aussi des « corvées » *(ulag)* : les officiels et certaines personnes étaient autorisés par le gouvernement central, lors de leurs déplacements, à demander à chaque étape les animaux nécessaires pour leur voyage, ainsi que la nourriture et l'hébergement. Ces services étaient gratuits ou revenaient à un coût minimum à celui qui en bénéficiait. C'était une corvée très lourde pour ceux qui étaient ainsi imposés, car ils devaient non seulement avoir des animaux toujours prêts afin de répondre à la demande, mais aussi pourvoir à leur alimentation.

Ces taxes et corvées frappaient non pas les individus, mais les maisonnées, ce qui explique comment tant de Tibétains pouvaient partir en pèlerinage ou commercer. Si par exemple, dans une famille de quatre personnes, deux arrivaient à remplir les obligations, les deux autres étaient libres. De même, une famille aisée pouvait avoir des serviteurs qui exécutaient le travail, permettant aux autres membres du foyer de disposer de leur temps.

Les nomades ou semi-nomades connaissaient un système assez similaire à celui des agriculteurs. Ils étaient généralement les sujets d'un noble, d'un monastère ou d'un haut dignitaire religieux, tels les nomades de Phala (Tibet occidental) étudiés par Goldstein et Beall (1989). Ceux-ci dépendaient du panchen-lama et étaient héréditairement attachés à leur seigneur et à ses terres ; ils lui devaient taxes et « corvées », et n'avaient pas le droit de quitter le domaine dont ils dépendaient avec leur bétail pour rejoindre le fief d'un autre seigneur. En revanche, tout comme dans le cas des paysans, ils étaient libres de leurs mouvements dès que leur travail était accompli. Comme chez les paysans également, certains nomades étaient riches et possédaient d'importants troupeaux, alors que d'autres subvenaient à leurs besoins en travaillant comme serviteurs de nomades aisés, et cela bien que tous fussent des sujets du panchen-lama. Au nord de la région de Nyémo (Tibet central), vivaient et vivent encore ceux que l'on appelle les nomades Lhalu, qui, auparavant, étaient les sujets d'un noble, Lhalu Tséwang Dorjé (qui fut le gouverneur de Chamdo, au Tibet oriental, avant Ngapo Nawang Jigmé). Comme les nomades Phala, ils avaient un certain nombre de devoirs envers leur seigneur mais étaient libres une fois leurs obligations remplies. Des maisonnées possédaient un cheptel conséquent (jusqu'à cent quarante yaks, d'après nos propres informations).

Il faut encore dire un mot à propos des « prisonniers emmenottés ou enchaînés que l'on voyait mendier dans les rues ». Le Tibet, comme tout pays, y compris la Chine, avait ses délinquants. Il est vrai que certains criminels étaient condamnés à porter la gangue et à mendier dans les rues, mais ils étaient peu nombreux. Le XIIIe dalaï-lama avait aboli la peine de mort (ce qui n'est pas le cas de la République populaire de Chine), et aucun document (historique, biographique, en dehors de ceux fournis par les autorités chinoises) ne corrobore l'assertion selon laquelle les « serfs travaillaient sous le fouet des intendants », et « beaucoup de seigneurs avaient construit des prisons et entretenaient des cachots dans leur domaine », ne serait-ce que parce que la main-d'œuvre, peu abondante, était nécessaire, et que mettre en prison les paysans aurait été, de la part des seigneurs, jouer contre leurs propres intérêts. Nous ne reviendrons pas sur les conditions de vie des prisonniers depuis l'occupation chinoise *(voir la question 93)* ; elles sont totalement inhumaines, et chaque jour apporte un témoignage (Palden Gyatso, 1997 ; Ama Adhe, 1997 ; Tenzin Tcheudrak, 1998 ; Ani Pachen, 2000).

Il serait faux de ne pas reconnaître la modernisation entreprise au Tibet sous l'occupation chinoise ; mais on ne peut séparer cette modernisation de ses aspects négatifs et du prix qu'elle a coûté et coûte encore dans tous les domaines : souffrances humaines, destructions écologiques, artistiques, etc. Certes, la société traditionnelle tibétaine était arrivée à un point où des changements s'avéraient plus que nécessaires, et le dalaï-lama lui-même n'a eu de cesse de le répéter. Mais le développement économique indéniable n'enrichit pas pour autant de manière égale les Tibétains : la Chine admet que le Tibet est l'une de ses provinces les plus pauvres *(voir la section sur le développement économique)*. Actuellement, les mendiants ne se comptent plus dans la Région autonome du Tibet, principalement à Lhasa ; ils sont tibétains mais aussi chinois. Les marchés prospères, parfois situés dans des bâtiments anciens qui ont été détruits (par exemple le Tromsikhang, au Barkor) regorgent de marchandises qui arrivent de Chine pour satisfaire les désirs et besoins de la population chinoise immigrée, et non pour répondre aux nécessités du peuple tibétain.

Et que dire d'une phrase telle que « les Tibétains libérés sont désormais devenus les maîtres de la société » ! Il est vrai que la mobilité sociale était quasi nulle autrefois (sauf dans le clergé pour celui qui avait des capacités intellectuelles particulières ou était reconnu comme une incarnation ; ou bien dans la noblesse pour services rendus – cas fort rares – ou, ainsi que nous l'avons vu, dans le cas des familles des dalaï-lamas ou régents). À la suite de l'invasion chinoise, les Tibétains ont connu plusieurs périodes : il y eut celle, dans les années cinquante, où, après la « libération pacifique », les autorités d'occupation courtisaient les nobles et leur faisaient miroiter le « paradis socialiste ». Au début des années soixante, les Chinois se tournèrent vers les « pauvres ». Ils créèrent diverses classes sociales sur une base politique et économique. Sur le plan politique, tous les moines dont le rang était au-dessus de celui des préfets de discipline *(gékö)*, les soldats de l'armée tibétaine au-dessus des *zhelngo* (chef d'une section de 25 hommes) et les officiels tibétains au-dessus de la catégorie des « représentants » des propriétaires fonciers – quel que soit leur pouvoir économique – furent qualifiés d'agents des « propriétaires de serfs ». Sur le plan économique, toutes les familles qui avaient plus de 50 % de revenus après déduction de leurs dépenses annuelles furent classées comme « propriétaires de serfs » ; celles qui avaient entre 45 et 50 % comme agents de « propriétaires de serfs » ; de 35 à 45 %, comme fermiers riches ; de 25 à 35 %, comme fermiers de classe moyenne (Choedon, 1978, p. 33), et les autres comme pauvres. La société tibétaine fut divisée en deux groupes : les « oppresseurs » et leurs descendants, d'une part, les « opprimés » et leurs descendants, d'autre part. Ces derniers se trouvèrent alors brusquement projetés en haut de l'échelle sociale du fait de leur nouveau statut, et ils bénéficièrent de privilèges non négligeables : accès à l'enseignement, aux positions politiques que les Chinois voulaient voir occupées par des Tibétains, facilités pour entreprendre, etc. En ce sens, on pourrait peut-être dire que certains Tibétains sont « devenus *des* maîtres de la société », mais la phrase telle qu'elle est énoncée par les auteurs chinois porterait à sourire si elle ne recouvrait pas tant de mauvaise foi.

Il y a, certes, des Tibétains qui acceptent sans problème de vivre sous le régime actuel et s'en font éventuellement les défenseurs. Pourtant, même eux ne reprendraient pas cette phrase à leur compte, car être maîtres de leur société signifierait au minimum le droit sans restriction à leurs coutumes, leur langue, leur religion. Même Ngapo Ngawang Jigme (dont l'un des fils est réfugié aux États-Unis), qui fut partisan du régime communiste chinois dès la première heure, critiquait en 1985 le département de l'Éducation qui n'attachait aucune importance à l'utilisation de la langue tibétaine. Il reconnaissait alors que durant la Révolution culturelle la langue tibétaine avait été « sérieusement sinistrée » et que, depuis, « il n'y avait pas eu de changement fondamental dans l'utilisation de la langue tibétaine » (Tséring Shakya, 1999, p. 407 ; voir aussi la question 75). Plus récemment, Tashi Tséring, un Tibétain réfugié aux États-Unis en 1960 qui a décidé de rentrer au Tibet en 1963 afin d'aider les siens, écrivait : « Alors que j'accueille avec un plaisir véritable la marche du Tibet vers la modernisation, je crois également que nous, Tibétains, devons nous battre pour être sûrs que nous ne perdrons pas notre héritage linguistique et culturel. » (Goldstein *et al.*, 1997, p. 201.)

---

86. Pourquoi le niveau de vie des Tibétains est-il inférieur à celui des Han qui habitent dans les autres régions du pays ?

Le Tibet est « défavorisé par la nature : haute altitude et air raréfié ». Ses infrastructures sont encore faibles, et ses « forces productives sous-développées », ce qui explique son retard sur les autres régions de Chine. De plus, le développement du Tibet est ralenti par le manque d'énergie, de moyens de transport et de personnel qualifié.

Pour y remédier, le gouvernement a adopté une série de mesures exceptionnelles qui vont certainement « permettre aux Tibétains de s'enrichir au plus vite ».

Katia BUFFETRILLE : En 1980 Hu Yaobang, alors Secrétaire général du parti communiste, se rendit au Tibet. Profondément choqué par ce qu'il vit, il assigna six tâches au gouvernement pour tenter de sauver le pays :

1. Donner une véritable autonomie au Tibet, c'est-à-dire laisser les Tibétains être véritablement les maîtres de leur propre vie.
2. Le gouvernement central doit s'engager à soulager et à réduire les charges de la population en exemptant d'impôts les agriculteurs et les nomades durant les trois ou cinq prochaines années afin de laisser au peuple tibétain une possibilité de se remettre.
3. Adopter une politique particulière afin de faire revivre l'économie tibétaine, comprenant l'adoption d'un système d'économie privée en accord avec les conditions tibétaines.

4. Faire de gros efforts pour développer l'économie agricole et pastorale, tout comme les usines de biens de consommation, afin de promouvoir la prospérité économique et d'enrichir les gens…

5. Faire des efforts pour développer la science, la culture, l'éducation tibétaines et établir les fondations d'une université.

6. Exécuter correctement la politique envers les cadres des minorités nationales, renforcer l'unité entre les cadres chinois et tibétains, et transférer en Chine intérieure un grand nombre de cadres chinois qui ont travaillé de longues années au Tibet (Barnett et Akiner, 1994, p. 285).

Ce projet en six points reconnaissait, en fait, l'échec de la politique chinoise au Tibet et indiquait on ne peut plus clairement les raisons que Hu Yaobang considérait être à l'origine de cet échec. Bien sûr, les Tibétains sont confrontés à des conditions climatiques et géographiques particulières qui expliquent en partie le manque d'infrastructure lié aux difficultés pour construire des routes, des ponts, etc., ainsi qu'une faible industrialisation. Mais ce ne sont pas les seules raisons pour lesquelles le niveau de vie des Tibétains est inférieur à celui des Han qui habitent dans les autres régions de Chine.

En 1988, date de la publication de *Cent questions*, la pauvreté au Tibet est expliquée par « la pénurie d'énergie, le manque de moyens de transport et l'insuffisance de personnel qualifié ». Si nous continuons à descendre dans le temps, nous pouvons écouter Raidi, président du comité permanent de l'Assemblée populaire du Tibet, dans un entretien donné en 1994 ; il répond de manière beaucoup plus claire à cette question 86 : « La majorité des Han au Tibet sont des travailleurs qualifiés, des techniciens et des scientifiques [...]. Dans les dernières années, le Tibet a vu un énorme afflux de commerçants et d'entrepreneurs venant de la Chine intérieure. Ils vont et viennent par vagues » et, ajoute Raidi, « ils ne sont absolument pas ce que les médias occidentaux appellent des immigrants » puisque, selon son argumentation, le Tibet fait partie intégrante de la Chine et que chacun a le droit d'aller s'installer où il le désire (« Radi on Tibet »). L'argumentation reprise par Raidi selon laquelle les Chinois ne sont pas des immigrants est non seulement tendancieuse, mais également dangereuse pour l'avenir. Le Tibet avait déjà attiré de nombreux migrants chinois qui, en s'y rendant, bénéficiaient d'avantages divers, entre autres des salaires plus élevés et une promotion plus rapide qu'en Chine propre (Xinhua, 14 décembre 1994) ; mais, depuis 1992, les autorisations pour se déplacer en dehors de son lieu de résidence ont été supprimées en Chine, et les travailleurs et entrepreneurs chinois peuvent s'établir au Tibet sans avoir aucune formalité à remplir. Depuis la « modernisation » du Tibet de la fin des années quatre-vingts, qui a correspondu en fait à une sinisation sur les plans architectural, alimentaire, culturel et ludique, etc., la vie du colon chinois est devenue agréable et de nombreux Chinois reconnaissent se plaire au Tibet et déclarent leur intention d'y rester. Goldstein (1997, p. 137, n. 7) remarque que, même avant cela, le renvoi des cadres et techniciens chinois dans leurs provinces d'origine n'a pas pu être effectif, simplement parce que nombre d'entre eux ont trouvé que leur intérêt économique était de rester au Tibet : le gouvernement central avait décidé que leur province d'origine devait les accueillir, mais il n'avait pas stipulé que ce serait avec les mêmes salaires et les mêmes avantages.

Le niveau de vie des Tibétains est effectivement inférieur à celui des Han qui habitent dans les autres régions du pays, en partie parce que le personnel qualifié est d'origine chinoise, comme l'explique Raidi. La question qu'il faut se poser est : « Pourquoi n'y a-t-il pas, au Tibet, des travailleurs qualifiés, des techniciens et des scientifiques tibétains ? » Le 28 août 2000, on pouvait lire dans le journal officiel chinois *Guangming Daily*, un article qui donnait des statistiques sur le nombre de Tibétains éduqués *(voir aussi la section sur le développement économique : Iversen, 2.7, et la question 75 pour une étude identique mais datée de 1990)*. On y apprenait que 54,94 % de la population de Lhasa était illettrée. Si l'on admet que Lhasa représente la ville la plus développée sur les plans de l'économie, de l'éducation et de la politique, on peut imaginer quel doit être le taux d'illettrisme dans le reste du Tibet. Rappelons que les auteurs de *Cent questions* affirment *(question 28)* qu'en ce qui concerne le Tibet, en 1988, « le taux d'analphabétisme est tombé de 98 % en 1951 à 60 % », statistiques révélatrices du peu de progrès obtenus en douze ans. Selon plusieurs Tibétains arrivés récemment en exil, diverses raisons seraient à l'origine de cette inégalité dans la spécialisation : le niveau de l'éducation dans les régions tibétaines n'est pas très élevé ; les Tibétains doivent posséder une connaissance parfaite du chinois ; le coût des études augmente de plus en plus et rares sont les Tibétains qui peuvent les payer. De plus, l'accès à l'université est grandement facilité lorsque les jeunes Tibétains ont un arrière-plan social « correct », des relations et connections utiles, ce qui est loin d'être toujours le cas (*China's Great Leap West*, TIN, 2000). À ce jour, les Tibétains dans leur ensemble ne peuvent rivaliser avec les migrants chinois, ce qui explique pourquoi le niveau de vie des Tibétains est inférieur à celui des Han au Tibet et dans les autres régions du pays.

---

87. Les Tibétains reçoivent-ils la même rémunération pour les mêmes travaux que les Han ?

« Les cadres et les ouvriers tibétains, qu'ils soient dans les organismes gouvernementaux ou dans les entreprises, reçoivent exactement la même rémunération que les Han pour le même travail. » [citation intégrale de la réponse de *Cent questions*.]

Katia BUFFETRILLE : La réponse à cette question sera brève, car nous n'avons trouvé que peu d'informations sur le sujet. Les Tibétains reçoivent apparemment une rémunération égale à celle des Han s'ils effectuent les mêmes travaux. Les salaires des employés sont un peu plus élevés qu'ailleurs en Chine, du fait de l'altitude et des conditions climatiques ; il semble qu'il y ait aussi des disparités à l'intérieur même de la Région autonome en fonction de l'altitude du lieu de travail (TIN, octobre 1993). La seule différence entre les travailleurs chinois et tibétains paraît être dans la durée des vacances, plus longues pour les Chinois, dont le lieu d'origine est éloigné et qui sont souvent malades.

---

88. Quelles (sic) *sont les mœurs et coutumes des Tibétains ?*

Mœurs et coutumes sont bien différents de ceux des autres minorités ethniques. Par exemple : les noms, les appellations, les vêtements, la nourriture, le mariage, les funérailles, les interdictions, les rapports sociaux.

– Les noms : « les Tibétains n'ont pas de nom de famille. Ils choisissent les noms d'après des mots de bon augure dans les canons bouddhiques. »

– Les appellations : on considère impoli d'appeler quelqu'un par son nom, sauf dans les familles, les aînés envers leurs cadets. On ajoute donc « quelque chose devant ou après le nom pour exprimer le respect ou l'affection » : à Lhasa, on ajoute « la » après le nom ; à Xigatse [Shigatsé], *on ajoute « Aji » ou « Ajue » devant le nom d'un homme.*

– Les vêtements : hommes et femmes portent des robes en pulu *(une sorte de laine) ou en fourrure de mouton, et aiment porter des chapeaux en feutre ou en fourrure. Les femmes sont friandes de bijoux.*

– La nourriture : les paysans ont pour nourriture de base le zamba [la *tsampa*], *« une pâte préparée avec de la farine d'orge grillée ou des pois, et du thé ». Les éleveurs mangent du boeuf et du mouton. « Les lamas peuvent manger de la viande. » Les boissons sont le thé au beurre de yak, le thé au lait et la bière de* Qingke.

– Le mariage : « La monogamie est la principale forme. » Jeunes gens et jeunes femmes se fréquentent librement avant le mariage ; après, « ce sont les hommes qui gèrent les biens et en héritent. Les moines de toutes les sectes, sauf la Secte jaune ont le droit de se marier ».

– Les funérailles : la pratique la plus répandue est celle du dépeçage du cadavre sur « les cimes des montagnes » pour le donner aux vautours. Le corps des « bouddhas vivants ordinaires » est incinéré, mais celui des « grands bouddhas vivants » est momifié et conservé dans des chörtens *en position assise.*

– Les interdictions : dans l'alimentation, les Tibétains ne mangent pas de périssodactyles, notamment de chien ; dans beaucoup de régions, ils ne mangent pas non plus volailles, œufs, poisson. Pour des raisons religieuses, ils répugnent généralement à tuer des animaux sauvages ; il est interdit d'enjamber des objets religieux, les braseros [le foyer], *de faire tourner à l'envers les moulins à prière…, et peu convenable de toucher la tête de quelqu'un.*

– *Les rapports sociaux : « Les Tibétains aiment échanger des* hada [kata] *et attachent une grande importance aux cadeaux. » Ils offrent thé ou bière à celui qui part en voyage, et apportent félicitations et cadeaux à celui qui vient de se construire une maison.*

Janet GYATSO et Katia BUFFETRILLE : La culture tibétaine est l'expression d'une civilisation unique et complexe ; il s'ensuit que la description des mœurs et des coutumes des Tibétains nécessiterait plusieurs volumes. En outre, on trouve dans la civilisation tibétaine de nombreux groupes culturels qui ont développé des traditions variées, aussi bien sur le plan de l'organisation sociale que dans le domaine artistique, linguistique, etc., et on ne peut généraliser à l'ensemble du Tibet des mœurs et coutumes spécifiques d'une région. Nous nous limiterons à une courte discussion sur les points mentionnés par les auteurs de *Cent questions*, auxquels nous ajouterons quelques précisions.

Le nom

Les Tibétains n'emploient pas ce que nous appelons un nom de famille ; ils sont souvent connus uniquement par leur « prénom » (souvent deux prénoms sont utilisés). Dans la plupart des cas, ces derniers reflètent des valeurs religieuses telles Lozang (Esprit Pur), Péma (du sanskrit Padma qui signifie Lotus) ; Tenzin (Porteur de l'Enseignement) ; Dorjé (Diamant ou Foudre-Diamant) ; Yéshé (Sagesse primordiale), ou Sönam (Mérites). Mais ils peuvent aussi porter le nom de leur jour de naissance : Nyima (Dimanche), Dawa (Lundi)… Il arrive aussi que l'on donne, en cas de maladie, un nom péjoratif dans le but de faire fuir les mauvais esprits (par exemple « Petit Chien »), tout comme on donne parfois au bébé une appellation provisoire pour que les mauvais esprits ne s'intéressent pas à lui. De même, si un enfant meurt dans une maisonnée, on appellera le suivant « Libéré du démon » ; ces noms destinés à protéger l'enfant contre les puissances maléfiques sont généralement changés lorsqu'il grandit. Des surnoms sont souvent attribués et reflètent une caractéristique physique (le Chauve ; le Sourd). Le nom de la maisonnée, du domaine, ou celui du clan, est parfois ajouté avant ce que nous considérons être le prénom. D'autres fois, ce sera le nom du village, de la région ou même celui de l'occupation professionnelle. Quant aux nomades, le nom de la tribu s'ajoute avant le nom personnel.

Il est vrai qu'il est souvent « impoli d'appeler quelqu'un par son simple nom » ; généralement, on donne à la personne à qui l'on s'adresse l'appellation correspondant à sa génération. Ainsi *Ama la* (la particule *la* est une particule honorifique utilisée surtout au Tibet central) désigne la mère mais aussi toute femme de la même génération ; de même pour *Acha la*, qui est utilisé pour s'adresser normalement à la sœur aînée, ou *Akhu la*, à l'oncle paternel, mais qui est un terme poli pour tout individu de la même génération. En revanche, un enfant pourra être apostrophé par son prénom ou bien simplement par *bu* (fils) ou *bumo* (fille).

Les « lamas réincarnés » (*trülku*) sont souvent connus sous leur nom personnel ou celui du monastère, siège de leur lignée de réincarnation. Titres religieux et épithètes tels que Rinpoché (Précieux), Khenpo (Abbé), Ani (Nonne), Lama (Guru) ou Trülku (Réincarnation) sont aussi ajoutés au nom. Des « noms secrets » et autres types d'appellations religieuses sont donnés lors de rituels, d'initiations et autres occasions. Ce système crée souvent des difficultés d'identification : homonymies, etc. Ainsi, un auteur peut signer indifféremment de l'un de ses noms, ce qui explique pourquoi il est parfois difficile de déterminer l'identité d'une personne mentionnée dans une œuvre littéraire.

Le vêtement

De nos jours, nombreux sont les citadins qui ont abandonné le vêtement traditionnel pour un style beaucoup plus européen, par commodité peut-être, mais plus probablement parce qu'il est fortement recommandé de ne pas faire « trop tibétain » lorsque l'on travaille dans l'administration. On ne rencontre jamais un fonctionnaire tibétain portant le vêtement traditionnel dans le cadre de son travail, mais le même se changera pour se rendre au monastère.

Traditionnellement, et c'est encore le cas dans les régions rurales et nomades, les hommes et les femmes laïcs portent, par-dessus un pantalon et une chemise (blanche et aujourd'hui de coupe occidentale pour les hommes, de couleur vive pour les femmes), une robe-manteau appelée *chuba*, qui est habituellement de couleur sombre, ou une pelisse, fourrure à l'intérieur, quand ils sont des éleveurs nomades. L'une des caractéristiques de ce vêtement est d'avoir des manches très longues que l'on replie. Noué à la taille par une ceinture, les Tibétains le remontent afin d'obtenir une vaste poche, à la hauteur de l'estomac, dans laquelle ils fourrent un amas incroyable de choses, un bol pour boire le thé, un peu de nourriture s'ils voyagent, quand ce n'est pas aussi le bébé. Les chaussures traditionnelles sont des bottes en feutre, brodées de couleurs vives ; néanmoins les baskets chinoises, bien moins chaudes et nettement moins esthétiques, mais bon marché, les remplacent très souvent. Les Tibétains apprécient également beaucoup les chapeaux, et il en existe une très grande variété, en fourrure, en feutre, en laine, etc. Malgré le froid et la mode des gants blancs pour les chauffeurs de véhicules, les gants restent peu portés.

Les moines et les nonnes doivent se conformer aux règles édictées dans le code de discipline monastique *(vinaya)*. Il n'est pas rare de voir dans les monastères des peintures murales représentant les vêtements des moines, et expliquant la manière de les mettre. Seules deux couleurs sont autorisées : le bordeaux et le jaune. Le vêtement monastique, originaire de l'Inde, se compose d'un gilet sans manches et d'une jupe longue faite de trois étoffes cousues de manière réglementaire. Par-dessus, les moines se drapent dans une étole mais laissent le bras droit découvert, signe de respect envers le Bouddha. Les vêtements liturgiques peuvent être somptueux, avec des capes en brocart, des chapeaux différents selon l'école, la cérémonie et les rituels. On trouve également de nombreux costumes portés lors des danses sacrées : robes, mais aussi masques, chapeaux, tabliers qui aident celui qui les porte, les autres participants et les spectateurs, à imaginer ce personnage comme une divinité ou comme une autre figure religieuse ou historique.

Hommes et femmes aiment les bijoux, pour leur beauté, mais aussi parce qu'ils leurs attribuent des effets bénéfiques sur l'état mental et physique. Les Tibétains ont une préférence pour les turquoises, le corail, l'ambre, l'or et l'argent, ainsi que pour une pierre spéciale, noire (ou brune) et blanche, appelée *zi*. C'est, en fait, une agathe gravée à l'eau-forte selon une technique qui semble perdue de nos jours. Mais, pour les Tibétains, cette pierre a une origine surnaturelle et protège des catastrophes celui ou celle qui la porte. Des critères très précis en déterminent la valeur marchande, qui peut atteindre des sommes voisines de celle qu'un Occidental donnerait pour un diamant. Certains bijoux témoignaient, auparavant, du rang auquel appartenait celui qui les portait. Il en est d'autres qui servent à la fois d'ornement et de talisman, comme le *gao*: boîte en argent ou en or, diversement décorée, elle contient la statuette ou l'image d'une divinité, ou la photo d'un maître, des reliques ou des « charmes », et se porte souvent en travers du buste, sur ou sous les vêtements.

La nourriture

Les auteurs de *Cent questions* ont raison de dire que les « paysans ont pour nourriture de base le *zamba* (la *tsampa*) ». Dans les villes, les coutumes alimentaires changent avec l'arrivée des produits chinois et les multiples restaurants et échoppes qui les servent. La *tsampa* est de la farine d'orge grillé, et elle constitue encore chez de nombreux Tibétains l'alimentation de base. Ils la mélangent à ce fameux thé au beurre et au sel dont ont parlé la plupart des voyageurs. Alors, donnons-en la recette ! Le thé est bouilli dans un pot, puis transvasé dans une baratte en bois, longue d'un mètre environ. On y ajoute du sel et du beurre de *dri* (la femelle du yak). Pour mélanger le tout, on fait monter et descendre une tige en bois terminée par un disque s'encastrant parfaitement dans le cylindre de la baratte. Les ingrédients longtemps remués se mélangent jusqu'à l'émulsion complète. La boisson ainsi obtenue est très énergétique.

Un autre plat très répandu est une soupe épaisse *(thugpa)* dans laquelle on met des pâtes, des boulettes faites de farine et d'eau, et de la viande. Le fromage séché *(chura)* est très apprécié ainsi que les autres produits laitiers. La viande (essentiellement du yak ou du mouton), le plus souvent séchée, bouillie, ou sous forme de saucisse, est un mets de choix, mais rares sont ceux qui peuvent en manger quotidiennement. Il est vrai que la chasse, bien que pratiquée, est interdite par les principes bouddhiques. La coutume chinoise de manger du chien, du singe, du serpent, etc., répugne aux Tibétains qui, généralement, ne mangent pas non plus de poisson et évitent particulièrement les coquillages : ils suivent ainsi le précepte religieux qui énonce qu'il vaut mieux tuer un gros animal (par exemple un yak) pour faire plusieurs repas, que manger plusieurs petits en un seul repas (ce qui revient à tuer plusieurs êtres « munis d'esprit » au lieu d'un seul).

L'alcool traditionnel est le *chang* (que les Chinois traduisent toujours « bière de Qingke »), sorte de bière confectionnée à partir de la fermentation de l'orge ou d'autres grains comme le millet. Depuis l'occupation, les multiples alcools chinois ont envahi le Tibet de l'est à l'ouest et du nord au sud et ont fait, déjà, bien des ravages.

Le mariage et le style de vie

Plusieurs formes de mariage coexistent au Tibet. La monogamie est la plus fréquente mais la polyandrie fraternelle (une femme épouse plusieurs frères) et la polygynie sororale (un homme épouse plusieurs sœurs) étaient et sont encore pratiquées dans certaines régions, bien que condamnées par la loi chinoise. Lorsqu'une famille n'a que des filles, elle invite un jeune homme (gendre, *magpa*) qui vient résider chez sa femme et prend alors le nom de la maisonnée de celle-ci. Mais, à l'exception de ce cas, la jeune femme va vivre chez son mari. Il faut signaler que, traditionnellement, le mariage était un événement séculier, au sens où la présence du clergé n'était nullement nécessaire ; le divorce n'était pas chose rare. L'héritage se fait généralement en lignée patrilinéaire, mais les biens meubles se transmettent souvent en lignée matrilinéaire. Contrairement à ce qu'affirment les auteurs de *Cent questions*, qui confondent moines et religieux *(voir question 54)*, aucun moine, quelle que soit l'école à laquelle il appartienne, ne peut se marier.

La mort

Toutes les formes de funérailles existent au Tibet et les méthodes varient selon les lieux et le climat. Ainsi, au Tibet central, où les arbres sont quasiment inexistants et le sol gelé une grande partie de l'année, la manière la plus fréquente de faire disparaître les corps consiste à les découper, puis à les donner à manger aux vautours, dans un endroit prévu à cet effet à l'extérieur du village. Dans d'autres régions, les défunts sont enterrés, parfois brûlés ; l'immersion a été pratiquée dans le passé pour des cas spécifiques : morts d'épidémie, par exemple. Les nouveau-nés sont souvent abandonnés dans la montagne. Les religieux importants sont généralement incinérés, et les plus grands maîtres (dont les dalaï-lamas et les panchen-lamas) sont momifiés et leur corps est ensuite déposé à l'intérieur d'un *stûpa*-reliquaire.

Avant de faire disparaître les corps, des rituels élaborés ont lieu pour assister le défunt dans l'au-delà. La croyance en la réincarnation est universelle ; il est donc très important de guider « l'âme » du défunt vers la Délivrance si sa maturité spirituelle le permet, sinon vers une nouvelle réincarnation. Dans cette optique, des religieux viennent lire des textes après la mort de l'individu. Le plus connu en Occident est le *Livre des morts tibétain,* dont le titre réel est *La Libération par l'écoute de l'état intermédiaire entre la mort et la renaissance (bardo).* La lecture a pour but de guider « l'âme », qui erre au milieu des apparitions, à trouver son chemin durant les quarante-neuf jours du *bardo*. Néanmoins, les funérailles ont lieu après une période d'environ trois jours, lorsque tous les éléments constitutifs de l'individu sont supposés avoir fini de se désagréger.

La vie sociale et le comportement

On ne peut, en quelques lignes, décrire les rapports sociaux et le comportement des Tibétains. Mais on peut souligner combien c'est un peuple hospitalier et amical. Les laïcs aiment les fêtes, les jeux, la danse et le chant, et l'un des grands plaisirs a toujours été de faire de longs pique-niques. Les Tibétains sont polis et parlent généralement de manière calme et respectueuse, bien qu'ils aient un vif et subtil sens de l'humour ; ils peuvent être très sarcastiques ou ironiques. Ils respectent leurs engagements verbaux et observent un système élaboré de coutumes et d'attitudes lorsqu'ils sont en société, qui est guidé par des considérations humaines et religieuses. Tout visiteur, au moment de son arrivée et de son départ, reçoit une longue écharpe blanche *(kata)* ainsi que d'autres présents. Le thé est toujours servi à ceux qui rendent visite. On ne se serre pas la main, mais rapprocher son front de celui de l'autre est une manière respectueuse de saluer. Il faut éviter, effectivement, d'enjamber le foyer (dans lequel réside un dieu), ou une personne ; encore plus un livre, objet de vénération. On ne doit ni le laisser à terre ni passer au-dessus et, bien entendu, on ne le jette jamais. Celui qui reçoit un livre en présent doit l'accepter sur la paume de ses mains tendues, puis le poser sur sa tête en signe de bénédiction. Le livre possède en lui-même quelque chose de divin. Il est le symbole de la parole du Bouddha.

---

89. Quelles sont les principales fêtes du Tibet ?

Les fêtes célébrées dans tout le pays [la Chine] *sont le nouvel an, la fête internationale des travailleurs et la fête nationale. Les Tibétains ont aussi des fêtes locales traditionnelles :*

– Le nouvel an (losar) *du calendrier tibétain, environ un mois après le nouvel an occidental : les familles se rendent visite et échangent vœux et souhaits. Ils font des offrandes au Bouddha « dans l'espoir que cela apportera bonheur à la maison ».*

– La « grande cérémonie de prière » (Mönlam) à Lhasa, « au mois de janvier du calendrier tibétain ». C'est une grande fête religieuse qui voit un vaste rassemblement de moines et de laïcs autour du temple Jokhang. Les moines expliquent « aux gens les canons bouddhiques », récitent « des textes sacrés », chantent « des soutras » et tiennent des débats philosophiques. Les donateurs laïcs font « l'aumône aux lamas » et leur distribuent de la nourriture. On répare aussi cérémoniellement les digues de la ville, le « portrait du bouddha Changpa » [Jampa] *est déroulé, on allume « des lanternes au beurre de yak, etc. ».*

– La « Fête de cérémonie mondiale de sacrifice » ou « Fête de lingka *» a lieu annuellement le 15 mai du calendrier tibétain ; « selon la légende, c'est le jour où Sakyamuni a vaincu les hérétiques. C'est l'occasion d'un grand pique-nique en habits de fête dans les* lingka *(parcs ou jardins).*

– La « Fête du beurre (zhotön) *vers le 1*er *juillet du calendrier tibétain ». D'origine religieuse, elle est aussi appelée « Fête de l'opéra du*

Tibet », en raison du développement des représentations d'opéra du Tibet qui peuvent durer une semaine environ.

– La « Fête dite "battre les champs" (vong bkor) *»* [ongkor], *au mois d'août du calendrier tibétain. Vêtus de costumes neufs, les paysans « portant des portraits du Bouddha, tournent autour des champs en récitant des soutras ». Puis ils chantent, dansent et boivent dans les champs ou près des villages. Dans certaines régions, cela s'accompagne de courses de chevaux et de taureaux, de luttes, etc.*

– La « fête des Cinq Offrandes (gaden ngachö)*», le 25 décembre du calendrier tibétain, commémore la mort de Tsongkha pa, fondateur de la « Secte jaune ». Les gens allument des lampes au beurre de yak et les placent sur les toits et les rebords de fenêtre ; ils « se livrent à d'autres activités commémoratives ».*

Janet GYATSO et Katia BUFFETRILLE : L'année, au Tibet, est rythmée par des fêtes. Fêtes d'État, fêtes religieuses bouddhiques ou fêtes locales, elles ont attiré et attirent toujours autant les villageois et les nomades que les citadins, qui revêtent à ces occasions leurs plus beaux atours, et arborent leurs somptueux bijoux – vrais ou faux. Elles se déroulent à des dates précises du calendrier tibétain, différent du calendrier grégorien. L'année tibétaine comprend douze mois lunaires de trente jours (décomptés comme premier mois, deuxième mois, etc.), ce qui conduit à inclure un mois supplémentaire tous les trois ans afin de se mettre en accord avec le calendrier solaire. Le système de computation, très ancien, inventé en Chine, est un cycle de douze années, chacune portant le nom d'un animal (dans l'ordre) : rat, bœuf, tigre, lièvre, dragon, serpent, cheval, mouton, singe, coq, chien et porc. Les Tibétains introduisirent, en 1027, un système cyclique de soixante ans dans lequel le nom d'un des cinq éléments (feu, eau, terre, fer et bois), chacun divisé en mâle et en femelle, fut ajouté à chaque animal, donnant ainsi une série de soixante combinaisons qui marquent les années du cycle. Le 24 février 2001 correspond ainsi au premier jour du premier mois de l'année serpent-mâle-fer. Chaque mois a des jours particulièrement fastes : le quinzième et le trentième associés avec le Bouddha Shâkyamuni, le dixième avec Padmasambhava (introducteur du bouddhisme tantrique au Tibet, au VIIIe siècle) et le vingt-cinquième qui est le jour propice pour invoquer les *dâkinî* (figures féminines qui personnifient la sagesse et, comme telles, se manifestent à des mystiques sous une forme paisible ou irritée, soit pour faire des révélations, soit pour conférer des enseignements tantriques dans lesquels elles peuvent jouer le rôle de partenaires). Nommer les mois d'après le calendrier grégorien, comme le font les auteurs de *Cent questions*, semble peut-être plus compréhensible pour le lecteur occidental, mais est totalement aberrant. Qui va savoir que la fête de la Grande Prière, qui « se tient tous les ans au mois de janvier du calendrier tibétain », se déroule en fait le premier mois tibétain, c'est-à-dire en février-mars pour nous. Si l'on se fie aux dates de *Cent questions*, on peut être sûr d'être absent à la fête, sans compter que l'utilisation du système de datation occidental apparaît comme un élément supplémentaire dans le déni des spécificités tibétaines.

Les auteurs chinois ont choisi de ne parler ici que des principales fêtes qui se déroulent à Lhasa. Certes, les cérémonies qui ont lieu dans cette ville sainte ont toujours eu pour tout Tibétain, qu'il soit de Ngari, à l'ouest, du Kham ou de l'Amdo, à l'est, une importance qu'aucun autre lieu ne peut égaler. Notre intention n'est pas d'infliger au lecteur la description des fêtes citées dans l'ouvrage chinois en y ajoutant celles passées sous silence, mais juste de corriger les erreurs les plus flagrantes et d'apporter quelques précisions. Il suffit de renvoyer le lecteur intéressé au livre de H. E. Richardson (1993), le dernier résident anglais ; il demeura à Lhasa de 1936 à 1940, puis de 1946 à 1950, et fut un témoin privilégié.

Toute fête tibétaine est, avant tout, un festival religieux composé de deux parties : la visite du monastère voisin, où chacun verse du beurre dans les lampes, fait des dons en argent et de multiples prosternations, marquant ainsi sa vénération. Et il n'oublie jamais de faire une fumigation de genévrier, bois odorant dont la fumée parfumée est une offrande aux dieux. (Ce rite se fait aussi chaque jour dans les maisonnées. Tôt le matin, le maître de maison se rend auprès du foyer à fumigation situé généralement sur le toit-terrasse. Il enflamme quelques branches de genévrier, fait une offrande de *tsampa*, et récite quelques invocations.) Mais la partie profane des festivals n'est pas pour autant oubliée ; les Tibétains sont des gens pour qui la fête a un sens et manger, chanter, boire, danser entre amis fait toujours partie de la célébration.

Les auteurs de *Cent questions* ont raison de noter l'importance du Nouvel An. Au Tibet ancien, il était célébré durant un temps assez long, parfois durant tout le premier mois (février/mars). Divers rituels se succédaient. Expulsion des mauvais esprits, aussi bien de la maison d'où l'on expulsait une effigie que sur la place publique, durant de grandes cérémonies au cours desquelles de puissantes divinités étaient invoquées alors que des danseurs masqués figuraient la conquête des forces négatives, symbolisées par une effigie en pâte qui était ensuite démembrée cérémoniellement. Les Tibétains échangeaient des vœux, participaient à des courses de chevaux, des compétitions de tir à l'arc et assistaient à des numéros d'acrobates et aux représentations des troupes d'opéra qui donnaient un spectacle soigneusement préparé.

La Grande Prière, instituée en 1409 par le fondateur de l'ordre gélugpa, Tsongkhapa (1357-1419), se déroulait du troisième au vingt-cinquième jour du premier mois. Elle consistait en trois semaines de prières pour le bien et la prospérité de l'État, de la religion, de la population et de tous les êtres animés. Des rituels pour hâter la venue du prochain Bouddha, Maitreya, étaient également célébrés. La ville passait alors sous l'autorité des moines des trois grands monastères de Lhasa : Séra, Drépung et Ganden, et des milliers de religieux, originaires de tout le pays, envahissaient les rues. Depuis l'occupation du Tibet par la Chine, cette fête a connu des fortunes diverses. D'abord totalement interdite jusqu'en 1986, les autorités en permirent ensuite la célébration de manière fort limitée, pour l'interdire à nouveau. Il est clair qu'une telle concentration de moines, même si elle n'est pas comparable aux foules antérieures, a de quoi faire frémir les autorités, qui savent parfaitement combien le corps monastique peut constituer une force d'opposition.

La fête dénommée ici de manière très étrange « Fête de cérémonie mondiale de sacrifice (appelée aussi la Fête de *lingka*) », en commémoration du jour où le Bouddha vainquit les hérétiques, « a lieu », apprend-on, « tous les ans le 15 mai du calendrier tibétain ». Nous ne reviendrons pas sur les aberrations entraînées par le système de datation utilisé par les auteurs de *Cent questions*. Mais ici, ils ont mélangé deux fêtes qui se déroulent à des dates différentes : l'une célèbre bien la victoire du Bouddha sur les hérétiques mais elle a lieu le quinzième jour du premier mois (février-mars) ; elle porte le nom de « Festival du grand miracle et offrande du quinzième jour » *(Chotrül düchen dang conga chöpa)* et constitue l'apogée de la Grande Prière. La seconde est placée le quinzième jour du cinquième mois (juin-juillet) et s'appelle « Offrande générale de fumigation de genévrier pour le monde » *(Dzamling chisang)* ; elle commémore la fondation du monastère de Samyé et la subjugation des démons par Padmasambhava. À cette occasion, les habitants de Lhasa se rendaient effectivement dans les parcs environnants pour pique-niquer.

Pour la Fête du « lait caillé » *(zhotön)*, nous renvoyons à la question 68. *Ongkor*, la circumambulation des champs, ne consiste nullement à « battre les champs » ; c'est une fête des moissons qui se déroule dans la première quinzaine du septième mois (août-septembre). À cette occasion, les villageois font le tour de leurs champs en procession avec, à leur tête, un religieux tantriste ; ils portent des statues, symboles du Corps du Bouddha ; des livres, symboles de sa Parole, et de petits *stûpas,* représentations de son Esprit.

Quant à la fête qui célèbre la date anniversaire de la mort de Tsongkhapa, elle se déroule dans la nuit du vingt-quatrième au vingt-cinquième jour du dixième mois (novembre-décembre), et non pas le 25 décembre, qui évoque immédiatement à l'esprit occidental le jour de Noël.

On devrait mentionner bien d'autres fêtes dont on peut se faire une idée à travers de nombreuses sources livresques et photographiques. Mais comment ne pas parler des fêtes aux dieux locaux ! Un peu partout dans le monde tibétain, on voit resurgir les cultes aux divinités locales dès que la mainmise chinoise se fait moins oppressive. Les croyances qui sous-tendent ces cultes, qualifiées de superstitions par les autorités chinoises, sont souvent dénigrées et leurs manifestations font régulièrement l'objet de répression. Supprimées un temps, elles renaissent peu après, au gré des changements politiques. Les rituels étaient exécutés traditionnellement par les hommes seulement, et les moines n'y avaient généralement pas accès. Le « dieu du terroir » est particulièrement important. Souvent considéré comme l'ancêtre de la population vivant sur son territoire, il est un « dieu-montagne » que les villageois concernés vénèrent en lui rendant un culte sur le versant de la montagne. Irrité s'il constate des transgressions, il se détourne, et le territoire ainsi que la communauté qui y réside ne bénéficient plus alors de la protection du dieu et sont abandonnés à toutes les forces maléfiques.

Un culte communautaire lui était rendu une fois par an, à date fixe : toutes les maisonnées du village offraient au dieu protecteur du lieu une longue flèche dont l'empennage était décoré et qu'un homme de chaque famille était chargé d'apporter sur le versant de la montagne. Chacun enlevait l'ancienne flèche de la famille et plantait la nouvelle au milieu des autres, faisait brûler du genévrier, prononçait des invocations, lançait les « chevaux de vent » aux cris de « *Ki la so lha gyel lo*, les dieux sont vainqueurs ! » Le but était de demander au dieu de leur accorder des biens mondains. Ensuite se déroulaient des courses de chevaux, des compétitions de tir à l'arc, au fusil, des concours où chacun mesurait sa force. Ces fêtes se déroulent de nos jours encore, mais elles connaissent des changements : il arrive maintenant que les religieux assistent et parfois, même, interviennent dans ces cérémonies ; elles ne sont plus exécutées dans leur intégralité, et les autorités chinoises poussent à la « folklorisation » de ces fêtes (comme à Machen, en Amdo) qui, il faut le reconnaître, ne peuvent que réjouir les yeux de ceux qui ont l'occasion d'y assister.

Références citées

Voir aussi les références données dans la section des droits de l'homme.

Adhe Tapongtsang, *Ama Adhe : The Voice that Remembers. The Heroic Story of A Woman's Fight to Free Tibet,* Boston, Wisdom Publications, 1997 ; trad. fr., *Ama Adhe, voix de la mémoire. Du Tibet libre à l'exil*, Saint-Jean de-Braye, Éd. Dangles, 1999.

Ani Pachen et Adelaide Donnelley, *Sorrow Mountain. The Remarkable Story of a Tibetan Warrior Nun*, Londres-New York-Toronto-Sydney-Auckland, Doubleday, 2000 ; trad. fr., *Que rien ne te fasse peur*, Paris, Nil, 2001.

Barnett R. et Akiner S., *Resistance and Reform in Tibet*, Londres, Hurst, 1994.

DHONDUB CHOEDON, *Life in the red flag people's commune*, Dharamsala, The Information Office of H. H. The Dalai-Lama, 1978.

GOLDSTEIN M. C., « The Circulation of Estates in Tibet : Reincarnation, Land and Politics », *Journal of Asian Studies*, vol. XXXII, n° 3, 1973, pp. 445-454.

–, « Reexamining Choice, Dependency and Command in the Tibetan Social System : "Tax Appendages" and Other Landless Serfs », *The Tibet Journal,* vol. XI, n° 4, 1986, pp. 79-112.

–, *The Snow Lion and the Dragon. China, Tibet and the Dalai Lama*, Berkeley-Los Angeles-Londres, University of California Press, 1997.

–, et BEALL C. M., *Nomads of Western Tibet. The Survival of a Way of Life*, Londres, Serindia Publications, 1989.

–, SIEBENSCHUH W. et TASCHI TSÉRING, *The Struggle for Modern Tibet. The Autobiography of Tashi Tsering*, Armonk-New York-Londres, M. E. Sharpe, 1997.

PALDEN GYATSO et TSÉRING SHAKYA, *Fire under the Snow*, Londres, Harvill Press, 1997 ; trad. fr., *Le Feu sous la neige. Mémoires d'un moine tibétain*, Paris, Actes Sud, 1997.

PETECH L., *Aristocracy and Government in Tibet. 1728-1959*, Rome, Ismeo, 1973.

« Radi on Tibet », *China's Tibet*, vol. 5, n° 3, 1994, pp. 2-5.

RICHARDSON H. E., *Ceremonies of the Lhasa Year*, Londres, Serindia Publications, 1993.

TENZIN TCHEUDRAK, *Le Palais des arcs-en-ciel*, Paris, Albin Michel, 1998.

TIN, *TIN News Compilation*, Londres, TIN, octobre 1993.

TSÉRING SHAKYA, *The Dragon and the Land of Snows. A History of Modern Tibet since 1947*, Londres, Pimlico, 1999.

Xinhua, 14 décembre 1994, cité dans *TIN News Update*, 10 avril 1995.

POUR EN SAVOIR PLUS

BELL C., *The People of Tibet*, New Delhi-Madras, Educational Services [1928], 1991.

CARRASCO P., *Land and Polity in Tibet,* Seattle, University of Washington Press, 1959.

CHAYET A., *La Femme au temps des dalaï-lamas*, Paris, Stock-L. Pernoud, 1993.

DESIDERI I., *An Account of Tibet. The Travels of Ippolito Desideri of Pistoia, S.J. 1712-1727*, Londres, G. Routledge [1937], 1995.

EBBINGHOUSE D. et WINSTEN M., « Tibetan dZi (gZi) Beads », *The Tibet Journal,* vol. XIII, n° 1, 1988, pp. 38-56.

LOBO E., *Les Fêtes au Tibet*, introduction par K. Buffetrille, Sommières, Romain Pages, 2002 [Album de photos].
MACDONALD D., *Mœurs et coutumes des Thibétains*, Paris, Payot, 1930.
RINJING DORJE, *La Cuisine tibétaine. Le cru et le cuit au Royaume des Neiges*, Paris, Domaine Tibétain, Peuples du monde-Astrolabe [1985], 1988.
SNELLGROVE D. L. et RICHARDSON H. E., *A Cultural History of Tibet*, Boulder, Prâjñâ Press, 1980.
STEIN R. A., *La Civilisation tibétaine*, Paris, Le Sycomore-L'Asiathèque [1962], 1981.
Le Tibet en transformation, Pékin, Imprimerie des Langues étrangères, 1981.
Tibetan Traditional Food and Drink Dictionary, Xining, mTsho sngon mi rigs dpe skrun khang, 2000.
TSEPAK RIGZIN, *Festivals of Tibet*, Dharamsala, Library of Tibetan Works and Archives, 1993.
TUCCI G., *Les Religions du Tibet et de la Mongolie*, Paris, Payot, 1993.
–, *Tibet, Pays des Neiges*, Paris, Éd. Kailash [1969], 1998.

J.
Les émeutes de Lhasa

La publication de *Cent questions* peu de temps après les manifestations de 1987 et 1988 explique qu'une section entière soit consacrée à ces événements qui ont visiblement pris les Chinois au dépourvu. Cela prouve le choc qu'ils en ont ressenti, mais peut sembler disproportionné plus de dix ans après. Nous n'avons cependant pas voulu abréger cette partie, et avons demandé à Robert Barnett, l'un des témoins occidentaux de la première révolte, de commenter les réponses chinoises et de les compléter par ce que l'on sait des manifestations qui ont eu lieu jusqu'à aujourd'hui.

---

90. On dit qu'il s'est déroulé à Lhasa cette année [1988] et l'année dernière [1987] des manifestations pacifiques, mais qu'elles ont été réprimées. Est-ce-vrai ?

Les manifestations étaient des émeutes qui n'avaient rien de pacifique. Elles étaient conduites par des séparatistes dont le but était de détacher le Tibet de la Chine. Le 27 septembre 1987, 24 agents de police ont été blessés, et deux véhicules détruits. Le 1er octobre 1987, 43 véhicules ont été détruits ou incendiés, le commissariat de police du Barkor a été incendié, 325 cadres et policiers ont été blessés. Le 5 mars 1988, le véhicule de la télévision et une voiture qui avait transporté des membres de l'Association des bouddhistes de la RAT ont été détruits ou incendiés, un soldat de la police armée a été battu à mort, et 328 policiers blessés.

L'article 4 de la Constitution et l'article 92 du Code pénal condamnent « toute activité séparatiste » en tant que « délit contre-révolutionnaire » ; la poignée de séparatistes qui ont entraîné les « masses innocentes » ont donc enfreint la Constitution et le Code pénal.

Robert BARNETT : Le récit officiel soutient ici, d'une part, que l'usage de la force pour faire cesser les manifestations était légitime, car les manifestations étaient en fait des émeutes violentes ; d'autre part, il affirme également que l'usage de la force était légitime, car les manifestants « étaient incités par une poignée de séparatistes ». Le séparatisme – terme chinois pour désigner les appels en faveur de l'indépendance du Tibet – est illégal en Chine. Du point du vue des normes internationales concernant les droits de l'homme, cet argument va à l'encontre du but recherché, puisqu'il fait clairement apparaître que les manifestations auraient été réprimées par la force, qu'elles aient ou non dégénéré en violence. En ce sens, cet exposé est un résumé fidèle de la position classique de la Chine sur les manifestations : il est légal, en Chine, de les réprimer par la force si elles sont « contre-révolutionnaires » ou si, comme le dit *Cent questions*, elles sont destinées à « renverser le gouvernement ou diviser l'État ». Depuis 1997, date à laquelle une nouvelle version du Code pénal chinois a été promulguée, le langage utilisé pour décrire les situations dans lesquelles l'utilisation d'une force meurtrière est justifiée, a changé ; les termes officiels pour qualifier des actions hors-la-loi, en Chine, sont désormais : actions qui mettent « la sécurité de l'État en danger », qui « sapent l'unité nationale », ou qui « renversent le pouvoir politique de l'État » (articles 102-113 du Code pénal révisé, dans « The PRC Criminal Law... »). Ces changements dans la terminologie n'ont pas modifié les limites strictes imposées à quiconque voudrait affirmer des opinions divergentes au Tibet.

Selon la relation des événements donnée ici, le gouvernement estime qu'il est en droit d'utiliser la force pour mettre fin à une manifestation, même si les manifestants ne faisaient qu'exprimer l'intention de renverser le gouvernement ou de menacer l'intégrité de l'État ; c'est-à-dire qu'il n'est réellement pas nécessaire pour les manifestants de faire plus qu'avoir ces intentions ; ils n'ont pas besoin de commettre un délit quelconque, réduire un bâtiment en cendres, par exemple, puisque les intentions sont déjà criminelles. Ce récit implique aussi que la force est appropriée, même si seulement « une poignée » de manifestants avaient de telles intentions.

La question de savoir si les manifestations étaient violentes semble donc secondaire, puisque cela aurait fait peu de différence au bout du compte, au moins en termes de ce qui est autorisé par la loi chinoise. Que cela ait été le cas ressort clairement de la manifestation du 10 décembre 1988 (non mentionnée par *Cent questions*, dont la première édition est de novembre 1988). Des policiers paramilitaires ont tué, en tirant sans sommation, deux hommes qui étaient à la tête d'une manifestation à Lhasa, à laquelle même les autorités chinoises n'ont jamais attribué un soupçon de violence. Dans ce cas aussi, la police a ouvert le feu, sans sommation et au hasard, sur les spectateurs qui regardaient, dans le grand square de Lhasa, le début de la manifestation : plusieurs douzaines de personnes, dont un étranger, furent blessées. C'était seulement l'une des quelque cent cinquante manifestations pacifiques qui ont été réprimées par la force au Tibet entre 1987 et 1996 (« Reported demonstrations... »). Heureusement, après 1990, la police a rarement ouvert le feu sur les manifestants lors de ces protestations, et a utilisé la force physique pour les arrêter et les emprisonner. (Il y a eu des exceptions importantes à la pratique générale d'éviter l'usage des armes pour réprimer les manifestations au Tibet après 1990, spécialement dans les zones rurales ; par exemple les interventions militaires à Khyimzhi, dans le district de Chidézhöl, et à Nyémo, dans le district de Phenpo Lhundrup, en 1993. Voir « Troops take over Tibet Village... ».)

Quant à la thèse de plus de trois cents policiers blessés en octobre 1987, il est peu probable qu'il y ait eu un tel nombre de policiers ou d'agents de police si près de la foule qu'ils aient pu être blessés par les gens. (Cela est fondé sur mes propres estimations, en tant que l'un des touristes qui assistèrent à l'incident. Je suis arrivé par hasard dans le square à environ 9 heures du matin, peu après que soixante moines eurent été emmenés à l'intérieur du poste de police, et juste au moment où une foule de laïcs commençait à se rassembler pour réclamer leur libération. Il y avait environ une vingtaine de policiers armés devant le poste de police, et vraisemblablement un nombre similaire à l'intérieur. Plusieurs douzaines d'hommes de la sécurité en civil se sont mêlés à la foule ou ont observé à proximité jusqu'à ce qu'ils soient brutalement chassés par les Tibétains ; au moins deux de ces hommes ont été battus ou atteints par des pierres. Plusieurs centaines d'autres policiers ou PAP (police armée) étaient rassemblées à l'extrémité du square du Barkor, mais ils étaient hors de portée de toute pierre que la foule aurait pu lancer.) Il est vrai que, lors de trois incidents : le 1er octobre 1987, le 5 mars 1988 et le 5 mars 1989, les manifestants tibétains ont eu recours à la violence. Cependant, la plupart des observateurs indépendants ont témoigné que ces événements avaient commencé pacifiquement, et qu'ils avaient basculé dans la violence lorsque les forces de sécurité avaient tenté de réprimer les protestations en frappant les manifestants, ou en ouvrant le feu sur eux.

La démonstration du 1er octobre 1987, par exemple, avait commencé pacifiquement lorsqu'une soixantaine de moines avaient organisé une manifestation calme autour du Barkor. La police stoppa le cortège et arrêta les moines, mais ils les frappèrent avec une telle violence que plusieurs d'entre eux étaient couverts de sang, selon un témoin occidental qui assista à l'incident. Un touriste américain, qui fut détenu brièvement pour avoir pris des photos des bastonnades, rapporta qu'il avait vu, à l'intérieur du poste de police, un policier frapper des moines à la tête avec une pelle. En réaction à la violence policière, plusieurs centaines de personnes laïques se rassemblèrent à l'extérieur du poste de police, et lancèrent des appels aux policiers pour qu'ils relâchent les moines qui se trouvaient à l'intérieur. La foule devint violente – lançant des pierres, renversant des véhicules de police et incendiant la porte du poste de police – après avoir attendu pendant près d'une heure une réponse à ses demandes. Le premier acte de violence survint en réponse à un acte particulier des forces de sécurité auquel un étranger n'aurait peut-être pas réagi : la décision des Chinois de faire venir un cameraman pour filmer la foule. Après que celle-ci eut refusé d'obéir à l'ordre de dispersion lancé par un officiel – il avait une grosse pierre dans la main avec laquelle il menaçait la foule en parlant –, un cameraman chinois reçut l'ordre de filmer les visages des manifestants qui, à ce moment, étaient silencieux et passifs. La première pierre fut lancée pour détruire la caméra, car les Tibétains ne portaient pas de masques et ils savaient que, s'ils n'arrêtaient pas le tournage, ils seraient identifiés plus tard par les séquences vidéo et sévèrement châtiés. Ainsi, ce fut la menace de la caméra et la perspective des conséquences extrêmes qui a déclenché la violence des manifestants. Dès que les jets de pierres ont commencé, la police chinoise a ouvert le feu et tué au moins huit Tibétains ; des centaines d'autres ont été blessés ou arrêtés plus tard, beaucoup, comme prévu, grâce aux photos et aux films pris à ce moment-là.

La manifestation du 5 mars 1988 commença quand des moines interpellèrent agressivement des dirigeants politiques, assis sur une estrade en face du Jokhang, leur demandant de libérer de prison un religieux important, Yulo Dawa Tséring. Certaines sources disent qu'une pierre fut lancée en direction des officiels. Plusieurs récits non confirmés affirment qu'à ce moment, un officier de sécurité qui était sur l'estrade ouvrit le feu sur la foule, tuant un Tibétain. Si le fait est exact, c'est ce tir qui fit monter rapidement la tension. Les moines auraient alors porté le corps à travers les rues, probablement en lançant des pierres sur la police, jusqu'à ce que les forces de sécurité interviennent en grand nombre, en utilisant des gaz lacrymogènes. Des milliers de laïcs se mirent de la partie, lancèrent des pierres sur la police, apparemment pour s'opposer aux tentatives de cette dernière d'arrêter la protestation des moines. Conformément aux rapports officiels chinois, trois Tibétains au moins furent tués par la police chinoise ce jour-là. À un moment pendant la manifestation des laïcs, un Chinois de la sécurité en civil du nom de Yuan Shisheng fut battu et poussé d'une fenêtre du troisième étage, ce qui entraîna sa mort. C'est le seul cas documenté d'un policier chinois tué durant des troubles politiques au Tibet dans les années récentes. Plusieurs autres policiers furent battus et blessés par des pierres.

Des séquences vidéo des protestations de mars 1988, prises par des officiels et communiquées clandestinement à une organisation londonienne en 1989, montrent les moines criant pour réclamer la libération de Yulo Dawa Tséring et plus tard protestant en grand nombre à l'extérieur du temple ; mais on ne voit pas la police chinoise tirer (TIN obtint le film, qui fut distribué sous le titre

Chinese Police Film of Demonstration, March 1998. Les séquences vidéo avaient déjà été montées par des officiels en Chine : le film n'est donc pas un enregistrement complet des événements). Environ une heure plus tard, on voit la police paramilitaire arrêter et frapper les moines qui s'étaient alors réfugiés à l'intérieur du temple (en d'autres termes, la manifestation était largement terminée au moment de l'arrivée de la police paramilitaire). Il est difficile de dire exactement, à partir de ce témoignage, ce qui a transformé la protestation des moines en un conflit majeur dans lequel des milliers de Tibétains laïcs ont lancé des pierres sur la police ; il semble, cependant, que la réaction exagérée de celle-ci ait été un facteur très important.

Peu de doutes subsistent sur les raisons qui ont fait dégénérer la manifestation du 5 mars 1989 à Lhasa en trois jours de troubles violents, qui culminèrent avec la proclamation de la loi martiale : des touristes occidentaux ont assisté au début de l'incident. Ils ont vu une douzaine de personnes marcher paisiblement en chantant des slogans à travers le square principal du vieux Lhasa. Un policier, debout sur un toit, lança une bouteille sur eux, ce qui amena un jeune Tibétain à lui lancer une pierre. Bien qu'elle ait été loin d'atteindre son but, un officier ouvrit immédiatement le feu sur la foule, blessant le jeune homme ainsi que deux autres Tibétains qui essayaient de l'aider à se relever.

Pour la troisième fois en trois ans, l'incident entraîna une réponse massive de la population qui, à diverses occasions dans les trois jours qui suivirent, se rassembla pour jeter des pierres et mettre à sac des boutiques. Durant cette période, la police paramilitaire réagit en faisant un grand nombre de sorties groupées dans la vieille ville, où elle tirait au hasard dans les rues et dans les maisons, tuant au moins soixante-quinze spectateurs et résidents locaux, peut-être même beaucoup plus. La tactique utilisée par les forces de sécurité pendant ces trois jours semble avoir été destinée à mettre le feu aux poudres plutôt qu'à essayer de rétablir le calme.

À plusieurs reprises les autorités chinoises ont tenté d'insinuer que, lors de l'un ou l'autre de ces événements, les Tibétains avaient des armes à feu. Ces accusations ont toutes été abandonnées après quelques jours, soit parce qu'elles ont été controuvées, soit parce qu'elles n'ont pas pu être prouvées ; actuellement, plus personne ne les soutient, même du côté chinois. (Voir la question 92 pour le détail d'une déclaration chinoise affirmant que les Tibétains ont utilisé des armes à feu. Des déclarations similaires ont été faites brièvement dans des magazines chinois après les manifestations de mars 1989, mais elles ne furent pas reprises lors des communiqués officiels ultérieurs. Il y a eu des actes de violence préventifs, commis vraisemblablement par des Tibétains, durant la période 1995-1997 : on rapporte neuf incidents où de petites bombes ont explosé, en général à proximité de bâtiments officiels ou de monuments. Il y a eu aussi une tentative ratée de faire exploser des bombes durant une cérémonie officielle à Lhasa, en 1985. Il semble que personne ne fut atteint par ces explosions, car les médias chinois n'ont pas annoncé un seul blessé à la suite de ces attentats, en dépit des accusations fréquentes lancées contre les exilés qui, paraît-il, les organisent. Voir « Bombing in Sog County… » et « Major Bomb Blast in Lhasa ».) La plupart des observateurs s'accordent pour dire que, lors des trois manifestations dans lesquelles les Tibétains ont usé de violence, leurs seules armes ont été des pierres et que, jusqu'ici, ils n'ont jamais utilisé d'armes à feu.

---

91. Quelles sont les causes des émeutes ? Y a-t-il des rapports avec la clique du dalaï-lama ?

Le gouvernement de la Région autonome du Tibet détient de nombreuses preuves que les émeutes de Lhasa ont été provoquées par une poignée de séparatistes, à l'instigation de la clique du dalaï-lama qui a été partisan de l'« indépendance » depuis que sa révolte armée a échoué, en 1959. Il a provoqué les émeutes en envoyant, au Tibet, des personnes déguisées en touristes qui distribuaient des matériaux de propagande, alors qu'il essayait d'obtenir le soutien des États-Unis pour une indépendance du Tibet avec l'« accord de paix en cinq points » publié lors de sa visite aux États-Unis, en septembre 1987 ; quelques membres du Congrès américain se sont ingérés dans les affaires intérieures de la Chine en soutenant cet « accord », lequel a été diffusé aussi au Tibet par la radio « et d'autres voies ». Les séparatistes ont profité des sentiments religieux de la population pour les inciter à participer aux émeutes, et ont pris comme prétexte « les fautes et les problèmes apparus dans le passé dans la Région autonome », fautes qui ont déjà été corrigées ou sont en voie de l'être.

Robert BARNETT : La position officielle de la Chine sur cette question semble faire quelque confusion entre histoire et conspiration. Tous les éléments énumérés par les Chinois comme causes des troubles au Tibet : le désir d'indépendance, l'échec du soulèvement de 1959, l'américanisation de la question tibétaine, les visites de Tibétains exilés au début des années quatre-vingts et l'héritage de la Révolution culturelle ont été, en fait, parmi les principaux facteurs qui ont guidé la politique chinoise au Tibet à partir du milieu des années quatre-vingts. Ils ont formé également la toile de fond des manifestations ou des émeutes à partir de 1987, tout comme ils l'avaient été plus tôt dans le temps, pour d'autres manifestations de moindre importance. Les autorités chinoises établissent le bien-fondé de ce qu'elles avancent en soutenant, ou en supposant, que ces facteurs sont devenus significatifs à cause d'une conspiration – c'est-à-dire qu'ils sont devenus des forces historiques significatives à cause d'un effort conscient de manipulation de la part du gouvernement en exil. Cette hypothèse est fondée sur l'idée que les masses tibétaines auraient été satisfaites de leur condition et n'auraient nullement désiré l'indépendance si le gouvernement en exil n'avait pas usé de propagande pour les attirer vers cette idée. L'argument est spécieux, parce qu'il présume que le peuple tibétain voulait être dirigé par le Parti communiste chinois, et faire partie de la Chine ; il considère que l'aspiration au communisme est la condition naturelle du peuple tibétain (en dehors des classes dirigeantes). Et il n'explique pas pourquoi il était nécessaire et approprié pour les Chinois d'utiliser la propagande, afin que les Tibétains réalisent qu'ils étaient naturellement attirés par le communisme chinois plutôt que par l'indépendance.

Il est difficile de déterminer exactement à quel moment les Tibétains ont commencé à affirmer leur identité en tant que communauté politique séparée, nation ou pays. Les historiens discutent pour savoir si ce sentiment a existé depuis des millénaires ou si, comme le prétendent les Chinois, cette notion n'est apparue qu'à la fin du XIXe siècle, lorsque les Britanniques l'ont introduite comme élément d'un complot politique. Mais actuellement, même les Chinois acceptent l'idée que le Tibet était, d'une certaine façon et jusqu'au XIIIe siècle, une nation distincte. Ils seraient probablement d'accord sur le fait qu'en dehors de quelques aspects ne touchant que l'élite : par exemple, la présence d'un *amban* à Lhasa, l'utilisation de quelques sceaux ou titres, et la venue occasionnelle d'une armée chinoise pour aider les Tibétains au moment d'invasions, rien n'indiquait à un Tibétain ordinaire, avant 1910, que le Tibet n'était pas une nation séparée. On pourrait soutenir que l'élite manipulait l'opinion populaire sur la définition exacte de la nation et de ses frontières – si elles incluaient ou non l'Amdo, par exemple ; mais il est extrêmement difficile d'affirmer avec quelque crédibilité qu'en défendant après 1959 la notion d'État sous une forme ou une autre, le gouvernement tibétain en exil était impliqué dans une manipulation artificielle de l'opinion tibétaine. Après tout, il y a eu des milliers de Tibétains ordinaires impliqués dans une résistance militaire de grande envergure contre la loi chinoise au Tibet, bien avant que le gouvernement tibétain et le dalaï-lama ne se rangent finalement du côté de ces forces, en mars 1959.

Ainsi, on ne peut que s'attendre à ce que l'existence du dalaï-lama en exil représente pour les Tibétains une possibilité durable de reconquérir leur identité nationale sous une forme ou une autre ; il est difficile de prétendre qu'une telle aspiration est simplement le résultat d'une conspiration ou d'une provocation artificielle des exilés. Ces derniers ou leurs partisans ont en effet apporté des tracts au Tibet lorsque les Chinois ont assoupli les restrictions de voyage, en 1979. Il y a eu, alors, des émissions de radio en langue tibétaine sur la radio indienne « All India Radio ». Mais ces efforts ont été infimes en nombre – il serait probablement possible de donner la liste des noms de tous ceux qui ont transporté de tels tracts – et les émissions de radio étaient largement apolitiques à cette époque, à cause des susceptibilités du gouvernement indien. La question de la propagande peut être retournée ; si la condition naturelle des Tibétains est de vouloir l'intégration à la Chine et le socialisme, pourquoi a-t-il été nécessaire d'interdire au Tibet avant 1980, puis de limiter, toute influence extérieure : visites, publications, émissions de radio et matériels culturels ? Pourquoi les quelques tracts et livres entrés au Tibet auraient-ils eu un effet tel qu'ils auraient déclenché des manifestations importantes, à moins qu'il n'ait existé des prédispositions à protester et à réclamer l'indépendance ?

On peut soutenir, et jusqu'à un certain point cela a été suggéré par Melvyn C. Goldstein, qu'il y a eu une sorte de microconspiration, c'est-à-dire que les manifestations de 1987 ont été « orchestrées » par l'administration en exil. En fait, aucune preuve d'ordres ou d'instructions des exilés à leurs partisans de Lhasa n'a été apportée par ceux qui soutiennent cette vue. Ces derniers fondent essentiellement leur thèse sur le fait que le dalaï-lama était alors en train de promouvoir sa cause à Washington, et sur la supposition, très raisonnable après tout, qu'il aurait bien pu vouloir que des signes de soutien viennent de Lhasa. La preuve d'une tentative concrète pour inciter à un tel soutien repose sur le cas de deux touristes qui, dans la semaine précédant les manifestations, ont apporté à Lhasa des tracts qui décrivaient la récente visite du dalaï-lama à Washington ; mais ils furent découverts et arrêtés par les Chinois avant d'avoir pu les distribuer. De toute manière, ces documents étaient uniquement informatifs et n'appelaient pas à une manifestation. Même si une main invisible, venant de l'extérieur, avait organisé la première manifestation de 1987 – et personne n'a apporté la preuve que ce fut le cas – cela n'aurait entraîné que la minuscule manifestation des vingt et un moines du 27 septembre, et celle d'environ soixante moines du 1er octobre, qui ont été à l'origine des protestations. Comme nous l'avons dit dans la question précédente, ces incidents n'ont pris une ampleur considérable que parce qu'environ deux mille Tibétains qui avaient vu la police frapper les soixante moines déclenchèrent une importante manifestation pour protester contre ces bastonnades et réclamer la libération des moines arrêtés. La plupart des gens qui assistèrent à ces passages à tabac étaient révoltés, et rien n'indique que la réaction était préparée d'une manière ou d'une autre. En fait, on ne pouvait prévoir que, le 1er octobre, la police allait frapper les moines en public plutôt qu'en privé, ainsi qu'elle l'avait fait lors d'incidents précédents. Ce fut cette erreur de calcul de la police chinoise qui mena à l'escalade et transforma un incident mineur en troubles graves ; à leur tour, ceux-ci – vite connus à cause du développement des communications, et par le canal des commerçants et voyageurs – suscitèrent à travers tout le pays protestations et manifestations de mécontentement contre la loi chinoise.

En vérité, de longs entretiens avec les moines qui déclenchèrent ces protestations n'ont révélé aucun signe d'intervention extérieure. Ils avaient secrètement appris de leur famille un peu de l'histoire tibétaine, ou lu sur le sujet dans les rares livres passés en fraude au Tibet depuis 1980 ; à l'époque, les moines suppliaient les étrangers de leur laisser ces livres, même si la plupart, pour ne pas dire tous, étaient écrits dans des langues que les religieux ne pouvaient pas lire. Et bien souvent, aussi, ils étaient irrités contre toute une série de mesures restrictives, qui portaient sur le nombre autorisé d'entrées au monastère, les permis de voyage pour aller en pèlerinage, la nomination pour l'élection d'un abbé, l'accès à l'enseignement de la philosophie religieuse, la liberté de parler avec des étrangers et avec les exilés, le manque de temps pour étudier à cause du travail obligatoire, etc. Ces motifs pouvaient sembler dérisoires aux gens de l'extérieur, comparés avec les conditions durant la Révolution culturelle dans la décennie précédente ; mais ce ne l'était pas pour les moines, pas plus que ne l'était pour beaucoup de laïcs le non-respect de la promesse faite en 1980 de retirer la plupart des cadres chinois du Tibet.

Si l'on cherche des causes directes aux protestations des moines précisément à ce moment-là, trois incidents supplémentaires semblent avoir été les facteurs décisifs qui les ont jetés dans les rues.

En premier, beaucoup de Tibétains ont été furieux des flots d'invectives déversés par les médias officiels contre le dalaï-lama – après environ sept ans de relative retenue – à la suite de son discours sur le Plan en cinq points prononcé à Washington le 21 septembre.

Deuxièmement, il apparaît que de nombreux habitants de Lhasa ont été écœurés par le rassemblement de masse pour sentences, organisé le 24 septembre au stade sportif de Lhasa, au cours duquel 14 000 personnes ont été forcées d'écouter les sentences de mort prononcées contre deux Tibétains, dans ce qui semblait être une réponse officielle au discours du dalaï-lama aux États-Unis *(voir question 23)*.

Troisièmement, il y avait du mécontentement dans la ville à cause de la propagande incessante et des désagréments occasionnés par un marathon organisé dans Lhasa par les autorités, qui était destiné en quelque sorte à marquer l'intégration du Tibet à la Chine. En plus, bien que cela ait pu ne pas compter dans l'esprit des instigateurs de la manifestation, le 1er octobre, jour où soixante moines ont été battus en public, était un jour de fête nationale ; si bien qu'il y avait, ce matin-là, beaucoup plus de monde que d'ordinaire dans le square. Comme c'était un jour de congé, les Tibétains qui se joignirent à la manifestation ne pouvaient pas être identifiés par le simple fait qu'ils ne s'étaient pas rendus à leur travail, un facteur qui peut en avoir enhardi beaucoup qui, sinon, auraient eu peur des conséquences.

Cependant, ces faits ne sont que les causes directes et déclenchantes des événements ; ils ne répondent pas à la question de savoir pourquoi les gens manifestaient, ils expliquent seulement pourquoi ils ont manifesté à ce moment-là. Pour la question plus large, il ne semble pas qu'il y ait des motifs pour douter des opinions que les participants ont eux-mêmes exprimées dans les slogans qu'ils criaient lors de ces événements : ils voulaient l'indépendance ou, pour reprendre les termes qu'ils utilisent souvent pour définir leurs objectifs, ils voulaient être libérés de la loi chinoise, et le retour du dalaï-lama. Il n'y a, jusqu'ici, aucune raison de discréditer ou de diminuer la crédibilité et la rationalité des Tibétains qui ont pris de tels risques pour exprimer ces opinions. Un sinologue américain a tenté de réfuter cette vision des choses, sous le prétexte que les Tibétains qu'il avait rencontrés à Lhasa, en 1988, n'avaient pas exprimé leur soutien à l'indépendance et avaient donné d'autres raisons pour manifester, telles que l'inefficacité du gouvernement ou celle de la police (Grunfeld, 1988). Ses déclarations ont été largement récusées du fait que ces entretiens se sont déroulés en chinois, sous contrôle officiel, et donc que tout Tibétain admettant une motivation politique aurait été lui-même exposé à une arrestation (Sperling, 1994).

---

92. On dit qu'au cours des émeutes les agents de police de Lhasa ont procédé à des arrestations arbitraires, frappé des personnes, dont certaines ont trouvé la mort. Mais quelle a été la réalité ?

Il est vrai qu'il y a eu quelques arrestations à tort dans la confusion, mais ces personnes ont été relâchées dès que leur innocence a été prouvée. D'autres ont été relâchées tout de suite après avoir compris leurs erreurs, ou parce que leur délit n'était pas grave. Les fauteurs de troubles les plus importants, ceux qui furent les premiers à casser, saboter, piller et brûler ont été arrêtés. En ce qui concerne les morts, les policiers avaient l'ordre de ne pas ouvrir le feu, mais quelques-uns ont dû tirer pour se défendre quand ils étaient en danger. Six Tibétains ont été tués le 1er octobre, et quatre le 5 mars 1988, parmi lesquels quatre ont été tués par des pierres lancées par des Tibétains, cinq par les balles de la police – dont une balle perdue et un coup de feu accidentel –, et un en tombant du haut d'un bâtiment « à cause d'un faux pas ».

Robert BARNETT : Ici, le cœur de l'argumentation est que, lorsqu'il y a eu arrestation, c'était celle de gens impliqués dans des atteintes à la propriété d'autrui et que, lorsqu'il y a eu blessures ou morts, c'était ou en état de légitime défense, ou par la faute d'autres manifestants, ou bien par suite d'un accident. La première partie de l'argument est plausible, excepté qu'aucun témoignage ne l'étaye : parmi les milliers de personnes qui ont été détenues durant cette période pour avoir été impliquées dans les manifestations, des centaines peut-être ont été interrogées après leur libération (et souvent leur fuite en Inde) ; il n'y a pratiquement aucun cas où les prisonniers rapportent qu'ils ont été accusés de violence ou de dégâts criminels. À peu près tous affirment que les interrogatoires tournaient presque entièrement autour de la question de leur position sur l'indépendance du Tibet et sur le dalaï-lama, et que, s'ils étaient accusés de quelque chose, c'était d'avoir de telles opinions politiques. En fait, contrairement à leurs homologues en Chine propre, les policiers au Tibet ne semblent pas s'être préoccupés des aspects délictueux ou violents des incidents : ils n'étaient intéressés que par les questions politiques et l'identification des meneurs.

Sur les cent soixante dix-neuf Tibétains connus pour avoir été jugés et condamnés, dans la période 1987-1991, pour leur implication dans les manifestations (par opposition aux deux milliers de prisonniers qui ne sont pas passés en jugement), seize seulement sont connus pour avoir été arrêtés pour des délits de pillage ou d'autres formes d'activités criminelles. Six de ces personnes accusées de violence étaient impliquées dans le meurtre de Yuan Sisheng, le policier tué durant la manifestation de mars 1988. Les dix autres cas concernaient des atteintes à la propriété, des véhicules brûlés, ou des jets de pierres lors des manifestations (voir « Political Prisoners... »). Dans tous les cas sauf un (celui de Penpa Tséring, qui mit le feu à un véhicule de police), les sentences semblent avoir été rendues pour un mélange de raisons politiques et d'actes de violence ; Tséring Ngödrup, par exemple, a été condamné à douze ans de prison pour avoir incité des jeunes gens à chanter des chants « réactionnaires » sur l'indépendance du Tibet, et pour avoir « prononcé des discours excitant les émotions séparatistes, volé, détruit et mis le feu sans raison à des propriétés publiques et privées, et frappé des officiers de la sécurité publique » (Radio Lhasa, 13 septembre 1989). Dans un autre cas, un Tibétain du nom de Dawa Tséring a été condamné à quatre ans de prison parce qu'« il avait indéniablement été dans les troupes d'émeutiers, avait crié des slogans réactionnaires tels que "Indépendance du Tibet", et avait aussi lancé des pierres contre les bâtiments et les soldats » (*Tibet Daily*, 5 octobre 1989). Le même procès comprenait celui du « criminel Da Dan », probablement une forme chinoise du nom Dawa Tenpa, qui fut condamné à six ans de prison pour avoir, au cours des trois jours de manifestation, volé une robe de moine dans un monastère et une montre de femme, et pour « avoir aussi rejoint les manifestations des émeutiers, crié des slogans réactionnaires tels que "Indépendance pour le Tibet", et lancé des pierres contre les portes et les fenêtres du centre de commerce Tibet-Gansu » (*ibid.*).

L'autre procès important de ce type est celui d'un Tibétain appelé Kelzang, qui « a participé activement aux émeutes et a lancé des pierres contre les hommes de la sécurité publique et les soldats de la police armée qui étaient en patrouille » ; il avait aussi renversé un podium utilisé par la police de la circulation. Kelzang a été condamné à quatre ans de prison (*Tibet Daily*, 18 septembre 1989). Les cours chinoises semblent donc, dans tous ces cas, avoir jugé sur le même plan les délits politiques et les crimes de violence.

Dans les 92 % des procès connus restant, les verdicts de culpabilité et les sentences ont été rendus pour des activités politiques non violentes, principalement parce que les accusés réclamaient l'indépendance du Tibet. Presque tous furent détenus en vertu de l'article 102, sous-section 2, du Code pénal de 1980, qui déclare illégal de « faire de la propagande et d'inciter à renverser le pouvoir politique de la dictature du prolétariat et le système socialiste, au moyen de slogans contre-révolutionnaires, de tracts ou d'autres moyens… »

Quelques procès concernent des Tibétains qui ont été condamnés – en général beaucoup plus sévèrement que ceux qui étaient impliqués dans des manifestations – pour avoir envoyé des livres ou des lettres à l'administration en exil en Inde, ou en avoir reçu. Il est donc flagrant que la majorité des détentions et des arrestations pendant les manifestations étaient liées à la volonté d'extirper certaines opinions politiques et étaient, pour la plupart, sans rapport avec des actes de violence ou des atteintes à la propriété.

La seconde partie de l'argument qui consiste à dire que la police n'a utilisé une force meurtrière qu'en état de légitime défense est également difficile à soutenir. C'est en tout cas un grand changement dans la position des autorités chinoises, qui, dans les six mois qui ont suivi les premiers massacres, affirmaient que la police n'avait pas ouvert le feu du tout. Par exemple, en janvier 1988, le gouvernement chinois a informé les Nations unies que, le 1er octobre 1987, des manifestants tibétains avaient utilisé des armes à feu et tué des gens, mais que les forces de sécurité n'avaient pas utilisé leurs armes :

> Des émeutiers se sont emparés des fusils des officiers de la sécurité publique et ont tiré dans la foule […]. En conséquence, six personnes ont été tuées […]. Les officiers de la sécurité publique […] n'ont ni tiré ni contre-attaqué (lettre du gouvernement de la République populaire de Chine au professeur Amos Wako, rapporteur spécial des Nations unies sur les exécutions sommaires et arbitraires, citée dans *Report of the Special Rapporteur…*, § 82).

Cette assertion fut démentie par des rapports indépendants, principalement un ensemble de déclarations écrites sous serment par des touristes occidentaux qui avaient assisté à l'événement.

Elles ont été présentées aux Nations unies en mars 1988, accompagnées de photographies de policiers chinois tirant dans la foule (« Written Statement Submitted... » ; les conclusions orales de l'International Fellowship of Reconciliation (Ifor, organisation non gouvernementale) sur ce sujet furent omises – probablement à cause de pressions chinoises – du communiqué de presse officiel HR/2159, 4 mars 1988 : voir *Human Rights Internet Reporter*). En fait, cette allégation avait été réfutée plus tôt par un officiel tibétain en Chine : le Xe panchen-lama, vice-président du comité permanent de l'Assemblée nationale populaire, qui avait, dans une déclaration en février de cette même année, dit que la police avait fait des « tirs de sommation » durant l'incident, tuant une personne (Radio Lhasa, 8 et 9 février 1988).

Le 4 mars 1988, le gouvernement chinois, sans commenter son changement de position, renonça à la thèse que les Tibétains avaient eux-mêmes tiré et dit aux Nations unies, dans une déclaration officielle : « Vers 11 heures [le 1er octobre 1987], les policiers furent forcés de [...] tirer en l'air [...] trois personnes sont mortes blessées par balles » (déclaration de Chen Shiqiu, exerçant le droit de réponse de la République populaire de Chine, sous le point 12 de l'ordre du jour de la 44e session de la commission des Nations unies, 4 mars 1988 ; résumée dans *UN Commission on Human Rights...*, p. 7). Cette déclaration est le fondement de la position exprimée dans *Cent questions* et reprise depuis dans d'autres publications officielles. Les déclarations ultérieures n'ont pas mentionné ni cherché à expliquer les contradictions avec les déclarations antérieures aux Nations unies, et les allégations disant que les Tibétains avaient des armes à feu à cette occasion n'ont pas été répétées. L'affirmation que la police n'a tiré qu'en état de légitime défense perd quelque peu de sa force, du fait qu'il a fallu cinq mois aux autorités chinoises pour sortir cette explication.

Ce n'est pourtant pas une position entièrement dénuée de sens : dans l'incident d'octobre 1987, les policiers étaient en réel danger lorsque les pierres volaient et que le poste de police brûlait. En réalité, la police a rapidement évité ce danger en s'enfuyant, ce qui lui fut facile, car elle ne rencontra pas d'obstacle : la foule était immobile et semblait relativement satisfaite une fois que les moines détenus s'étaient échappés des ruines du poste de police ; il n'y a eu aucun mouvement pour attaquer d'autres bâtiments ou policiers une fois cela terminé. Les policiers qui ont ouvert le feu venaient d'une zone de regroupement sur le côté ouest du Barkor, où ils n'étaient pas en danger, et ils ont avancé vers la foule avant d'ouvrir le feu. Les premiers tirs ont été des sommations, mais les salves suivantes visaient directement la foule. Les manifestants se sont immédiatement dispersés, mais les unités de police ont patrouillé dans les rues pendant trois à quatre heures, tirant des rafales nourries sur les traînards. Aucun de ces tirs n'était de légitime défense, et il n'est pas concevable que la progression méthodique des troupes qui tiraient dans les rues ait pu se faire sans ordres.

Les tirs de mars 1989 ont été de semblable nature, comme on l'a vu, mais beaucoup plus intensifs : à cette occasion, les premiers coups furent tirés sans qu'il y ait de réelle provocation, et, les jours suivants, les troupes de la police armée populaire sont intervenues en unités organisées dans les rues de la vieille ville ; elles avançaient en tirant continuellement et au hasard, souvent dans des rues qui étaient largement désertes à ce moment-là. Les déclarations invoquant la légitime défense et des tirs lâchés sans ordres ne sont pas défendables en face de cette évidence. Les conclusions sont les mêmes, cette fois-ci sans réserve ni aucun doute, en ce qui concerne la manifestation du 10 décembre 1988, lorsque deux moines portant le drapeau tibétain interdit furent tués par balles tirées à bout portant par une troupe de la police paramilitaire qui se précipita sur eux, et fit feu sans raison apparente (pour des récits de ces manifestations fondés sur des descriptions données par des témoins oculaires, voir *Defying the Dragon…*).

La manifestation de mars 1988 fut une affaire plus compliquée, pour laquelle on a moins de récits de témoins oculaires et où l'usage des armes à feu fut bien moindre (la police utilisa essentiellement des gaz lacrymogènes et lança elle-même des pierres), en dehors d'un récit non confirmé affirmant qu'un Khampa avait été tué par balles pour avoir crié au début de la manifestation. De plus, il peut être argué qu'un groupe d'officiels de rang supérieur, pris au piège par les manifestants à l'intérieur du temple du Jokhang, était en danger. Des rapports du côté chinois signalent qu'un Tibétain a été tué par un garde du corps défendant les dirigeants pris au piège, qui se croyaient attaqués (le Tibétain essayait d'entrer dans la pièce par une lucarne, selon l'une des versions des événements). En outre, peu de rapports, à ce jour, relatent que les manifestants se sont réellement efforcés d'attaquer les officiels, ou la pièce dans laquelle ils attendaient que cesse la manifestation, ce qui fait supposer que leur sentiment du danger peut bien avoir été en partie psychologique.

Le film vidéo réalisé au cours de cet événement par les officiels chinois, montre des policiers (en fait, la police paramilitaire) en train de donner des coups de pied et de battre à coups redoublés des Tibétains sans armes qui n'offrent aucune résistance. Des policiers avaient été sérieusement blessés par des Tibétains plus tôt dans la manifestation, et l'un d'eux, même, tué (pas par des moines) ; mais, au moment de la prise de vue, les moines et les autres Tibétains que l'on voit dans le film se couvrent le visage, se recroquevillent sur eux-mêmes (dans un cas, l'homme est étendu sans connaissance sur le sol), tandis qu'ils sont criblés de coups par des policiers qui les font monter dans des camions pour les conduire en prison. Une séquence montre un policier se servant d'un bâton avec un long clou saillant à l'extrémité. La preuve est donc flagrante qu'une force excessive a été employée.

---

93. Combien a-t-on remis en liberté d'émeutiers arrêtés ? Combien de personnes sont encore détenues ? Comment ont-elles été traitées et quel sort les attend ? Y a-t-il eu des exécutions pour cause de participation aux émeutes ?

Le président du gouvernement de la RAT, Doji Caiten [Dorjé Tséten] *a clairement répondu à cette question, lors d'une entrevue à Lhasa le 9 août 1988, avec l'ambassadeur des États-Unis en Chine : des deux cent vingt détenus après les manifestations de mars 1988, une vingtaine environ étaient encore emprisonnés en août de cette année. La plupart de ceux qui ont été arrêtés après les manifestations d'octobre 1987 ont été relâchés dans les trois mois.*

« Les détenus bénéficient tous d'un traitement humanitaire et juste. » Après instruction des faits, les verdicts sont prononcés en fonction de la gravité des délits et du repentir des coupables. « Personne n'a été exécuté par suite de sa participation aux émeutes. »

Robert BARNETT : Il est vrai, pour autant que l'on sache, qu'aucun Tibétain n'a été légalement exécuté pour délit politique durant les dix dernières années. Cette relative mansuétude était vraisemblablement une tactique pour éviter de déchaîner des troubles locaux, ou d'attirer l'attention internationale. Toutefois, il faut mettre en regard la centaine de Tibétains exécutés par les policiers qui leur ont tiré dessus sans décision de justice, pendant les manifestations qui se sont déroulées à cette époque. Puisque, comme on l'a vu, peu de ces meurtres relevaient de la légitime défense, c'étaient, en termes de loi, des exécutions illégales, ou sommaires. La plupart de ces morts ont eu lieu en mars 1989 ; il semble que, depuis, la police a reçu l'ordre de ne pas tirer à vue sur les manifestants.

L'affirmation qu'il n'y a pas eu d'exécutions légales comporte une exception : les autorités chinoises proclament que Migmar Tashi et Dawa ont été exécutés en mai 1990 pour avoir tenté de s'évader de prison. Mais les documents internes émis par le tribunal pour leur procès indiquent que les deux victimes, qui purgeaient déjà une peine pour meurtre à la prison de Drapchi, ont été exécutées pour leur participation au groupe pour l'indépendance constitué à l'intérieur de la prison par le fameux prisonnier politique Lozang Tenzin *(voir plus haut la question 23).*

Quant à la libération de la plupart des prisonniers au Tibet, on ne conteste pas que, durant la période 1987-1990, la grande majorité de ceux qui avaient été arrêtés à la suite des trois ou quatre plus importantes manifestations ont été relâchés dans les trois à six mois. La préoccupation, à propos de ces cas, n'est pas amoindrie par la durée relativement brève de leur emprisonnement ; ce qui est préoccupant, c'est le fait qu'une très grande partie de ces prisonniers ont été sévèrement torturés avant d'être relâchés. Suffisamment de récits de torture ont été publiés par des Tibétains détenus durant cette période pour qu'il soit nécessaire de les répéter ici. La tactique – connue à l'époque comme celle « de la porte tournante » – consistait en emprisonnements de courte durée et des traitements violents ; une vaste documentation existe sur le sujet, dont on trouvera quelques références à la fin de cette section.

Il est indéniable que les prisonniers ont été traités avec brutalité par leurs interrogateurs et leurs geôliers. Les auteurs de *Cent ques-*

tions ne le nient pas : peut-être involontairement, ils disent seulement que les prisonniers en détention préventive, en attente de jugement, sont bien traités. Ils ne parlent pas du bien-être des prisonniers qui étaient ou avaient été détenus sans aucune perspective de jugement, et qui sont parmi ceux qui ont subi les tortures les plus sauvages, lesquelles sont couramment pratiquées pendant les trois premiers mois d'emprisonnement. Les mauvais traitements infligés aux prisonniers après leur condamnation – c'est-à-dire ceux qui sont envoyés en prison plutôt que dans des centres de détention – ne sont généralement pas liés à des tortures, mais à d'autres formes de sévices : absence de soins médicaux, exigence de travail excessif et sévères passages à tabac lors des protestations. Ainsi, au Tibet, savoir qu'une personne a été relâchée sans jugement après trois mois passés dans un centre de détention n'est pas une consolation, puisqu'elle a certainement été torturée durant ce temps.

Pour terminer, il faut signaler que la plupart des prisonniers, particulièrement ceux condamnés à de longues peines, ne sont pas ceux qui ont été arrêtés au cours de l'une des trois principales manifestations de cette période. Le système judiciaire chinois semble tenir dans le plus grand dédain les dissidents qui ont influencé les autres ou qui, d'une manière ou d'une autre, ont pris l'initiative des protestations. Il en résulte que la masse de ceux qui étaient impliqués dans les manifestations les plus importantes ont été condamnés à des peines relativement légères et, dans la plupart des cas, relâchés après quelques mois. Mais, lors des quelque cent cinquante petites manifestations – dont les auteurs de *Cent questions* ne parlent pas –, qui impliquaient habituellement moins d'une demi-douzaine de moines ou de nonnes, tous les participants ont été condamnés à de très longues peines : six ans et demi en moyenne, généralement pour avoir protesté moins de cinq minutes. Ces lourdes peines ont probablement été infligées dans l'idée qu'ils auraient tous pu être à l'origine de manifestations plus importantes si on avait laissé se dérouler leurs protestations. C'est le cas, par exemple, de toutes les nonnes de la prison de Drapchi, à Lhasa, vraisemblablement entre soixante-dix et quatre-vingt-dix au total : toutes ont été condamnées pour leur participation à de petites manifestations de ce type.

Un fort pourcentage des prisonniers de longue durée, très souvent les plus lourdement condamnés, est formé de Tibétains qui n'ont jamais été accusés d'implication dans une manifestation, mais qui ont été reconnus coupables d'avoir produit des écrits dissidents, envoyé des informations aux exilés en Inde, ou répandu des idées interdites sous une forme ou une autre. Ainsi, par exemple, le Dr Jampa Ngödrup a été condamné à treize ans de prison pour avoir compilé une liste de blessés lors d'une manifestation en 1988 ; Ngawang Phülchung, condamné à dix-neuf ans pour avoir imprimé un texte sur la démocratie et les droits de l'homme ; ou Ngawang Chöphel, un exilé éduqué aux États-Unis, qui purge une peine de dix-huit ans pour avoir prétendument tenté de collecter des informations pour le gouvernement en exil. Le nombre des prisonniers politiques au Tibet est, par conséquent, beaucoup plus élevé que le nombre de ceux qui ont été condamnés à de longues peines pour leur participation aux trois manifestations principales entre 1987 et 1989.

---

94. Y avait-il des étrangers, touristes ou journalistes, sur place lors des émeutes ? Des étrangers ont-ils été détenus, avertis ou expulsés ?

Des étrangers étaient présents lors des émeutes du 1er octobre 1987 et du 5 mars 1988 à Lhasa. « Certains d'entre eux y ont participé. La police leur a donné un avertissement oral ou une amende. » Quinze journalistes étrangers [basés à Pékin], *qui se trouvaient au Tibet en octobre 1987, ont reçu l'ordre de quitter le Tibet sous 48 heures, pour avoir violé les règles officielles concernant les reportages en Chine.*

Robert Barnett : Quatre étrangers se sont joints à la manifestation du 1er octobre 1987. Cette décision a été critiquée dans une déclaration faite à l'époque par d'autres touristes qui considéraient qu'il était important d'être témoin des événements, et particulièrement de toute violence policière, mais qu'il était contre-productif d'y prendre part. Cependant, ces quatre étrangers ignoraient que cette manifestation allait se dérouler ; ils n'étaient nullement impliqués dans son incitation ou son organisation, bien que l'un d'eux ait apporté de Dharamsala (siège du gouvernement en exil du dalaï-lama, en Inde) des tracts – mais qui avaient été confisqués auparavant par la police –, et l'on n'a aucune preuve qu'il se soit même attendu à une éventuelle manifestation. Lors de celles de décembre 1988 et de mars 1989, qui étaient largement prévues car elles marquaient des anniversaires importants, quelques étrangers et journalistes étaient présents comme spectateurs ou témoins des événements. Dans ces cas, la police a souvent fait montre d'une violence considérable pour expulser ou menacer les étrangers : elle a tiré dans l'épaule d'une Hollandaise en décembre 1988 et a expulsé un touriste suisse et un journaliste anglais sous la menace de leurs armes en mars 1989. Par la suite, la police a porté une attention particulière aux étrangers qui parlaient couramment le tibétain ; au moment de quitter le Tibet, un bon nombre ont été fouillés (avec succès) par la police, à la recherche de lettres données par leurs amis tibétains.

Mais ce ne sont pas les touristes témoins des manifestations de cette époque ni même les quatre étrangers qui y ont pris part qui ont attiré le plus l'attention de la police en 1987 ; ceux qui furent frappés des plus fortes punitions ont été la demi-douzaine d'Occidentaux qui travaillaient alors à Lhasa comme professeurs d'anglais. Ils furent expulsés dans les plus brefs délais, et l'un d'eux fut frappé d'une forte amende sans raison apparente. Pourtant, la plupart vivaient et travaillaient dans la ville de manière parfaitement légale, et n'avaient pas pris part aux manifestations, qu'ils n'avaient même pas vues. Ces expulsions se voulaient peut-être un avertissement pour les autres touristes, ou peut-être un avertissement aux Tibétains qui étudiaient l'anglais avec eux ; les auteurs de *Cent questions* ne les mentionnent pas. Depuis, peu d'Occidentaux ont été autorisés à retourner résider à Lhasa comme professeurs, en dehors des missionnaires chrétiens (protestants), dont la présence semble être tolérée et même appréciée par les autorités – probablement parce qu'ils dédaignent le bouddhisme et toute implication dans la politique tibétaine.

Quant aux journalistes, les quinze qui ont été expulsés en octobre 1987 étaient arrivés dans la ville après la fin de la manifestation, parce qu'ils avaient recueilli les témoignages de touristes sur une autre manifestation qui s'était déroulée quatre jours plus tôt. Le règlement qu'ils avaient violé, et qui, en fait. n'avait jamais été appliqué jusque-là, était qu'ils devaient avoir la permission des autorités de Pékin avant de se rendre à Lhasa – même si Lhasa était alors, et demeure sur le papier, une « ville ouverte », selon le gouvernement chinois *(voir la question 96)*. Depuis lors, seul un petit nombre de journalistes ont été autorisés à visiter Lhasa chaque année, et les Occidentaux ont rencontré des difficultés croissantes pour voyager là-bas, si ce n'est en tours organisés. De fait, la ville est donc fermée aux journalistes.

---

95. Quelle est l'attitude des dirigeants religieux et des habitants de Lhasa à l'égard des émeutes survenues depuis septembre 1987 ?

Les émeutes de Lhasa ont été fomentées par des séparatistes liés à « la clique du dalaï-lama », dont le but est de « saboter l'unité du pays et l'union nationale ». Les religieux et les laïcs – ouvriers, paysans, éleveurs, intellectuels – ont été indignés par les émeutes et les ont condamnées. Plusieurs personnalités religieuses ont publiquement condamné ces faits et la part qu'y ont pris des religieux : le bainqen-erdini Qoigyi Gyaincain [panchen-lama Chökyi Gyeltsen], *le président du comité d'administration du monastère de Jokhang, le lama Luosan Pingcuo* [Lozang Phüntsog], *le vice-président de l'Association des bouddhistes de la Région autonome, Cemuoling Danzengchilie* [Tsémönling ?]. *La majorité de la population de Lhasa s'est fermement opposée aux émeutes, déniant à « cette poignée de séparatistes » le droit de les représenter. Ils ont aussi reproché aux émeutiers, « bien nourris » et inoccupés, d'être des fauteurs de trouble.*

Robert BARNETT : Il est difficile de trouver au Tibet des gens qui, en privé, qualifient de paresseux criminels ceux qui sont impliqués dans des mouvements pro-indépendantistes. Mais il y a une barrière entre les opinions publiques et les opinions privées, puisqu'il est illégal d'exprimer certaines idées en public. La plupart des gens disent en public ce que leur demande l'État, et il serait peu judicieux de faire autrement. Les autorités chinoises l'ont montré très clairement dans la première arrestation, annoncée à grand renfort de publicité, après les manifestations d'octobre 1987. Cette première arrestation politique (en dehors des participants aux manifestations) a été celle d'un assistant à l'Université du Tibet, un ancien abbé du monastère de Ganden, Yulo Dawa Tséring. Son arrestation, en décembre 1987, fut publiquement annoncée, avec comme motif une conversation qu'il avait eue six mois plus tôt, lors d'un repas dans la maison de son cousin en présence d'un touriste italien ; repas au cours duquel il aurait critiqué la politique chinoise. L'ex-abbé fut condamné à une peine de dix ans pour ce délit, vraisemblablement pour montrer aux autres Tibétains qu'il fallait faire très attention si l'on exprimait des idées critiques, même en privé. Il n'est donc pas surprenant que personne, au Tibet, n'émette de louanges publiques aux manifestants !

Dans la plupart des cas, il est douteux que les Tibétains qui déclarent condamner « les séparatistes » croient en quelque façon ce qu'ils disent. Cependant, il peut y avoir des gens qui pensent que les manifestations ne sont pas un moyen d'action raisonnable, puisqu'elles provoquent des réactions exagérées de la part des autorités, et mettent en péril les petites concessions qui avaient été faites au début des années quatre-vingts. C'est l'opinion que pourrait avoir un dirigeant de monastère pour qui les libertés limitées actuelles sont mieux que rien, et qui préférerait ne pas les mettre en danger. Beaucoup de Tibétains ont vraisemblablement des doutes aussi sur les méthodes et les buts poursuivis par les manifestants, en particulier ceux qui utilisent la violence, et ils peuvent, dans certains cas, se méfier des dirigeants en exil. Mais ces mêmes Tibétains sympathisent largement avec l'objectif d'être débarrassés de la présence et de l'influence chinoises dans leur pays, ou au moins de les voir considérablement réduites. La méfiance, ou la haine, commune des Tibétains envers la propagande, la politique et les politiciens chinois est probablement le facteur unificateur le plus fort dans leur communauté. Les opinions des Tibétains, cependant, ne peuvent être élucidées à coup sûr qu'après qu'ils se sont exilés ; et, donc, une étude minutieuse de la question n'est pas faisable.

96. Pourquoi a-t-on interdit aux étrangers de se rendre en visite ou pour des reportages au Tibet pendant les émeutes ? Pourquoi a-t-on limité le nombre des journalistes étrangers autorisés à aller au Tibet ?

Le Tibet est une région de la Chine qui est ouverte sur l'extérieur, et les étrangers, touristes et journalistes, y sont les bienvenus. Pendant les émeutes, les touristes ont été temporairement refusés pour des raisons de sécurité. « Conformément aux règlements du département d'information du ministère des Affaires étrangères de Chine », les journalistes étrangers qui veulent aller au Tibet doivent soumettre une demande au Bureau des affaires étrangères du gouvernement de la RAT. « Cette année [1988], *un certain nombre de journalistes étrangers sont allés au Tibet faire des reportages. »*

Robert BARNETT : Les journalistes étrangers ont encore besoin d'un permis pour visiter la Région autonome du Tibet, bien que la Chine continue à décrire cette région comme « ouverte ». Les permis sont rarement accordés et, s'ils le sont, c'est généralement juste quelques jours avant. À peu près une douzaine seulement sont distribués chaque année, souvent tous au même moment, ce qui fait que les journalistes voyagent, pour ainsi dire, en tour organisé.

Les touristes étrangers n'ont jamais été totalement interdits à Lhasa depuis le début des réformes, en 1980, sauf à certaines périodes pendant les treize mois qui ont suivi mars 1989, quand le Tibet central était placé sous la loi martiale. Mais il y a eu une pression continue des autorités pour réduire la venue des touristes à des voyages de groupes et, en 1997, de nouveaux règlements ont vu le jour ; ils obligent les groupes à comprendre au minimum cinq, parfois six personnes (Pik-Kwan Chan, 1999). En fait, il est toujours possible de voyager seul dans la Région autonome du Tibet : il suffit de payer une agence de voyage en Chine pour qu'elle fournisse des papiers qui décrivent le voyageur comme un groupe ; mais il est devenu plus difficile de voyager en dehors des zones de Lhasa ou de Shigatsé, et des permis supplémentaires sont généralement demandés par la police locale si l'on veut se rendre dans d'autres parties du Tibet central. Dans quelques régions en dehors de Lhasa, par exemple Tsétang, les voyageurs sont autorisés, mais il ne leur est permis de manger que dans certains restaurants.

Au printemps de 1999, les autorités chinoises ont annoncé que toute la préfecture de Kandzé (chin. Ganzi), au Sichuan – qui englobe la plus grande partie de l'ancienne province du Kham –, était ouverte aux touristes. Mais les ambassades chinoises dans le monde et les agences de voyages insistent sur le fait qu'un permis spécial est nécessaire pour tout touriste qui veut visiter la Région autonome du Tibet, ce qui finalement impose aux touristes de voyager en groupe avec un itinéraire déterminé. À Lhasa, cependant, la police ne semble pas appliquer le règlement tant que les voyageurs arrivent en groupe, mais ont aussi un visa les autorisant à voyager comme individuels.

Dire que le Tibet est ouvert aux touristes est fallacieux ; même au moment où *Cent questions* a été écrit, seules Lhasa, Shigatsé et les routes conduisant au Qinghai et au Népal étaient ouvertes. L'entrée dans la Région autonome du Tibet a été encore plus limitée ces dernières années, alors même qu'il y a eu de moins en moins de manifestations politiques et de protestations à grande échelle.

---

97. À la suite des émeutes qui ont eu lieu au Tibet, des dirigeants ont-ils été destitués de leur poste ou promus ? Y a-t-on envoyé des renforts de troupes ou d'agents de police ?

La réponse tient en sept lignes : *les émeutes ont été causées par une poignée de séparatistes, et elles ont vite été apaisées. Aucun dirigeant n'a été destitué ou promu à cause des émeutes, et le gouvernement n'a pas eu besoin d'envoyer de renforts de troupes ni d'agents de police.*

Robert BARNETT. L'histoire n'a pas été tendre avec les auteurs de *Cent questions* : en mars 1989, quelques mois après que le livre eut été publié, dix mille Tibétains ou plus ont pris part à une autre manifestation pour l'indépendance ; les Chinois ont réagi en envoyant au Tibet au moins quatorze mille hommes de troupe supplémentaires.

La région fut confiée à l'Armée populaire de libération, qui l'a administrée jusqu'en mai 1990. C'était la première fois dans l'histoire de la République populaire de Chine que la loi martiale était formellement déclarée dans une partie de son territoire.

Même avant que *Cent questions* ne soit écrit, il était évident que les dirigeants modérés du Tibet allaient être limogés à cause des manifestations précédentes : au milieu de l'année 1988, celui qui était alors le secrétaire du Parti de la Région autonome du Tibet, Wu Jinghua, fut destitué pour « déviationnisme de droite », ce qui signifie qu'il était trop modéré dans sa politique (voir Wang Xiaoqiang, 1994 ; Wu était un membre de la nationalité Yi, et le seul non-Han à avoir été nommé à la position de Secrétaire du Parti de la Région autonome du Tibet depuis sa création, en 1965). En janvier 1993, le populaire maire de Lhasa, Loga, fut également « démissionné » pour, à ce que l'on dit, ses critiques trop peu vigoureuses envers ceux qui étaient impliqués dans les manifestations ; en juin 1990, une tentative pour le démettre avait été différée à cause du soutien populaire dont il jouissait à ce moment-là. Depuis les protestations de 1987, des dirigeants dont le style est beaucoup plus autoritaire ont été nommés aux postes supérieurs ; le plus notable est Chen Kuiyan, un cadre chinois spécialiste des questions relatives aux « minorités des frontières », qui est devenu en 1992 le secrétaire du Parti de la Région autonome du Tibet (il a été remplacé en octobre 2000).

---

98. Quelles mesures préventives ont prises les autorités locales après les émeutes ? Les manifestations restent-elles toujours permises ?

Ces mesures sont de deux types. D'abord, « intensifier l'éducation au sujet du patriotisme et de l'unité nationale [...] dénoncer et [...] déjouer à temps les complots des séparatistes ». Ensuite, « poursuivre la politique du Parti concernant les minorités ethniques et la religion, et accélérer le développement économique et culturel du Tibet ».

Toutes les manifestations sont autorisées à Lhasa, pourvu qu'elles obéissent à la « réglementation provisoire du gouvernement populaire de Lhasa sur les rassemblements et manifestations », en vigueur depuis le 9 octobre 1987. Selon ces règles, tout rassemblement qui n'a pas reçu l'approbation préalable de la police, tout rassemblement dans le quartier du Barkor (vieille ville), ainsi que tout rassemblement qui encourage le séparatisme ou sape l'unité nationale est interdit. Ceux qui contreviennent à ce règlement, ou recourent à la violence pendant une manifestation, ou gênent le fonctionnement des établissements d'État, ou enfreignent la loi de toute autre manière, sont passibles de poursuites judiciaires.

Robert BARNETT : Les Tibétains ont pu organiser des manifestations ces dernières années à Lhasa, dans le cadre du règlement exposé ci-dessus : les étudiants de l'université ont organisé, en décembre 1988, une protestation sur les droits de la langue, qui n'a pas été interrompue ; elle avait évité le quartier du Barkor, ne faisait pas allusion à l'indépendance et n'utilisait aucun slogan politique. En mai 1993, lorsque les Tibétains ont tenté d'agir dans le cadre de ce règlement en conduisant une grande marche à travers les nouveaux quartiers de la ville pour protester contre les frais de scolarité et les frais médicaux, pendant près de cinq heures la police ne s'y est pas opposée ; mais quand les marcheurs se sont approchés du Barkor et ont commencé à réclamer l'indépendance, la police a dispersé violemment la manifestation. Il y a eu aussi, dans les rues, quelques brèves protestations contre la montée des prix : elles ont été autorisées et ont même réussi à obtenir des concessions de la part des officiels de la ville.

Mais en mai 1994, une année après cette grande manifestation à propos des frais de scolarité et des frais médicaux, une protestation des boutiquiers contre les impôts fut également brutalement dispersée par la police. Les boutiquiers avaient réagi spontanément à une augmentation des impôts qui n'avait pas été annoncée, et ils n'avaient aucun objectif politique évident. Mais les nouveaux dirigeants de la Région autonome du Tibet se souvenaient de la manifestation de l'année précédente ; ils avaient donc décidé que toutes celles concernant ce qu'ils appelaient « les sujets chauds de la société » : l'inflation, le chômage, l'immigration, les prix, etc., étaient en réalité des moyens déguisés employés par les partisans du dalaï-lama pour semer la confusion dans la société afin de promouvoir leur plan pour l'indépendance (voir « Tax Protest… »).

Ainsi, la tolérance officielle envers un quelconque désaccord a diminué au fil des ans dans la Région autonome du Tibet, depuis la reprise des protestations de grande envergure à Lhasa, en 1987 ; et la place laissée à des protestations publiques s'est rétrécie d'année en année. C'est particulièrement significatif, car cela coïncide avec une diminution rapide du nombre des manifestations pour l'indépendance : depuis 1996, seuls quelques incidents ont été rapportés, vraisemblablement parce que les Tibétains ont décidé que cela ne valait plus la peine d'organiser de telles manifestations. Au moment même où la Chine s'ouvre de plus en plus en termes d'économie et d'accès au monde extérieur, les restrictions sur le plan de la pensée et de l'expression politiques au Tibet se sont accrues.

---

99. Quelle est la situation au Tibet après les émeutes ?

« La situation au Tibet après les émeutes est dans l'ensemble stable et s'avère bonne », parce que la majorité des Tibétains aspirent « à une vie heureuse, à la stabilité et à l'unité chèrement gagnées ». La population est hostile à ce qui peut mettre en cause ces réalisations. D'ailleurs, les émeutes ont été limitées à une petite partie de Lhasa, et n'ont impliqué que 0,5 % de la population. Tout montre que les émeutes n'ont pas le soutien populaire.

[Cette question est traitée avec la suivante.]

---

100. Selon certains journaux étrangers, les autorités locales du Tibet ont envoyé récemment des gens dans les temples et monastères afin d'en chasser les lamas qui avaient participé aux émeutes, est-ce vrai ?

« Quelques groupes de travail, composés essentiellement de cadres tibétains » ont été envoyés dans les temples et les monastères impliqués dans les émeutes, mais leur mission n'est pas de chasser les

lamas. Ils ont été envoyés afin « d'aider les comités d'administration de ces temples et monastères à procéder à une remise en ordre, de rééduquer les lamas qui ont, séduits par une propagande trompeuse, participé aux émeutes, pour qu'ils puissent trouver les responsables principaux des émeutes ».

Robert BARNETT : Il est préférable de traiter ensemble ces deux questions finales, car toutes deux peuvent être éclairées par des événements qui se sont déroulés après que le livre eut été écrit : les protestations au Tibet ont continué à travers tout le pays et se sont répandues bien au-delà de Lhasa. De plus, la manière de penser des moines et des nonnes était devenue si menaçante pour le régime que, dans les années quatre-vingt-dix, le programme patriotique de rééducation a dû être réorganisé de façon à y inclure chaque moine et chaque nonne du pays, que leur monastère ait été ou non impliqué dans les protestations.

Au moins cent trente manifestations pro-indépendantistes – dont les trois jours de protestation de mars 1989 qui ont conduit à l'imposition de la loi martiale – se sont déroulées au Tibet dans les six années qui ont suivi l'affirmation par *Cent questions* que les manifestations ne bénéficiaient pas du soutien populaire. La plus grande partie de ces incidents ont eu lieu dans des régions rurales très éloignées de Lhasa, y compris dans certaines parties du Kham et de l'Amdo, à des centaines de kilomètres à l'est. Après 1989, la politique de la « porte tournante » qui consistait à arrêter des milliers de Tibétains pour des périodes relativement courtes, a été remplacée par une politique d'arrestations plus sélective, mais cette fois pour de longues périodes, comme on l'a dit dans la question 93 ; cependant, le nombre de prisonniers politiques au Tibet est encore estimé à cinq cents environ. Bien que les forces de sécurité se soient faites plus discrètes depuis 1990, le nombre de policiers et de soldats au Tibet n'a pas été réduit, et les restrictions imposées aux touristes et aux journalistes étrangers qui visitent la région semblent s'étendre *(voir la question 96)*. Le nombre de Tibétains qui s'enfuient en Inde via le Népal s'est accru après 1990, atteignant un niveau constant d'environ 2500 personnes par an, dont une grande part vient des régions rurales du Tibet oriental. L'impression donnée par ces chiffres est qu'une très forte proportion de la population tibétaine est opposée au régime chinois et soutient du fond du cœur le dalaï-lama.

L'indication la plus convaincante d'une résistance populaire constante à la loi chinoise est la politique chinoise elle-même. En 1994, lors d'une réunion politique de haut niveau appelée le IIIe Forum national sur le travail au Tibet, les dirigeants chinois ont lancé une campagne d'« éducation patriotique » majeure. Cela indique que non seulement les moines et les nonnes sont encore l'objet d'une profonde méfiance – chaque moine et chaque nonne dans la Région autonome du Tibet a dû signer un document écrit reconnaissant les revendications chinoises sur le Tibet et dénonçant le dalaï-lama –, mais que la méfiance englobe la population entière, puisque cette campagne a été étendue à toutes les communautés laïques dans la Région autonome. Et, en janvier 1999, a suivi une campagne pour répandre l'athéisme, apparemment destinée aussi aux laïcs. Au cours d'une réunion qui s'est déroulée à Pékin, en décembre 1998, il a été décidé que la campagne d'« éducation patriotique », tout au moins la partie concernant les moines et les nonnes, devait être étendue aux régions orientales du Tibet, en dehors de la Région autonome. L'attaque contre la position religieuse du dalaï-lama était aussi sans précédent puisque, jusque-là, les critiques ne s'adressaient qu'à ses opinions politiques. Les autorités ont affirmé à maintes reprises, après 1994, qu'elles étaient en train d'« adapter » le bouddhisme tibétain afin qu'il soit conforme au socialisme. Au même moment, les dirigeants chinois au Tibet continuent de dire que la lutte contre les « séparatistes » est encore « intense » et « sévère » – bien que, ainsi que nous l'avons vu, il y ait eu peu de manifestations depuis 1996. Ces mesures politiques qui redoublent d'intransigeance laissent penser, d'une part, que l'opposition aux Chinois et le soutien au dalaï-lama sont une source de préoccupation continuelle pour les responsables politiques chinois ; d'autre part, que cette opposition et ce soutien s'étendent à tous les niveaux de la société tibétaine, y compris les habitants des campagnes, ceux qui vivent loin de Lhasa, et particulièrement ceux qui détiennent une fonction relativement importante dans l'administration et les autres sphères dirigeantes.

Sur le fond, il semble que les dirigeants chinois aient décidé que le problème de l'opposition politique au Tibet ne se limitait pas à une « poignée de séparatistes » qui – croient-ils – furent poussés à déclencher des manifestations par leurs contacts secrets avec les exilés à Dharamsala. Au contraire, ils considèrent maintenant que c'est un problème culturel profondément enraciné. On rapporte que, dans une réunion décisive qui s'est tenue à Lhasa en octobre 1995, le secrétaire du Parti, Chen Kuiyuan, a déclaré que le séparatisme est fondé sur la religion tibétaine, elle-même fondée sur la culture tibétaine, et donc sur la langue tibétaine. Cette théorie rend légitime, dans le système chinois, une attaque contre les activités culturelles et religieuses, même quand elles n'ont pas de relation avec une contestation politique. Ce changement vers une politique culturelle encore plus intransigeante a été publiquement illustré par un discours de Chen Kuiyan deux ans plus tard, qui décrivait le bouddhisme comme un élément étranger à la culture tibétaine :

> Est-ce que seul le bouddhisme est la culture tibétaine ? C'est totalement absurde. Le bouddhisme est une culture étrangère. [...] En utilisant la religion dans le champ politique, les séparatistes finissent maintenant par mettre la religion au-dessus de la culture tibétaine et tentent d'utiliser la langue parlée et la culture pour créer des disputes et des antagonismes entre les nationalités, et cela est le cœur du problème (*Tibet Daily*, 16 juillet 1997).

Au fil du temps, on a pu relever un certain nombre de mesures pour limiter (mais non pour détruire, comme d'aucuns l'ont affirmé) la culture et la religion tibétaines : réduction des projets de traduction, fin de l'enseignement secondaire en tibétain dans la Région autonome du Tibet, réécriture des manuels d'histoire à l'Université du Tibet, suspension pour deux ans des inscriptions d'étudiants dans le département de tibétain de l'Université...

Cette politique, et ses conséquences plus subtiles pour la nomination à des postes officiels, pour la recherche et les publications, affecte d'abord ceux qui appartiennent aux milieux intellectuel et religieux de la société tibétaine. Mais elle a été combinée avec une autre politique qui a un impact plus large et plus immédiat ; c'est celle dont il a été question plus haut dans les réponses chinoises :

l'accélération du développement économique et culturel. (Le terme « culturel » fait probablement référence ici, entre autres choses, à la politique de « construction d'une civilisation spirituelle », qui était mise en avant au moment où *Cent questions* a été écrit. Cette politique inclut l'amélioration de l'état arriéré de la culture immatérielle ou de la pensée tibétaines, par exemple en éliminant les superstitions, en élevant le bas niveau de la « conscience des biens de consommation », en encourageant les manières de penser modernes, en persuadant les nomades de se sédentariser, et en éliminant la « pensée féodale résiduelle ».)

La tentative pour accélérer le développement économique dans la Région autonome du Tibet avait été lancée en 1984 avec la première campagne « Aider le Tibet », appuyée par l'actuel secrétaire général du Parti, Jiang Zemin, lors de sa visite au Tibet, et marquée à nouveau, en 1992, par l'annonce – en partie fictive – que Lhasa allait devenir une « zone économique spéciale ». Elle a été confirmée comme une politique majeure, avec plein soutien national, par le IIIe Forum national sur le travail au Tibet mentionné ci-dessus. À cette époque déjà, les contrôles sur le commerce interprovincial avaient été relâchés, les règlements présidant à la création de nouvelles entreprises avaient été réduits, et les banques locales avaient commencé à accorder des prêts à faible intérêt pour permettre le démarrage de projets commerciaux privés. La focalisation sur le développement commercial était, cependant, une bénédiction mitigée pour les Tibétains, car c'était effectivement un mécanisme pour accroître la migration d'entrepreneurs chinois ou non tibétains dans la Région autonome du Tibet. L'aval donné à cette politique par le IIIe Forum a signifié que la domination chinoise sur l'économie tibétaine (au moins dans les villes) qui en découle reste une question de politique d'État qui ne peut être contestée. En même temps, des changements économiques beaucoup plus importants, qui conduiront à une domination non tibétaine encore plus grande sur la vie économique, ont été engagés : d'une part, l'intensification de la recherche sur les ressources minières dans la Région autonome du Tibet et, d'autre part, l'annonce de la construction « hautement probable » (confirmée en décembre 2000) d'un chemin de fer reliant Lhasa à Xining, et au reste de la Chine (Pik-kwan Chan, 1999). Le changement rapide vers l'industrialisation du Tibet a culminé avec l'annonce, en juillet 1999, que le premier gisement de pétrole avait été mis en exploitation à environ 350 kilomètres au nord-ouest de Nagchukha (Xinhua, 20 juillet 1999).

Il reste à voir si une telle politique va faire diminuer ou augmenter l'acceptation de la loi chinoise par les Tibétains. Depuis les protestations majeures de 1987-1989, le nombre de prisonniers politiques est resté très élevé, la série de troubles connus a largement dépassé la capitale et les zones urbaines, le nombre des réfugiés a augmenté, les restrictions sur les voyages et les accès au Tibet n'ont pas diminué, il a été déployé de grands efforts pour amoindrir le rôle de la religion dans la société tibétaine, et il y a eu une attaque beaucoup plus subtile des dirigeants sur la langue et la culture tibétaines. Des exigences inflexibles de la part des groupes de propagande et une totale dévotion au Parti communiste dominent de larges pans de l'activité sociale, en particulier les systèmes judiciaire et politique, et probablement davantage maintenant qu'il y a dix ans. En même temps, les changements économiques et les transformations spectaculaires dans la culture urbaine qui les ont suivis : arrivée d'ordinateurs, de véhicules privés, de télécopieurs, de produits de luxe et de téléphones mobiles, ont transformé certains secteurs de la vie tibétaine, apportant la prospérité à quelques-uns et la marginalisation à d'autres, tout en exposant en même temps les Tibétains à la compétition directe et inégale avec les entrepreneurs chinois. Le processus d'ouverture économique et la rigidité politique restent dans une relation tendue et complexe qui, jusqu'à présent, a suscité dans la communauté tibétaine quelque assentiment, mais une faible, pour ne pas dire nulle, acceptation du régime chinois sous lequel elle vit. Il est difficile de juger si la soumission tibétaine à cette loi va rester peu enthousiaste mais passive, ou si l'on va arriver à nouveau à une crise de résistance, comme cela s'est passé dans les années suivant 1987, ou si, finalement, une modération à venir de la politique chinoise pourra gagner le soutien de la population du Tibet. Mais il est clair que, au cours des dix années écoulées depuis la rédaction de *Cent questions,* bien peu a transpiré qui suggérerait une amélioration quelconque des conditions politiques au Tibet.

RÉFÉRENCES CITÉES

« Bombing in Sog County : “Strike Hard” to Continue », *TIN News Update*, Londres, TIN, 26 décembre 1996.

Defying the Dragon : China and Human Rights in Tibet, Londres, TIN/Lawasia, 1991.

Evading Scrutiny, Asia Watch, 1990.

GRUNFELD A. T., « Independence is Second to Dalaï-Lama's Return », *Far Eastern Economic Review*, 13 octobre 1988.

Human Rights Internet Reporter, vol. 12, n° 2, hiver, 1988, item 0016.033.

« Major Bomb Blast in Lhasa », *TIN News Update*, Londres, TIN, 28 décembre 1996.

Merciless Repression, Asia Watch, 1990.

PIK-KWAN CHAN V., « Notes on China : Tibetan Tourism Faces Uphill Battle against Red Tape », *South China Morning Post*, Hong Kong, 19 juillet 1999.

–, « Rail Link to Open up Tibet Mooted », *South China Morning Post*, Hong Kong, 24 juin 1999.

« Political Prisoners 2 : Sentences and Offences. Further analysis of a new list of political prisoners in Tibet », *TIN News Update*, Londres, TIN, 18 février 1992.

Political Prisoners in Tibet, Londres-New York, TIN et Asia Watch, 1992.

Radio Lhasa, 11 février 1988, émission traduite et publiée dans le *BBC Summary of World broadcasts (SWB)* FE/0072 i.

–, 13 septembre 1989, émission captée et retransmise par le *BBC Summary of World broadcasts (SWB).*

Report of the Special Rapporteur on Summary and Arbitrary Executions, E/CN.4/1988/22 (19 janvier 1988).

« Reported demonstrations in Tibet, 1987-1992 », *Background Papers on Tibet*, Londres, TIN, septembre 1992.

« Reported Demonstrations in Tibet, 1992-1993 », *TIN News Compilation*, Londres, TIN, octobre 1993.

SPERLING E., « The Rhetoric of Dissent : The Intellectual Milieu of Tibetan Pamphleteers », in Robert Barnett et Shirin Akiner (éd.), *Resistance and Reform in Tibet*, Londres, Hurst, 1994, pp. 267-284.

« Tax Protest Deemed “Political” : Arrests Follow », *TIN News Update*, TIN, 2 juin 1994.

« The PRC Criminal Law… amended by the Fifth Session of the Eight NPC on 14 March 1997 », Xinhua, 17 mars 1997, traduit sous le titre « China : Text of Criminal Law », FBIS-CHI-97-056, 17 mars 1997.

Tibet daily (Xizang Ribao), édition chinoise, 18 septembre 1989.

Tibet Daily, « La cour de district du Peuple de la municipalité de Lhasa [Chengguan] a rendu un jugement public contre trois criminels qui ont participé aux émeutes du 3.5. [5 mars] cette année », *Tibet Daily (Xizang Ribao)*, édition chinoise, 5 octobre 1989.

Tibet Daily (Xizang Ribao), 16 juillet 1997, édition chinoise, voir « Chen Kuiyuan Speaks on Literature, Art », BBC Summary of World Broadcasts (SWB), 4 août 1997.

« Troops take over Tibet Village : Villagers Appeal to UN », *TIN News Update*, Londres, TIN, 11 août 1993.

UN Commission on Human Rights Press Release, HR/2159, 4 mars 1988.

WANG Xiaoqiang, « The Dispute between the Tibetans and the Han : When it will be solved ? », in Robert Barnett et Shirin Akiner (éd.), *Resistance and Reform in Tibet*, Londres, Hurst, 1994, pp. 290-295.

« Written Statement Submitted by the International Fellowship of Reconciliation [IFOR] under Agenda Item 12 to the 44th Session UN Commission of Human Rights », E/CN.4/1988/NGO/58 (1er mars 1988).

POUR EN SAVOIR PLUS

« Bodies Scarred, Spirits Unbroken », *Philadelphia Inquirer*, 6 décembre 1996.

« Doctors' group reports widespread torture in Tibet », AFP, 25 octobre 1997.

PRC (TAR) : Repression in Tibet 1987-1992, Amnesty International, 1992.

The Suppression of a People : Accounts of Torture and Imprisonment in Tibet, Physicians for Human Rights, 1989.

Xinhua, « China drills first commercial flow of crude oil in Tibet », 20 juillet 1999.

Postface

Toute conclusion serait superflue après la dernière réponse de Robert Barnett, qui résume l'ensemble des problèmes auxquels est confronté le Tibet et qui pose les interrogations vitales pour l'avenir des Tibétains et de leur culture. Mais depuis la remise du manuscrit à l'éditeur en juillet 2001, bien des événements se sont produits, sur la scène internationale comme sur la scène intérieure tibéto-chinoise, et il nous a paru indispensable de faire brièvement le bilan de la situation actuelle.

Revenons tout d'abord sur le sort de quelques personnages évoqués dans ce livre. Certains sont morts : c'est le cas, au Tibet, de Yulo Dawa Tséring, en très mauvaise santé depuis sa libération en 1994 et celui d'Ani Pachen qui avait passé vingt-et-un ans en prison avant de s'exiler. Quelques prisonniers, soutenus par une campagne internationale vigoureuse, ont été libérés au cours des premiers mois de l'année 2002 : le plus ancien prisonnier politique du Tibet, Tanag Jigmé Zangpo, incarcéré depuis 1960 (sa peine avait été prolongée à plusieurs reprises en raison de ses activités politiques à l'intérieur de la prison de Drapchi, notamment en 1991 lorsqu'il avait crié « Tibet libre ! » à l'occasion de la visite d'une délégation suisse), a été libéré en mars pour raisons médicales. Auparavant, en janvier, le jeune ethnomusicologue Ngawang Chöphel condamné à dix-huit ans de prison pour espionnage – il menait des recherches sur les chants et danses populaires dans le cadre de ses études aux États-Unis – avait été relaxé pour des raisons similaires après avoir purgé six ans de sa peine. Enfin, Chadrel Rinpoché, le supérieur du monastère de Tashilhünpo chargé de chercher la réincarnation du Xe panchen-lama, incarcéré depuis 1995 pour avoir fourni au dalaï-lama des informations qui lui ont permis de proclamer cette réincarnation en un garçonnet de six ans, Gédün Chökyi Nyima, a été libéré puis mis en résidence surveillée. Il est aujourd'hui impossible d'entrer en contact avec lui. Mais on est toujours sans nouvelles de ce jeune panchen-lama « disparu » avec sa famille en 1995 – les Chinois ont imposé un autre garçon comme XIe panchen-lama. Le gouvernement chinois a assuré à plusieurs reprises que le jeune garçon poursuivait ses études, mais nul ne sait s'il est encore en vie. Il faut remarquer que ces libérations sont intervenues peu avant la visite du président Bush à Pékin (février 2002), ce qui, pour beaucoup d'observateurs n'est pas une pure coïncidence : l'arrestation de Ngawang Chöphel avait suscité beaucoup d'émotion, notamment aux États-Unis, et déclenché une campagne mondiale pour sa libération.

Sur la scène internationale, la Chine a remporté de grands succès : au cours de l'été 2001, elle a obtenu l'organisation des jeux Olympiques de 2008 et, en décembre, elle a formellement adhéré à l'Organisation mondiale du commerce (OMC), concédant au préalable la signature de certains accords sur la législation du travail, celle des syndicats, etc. Mais ce sont surtout les attentats du 11 septembre qui ont eu de graves conséquences sur le plan intérieur. Le gouvernement chinois a immédiatement condamné ces attentats, marqué sa solidarité avec la lutte anti-terroriste… et demandé plus de compréhension à l'égard de son combat contre ses propres terroristes : les « séparatistes » uighurs au Xinjiang, les Tibétains appartenant à la « clique du dalaï-lama » et les adeptes de mouvements religieux interdits, le Falungong en particulier. La répression s'est donc accrue, en toute impunité semble-t-il. Dans son rapport annuel de 2002 (événements en Chine de janvier à décembre 2001), Amnesty International note une augmentation des violations graves des droits de l'homme, à travers l'arrestation de milliers de personnes emprisonnées pour avoir exercé leurs droits à la liberté d'expression, d'association ou de croyance et l'exécution d'environ 2500 des 4015 condamnés à mort. Les tortures et les mauvais traitements sont toujours d'actualité dans les prisons et dans les centres de détention, en dépit des dénégations officielles :

le directeur de la prison de Drapchi (RAT), Lu Bo, a déclaré, en réponse aux nombreuses lettres qu'il avait reçues de l'étranger s'inquiétant des conditions de détention au Tibet : « Nous n'avons pas eu un seul cas de prisonnier qui soit mort de causes anormales ou par manque de traitement médical [...]. Au cours des cinq dernières années, il n'y a eu que quinze prisonniers, treize hommes et deux femmes, qui sont morts en purgeant leur peine. Mais c'étaient des morts naturelles, dues à des maladies comme un cancer, des maladies cardio-vasculaires ou cérébro-vasculaires, qui sont difficiles à guérir » (*People's Daily*, 27 mai 2002). Il affirme également que les prisonniers sont bien soignés, gratuitement, par une équipe médicale compétente, et le journal produit des témoignages de prisonniers ou de membres de leur famille reconnaissant que « même pour un banal rhume de cerveau » on reçoit un traitement adéquat. La question doit être dérangeante car, cette semaine-là, neuf rapports tibéto-chinois sur les conditions de vie dans les prisons tibétaines ont été publiés ; fait notable, ils donnent la précision intéressante du nombre officiel de prisonniers dans les trois prisons de la RAT, qui serait de 2 300. Ils soutiennent aussi que Shöl Dawa, dont nous avons relaté la mort en 2000 à la suite de mauvais traitements, s'est en réalité suicidé. Ils ne disent pas, cependant, que les tortures et mauvais traitements sont infligés principalement durant la détention préventive (en dehors de la prison), ni que les prisonniers mourants sont rendus à leur famille pour qu'ils décèdent à l'extérieur.

La campagne d'« éducation patriotique » s'est intensifiée partout et elle a durement frappé les régions tibétaines orientales en dehors de la RAT, qui jouissaient jusqu'alors d'une relative liberté religieuse. En juin 2001, l'armée est intervenue pour disperser une très large communauté de près d'une dizaine de milliers de religieux, hommes et femmes, Tibétains et Chinois, qui s'était formée à Larung Gar, près de Serthar (Sichuan) autour d'une figure charismatique, Khenpo Jigmé Phüntshog. Environ trois mille nonnes ont été expulsées – depuis, quelques-unes ont réussi à gagner l'Inde –, leurs maisons détruites, et toutes ont reçu l'ordre de regagner leurs provinces d'origine ; seules quatre cents d'entre elles, originaires de la région, ont été autorisées à rester sur place. Les religieux ont également été expulsés, à l'exception de mille d'entre eux choisis parmi les meilleurs étudiants ; tous les moines chinois ont dû partir. Mais leur maître n'est plus là : malade, il serait en résidence surveillée à Chengdu. Autre monastère important, Yachen, dans le Sichuan, a subi un sort identique le 10 octobre 2001 : plus de 800 maisons ont été détruites. Par ailleurs, deux moines éminents ont été arrêtés, accusés d'être les instigateurs d'attentats à la bombe – trois ont eu lieu dans la ville tibétaine de Kandzé, et un dans celle de Chengdu. Si bien que le nombre des Tibétains de l'est qui passent clandestinement la frontière pour rejoindre les exilés en Inde s'est lui aussi accru. Mais la situation politique instable au Népal les confronte à de nouvelles difficultés et ils sont de plus en plus souvent refoulés par la police népalaise, ou rançonnés.

Dans le domaine économique, le plan de « développement des régions de l'ouest » s'est poursuivi et sa mise en œuvre s'est même accélérée. Le gouvernement chinois y affecte des sommes considérables et encourage les investissements étrangers. L'un des projets majeurs est la construction de la ligne de chemin de fer (1118 km) qui reliera Lhasa au reste de la Chine, en 2006 selon les prévisions officielles. Les travaux ont commencé, malgré les mises en garde des organismes chinois de protection de l'environnement, des géologues qui soulignent les problèmes liés au gel du sol une partie de l'année et, récemment, des sismologues qui prévoient d'importants mouvements sismiques le long du trajet. Après le retrait de la Banque mondiale qui, devant la vague de protestations soulevée, a renoncé à financer le transfert dans la région de Dulan (Tsaïdam, province du Qinghai) de dizaines de milliers de Chinois et Hui (musulmans) « déshérités », la Chine a décidé d'assumer seule ce projet, dont le démarrage était annoncé pour mars 2002. Avant cette date, un millier de familles chinoises avaient d'ores et déjà été envoyées sur place « à titre d'essai », afin de défricher et de cultiver la terre. Les travaux d'infrastructure ont commencé. Il est prévu de construire un barrage pour alimenter cent vingt nouveaux villages dans cette région à l'écosystème fragile, faiblement peuplée jusqu'alors de Tibétains et de Mongols, mais riche en ressources naturelles : pétrole, gaz, potasse, zinc, cuivre et plomb. Pourtant, nous l'avons noté, la protection de l'environnement est devenue une priorité du gouvernement chinois. Il y consacre un budget important, comme lors de la construction de la ligne de chemin de fer citée plus haut, ou pour développer l'énergie solaire, domaine dans lequel il mise sur le fort potentiel du Tibet (*China Daily*, 26 février 2002).

C'est aussi la protection de l'environnement qui avait mobilisé les associations écologistes occidentales contre la participation de BP (British Petroleum) à la construction du pipe-line qui doit conduire le gaz naturel du Xinjiang à la côte occidentale. Leur action a échoué mais, pour se « dédouaner », BP a créé une filiale, BP Solar, dédiée aux énergies renouvelables ; ses représentants ont annoncé le 29 mai de cette année qu'ils allaient construire le plus grand système d'énergie photovoltaïque à Shenzhen, sur la côte ouest, pour alimenter un centre culturel. La compagnie pétrolière américaine Exxon Mobil, qui projette également de participer à la construction de ce pipe-line, vient de se voir opposer une motion soutenue par 20,3 % de ses actionnaires, protestant contre le non-respect par la compagnie du protocole de Tokyo sur la réduction des émissions de gaz à effet de serre et lui demandant d'adopter un plan de ressources en énergies renouvelables.

Dans son rapport, Amnesty International relève aussi un renforcement du contrôle des médias et de l'Internet. Cela ne gêne visiblement pas les firmes occidentales, dont la canadienne Nortel Networks, qui coopèrent à la construction du grand *firewall* de Chine, destiné en partie à surveiller l'Internet et les télécommunications. De son côté, Siemens a remporté un marché de 11 millions de dollars pour l'extension de la téléphonie mobile dans la RAT, cette activité se développant rapidement dans les zones urbaines. La presse chinoise souligne avec satisfaction le nouvel engouement des Tibétains citadins pour les techniques modernes de télécommunication, téléphone portable et Internet, et pour l'informatique ; elle y voit une preuve indéniable de l'évolution du niveau de vie au Tibet et un signe encourageant de la modernisation du pays qui devrait, selon l'idéologie en vigueur, aboutir au désintérêt pour les croyances « superstitieuses » et à l'abandon de la pratique religieuse. Mais c'est aussi un nouveau témoignage de l'écart grandissant entre les ruraux et les citadins dans la population tibétaine.

Les attentats du 11 septembre ont eu également des répercussions sur le tourisme occidental qui a diminué d'un peu plus de 20 % ; cette baisse a été compensée par une augmentation de 29 % des touristes chinois pour la période allant de janvier à novembre

2001, portant la fréquentation totale à 659 000 touristes et montagnards. C'est peut-être à leur intention, mais avant tout pour faire de la ville une vitrine de la modernisation du Tibet, que les « travaux d'embellissement » de Lhasa se poursuivent de manière accélérée, sans tenir compte des périmètres qui devraient être protégés autour du Potala et du Jokhang. Au Potala, dont nous avions indiqué que les travaux de restauration avaient été effectués dans la plus totale opacité, un pan de muraille s'est effondré *(photo 27)*, tandis qu'un monument de 37 mètres de haut, commémorant la « libération pacifique du Tibet » en 1951, a été érigé à son pied en un temps record. Inaugurée le 27 mai 2002, cette lourde sculpture abstraite en béton symboliserait l'Everest. Peu avant, une dépêche de l'AFP à Pékin s'est fait l'écho d'une information publiée par Xinhua (l'agence de presse officielle chinoise), selon laquelle une tour de 153 mètres de haut baptisée « la Perle de la Région des neiges », au sommet de laquelle se trouverait un restaurant panoramique, venait d'ouvrir sur l'esplanade du Potala ; mais d'après nos informations, aucun bâtiment de ce type ne semble même en cours de réalisation et nous restons dans l'expectative. Ce qui est bien visible, en revanche, et chargé de sens, c'est l'énorme tour de la Sécurité publique, derrière le Potala, qui domine tous les bâtiments de Lhasa (s'agirait-il de la tour mentionnée ci-dessus ?). La ville elle-même s'étend maintenant sur 54 kilomètres carrés. En dépit des conclusions relativement optimistes de A. Heller sur le processus de protection des bâtiments anciens, on a appris fin avril que la démolition du vieux Lhasa avait repris : cela concerne tout un bloc de maisons parmi lesquelles subsistaient quelques demeures aristocratiques ; la démolition a été exécutée dans la hâte, sans concertation avec les habitants qui ont été expulsés. Bien que vétustes, ces bâtiments auraient pu être réhabilités mais l'association qui œuvrait depuis dix ans à la sauvegarde du vieux Lhasa avait été interdite et ses membres bannis du Tibet un an plus tôt.

Lhasa n'est pas la seule ville défigurée et, à l'instar de la Chine proprement dite, partout surgissent buildings et constructions « modernes » en béton, implantés sans aucun souci de sauvegarder le patrimoine architectural. Cependant, la valorisation de la culture tibétaine, maintenant « l'une des plus anciennes de Chine » est devenue l'un des thèmes favoris de la presse chinoise : prise de conscience sous l'influence occidentale, simple action de propagande envers ce même Occident ou publicité à usage intérieur pour attirer encore plus de touristes chinois ? Nul ne saurait le dire.

Dans ce domaine de la culture, nous avions souligné les dangers que courait la langue tibétaine elle-même : introduction obligatoire du chinois dans l'enseignement primaire, usage du chinois généralisé dans les instances gouvernementales, l'enseignement, la recherche, les tractations commerciales, les médias, etc. Jusqu'à la fin de l'année dernière, la situation semblait irréversible mais, peu à peu des rapports ont filtré, dans lesquels des parents et des enseignants déploraient l'abandon de leur langue dans le cadre scolaire ; d'autres, il est vrai, prônaient l'enseignement du chinois dès le primaire, pour que leurs enfants aient des chances égales à celles des jeunes Han dans la compétition des examens et des postes. On ne pouvait encore songer à un revirement politique sur cette question. Mais, en avril 2002, un long rapport intitulé *Problèmes liés à l'éducation bilingue au Tibet*, a été publié sur Internet. Son auteur, Badeng Nima, est le doyen de la Faculté de l'Éducation à l'Université normale du Sichuan. Il dresse un constat sévère sur « l'érosion de la langue tibétaine », qui menace l'existence même de la culture. Comparant la situation de l'enseignement avant et après la « libération pacifique », il réhabilite l'éducation anciennement dispensée par les monastères, dans toutes les disciplines : « technologie, langue, arts, littérature, médecine, logique, philosophie, etc. ». Il critique nommément certains de ses collègues chinois qui ont toujours soutenu auprès des autorités que les monastères tibétains n'avaient pas de fonction éducative et représentaient une tradition religieuse arriérée. Quand il passe à l'examen de la situation actuelle des écoles primaires, Badeng Nima constate une grande disparité selon les établissements. Dans certains endroits, l'enseignement se fait uniquement en chinois ; dans d'autres, certains cours sont donnés en tibétain et le reste en chinois, si bien que le niveau de leur propre langue est insuffisant pour les jeunes Tibétains ; il existe enfin des écoles dont l'ensemble de l'enseignement se fait en tibétain, tout en dispensant un cours de chinois : les élèves parlent un tibétain très correct mais leur niveau de chinois est inférieur à celui des élèves sortant des autres écoles. La situation est plus ou moins analogue dans l'enseignement secondaire mais le niveau des élèves sortant de ces écoles est dans l'ensemble inférieur à celui qui est requis pour entrer dans les collèges des minorités nationales en Chine. Bien que la fréquentation scolaire ait augmenté et que le niveau moyen des élèves se soit amélioré, le taux de scolarisation ne dépasse pas 40 à 60 % selon les lieux, avec des disparités très fortes : « par exemple, dans les zones rurales du comté de Hongyuan dans l'Amdo, le pourcentage des enfants allant à l'école fluctue entre 39,6 % et 14,7 % ». Pour Badeng Nima, l'amélioration de l'instruction ne peut intervenir tant que le problème de la langue n'est pas résolu. Ses nombreuses enquêtes parmi la population font apparaître des points de vue divergents sur la nécessité de promouvoir ou non le tibétain. Le déclin de la langue tibétaine s'explique par des raisons historiques, que l'auteur retrace sans complaisance. Pour finir, il reconnaît qu'il s'agit d'un problème difficile à résoudre mais qu'il doit être replacé dans une perspective culturelle : l'éducation devrait avoir pour but d'être utile à l'ensemble des Tibétains et pas seulement à la formation des employés gouvernementaux ; « la plus importante fonction du langage est de porter le contenu d'une culture et de transmettre l'information ». Sur ce point, les jeunes Tibétains doivent commencer par la connaissance de leur langue. Mais ils ont également besoin de maîtriser le chinois qui est la langue véhiculaire pour toutes les nationalités (minorités) de Chine : « Les enfants tibétains doivent étudier le chinois pour comprendre le pays et apprendre comment être un citoyen et vivre dans la société moderne. » Ils devraient aussi connaître des langues étrangères. Il convient donc d'adapter le cursus scolaire aux besoins spécifiques de la population tibétaine : tous les cours devraient être dispensés en tibétain et les programmes – conçus actuellement de manière uniforme pour toutes les écoles de Chine – allégés dans certaines matières comme l'histoire détaillée de la Chine. Il faudrait aussi tenter de réduire la faille entre la culture tibétaine et la culture mondiale moderne : en particulier, il serait primordial de forger un vocabulaire scientifique et technique adéquat en tibétain.

Malgré les précautions oratoires de l'auteur – dont nous nous sommes assurées qu'il est toujours en fonction à la date où nous écrivons –, la publication d'un tel rapport semblait impossible sans un aval officiel ou la certitude d'un changement de ligne politique. La preuve de ce changement nous a été fournie par une information publiée sur le site Internet de l'agence Xinhua (Xinhuanet, 24 mai 2002), selon laquelle la quinzième session de l'Assemblée populaire régionale de la RAT venait d'approuver une loi accordant le même statut aux langues tibétaine et chinoise. En résumé, les dix-neuf articles de la loi promulguent l'étude conjointe du chinois et du tibétain durant les neuf années de scolarité obligatoire, autorisent l'usage au choix du tibétain ou du chinois dans les assemblées et les réunions des organismes gouvernementaux et devant les tribunaux, et requièrent des personnes d'origine ethnique non tibétaine – han et autres – qui vivent au Tibet qu'elles apprennent le tibétain. La loi demande aussi au gouvernement régional de prendre des mesures actives pour que davantage de professeurs, d'éditeurs et d'écrivains maîtrisent réellement le tibétain. Rappelons cependant que les pouvoirs de l'Assemblée régionale sont minces : il est donc trop tôt pour savoir si cette loi sera suivie d'effets.

Des changements substantiels, bons ou mauvais, se profilent ainsi en Chine. En revanche, l'immobilisme continue à être la règle de conduite des gouvernements occidentaux à l'égard de la situation tibétaine. Ils déclarent toujours être « préoccupés » des atteintes aux droits de l'homme au Tibet et recommandent l'instauration d'un dialogue direct entre le gouvernement chinois et le dalaï-lama, mais ils ne veulent en rien nuire aux intérêts du commerce de leurs pays avec la Chine. Un exemple récent illustre bien cette position : de tous les candidats à la dernière élection présidentielle en France interrogés sur la question tibétaine par l'Association de soutien au Peuple tibétain, un seul – dont les chances d'être élu étaient nulles – s'est déclaré partisan du droit à l'autodétermination des Tibétains. Cette année encore, la motion présentée par les États-Unis à la commission des droits de l'homme de l'ONU à Genève n'a pas recueilli les voix suffisantes (les pays de l'Union européenne se sont abstenus) et la question des droits de l'homme en Chine n'a pas été inscrite à l'ordre du jour. Sous la pression du gouvernement chinois, c'est également l'ONU qui a refusé l'accréditation d'associations tibétaines en exil, ou de soutien à la cause tibétaine, dans plusieurs de ses organismes consacrés à la culture ou à la défense de l'environnement. En mai 2002, le premier ministre australien a refusé tout contact avec le dalaï-lama qui faisait une « visite pastorale » dans son pays. Il est vrai qu'au même moment, le chef du gouvernement australien négociait avec Pékin un contrat de fourniture de gaz naturel liquide à la province de Guangdong, représentant 28 milliards de dollars sur vingt-cinq ans. Enfin, l'Union européenne et les États-Unis ont récemment déployé le tapis rouge pour accueillir Hu Jintao, le futur maître de la Chine, selon toutes probabilités. Seules les associations de défense du Tibet ont rappelé qu'il fut le Secrétaire du Parti de la RAT de 1988 à 1992 : c'est lui qui réprima les manifestations et imposa la loi martiale au Tibet en 1989.

Anne-Marie Blondeau et Katia Buffetrille
1er juin 2002

Annexe

Accord sur les mesures de libération pacifique du Tibet (Accord en dix-sept points du 23 mai 1951) [1]

Le peuple tibétain est l'un de ceux qui, dans le cadre de la Chine, ont une longue histoire, et, comme bien d'autres, il a joué son rôle glorieux au cours de la création et de l'évolution de la grande patrie, notre mère. Mais depuis plus de cent ans, des forces impérialistes ont pénétré en Chine et aussi, par conséquent, dans la région tibétaine, amenant avec elles toutes sortes de duperies et de provocations. Comme les gouvernements réactionnaires qui l'avaient précédé, le gouvernement réactionnaire du Kouomintang [Guomindang] a continué à poursuivre une politique d'oppression, semant la discorde parmi les diverses nationalités et suscitant la division et la désunion du peuple tibétain. Le gouvernement local du Tibet ne s'est pas opposé à ces duperies et à ces provocations et a adopté une attitude antipatriotique envers la mère patrie. Dans de telles conditions, la nation et le peuple tibétains ont été plongés dans les abîmes de la servitude et de la souffrance. En 1949, une victoire fondamentale a été remportée dans l'ensemble de la nation, à l'issue de la guerre de libération du peuple chinois : l'ennemi commun de toutes les nationalités – le gouvernement réactionnaire du Kouomintang – a été renversé, et l'ennemi étranger commun de toutes les nationalités – les forces impérialistes agressives – a été chassé hors du pays. C'est alors que fut annoncée la fondation de la République populaire de Chine (RPC) et du GPC [Gouvernement central populaire].

1. Traduction du texte anglais communiqué par l'Agence Chine nouvelle.

Conformément au programme commun adopté par la Conférence consultative politique de la Chine populaire (CCPCP), le GCP a déclaré que toutes les nationalités existant à l'intérieur de la RPC sont égales, doivent réaliser entre elles l'unité, se donner une assistance mutuelle, et faire opposition à l'impérialisme de leurs propres ennemis publics, afin que la RPC puisse devenir une immense famille fondée sur la fraternité et la coopération et composée de toutes ses nationalités. Au sein de la grande famille de toutes les nationalités de la RPC, l'autorité régionale nationale sera respectée dans les régions où sont établies des minorités nationales, et toutes les minorités nationales auront la liberté de continuer l'évolution de leurs propres langues parlées ou écrites et de conserver ou réformer leurs coutumes, traditions ou croyances religieuses ; le GCP aidera toutes les minorités nationales à accomplir leur évolution dans les domaines de l'économie, de la culture et de l'enseignement. Depuis lors, toutes les nationalités au sein du pays – à l'exception de celles des régions du Tibet et de Taiwan (Formose) – ont obtenu leur libération. Sous la direction unifiée du GPC et les ordres directs des gouvernements populaires, toutes les minorités nationales ont bénéficié pleinement du droit à l'égalité nationale et ont joui ou jouissent d'une autonomie régionale nationale.

Pour réussir à éliminer les influences agressives des forces impérialistes au Tibet, pour accomplir l'unification du territoire, établir la souveraineté du GPC de la RPC et assurer la défense de la nation pour libérer la nation tibétaine et assurer le retour de son peuple dans la grande famille de la RPC, où il jouira des mêmes droits à l'égalité nationale que tous les peuples des autres nationalités, et pour favoriser son évolution dans les domaines de la politique, de l'économie, de la culture et de l'enseignement, le GCP, lorsqu'il a donné l'ordre à l'Armée populaire de Libération (ALP) d'entrer en territoire tibétain, a invité le gouvernement local du Tibet à envoyer des délégués auprès des autorités centrales pour entreprendre des pourparlers sur la conclusion d'un accord formulant les mesures propres à assurer la libération pacifique du Tibet. Dans la deuxième moitié du mois d'avril 1951, les délégués, nantis des pleins pouvoirs du gouvernement local du Tibet, sont arrivés à Pékin. Le GCP a alors désigné des représentants plénipotentiaires pour entreprendre des pourparlers sur une base amicale avec les délégués plénipotentiaires du gouvernement local du Tibet. À la suite de ces pourparlers, les deux parties sont convenues d'établir le présent accord et d'en assurer la mise en œuvre :

Article premier. Le peuple tibétain s'unira et chassera hors du Tibet les forces agressives impérialistes ; le peuple tibétain fera retour à la grande famille de la mère patrie, la République populaire de Chine.

Art. 2. Le gouvernement local du Tibet accordera une aide active à l'ALP, afin qu'elle entre au Tibet et renforce les défenses nationales.

Art. 3. Conformément à la politique générale à l'égard des nationalités établie dans le programme commun de la Conférence consultative politique de la Chine populaire, le peuple tibétain a le droit d'exercer son autonomie régionale nationale *(sic)*, sous la direction unifiée du gouvernement central du Peuple.

Art. 4. Les autorités centrales ne modifieront pas le système politique en vigueur au Tibet. Elles ne modifieront pas non plus le statut établi, les fonctions et les pouvoirs du dalaï-lama. Les fonctionnaires de divers rangs occuperont leurs postes comme par le passé.

Art. 5. Le statut établi, les fonctions et pouvoirs du panchen-ngoerhtehni (lama) seront maintenus.

Art. 6. Lorsque la présente Convention parle du statut établi, des fonctions et pouvoirs du dalaï-lama et du panchen-ngoerhtehni, elle entend le statut, les fonctions et pouvoirs du XIIIe dalaï-lama et du IXe panchen-lama, lorsqu'ils entretenaient entre eux des relations cordiales et amicales.

Art. 7. La politique générale de liberté de croyance religieuse, établie dans le programme commun de la CCPCP sera observée. Les convictions religieuses, les coutumes et les usages du peuple tibétain seront respectés, ainsi que les monastères des lamas. Les autorités centrales n'effectueront aucune modification dans les revenus des monastères.

Art. 8. Les troupes tibétaines seront réorganisées progressivement dans le cadre de l'ALP et deviendront partie intégrante des forces de défense de la RPC.

Art. 9. La langue parlée et écrite, ainsi que l'enseignement des Tibétains seront développés graduellement, conformément aux conditions réelles prévalant au Tibet.

Art. 10. L'agriculture, l'élevage, l'industrie et le commerce tibétains seront développés progressivement, et les moyens de subsistance de la population seront améliorés progressivement, conformément aux conditions réelles prévalant au Tibet.

Art. 11. Pour les questions ayant trait aux différentes réformes qui doivent être accomplies au Tibet, nulle contrainte ne sera exercée par les autorités centrales. Le gouvernement local du Tibet accomplira ces réformes de son plein gré et, lorsque le peuple aura présenté des requêtes de réformes, celles-ci seront réglées après consultation des dirigeants du Tibet.

Art. 12. Dans la mesure où les anciens fonctionnaires pro-impérialistes ou pro-Kouomintang prendront la ferme résolution de rompre toutes relations avec l'impérialisme ou le Kouomintang et ne se livreront pas à des actes de sabotage ou à la résistance, ils pourront continuer à remplir leurs fonctions sans que l'on tienne compte de leur passé.

Art. 13. L'ALP, en entrant au Tibet, se conformera à toutes les mesures ci-dessus énoncées ; elle se comportera avec équité dans tous achats et toutes ventes et évitera de prendre arbitrairement même du fil ou une aiguille à l'habitant.

Art. 14. Le GCP exercera la direction générale de toutes les affaires extérieures de la région du Tibet ; il organisera la coexistence pacifique avec les pays voisins ; il fondera et développera avec ces pays des relations de commerce et d'échanges, fondées sur l'égalité, les avantages réciproques et le respect mutuel du territoire et de la souveraineté.

Art. 15. Afin d'assurer l'exécution du présent accord, le GCP instituera un Comité militaire et administratif ainsi qu'un Quartier général de zone militaire au Tibet. En dehors du personnel qu'il enverra lui-même, le GPC utilisera pour cette tâche les services d'un personnel local tibétain aussi nombreux que possible. Le personnel local tibétain appelé à participer aux travaux du Comité militaire et administratif pourra comprendre des éléments patriotiques du gouvernement local du Tibet, des divers districts et des principaux monastères. La liste nominale sera établie après consultation entre les représentants désignés par le GCP et les divers milieux intéressés et sera soumise au GCP, qui procédera aux nominations.

Art. 16. Les fonds nécessaires au Comité militaire et administratif, au Q. G. de la zone militaire et à l'ALP, pour son entrée au Tibet, seront fournis par le GCP. Le Gouvernement local du Tibet prêtera son concours à l'ALP pour l'achat et le transport des denrées alimentaires, du fourrage et autres articles d'approvisionnement journalier.

Art. 17. Le présent accord entrera en vigueur dès sa signature et l'apposition des sceaux.

L'accord porte les signatures et les sceaux des délégués plénipotentiaires du GCP [...] et des délégués plénipotentiaires du gouvernement local du Tibet [...].

Extrait de *Le Tibet et la République populaire de Chine*, rapport présenté à la Commission internationale de juristes par le Comité juridique d'enquête sur la question du Tibet, Genève, commission internationale de juristes, 1960, pp. 226-299.

Glossaire des termes tibétains

Amdo [A mdo] : province nord-est du Tibet historique, actuellement située dans le Qinqhai.

Amyé Machen [A myes rMa chen] : 6282 m. Chaîne de montagnes et montagne sacrée des populations de l'Amdo, en particulier des nomades vivant alentour. Elle s'élève dans la courbe du fleuve Jaune (Machu).

Ani [*A ne*] : littéralement « tante paternelle » ; terme employé pour s'adresser à une nonne.

bardo [*bar do*] : état intermédiaire entre la mort et la renaissance.

Barkor [Bar skor] : « Voie de circumambulation moyenne ». Elle entoure le grand temple de Lhasa, le Jokhang, et est l'une des artères les plus animées de la ville.

Bathang ['Ba' thang] : ville du Kham, province orientale du Tibet historique. Son monastère principal était Bachö Dégön ['Ba chos sde dgon].

Béri [Be ri] : région du Kham, sur la berge sud de la rivière Yalung [tib. : Nyag chu]. C'était une principauté bönpo jusqu'au XVIIe siècle, puis un État « semi-indépendant » dirigé par des chefs héréditaires.

Bö [Bod] : nom indigène du pays que les Occidentaux appellent Tibet, terme arabo-persan avant d'être occidental.

bön [bon] : pour les Tibétains, religion prébouddhique qui se perpétue jusqu'à nos jours. En fait, comme doctrine constituée, le bön n'apparaît qu'aux Xe-XIe siècles ; malgré une originalité certaine, il est très influencé par le bouddhisme, tant pour la doctrine que pour les textes canoniques ou le monachisme.

bönpo [bon po] : adhérents de la religion bön.

Cagpori [lCags po ri] : « Montagne de fer ». Colline escarpée à Lhasa, près de celle du Potala. Le collège de médecine, fondé à la fin du XVIIe siècle, y fut construit. Rasé par les Chinois en 1959, lors du soulèvement de Lhasa, il a été remplacé par une gigantesque antenne de télévision.

Chamdo [Chab mdo] : « Confluent ». Ville du Kham ainsi appelée du fait de sa situation, au confluent du Ngomchu [Ngom chu] et du Dzachu [rDza chu]. Le monastère principal Gaden Jamphel ling [dGa' ldan 'Jam 'phel gling], fondé au XVe siècle, appartient à l'école gélugpa.

chang [*chang*] : sorte de bière obtenue par la fermentation de l'orge, ou d'autres céréales. Boisson très prisée au Tibet.

Changchub Gyeltsen [Byang chub rgyal mtshan], 1302-1364 : fondateur de la puissance Phagmodrupa établie au Tibet central, à Néudong [sNe'u gdong]. Il vainquit les Sakyapa et prit le pouvoir en 1358.

Changthang [Byang thang] : « Plateau du Nord ». Parsemé de lacs salés et fort inhospitalier, son altitude moyenne est de 4 500 mètres ; il est pratiquement inhabité si l'on excepte des nomades.

Chateng [Cha/Phyag phreng] : situé dans le Kham, ce monastère est devenu gélugpa depuis le XVIIe siècle.

chidar [*phyi dar*] : deuxième diffusion du bouddhisme, qui commença au Xe siècle.

Chidézhöl [lCe bde zhol] : village situé dans le Ü entre Tséthang et Chusül [Chu shul].

Chingwa ['Phying ba] : dans la vallée du Yarlung. Les tombes royales y furent édifiées. L'antique château de Chingwa Tagtsé ['Phying ba stag rtse] est célèbre aussi pour avoir été le lieu de naissance du Ve dalaï-lama. Il tient son nom de la montagne Chingwa, sur laquelle il fut construit.

chö [chos] : désigne la loi bouddhique, la Doctrine (skt. *Dharma*).

chögyel [chos rgyal] : « roi selon la Loi bouddhique ».

chöjung [*chos 'byung*] : « origines de la Doctrine ». C'est un genre historiographique désignant des textes qui relatent l'histoire de l'apparition du bouddhisme, son développement, ses écoles, la transmission de ses écrits et sa diffusion en Inde, au Tibet, parfois en Chine et en Mongolie.

chölkha sum [*chol kha gsum*] : « trois provinces ». Division territoriale instaurée par les Yuan (1276-1368), qui recouvrait l'ensemble du Tibet historique.

chösi zungdrel [*chos srid zung 'brel*] : « union indissociable du religieux et du politique ». Expression qui caractérisait le gouvernement tibétain.

Chotrül düchen dang conga chöpa [*Cho 'phrul dus chen dang bco lnga mchod pa*] : « Festival du Grand Miracle et offrande du quinzième jour ». Fête qui commémore le Grand Miracle que fit le Bouddha à Shrâvasti lorsqu'il vainquit les hérétiques et prêcha la Loi.

chöyön [*mchod yon*] : « maître religieux-protecteur laïc ». Relation particulière dans laquelle le maître religieux donne ses enseignements alors que le protecteur laïc offre des dons pour le bien de la Doctrine et assure sa protection. Cette relation conditionne l'histoire du Tibet à partir du moment où elle fut établie entre le hiérarque sakyapa Phagpa et le Khan mongol, Koubilaï, qui allait devenir le premier empereur de la dynastie des Yuan en Chine.

chuba [phyu pa] : long manteau en laine ou en peau avec de très longues manches, remonté à la taille par une ceinture. Il est porté indifféremment par les hommes et les femmes.

chura [phyu ra] : fromage fait à partir du lait de la femelle du yak *(dri)* et séché. Il est souvent présenté en cubes liés par une ficelle à la manière d'un collier.

Dawa [Zla ba] : « Lundi ». Peut aussi être le nom d'un individu né ce jour-là. Également, nom d'un Tibétain condamné pour meurtre et exécuté en mai 1990 pour avoir tenté de s'évader de prison, selon la version officielle. En fait, cette exécution est consécutive à sa participation au groupe pour l'indépendance constitué à l'intérieur de la prison par le fameux prisonnier politique Lobsang Tenzin.

Dawa Tenpa [Zla ba bstan pa] : Tibétain condamné à six ans de prison à la suite des manifestations de 1989.

Dawa Tséring [Zla ba tshe ring] : Tibétain condamné à quatre ans de prison pour délits politiques et violences lors de la manifestation de mars 1988.

Déchen [bDe chen] : préfecture autonome tibétaine du Yunnan.

Dergé [sDe dge] : ancien royaume indépendant dans le Kham ; l'imprimerie du grand monastère de Dergé était très célèbre, en particulier pour son édition du canon bouddhique. Actuellement le comté de Dergé (préfecture autonome de Kandzé, Sichuan) marque la frontière avec la RAT.

Dési Sangyé Gyatso [sDe srid Sangs rgyas rgya mtsho], 1679-1703. Il fut le dernier régent du Ve dalaï-lama, dont il cacha la mort durant quatorze ans.

Döndrup Gyel [Don grub rgyal] : célèbre écrivain originaire de l'Amdo. Il s'est suicidé en 1985, à l'âge de trente-deux ans.

Dorjé [rDo rje] : « Foudre-diamant », objet rituel (skt. *vajra*). Peut également être un nom.

Dorjé Tséten [rDo rje tshe brtan] : savant et politicien. A exercé des fonctions politiques et administratives au sein du gouvernement de la RAT et a été responsable du Centre de recherches tibétologiques de Pékin.

Drépung ['Bras spungs] : le plus grand monastère gélugpa. Fondé en 1416 par Jamyang Chöjé [Byams dbyangs chos rje], un disciple de Tsongkhapa, il se trouve au nord-ouest de Lhasa.

dri [*'bri*] : femelle du yak.

Drigungpa ['Bri gung pa] : l'une des branches de l'école kagyüpa. Leur siège, Drigung ['Bri gung], dont la fondation véritable par Jigten Gönpo ['Jig rten mgon po, 1143-1217] date du XIIe siècle, était à Densathil [gDan sa mthil], au nord-est de Lhasa.

drongkyer [*grong khyer*] : littéralement « ville ». Division administrative chinoise : municipalité (chin. *shi*).

Drotsang [Gro tshang] (chin. Ledu) : nom d'un comté à l'est de Xining (Qinghai) célèbre pour son monastère Drotsang Dorjé lhakhang [Gro tshang rdo rje lha khang], fondé au XIVe siècle, et dont une partie des peintures murales datent de l'époque des Ming (1368-1644).

düchung [*dud chung*] : litt. « petites fumées » ; désigne ce que l'on pourrait appeler de « petits foyers ». Dans la hiérarchie sociale, paysans attachés à une terre dont ils n'étaient pas obligatoirement propriétaires ou qui exerçaient la fonction de *mibog* (voir *mibog*).

Düsong ['Dus srong] ou Tridu Songtsen [Khri 'du srong btsan] : 676-704. Sous son règne, l'empire tibétain s'étendit jusqu'en Asie centrale, mais les Chinois recouvrèrent par la suite une partie des possessions.

Dzayül [rDza yul] : région située au sud-est du Tibet et au sud de Chamdo, à la frontière avec la Birmanie.

dzong [*rdzong*] : forteresse. À partir de Changchub Gyeltsen, division territoriale. Actuellement comté (ch. *xian*).

Gaden ngachö [*dga' ldan lnga mchod*] : fête qui célèbre la date anniversaire de la mort de Tsongkhapa. Elle se déroule dans la nuit du vingt-quatrième au vingt-cinquième jour du dixième mois (novembre-décembre).

Galdan Khan [dGa' ldan Khan], 1676-1697 : Khan des Mongols Dzungar avec lequel le Dési Sangyé Gyatso fit alliance contre les Mongols Koshot.

Ganden [dGa' ldan] : troisième grand monastère gélugpa en ordre d'importance. Fondé en 1409 par Tsongkhapa, il est situé à une quarantaine de kilomètres à l'est de Lhasa.

Ganlho [Gan lho] : « sud du Gansu ». Préfecture autonome tibétaine du Gansu.

Gar [mGar] : clan très puissant au VIIe siècle, qui donna plusieurs Grands Conseillers. Le plus célèbre est Tongtsen Yülzung [sTong btsan yul bzung], conseiller de Songtsen Gampo, qui se rendit en Chine afin de ramener l'épouse chinoise du roi.

Gartok [sGar tog ?] : Tibet occidental. Appelé aussi Gar yarsa [sGar dbyar sa], « Emplacement du camp d'été », car c'était le lieu où le gouverneur du Tibet occidental résidait en été. L'un des deux comptoirs ouverts aux Britanniques à la suite de la Convention de 1904.

Gedün Chöphel [dGe 'dun chos 'phel], 1895-1951 : religieux d'obédience gélugpa, non conformiste, savant, poète et artiste. Il participa à la fondation du parti progressiste tibétain et fut emprisonné par le gouvernement tibétain. Mort peu de temps après sa sortie de prison.

Gedün Drup [dGe 'dun grub], 1391-1475 : fondateur du monastère de Tashilhünpo, dans le Tsang, qui devint, plus tard, le siège des panchen-lamas. Il est considéré comme le Ier dalaï-lama.

gékö [*dge bkos*] : maître de discipline dans les monastères. On les reconnaissait à leur grande cape dont les épaules étaient renforcées, ce qui leur donnait une allure imposante, mais surtout à leur bâton, dont ils n'hésitaient pas à se servir.

Gélugpa [dGe lugs pa] : école des « Vertueux ». École bouddhique fondée au XVe siècle par Tsongkhapa. Le dalaï-lama et le panchen-lama en sont les hiérarques les plus importants.

gényen [*dge bsnyen*] (skt : *upâsaka*) : disciple laïc qui a prononcé cinq vœux.

Gésar [Ge sar] : héros de la grande épopée tibétaine.

géshé [*dge shes*] : docteur en théologie.

Géta [dGe stag] : l'une des réincarnations gélugpa du monastère de Béri, dans le Kham. Il se rallia aux communistes lors de l'invasion chinoise. Il est mort empoisonné, en 1950, dans des circonstances non élucidées.

Golok [mGo log] : nom d'une tribu de la région de l'Amyé Machen. Actuellement, nom d'une préfecture autonome tibétaine du Qinghai.

Gönpo Tséten [mGon po tshe brtan] : l'un des candidats à la réincarnation du IXe panchen-lama.

Gyalo Thöndup [rGya lo Don grub] : frère aîné du XIVe dalaï-lama.

Gyantsé [rGyal rtse] : ville du Tsang dominée par les ruines de la forteresse détruite par l'expédition dirigée par le colonel Younghusband en 1904. Célèbre pour son monastère Pelkor Chödé (XVe siècle) et le Kumbum (XVe siècle), *stûpa* monumental dont les peintures et les sculptures sont remarquables.

gyatso [*rgya mtsho*] : « océan ». Composé que l'on retrouve souvent dans les noms, dont ceux des dalaï-lamas.

Gyaza Belza [rGya bza' Bal bza'] : appellation qui désigne les deux princesses étrangères, épouses de Songtsen Gampo, la Chinoise et la Népalaise.

gyelrab [*rgyal rabs*] : « chroniques royales ». Genre historiographique qui est axé sur la succession des chefs laïcs et religieux du Tibet.

Gyurmé Namgyel ['Gyur med rnam rgyal] : fils de Pholané. Il prit le pouvoir à la mort de son père (1747) mais fut rapidement assassiné.

Gyüzhi [rGyud bzhi] : *Quadruple Traité*, ouvrage fondamental de la médecine tibétaine en quatre volumes, qui, selon la tradition, aurait été traduit du sanskrit au VIIIe siècle par Vairocana.

Jampa [Byams pa] (skt : Maitreya) : Bouddha du futur.

Jampa Ngödrup [Byams pa dngos grub] : médecin tibétain condamné à treize ans de prison pour avoir compilé une liste de blessés lors d'une manifestation en 1988.

Jang ['Jang] (chin. Nanzhao) : ancien royaume, situé dans l'actuel Yunnan, que les Tibétains vainquirent au VIIIe siècle.

Jangté [?] : village situé au centre de la vallée de Lhasa.

Jokhang [Jo khang] : « Demeure du Seigneur ». Le grand temple de Lhasa aurait été fondé par Songtsen Gampo, au VIIe siècle. Construit pour abriter la statue du Bouddha apportée par l'épouse népalaise du monarque, diverses vicissitudes ont conduit, plus tard, à l'installation, dans ce temple, de la statue donnée par l'épouse chinoise, qui est la statue la plus vénérée du Tibet.

Jyékundo [sKye rgu mdo] : ville au nord-ouest du Kham (actuelle province du Sichuan), dont le monastère de Drogön ['Gro mgon ?] appartient à l'école sakyapa.

Kadampa [bKa' gdams pa] : école de « ceux qui suivent les instructions orales », issue des enseignements d'Atisha, au XIe siècle.

Kagyüpa [bKa' brgyud pa] : école de « ceux de la transmission orale ». École du bouddhisme tibétain qui met l'accent sur la pratique méditative. Ses représentants les plus célèbres sont Marpa (1012-1097) et Milarépa (1040-1123).

Kandzé [dKar mdzes] : capitale de l'actuelle préfecture autonome de même nom. Située dans le Kham (province du Sichuan).

kangso [*bskang gso*] : rituel de propitiation aux divinités terribles.

Karmapa [Karma pa] : école du bouddhisme tibétain ; l'une des subdivisions des Kagyüpa, fondée au XIIe siècle par Düsum Khyenpa [Dus gsum mkhyen pa, 1110 -1193].

Kashag (*bKa' shag*] : cabinet ministériel du gouvernement tibétain.

Kashöpa [Ka shod pa], 1903-? : ministre laïc sous le XIVe dalaï-lama. Il fut banni au Tibet méridional en 1949, accusé d'avoir répandu des rumeurs annonçant une guerre imminente avec les Chinois.

khata [kha btags] : écharpe cérémonielle que les Tibétains offrent en marque de respect.

Kelzang [bsKal bzang] : Tibétain condamné à quatre ans de prison pour délits politiques et violences lors des émeutes de 1989.

Kelzang Tashi [bsKal bzang bkra shis] : criminel de droit commun exécuté en 1987, accusé du meurtre d'un autre Tibétain.

Kham [Khams] : province orientale du Tibet historique.

Khampa [Khams pa] : Tibétain originaire du Khams, province orientale du Tibet.

Khangchené [Khang chen nas] : chef du gouvernement et gouverneur du Tibet occidental sous le règne de Pholané. Assassiné en 1727 par des ministres qui s'opposaient à une alliance avec les Mandchous.

khenpo [*mkhan po*] : abbé.

Kongpo [rKong po] : province au sud-est de Lhasa, actuellement préfecture.

Kumbum [sKu 'bum] (chin. Taer si) : important monastère gélugpa de la région de l'Amdo. Fondé en 1560 sur le lieu de naissance de Tsongkhapa. Fut agrandi par le IIIe dalaï-lama.

kyang [*rkyang*] : hémione.

Khyentsé Rinpoché [mKhyen brtse rin po che], 1910-1991 : célèbre maître nyingmapa originaire du Kham ; il quitta le Tibet en 1959 et mourut au Bhoutan. Il fonda, à Bodnath, au Népal, le monastère de Zhechen [Zhe chen], du nom de celui où il étudia au Tibet.

Kyimzhi [Khyim gzhis ?] : situé dans le district de Chidézhol.

Labrang [Bla brang] (chin. Labulang si) : le plus grand monastère gélugpa de l'Amdo. Fondé en 1709 par Jamyang Zhépa ['Jam dbyangs bzhad pa].

Lama [Bla ma] (skt. *guru*) : le lama est un maître spirituel détenteur d'une lignée de transmission tantrique, seul autorisé à conférer les enseignements et les initiations de la voie des *tantra.*

Langdarma [Glang dar ma] de son vrai nom Ü Dumtsen [U'i dum btsan], r. 838 ou 841 ?-842 ? Dernier souverain tibétain, célèbre pour la persécution qu'il aurait exercée contre le bouddhisme et qui aurait conduit à la dislocation de l'empire et à la fin de la « première diffusion du bouddhisme », *ngadar* [*snga dar*].

Lazang Khan [lHa bzang Khan], ?-1717 : petit-fils de Gushri Khan, khan des Mongols Qoshot. Il prit le pouvoir politique en 1706, allié à l'empereur chinois Kangxi (1662-1723). Il tua le Dési Sangyé Gyatso lorsqu'il comprit que ce dernier avait caché la mort du Ve dalaï-lama, et fut lui-même assassiné peu après.

Lhalu Tséwang Dorjé [lHa klu Tshe dbang rdo rje] : noble, descendant de la famille du XIIe dalaï-lama. A rempli différentes fonctions politiques, dont celle de gouverneur du Kham de 1947 à 1950.

Lhagpa Puntshog [lHag pa phun tshogs] : actuel directeur du Centre de recherches tibétologiques de Pékin. A été président de l'Académie des sciences sociales de Lhasa, puis vice-président de la Région autonome du Tibet de 1992 à 1997.

Lhopa [lHo pa] : population habitant le sud-est du Tibet, au nord et au sud de la ligne McMahon.

Lhoyül [lHo yul] : « Pays des lHo [pa] » ; région où habitent les Lhopa.

Lithang [Li thang] : située dans le Kham, actuelle province du Sichuan. Capitale du comté de même nom.

Lozang [Blo bzang] : « Esprit pur ». Entre souvent dans la composition de noms de personnes.

Lozang Chöki Gyeltsen [Blo bzang chos kyi rgyal mtshan], 1570-1662. Premier panchen-lama (selon le gouvernement tibétain) ou quatrième (selon la tradition de Tashilhünpo suivie par les Chinois). Maître du Ve dalaï-lama.

Lozang Phüntsog [Blo bzang phun tshogs] : en 1988, président du comité d'administration du monastère du Jokhang.

Lozang Tenzin [Blo bzang bstan 'dzin] : célèbre étudiant activiste à l'origine d'un mouvement pro-indépendantiste à l'intérieur de la prison de Drapchi.

Lozang Yéshé [Blo bzang ye shes], 1663-1737 : IIe panchen-lama.

Lozang Wangchug (Géshé) [Blo bzang dbang phyug (*dge shes*)] : historien tibétain et activiste, emprisonné pour avoir affiché des tracts sur l'indépendance du Tibet ; mort en prison en 2000.

Loga [Blo dga'] : maire de Lhasa démissionné en janvier 1993 pour son attitude trop modérée envers les manifestations.

Machen [rMa chen] : situé dans l'Amdo, actuelle province du Qinghai. Capitale du comté de même nom.

magpa [*mag pa*] : « gendre ». Terme employé pour désigner l'homme qui épouse la ou les filles d'une maisonnée sans descendance masculine.

Malho [rMa lho] : « sud [du fleuve] Ma[chu] ». Préfecture autonome tibétaine du Qinghai.

Manglong Mangtsen [Mang slong mang btsan], 649-676 : petit-fils et successeur de Songtsen Gampo. Son règne est marqué par la conquête du royaume Azha (chin. Tuyuhun), dans la région du lac Kokonor, et de territoires chinois en Asie centrale. Il poursuivit l'organisation de l'État et fit rédiger le Code légal en 655.

Marpa [Mar pa], 1012-1096 : maître de Milarépa et le premier Tibétain dans la lignée de transmission kagyüpa. Il est le continuateur de la tradition qui remonte à Tilopâ et Nâropâ.

Meldro Gungkar [Mal gro gung dkar] : capitale du comté de même nom, située à une soixantaine de kilomètres à l'est de Lhasa.

Mentsikhang [sMan rtsis khang] : « Centre de médccine et d'astrologie ». Fondé en 1916 à Lhasa par le XIIIe dalaï-lama.

Métog [Me tog] : voir Pémakö.

mibog [*mi 'bogs*] : signifie « détachés mais dépendants ». S'applique à certains paysans qui, tout en dépendant d'un seigneur envers qui ils avaient des obligations, étaient libres d'aller où ils voulaient et d'exécuter un travail pour la personne de leur choix.

Migmar Tashi [Mig dmar bkra shis] : Tibétain condamné pour meurtre et exécuté en mai 1990 pour, selon la version officielle, avoir tenté de s'évader de prison. En fait, cette exécution est consécutive à sa participation au groupe pour l'indépendance constitué à l'intérieur de la prison par le fameux prisonnier politique Lobsang Tenzin.

Milarépa [Mi la ras pa], 1040-1123 : disciple de Marpa, à l'origine de la tradition kagyüpa ; célèbre pour les chants mystiques qu'il composa.

Mindröling [sMin grol gling] : situé au sud-est de Lhasa, c'est l'un des plus importants monastères nyingmapa du Tibet central. Fondé en 1676 par Terdag Lingpa [gTer bdag gling pa, 1646-1714].

Mönlam [sMon lam] : « Grande Prière ». Cérémonie instituée en 1409 par Tsongkhapa ; elle se déroulait du troisième au vingt-cinquième jour du premier mois.

Mönpa [Mon pa] : terme désignant, pour les Tibétains, les populations de langue tibétaine ou tibéto-birmane habitant les régions sud de l'Himalaya. Ce terme implique aussi l'idée de non-bouddhistes, de barbares.

Mönyül [Mon yul] : région où habitent les Mönpa.

Nagchu [Nag chu] : préfecture située au nord de Lhasa.

Nagchuka [Nag chu kha] : ville située dans la préfecture de Nagchu, au nord de Lhasa. Région de nomades.

Namri Longtsen [gNam ri slong btsan], VIIe siècle : trente-deuxième souverain, selon la tradition tibétaine et père de Songtsen Gampo.

Nang gang [Nang sgang] : nom donné à l'entourage des panchen-lamas.

Néchung [gNas chung] : monastère situé en contrebas de celui de Drépung, à l'ouest de Lhasa. Fondé au XVIIe siècle, il fut, jusqu'en 1959, la résidence de l'oracle d'État par l'intermédiaire duquel se manifestait un important « protecteur de la Doctrine », Dorjé Dragden [rDo rje grags ldan] (une forme de Pehar).

Ngamring [Ngam ring] : comté et ville de la RAT, à l'ouest de Shigatsé.

Ngapo Ngawang Jigmé [Nga phod Ngag dbang 'jigs med], 1910- : officiel tibétain, gouverneur de Chamdo, dans le Kham, au moment de l'arrivée des Chinois en 1950, signataire en 1951 de l'Accord en dix-sept points. S'est rallié aux Chinois et a occupé de hautes fonctions politiques dans le gouvernement de la RAT.

Ngarikorsum [mNga' ris skor gsum] : à l'ouest de la RAT, ce sont les trois districts du Ngari, c'est-à-dire Purang, Gugé et Ngari. Région contiguë au Spiti et au Ladakh, c'est là que le fleuve Tsangpo prend sa source.

Ngawang Chöphel [Ngag dbang chos 'phel] : Tibétain exilé aux États-Unis, ethnomusicologue et professeur de musique. Condamné à dix-huit ans de prison pour activités séparatistes et espionnage. Il voyageait au Tibet avec des papiers de « Chinois d'outre-mer »

Ngawang Phülchung [Ngag dbang phul byung] : moine condamné, en 1989, à dix-neuf ans de prison pour avoir participé à la traduction de la Déclaration universelle des droits de l'homme et à la rédaction du Manifeste de Drépung, document qui définissait une série de lignes directrices pour un Tibet démocratique et indépendant.

Nyangchu [Myang chu] : rivière du Tsang (actuel comté de Gyantsé).

Nyarong [Nyag rong] : d'abord État semi-indépendant du Kham, passé sous le gouvernement du dalaï-lama en 1865, jusqu'à son annexion à la Chine par Chao Erh-feng, au début du XXe siècle.

Nyémo [sNye mo] : comté et ville situés non loin à l'ouest de Lhasa.

Nyima [Nyi ma] : « Dimanche ». Est souvent utilisé comme nom.

Nyingmapa [rNying ma pa] : école des « Anciens ». École ancienne du bouddhisme tibétain ; ordre « non réformé », qui fait remonter son origine aux enseignements de Padmasambhava.

ongkor [*'ong skor*] : fête des moissons qui se déroule la première quinzaine du septième mois (août-septembre).

Panchen-lama Chökyi Gyeltsen [Pan chen bla ma Chos kyi rgyal mtshan] : voir Lozang Chöki Gyeltsen.

Pari [dPa' ris] : comté autonome tibétain au Gansu.

Pelden Gyatso [dPal ldan rgya mtsho] : moine qui a passé une vingtaine d'années en prison et a pu s'enfuir du Tibet. Auteur d'une autobiographie.

Peljor Zangpo [dPal 'byor bzang po], XVe siècle : auteur du *Gyabö yigtsang chenmo* [*rGya Bod yig tshang chen mo*].

Pelkor Chödé [dPal 'khor chos sde], monastère situé à Gyantsé, dans le Tsang. Fondé par Rabten Künzang [Rab brtan kun bzang] en 1418. Plusieurs écoles du bouddhisme y étaient traditionnellement représentées.

Pelyön [dPal yon] : moine et Grand Conseiller qui avait négocié avec succès le traité avec la Chine de 821-823, puis fut assassiné.

Péma [Padma] : du sanskrit *padma*, qui signifie lotus. Est souvent utilisé comme nom.

Pémakö [Padma bkod] : région située au sud-est de Lhasa, dans la boucle du Tsangpo, avant que celui-ci ne prenne le nom de Brahmapoutre. Pour les Tibétains, c'est un « pays caché », un lieu où se réfugier au moment où des dangers surviennent.

Penpa Tséring [sPen pa tshe ring] : l'un des manifestants accusés de bris de matériel durant les émeutes de 1987-1991.

Phagmodrupa [Phag mo gru pa] : célèbre famille du Tibet central, qui devint une puissance politique importante au XVe siècle grâce à l'un de ses représentants, Changchub Gyeltsen.

Phagpa ['Phags pa], 1235-1280 : neveu de Sakya Pandita, de lignage Khön ['Khon] et d'obédience sakyapa. L'un des artisans de la relation « maître religieux-protecteur laïc » *(chöyön)*, il fut nommé souverain du Tibet par Koubilaï Khan, futur empereur de Chine et fondateur de la dynastie mongole des Yuan (1276-1368).

Phenpo Lhündrup ['Phan po lhun grub] : district du comté de Nyémo.

Pholané [Pho la nas], 1689-1747 : il s'opposa aux Dzungar et devint le maître du Tibet avec l'aide des Mandchous.

Pido [sBis rdo] : village de l'Amdo, au nord-est de Labrang et au sud du fleuve Machu.

Potala [Po ta la] : à la fois palais, forteresse et temple, le nom Potala vient d'une montagne mythique du sud de l'Inde où est censé résider Avalokiteshvara, divinité protectrice du Tibet. Il fut érigé au XVIIe siècle, à l'instigation du Ve dalaï-lama (1617-1682) pour en faire sa résidence et le siège de son gouvernement (la tradition affirme qu'à cet emplacement déjà le roi Songtsen Gampo avait, au VIIe siècle, construit un palais). La mort du hiérarque survint alors que seul le palais blanc était achevé. Le régent Sangyé Gyatso cacha la mort du dalaï-lama et mena à bien la construction du palais rouge, qui fut terminée en 1690.

Raidi/Ragdi/Radi : président du comité permanent de l'Assemblée populaire de la RAT et Secrétaire exécutif délégué du comité tibétain du Parti communiste chinois depuis 1993.

Ramoché [Ra mo che] : temple de Lhasa construit au VIIe siècle pour abriter la statue du Bouddha apportée par l'épouse chinoise de Songtsen Gampo.

Réting Rinpoché [Rwa sgreng rin po che] : régent de 1934 à 1941. Il échoua dans sa tentative de coup d'État et mourut en prison en 1947.

rig [*rigs*] : strate sociale.

Rinpoché [Rin po che] : « Grand Précieux ». Titre donné aux réincarnations et aux grands personnages religieux.

Rongpu [Rong phu] : situé au pied de l'Everest, ce monastère appartient à l'école nyingmapa.

Sagadawa [*Sa ga zla ba*] : fête anniversaire de la naissance, de l'illumination et de la mort du Bouddha, célébrée le quinzième jour du quatrième mois (mai-juin).

sakhül [*sa khul*] (chin. *digu*) : préfecture.

Sakyapa [Sa skya pa] : école du bouddhisme tibétain dont le siège, Sakya, est situé au sud du Tsangpo et à l'ouest de Lhasa. Le monastère fut fondé en 1073 par Khön Könchog Gyelpo ['Khon dKon mchog rgyal po, 1034-1102].

Sakya Pandita (« Sa pan »), 1182-1251 : religieux sakyapa. Invité par Godan, il se rendit en Mongolie et reçut en 1249 l'autorité sur le Ü et le Tsang.

Samyé [bSam yas] : situé au Tibet central, au bord du fleuve Tsangpo, c'est le premier monastère qui fut fondé au Tibet, par Trisong Detsen, au VIIIe siècle.

sané zhung [*sa gnas gzhung*] : « gouvernement d'une aire ».

Sangyé Gyatso [Sangs rgyas rgya mtsho] : voir Dési Sangyé Gyatso.

Sangyé ki chö [Sangs rgyas kyi chos] : la loi du Bouddha, le bouddhisme.

Sangyé Yéshé [Sangs rgyas ye shes] (chin. Tianbo) : l'un des présidents du gouvernement local de la Région autonome du Tibet.

Sengdong [Seng gdong] : l'un des candidats à la réincarnation du IXe panchen-lama.

Séra [Se ra] : situé au nord de Lhasa, c'est le troisième monastère gélugpa par ordre d'importance. Il fut fondé en 1419 par Jamchen Chöjé Shâkya Yéshé [Byams chen chos rje Shâkya ye shes, 1355-1435], l'un des disciples de Tsongkhapa.

shang [chin. *shang*] : canton.

Shelkar [Shel dkar] : bourg situé dans le Tsang. Son monastère, Shelkar chöde [Shel dkar chos sde] fut fondé en 1266 par un lama kagyüpa, et est devenu gélugpa depuis le XVIIe siècle.

Shérap Döndrup [Shes rab don grub] (chin. Yang Dongsheng) : l'un des premiers Tibétains à avoir adhéré au Parti communiste chinois.

Shérap Gyatso [Shes rab rgya mtsho], 1884-1968 : religieux gélugpa originaire de l'Amdo. Actif dans le Kuomintang, il devint président de l'Association pour la promotion de la culture tibétaine. Assassiné en prison par les Chinois pour avoir pris position en faveur d'un certain nombre de droits pour les Tibétains.

Sherpa : communauté de langue et de culture tibétaines, vivant principalement dans les régions de Solu et Khumbu, au Népal oriental. La capacité d'endurance en altitude et le travail de porteur qu'ont effectué les Sherpa lors des expéditions himalayennes les ont rendus célèbres. Les recensements chinois font état d'une faible population sherpa dans le Tsang méridional.

Shigatsé [gZhis ka rtse] : située dans le Tsang, c'est actuellement la capitale du comté du même nom. Deuxième ville par ordre d'importance après Lhasa ; une forteresse s'élevait auparavant sur la colline surplombant le monastère de Tashilhünpo, siège des panchen-lamas.

Sönam [bSod nams] : « Mérites ». Est souvent un nom.

Sönam Gyatso [bSod nams rgya mtsho], 1543-1588 : abbé du monastère de Drépung, il reçut d'Altan Khan, chef des Mongols Tumed, le titre de dalaï-lama et devint le IIIe dalaï-lama (ses deux précédentes incarnations ayant reçu ce titre rétroactivement).

Songtsen Gampo [Srong btsan sgam po], 620 ?-649 ? : premier *chögyel*, « roi selon la Loi bouddhique », à l'origine de la puissance tibétaine. Sous son règne, le bouddhisme commence à pénétrer au Tibet ; une écriture indienne est adaptée à la langue tibétaine ; les premiers temples bouddhiques sont construits. C'est l'époque de la première diffusion du bouddhisme.

Sumpa [Sum pa] : population du nord-est du Tibet, soumise par les Tibétains aux VIe-VIIe siècles.

Sumpakhenpo Yéshé Peljor [Sum pa mkhan po Ye shes dpal 'byor], 1704-1788 : auteur d'une histoire du bouddhisme en Inde, en Chine, au Tibet et en Mongolie.

Taktra [sTag brag] : régent de 1941 à 1950.

Tara Lugong [sTag sgra Klu gong] : ministre de Trisong Detsen, d'obédience bönpo, dit la tradition tardive.

Tashilhünpo [bKra shis lhun po] : le plus grand monastère du Tsang. Fondé en 1447 par Gédün Drup [dGe 'dun grub, 1391-1474].

Tashi Tséring [bKra shis tshe ring], né en 1929 : Tibétain qui a étudié aux États-Unis, puis a choisi de retourner au Tibet en 1964, afin d'aider ses compatriotes. Co-auteur de sa biographie.

Tenzin [bsTan 'dzin] : « Porteur de l'Enseignement ». Est souvent utilisé comme nom.

Tenzin Chödrak [bsTan 'dzin chos grags] : médecin qui a passé vingt ans en prison après le soulèvement de Lhasa de 1959. Mort récemment (2001).

thangka [*thang ka*] : représentation d'une image sacrée exécutée sur un rouleau de soie ou de coton et qui peut être peinte, brodée ou en appliqué. Utilisée comme support de méditation et dans les rituels.

thugpa [*thug pa*] : soupe fort appréciée des Tibétains à base de pâtes, de boulettes de farine et d'eau, et de petits morceaux de viande.

Tölung Déchen [sTod lung bDe chen] : comté situé au Tibet central, à l'ouest de Lhasa. Traditionnellement, l'un des bastions de l'école Karma-kagyü avec, entre autres, le monastère de Tsurphu.

torma [*gtor ma*] : gâteau sacrificiel utilisé lors d'un rituel.

trelpa [*khral pa*] : « payeurs de taxes ». Paysans qui jouissaient de terres dont ils ne pouvaient être dépossédés tant qu'ils remplissaient leurs obligations (corvées et taxes) envers leur maître.

Tridé Songtsen [Khri lde srong btsan], 800 ?-871 : appelé aussi Sénaleg [Sad na legs]. Fils de Trisong Détsen. Il pousuivit l'œuvre pieuse de son père. Sous son règne, un comité de traduction composa un dictionnaire fixant les équivalents tibétains des termes sanskrits.

Tridé Tsugtsen [Khri lde gtsug btsan], 704-755 : ce souverain épousa une princesse chinoise, destinée, à l'origine, à son père Tridu Songtsen [Khri 'du srong btsan, 676-704].

Trinlé Gyatso ['Phrin las rgya mtsho] : criminel tibétain de droit commun exécuté en 1987, accusé du meurtre d'un autre Tibétain.

Trisong Détsen [Khri srong lde btsan], 742-797 ? : deuxième « roi selon la Loi bouddhique ». Il proclama le bouddhisme religion d'État. Il invita de grands maîtres indiens tels Shantarakshita et Padmasambhava ; il fit construire Samyé, le premier monastère bouddhique.

Trisong Tsen [Khri srong btsan] ou Songtsen Gampo : voir Songtsen Gampo.

Tritsug Détsen [Khri gtsug lde btsan], r. 817-838 ou 841 ? : mieux connu sous le nom de Relpacen [Ral pa can] ; troisième et dernier « roi selon la Loi bouddhique ». Il signa, en 821, un traité avec la Chine, dont le texte est gravé sur un pilier que l'on peut toujours voir à Lhasa.

Tromsikhang [Khrom gzigs khang] : « Maison d'où l'on voit le marché ». Palais situé au nord du Barkor, construit sous le VIe dalaï-lama et qu'a occupé Lhazang Khan. Le fils de Pholané, Gyurmé Namgyel, fut assassiné dans ce bâtiment en 1750. Démoli en 1997, seule subsiste la façade ; l'intérieur a été transformé en marché.

trülku [*sprul sku*] : émanation dans le monde phénoménal d'un *bouddha* ou d'un *bodhisattva* (skt. *nirmânakâya*) ; au Tibet, personnage religieux considéré comme l'une de ces émanations, éventuellement dans une lignée de succession.

Trülnang ['Phrul snang] : autre nom du temple du Jo khang.

tsampa [*rtsam pa*] : farine d'orge grillé qui, avec du thé, constituait la nourriture de base des Tibétains.

Tsang [gTsang] : l'une des deux provinces du Tibet central. Shigatsé en est la ville principale.

Tsangpo [gTsang po] : fleuve qui traverse le Tibet d'ouest en est et qui, après avoir fait une grande boucle, prend le nom de Brahmapoutre en redescendant sur l'Inde.

Tsenpo [bTsan po] : « Puissant ». Titre donné aux souverains de l'époque impériale. Parfois traduit par « empereur ».

Tséring Ngödrup [Tshe ring dngos grub] : Tibétain condamné à douze ans de prison pour avoir participé à la manifestation de mars 1988.

Tséthang [rTsed thang] : capitale du district du Lhokha [lHo kha], c'est l'une des grandes villes du Tibet. Elle est considérée comme le berceau de la civilisation tibétaine ; la tradition situe l'union du premier couple ancestral, un singe et une démone des rochers, dans une grotte qui domine la ville.

Tsochang [mTsho byang] : « Nord du lac [Kokonor] ». Préfecture autonome tibétaine du Qinghai.

Tsolho [mTsho lho] : « Sud du lac [Kokonor] ». Préfecture autonome tibétaine du Qinghai.

Tsongkhapa [Tsong kha pa], 1357-1419 : il est à l'origine de l'école des Gélugpa. Il mit l'accent sur la nécessité de la discipline monastique et l'importance, pour le dévot, de la voie graduelle. Ce retour à un monachisme strict est parfois appelé « la réforme de Tsongkhapa ».

Tsonub [mTsho nub] : « Ouest du lac [Kokonor] ». Préfecture autonome tibétaine du Qinghai.

Tsurphu [mTshur phu] : situé au nord-ouest de Lhasa, ce monastère d'obédience karma-kagyü fut fondé en 1189 par le Ier Karmapa Düsum khyenpa [Karma pa Dus gsum mkhyen pa], 1110-1193.

Ü [dBus] : « Centre ». L'une des provinces du Tibet central dont la ville la plus importante est Lhasa, la capitale.

ulag [*'u lag*] : corvée en nature que devaient les Tibétains au seigneur, au monastère ou à l'État.

Xining [Zi ling] : capitale du Qinghai.

Yamdrok [Yar 'brog] : lac sacré au sud-ouest de Lhasa.

Yarlung [Yar lung] : vallée au sud-est de Lhasa, berceau de la dynastie royale.

Yéshé [Ye shes] : « Sagesse primordiale ». Est souvent utilisé comme nom.

Yulo Dawa Tséring [gYu lo Zla ba tshe ring] : religieux important, ancien abbé du monastère de Ganden, assistant à l'Université du Tibet, arrêté à la suite de la manifestation du 1er octobre 1987.

Zhalu [Zha lu] : situé à proximité de Shigatsé, le monastère fut construit en 1040 par Jetsun Shérab Jungné [rJe btsun Shes rab 'byung gnas], puis rénové aux XIIIe et XIVe siècles. D'obédience zhalupa, école fondée par Butön Rinchendrup [Bu ston rin chen grub], 1290-1364, il est célèbre pour ses peintures murales et son toit de style chinois.

Zhamar ([Zhwa dmar] Karmapa : « Karmapa au chapeau rouge » ; nom d'une lignée karmapa fondée au XIIIe siècle et dont le siège principal, à partir du XVe siècle, fut le monastère de Yangpachen [Yang pa can], au nord de Tsurphu.

Zhanag [Zhwa nag] Karmapa : « Karmapa au chapeau noir » ; la plus ancienne lignée de l'école karmapa, fondée au XIIe siècle, dont les hiérarques tirent leur nom d'un chapeau noir qui aurait été tissé avec les cheveux d'un million de *dâkinî*, lesquelles l'auraient offert au fondateur de l'ordre. Établis au monastère de Tsurphu. Le hiérarque le plus important de l'école des Karmapa porte lui-même le titre de Karmapa, et il appartient toujours à la lignée des « Karmapa au chapeau noir ».

Zhang zhung [Zhang zhung] : royaume indépendant qui couvrait, pense-t-on, l'ouest du Tibet et fut conquis au VIIe siècle par les Tibétains. Selon la tradition bönpo, des adeptes du bön y apportèrent les enseignements, et les textes furent traduits en langue du Zhang zhung avant de l'être en tibétain.

zhelngo [*zhal ngo*] : anciennement, chef d'une section de vingt-cinq hommes dans l'armée tibétaine. Appellation aussi des responsables de la discipline (*gékö*) dans certains monastères.

Zhöl Dawa [Zhol Zla ba] : Tibétain condamné à deux ans de prison pour avoir imprimé en 1981 deux cent soixante copies d'un essai historique écrit par Géshé Lobsang Wangchug, *Vingt ans d'une expérience tragique*. Mort en prison en décembre 2000.

zhotön [*zho ston*] : lait caillé ; la fête du lait caillé se déroule les vingt-neuvième et trentième jours du sixième mois à Séra et Drépung (juillet-août), ainsi que le premier jour du septième mois à Lhasa (août-septembre).

zhung [*gzhung*] : gouvernement.

OUVRAGES TIBÉTAINS CITÉS

Böjong zhibjug [*Bod ljongs zhib 'jug*] : « Recherches tibétologiques » Revue en tibétain de l'Académie des sciences sociales de Lhasa.

Bökyi gyelrab [*Bod kyi rgyal rabs*] : composé par le Ve dalaï-lama Ngawang Lozang Gyatso [Ngag dbang Blo bzang rgya mtsho], 1617-1682. Son titre complet est *Bökyi Gyelrab Debther Dzoden Zhönuma* [*Bod kyi rgyal rabs deb ther rdzogs ldan gzhon nu ma*]. Écrit en 1643, il relate l'histoire du Tibet axée sur la succession de ses chefs laïcs et religieux.

Debther ngönpo [Deb ther sngon po] : *Annales bleues.* Ouvrage composé entre 1476 et 1478 par Gö lotsawa Zhönupel ['Gos lo tsa ba gZhon nu dpal], 1392-1481. Il appartient au genre historiographique qui relate l'histoire du bouddhisme au Tibet.

Debter marpo sarma [*Deb ther dmar po gsar ma*] : *Nouvelles Annales rouges.* Composé en 1538 par Kunga Dorje [Kun dga' rdo rje], de son nom monastique Situ Géwé Logrö [Si tu dGe ba'i blo gros]. Contient d'intéressantes notes sur les dynasties provinciales tibétaines et comprend aussi un chapitre sur l'histoire de la Chine et de la Mongolie et sur leurs relations avec le Tibet.

Gyabö yigtsang chenmo [*rGya Bod yig tshang chen mo*] : *Grandes Archives de Chine et du Tibet.* Compilé par Peljor Zangpo [dPal 'byor bzang po] en 1434. Comme son nom l'indique, cet ouvrage concerne essentiellement le Tibet (Bö) et la Chine (Gya).

Khépé gatön [*mKhas pa'i dga' ston*] : *Le Festin des Sages,* composé par Pao tsuglag trengwa [dPa'o gtsug lag phreng ba], 1504-1566, entre 1545 et 1564. Il appartient au genre historiographique des « origines de la Doctrine » (*chöjung*), qui relate les origines du Bouddha et du bouddhisme en Inde, son développement, ses écoles, la transmission de ses écrits et sa diffusion au Tibet.

Sakya dungrab [*Sa skya gdung rabs*] : *Chronique de la lignée de Sakya,* XVIIe siècle. Elle relate l'histoire de l'école des Sakyapa, depuis les ancêtres mythiques de la famille fondatrice.

Sakya kabum [*Sa skya bka' 'bum*] : œuvres complètes des cinq premiers maîtres de Sakya. Cet ouvrage est composé d'un ensemble de textes philosophiques et religieux, de courtes chroniques historiques, et de plusieurs lettres en forme d'enseignement adressées par ces maîtres à des princes mongols.

Noms et termes sanskrits

Amitâbha : tib. Öpamé ['Od dpag med] : « Bouddha de Lumière infinie ». Son paradis s'appelle Déwachen [bDe ba can] « Lieu de félicité ».

Atisha, 958-1054 : ses enseignements sont à la source de l'école kadampa.

dâkinî : figures féminines qui personnifient la sagesse, et comme telle se manifestent à des mystiques sous forme paisible ou irritée, soit pour leur faire des révélations, soit pour leur donner des enseignements tantriques dans lesquels elles peuvent jouer le rôle de partenaire.

Padmasambhava : introducteur du bouddhisme tantrique au Tibet, selon la tradition tibétaine.

Shâkyamuni : le Bouddha historique.

stûpa : à l'origine, monuments funéraires érigés pour abriter les reliques du Bouddha, les *stûpas*, à forte valeur symbolique, sont parmi les monuments principaux du bouddhisme tibétain. Ils renferment des reliques de grands maîtres, mais aussi des textes et de nombreux autres objets sacrés ou profanes.

sûtra : textes censés reproduire la parole du Bouddha, sur lesquels sont fondés le Petit et le Grand Véhicules. De nombreux *sûtra* ont été composés des siècles après la mort du Bouddha.

tantra : textes canoniques apparus en Inde vers le Ve-VIe siècles de notre ère, mais rattachés à la prédication ésotérique du Bouddha. Sur le fond doctrinal du *Mahâyâna* (Grand Véhicule), les *tantra* proposent une voie rapide vers la Délivrance, s'appuyant sur la perception intuitive de la non-dualité ; en fait, du *samsâra* et du *nirvâna*. Pour cela, les *tantra* proposent des techniques utilisant rituels, méditation et yoga.

Tripitaka : « Trois Corbeilles », les trois recueils des textes canoniques du bouddhisme : *sûtra*, *tantra* et *abhidharma* (métaphysique).

Orientation bibliographique

Civilisation

CHAYET A., *La Femme au temps des dalaï-lamas*, Paris, Stock-L. Pernoud, 1993.

LOPEZ Jr. D. S., *Prisoners of Shangri-La. Tibetan Buddhism and the West*, Chicago-Londres, University of Chicago Press, 1998. (La traduction française de cet ouvrage est sous presse aux éditions Autrement.) [Examen critique et ironique du mythe occidental sur le Tibet].

SNELLGROVE D. L. et RICHARDSON H. E., *A Cultural History of Tibet,* Boulder, Prâjñâ Press, 1980.

STEIN R. A., *La Civilisation tibétaine*, Paris, Le Sycomore / l'Asiathèque, [1962] 1981.

TUCCI G., *Tibet, pays des neiges*, Paris, Éditions Kailash, [1969] 1998.

Histoire

ARPI C., *The Fate of Tibet. When Big Insects Eat Small Insects,* New Delhi, Har-Anand Publications, 1999 ; *Tibet, le pays sacrifié,* Paris, Calmann-Lévy, 2000.

DESHAYES L., *Histoire du Tibet*, Paris, Fayard, 1997.

GOLDSTEIN M. C., *A History of Modern Tibet. The Demise of the Lamaist State, 1913-1951*, Berkeley-Los Angeles-Londres, University of California Press, 1989.

–, *The Snow Lion and the Dragon. China, Tibet and the Dalai Lama*, Berkeley-Los Angeles-Londres, University of California Press, 1997.

POMMARET F. (éd.), *Lhasa, lieu du divin : la capitale des dalaï-lamas*, Genève, Olizane, 1997.

SMITH Jr. W. W., *Tibetan Nation. A History of Tibetan Nationalism and Sino-Tibetan Relations,* Boulder (Colorado), Westview Press, 1996, pp. 323-386, 681-683.

TSÉRING SHAKYA, *The Dragon and the Land of Snows. A History of Modern Tibet since 1947*, Londres, Pimlico, 1999.

Religion

BAREAU A., *En suivant Bouddha*, Paris, P. Lebaud, 1985.

BECHERT H. et GOMBRICH R., *Le Monde du bouddhisme*, Baumes-les Dames, Bordas, 1984.

SNELLGROVE D. L., *Indo-Tibetan Buddhism. Indian Buddhists and their Tibetan Successors*, Boston, Shambala, 1987.

SILBURN L. (éd.), *Aux sources du bouddhisme*, Paris, Fayard, 1997.

TUCCI G. et HEISSIG W., *Les Religions du Tibet et de la Mongolie*, Paris, Payot, 1973.

Biographies/Témoignages

Adhe TAPONGTSANG, *Ama Adhe : The Voice that remembers. The heroic story of a woman's fight to free Tibet,* Boston, Wisdom Publications, 1997 ; trad. fr., *Ama Adhe, Voix de la mémoire. Du Tibet libre à l'exil*, Saint-Jean de-Braye, Éd. Dangles, 1999.

ANI PACHEN et Adelaide DONNELLEY, *Sorrow Mountain. The Remarkable Story of a Tibetan Warrior Nun*, Londres-New York-Toronto-Sydney-Auckland, Doubleday, 2000 ; trad. fr., *Que rien ne te fasse peur*, Paris, Nil, 2001.

DAGPO Rimpotché, *Le Lama venu du Tibet. Autobiographie*, Paris, Grasset, 1998.

FORD R., *Captured in Tibet*, Londres, George G. Harrap, 1957 ; *Tibet rouge. Capturé par l'armée chinoise au Kham*, Genève, Olizane, 1999.

Geshé RABTEN, *Vie et enseignements de Geshé Rabten. Un lama tibétain à la recherche de la vérité,* Saint-Michel-en-l'Hern, Éd. Dharma-Rabten Choeling, 1980.

KHYONGLA RATO, *My Life and Lives. The Story of a Tibetan Incarnation*, New York, Rato Publications [1977] 1991.

LOBSANG GYATSO, *Memoirs of a Tibetan Lama*, Ithaca-New York, 1998.

PALDEN GYATSO et TSÉRING SHAKYA, *Fire under the Snow*, Londres, Harvill Press, 1997 ; trad. fr., *Le Feu sous la neige. Mémoires d'un moine tibétain*, Paris, Actes Sud, 1997.

RICHARDSON H. E. (éd.), *Mémoires de Tashi Khedrup, moine aventurier tibétain*, Genève, Olizane, 1991.

TARING Rinchen Dolma, *Daughter of Tibet,* Londres, John Murray, 1970.
TENZIN TCHEUDRAK, *Le Palais des arcs-en-ciel*, Paris, Albin Michel, 1998.
Un cavalier dans la neige… L'histoire d'Aten, un vieux guerrier Khampa, éd. par Jamyang Norbu, trad. de l'anglais par F. Botte et G. Million [Espace indo-himalayen, Série Document], Paris, J. Maisonneuve, 1951.

Politique

BARNETT R. et AKINER S. (éd.), *Resistance and Reform in Tibet*, Londres, Hurst, 1994.
BUFFETRILLE K. et RAMBLE Ch. (éd.), *Tibétains 1959-1999 : quarante ans de colonisation*, Paris, Autrement, collection Monde, n° 108, 1998.
China's Great Leap West, Londres, TIN, 2000.

Histoire et civilisation de la Chine

DOMENACH J.-L. et RICHER P., *La Chine*, 2 vol., Paris, Imprimerie nationale, 1987.
GERNET J., *Le Monde chinois*, Paris, Armand Colin [1972], 1999.
[Vue d'ensemble sur l'histoire et la civilisation chinoises.]
GRANET M., *La Civilisation chinoise*, Paris, Albin Michel [1929], 1968.
–, *La Pensée chinoise*, Paris, Albin Michel [1934], 1968.
LEYS S., *Les Habits neufs du Président Mao. Chronique de la « Révolution culturelle »*, Paris, G. Lebovici [1971], 1977. [Critique à chaud de la Révolution culturelle.]

Sélection de sites Internet

BBC East Asia Today	http ://www.bbc.co.uk/worldservice/eastasiatoday
China Daily (RPC)	http ://www.chinadaily.net
International Committee of Lawyers for Tibet (USA)	http ://www.tibeticlt.org
Radio Free Asia (USA)	http ://www.rfa.org/
Tibetan Bulletin (Tibet en exil)	http ://tibetnews.com/
Tibetan Government in Exile (Inde)	http ://www.tibet.com
Tibet-Info (France)	tibet-info-f@yahoogroupes.fr
Tibet Information Network (TIN, Angleterre)	http ://www.tibetinfo.net

Voice of Tibet (USA)	http ://www.vot.org/
World Tibet News (Canada) Souscription gratuite	wtn-editors@tibet.ca
Xinhua News Service (RPC)	http ://www.xinhua.org/english/index.htm

Chronologie comparée Tibet-Chine

TIBET	CHINE
617-649/650 : règne de Songtsen Gampo qui vainc puis rallie à son pouvoir de nombreux royaumes indépendants dont le Zhang-zhung à l'ouest. Son autorité est respectée sur un immense territoire. Sous son règne, un alphabet tibétain est créé à partir d'une écriture indienne, plusieurs temples bouddhiques sont construits dont celui du Jokhang. On entre dans l'époque que les Tibétains appellent la « première diffusion du bouddhisme » (*ngadar*).	618-907 : DYNASTIE DES TANG Installée à Chang'an. Période de grande expansion territoriale.
680 : nombreuses incursions tibétaines dans le Nord-Ouest et en Asie centrale.	
742-797 (?) : règne de Trisong Détsen, le deuxième « roi selon la Loi bouddhique ». Il proclame le bouddhisme religion d'État, invite de grands maîtres indiens tels Shantarakshita et Padmasambhava ; il fait construire Samyé, le premier monastère bouddhique. Les grands textes du bouddhisme indien sont traduits en tibétain. L'ancienne religion est réprimée. Période d'expansion territoriale. En	755-763 : rébellion de An Lushan.

763 : les Tibétains envahissent la capitale chinoise Chang'an.
Controverse doctrinale à Samyé au sujet de l'adoption du bouddhisme chinois ou indien.

787 : traité de paix entre les Tang et les Tibétains.

821 : traité sino-tibétain conclu à Chang'an. Tibet et Chine sont considérés comme deux états souverains.

ca. 842 : mort du dernier souverain tibétain, Langdarma. Il est accusé par la tradition d'avoir persécuté le bouddhisme, ce qui aurait mis fin à la « première diffusion ». Ses descendants établissent des fiefs, dont le royaume de Ngari à l'ouest du Tibet.

842-846 : grande persécution contre le bouddhisme.

Dislocation de l'empire tibétain consécutive aux querelles intestines et aux revers militaires (comme la perte de l'oasis de Dunhuang, dans l'actuel Gansu en 851, où P. Pelliot et A. Stein découvrent au début du XXe siècle, entre autres documents, des textes tibétains peu influencés par le bouddhisme).

907-960 : PÉRIODE DES CINQ DYNASTIES
960-1279 : DYNASTIE DES SONG

958-1055 : vie de Rinchen Zangpo [Rin chen bzang po], grand personnage bouddhiste du Tibet de l'ouest. Il est envoyé en Inde par un roi pieux de l'ouest tibétain, dans le but d'inviter des maîtres et artistes indiens et de rapporter des textes fidèles au bouddhisme originel. C'est le début de la « seconde diffusion du bouddhisme » *(chidar)*.

960-1127 : Song du Nord.
Essor économique ; développement de la classe des lettrés.

1042 : Atisha arrive au Tibet et y meurt en 1054. Ses enseignements sont à la source de l'école kadampa.

Des Tibétains se rendent en Inde auprès de grands maîtres. Les premiers monastères et écoles du bouddhisme apparaissent alors.

Parmi eux : le monastère de Réting [Rva sgrengs] fondé en 1057 par Dromtön ['Brom ston], disciple principal d'Atisha ; le monastère de Sakya [Sa skya] dans le Tsang, fondé en 1073 par Könchog Gyeltsen [dKon mchog rgyal mtshan] ; celui de Densathil [gDan sa mthil] au Tibet central, en 1158, qui deviendra le siège des Phagmodrupa.

Occupation de la Chine du Nord par les Jin (Jürchen). La dynastie chinoise se réfugie au sud.

1127-1279 : Song du Sud.

1206 : Gengis Khan prend le pouvoir en Mongolie.

1235-1280 : vie de Phagpa, neveu de Sakya Pandita (1182-1251), de lignage Khön et d'obédience sakyapa. L'un des artisans de la relation « maître religieux-protecteur laïc » *(chöyön).* Koubilaï Khan, futur empereur de Chine et fondateur de la dynastie mongole des Yuan, lui octroie le pouvoir de régence sur le Tibet.

1276-1368 : DYNASTIE DES YUAN
La Chine est intégrée à l'empire mongol.
Arrivée de voyageurs occidentaux.

1302-1364 : vie de Changchub Gyeltsen, fondateur de la puissance Phagmodrupa établie au Tibet central, à Néudong. Il vainc les Sakyapa et prend le pouvoir en 1358.

1357-1419 : Tsongkhapa, fondateur de l'école des Gélugpa, à l'origine de la construction de Ganden [dGa' ldan] en 1409. Deux autres monastères gélugpa très importants sont fondés par la suite : Drépung en 1416 et Séra en 1419.

1368-1644 : DYNASTIE DES MING
Les Mongols sont repoussés au Nord ; début des relations commerciales avec l'Occident (arrivée des Portugais au XVIe siècle).

1434 : les Phagmodrupa perdent leur pouvoir au profit des seigneurs de Ringpung, protecteurs des Karmapa, qui à leur tour sont renversés en 1565 par les rois du Tsang soutenus par les Karmapa « aux chapeaux rouges ».

1578 : Sönam Gyatso reçoit le titre de dalaï-lama de Altan Khan, chef des

Mongols Tumed. Ses deux incarnations précédentes sont reconnues rétroactivement comme le Ier et le IIe dalaï-lamas.	
1588 : mort de Sönam Gyatso. Sa réincarnation, le IVe dalaï-lama, est trouvée dans la parenté d'Altan Khan.	
1617-1682 : vie de Ngawang Lobsang Gyatso, le Ve dalaï-lama, appelé le « Grand Cinquième ». Le chef des Mongols Qoshot, Gushri khan lui confère en 1642 l'autorité temporelle sur le Tibet central et devient lui-même « le roi » du Tibet. Construction du Potala qui devient le siège du gouvernement.	1644-1911 : DYNASTIE DES QING (Mandchous).
Le régent Sangyé Gyatso garde la mort du hiérarque secrète jusqu'en 1696 afin d'achever la construction du Potala.	1662-1722 : règne de l'empereur Kangxi. Construction de Jehol.
1683-1705 : le VIe dalaï-lama se révèle peu intéressé par la vie monastique et la politique. Lhazang khan, petit-fils de Gushri khan, en accord avec l'empereur de Chine, attaque Lhasa, tue le régent et enlève le VIe dalaï-lama qui meurt en route. Il veut imposer un VIIe dalaï-lama de son choix, ce à quoi s'opposent les Tibétains qui s'allient aux Dzungar. Ces derniers tuent Lhazang khan en 1717.	
1708-1757 : le VIIe dalaï-lama est installé par les Mandchous en 1720, mais il n'exerce pas de pouvoir temporel.	1723-1735 : règne de Yongzheng.
En 1728, un noble, Pholané (1689-1747), devient le maître du Tibet avec l'aide des Mandchous et le reste jusqu'à sa mort. Arrivée de jésuites et de capucins à Lhasa. Présence des *ambans* à Lhasa.	1736-1795 : règne de Qianlong. Période de grande expansion territoriale.
Les dalaï-lamas, du VIIIe (1758-1804) au XIIe (1856-1875), meurent très	

jeunes. Le pays est alors dirigé par des régents originaires d'un monastère gélugpa et soutenus par les empereurs chinois.	
1788 et 1791 : invasion des Gurkha du Népal ; les Tibétains sont vaincus.	1791 : Qianlong envoie une armée à Lhasa à la suite d'émeutes anti-chinoises.
	1792 : Qianlong envoie une armée contre les Gurkha.
	1796-1814 : soulèvements en Chine.
	1839 : début des guerres de l'opium.
	1842 : traité de Nankin.
1876-1933 : vie du XIIIe dalaï-lama. Il assume le pouvoir en 1895.	1850-1864 : grande rébellion des Taiping. La dynastie Qing est très affaiblie.
	1876 : convention de Chefoo.
1904 : invasion anglaise conduite par F. Younghusband et premier exil du dalaï-lama vers la Mongolie. Il rentre en 1909 pour s'exiler à nouveau en 1910, mais cette fois-ci en Inde, fuyant l'avancée de l'armée chinoise.	1908 : Zhao Erfeng, plus connu comme le « boucher du Kham », envahit le Tibet oriental pour y restaurer l'ordre.
	1911 : fin de la dynastie Qing.
	1911-1949 : RÉPUBLIQUE NATIONALISTE
1913 : déclaration d'indépendance du Tibet par le XIIIe dalaï-lama.	1912 : Yuan Shikai devient le premier président de la République chinoise.
1914 : conférence de Simla. Le XIIIe dalaï-lama entreprend de nombreuses réformes.	
1918 : accord de Rongbatsa (Tibet oriental) qui délimite les frontières orientales du Tibet avec la Chine.	

1923 : fuite du IXe panchen-lama en Mongolie, puis en Chine.

1935 : naissance du XIVe dalaï-lama au Tibet oriental.

1940 : le XIVe dalaï-lama est intronisé à Lhasa. Le gouvernement est assuré par différents régents.

1947 : échec du coup d'État de l'ex-régent Réting Rinpoché.

1950 : l'Armée populaire de libération pénètre au Tibet.

1951 : Accord en 17 points.

1955 : soulèvements au Tibet oriental à la suite de la collectivisation forcée.

1959 : répression du soulèvement de Lhasa. Fuite du dalaï-lama en Inde.

1965 : création de la Région autonome du Tibet.

1966-1976 : Révolution culturelle. Destruction de la plupart des sites religieux, des livres et images sacrées. Interdiction de la vie monastique, emprisonnement d'un grand nombre de Tibétains (laïcs et religieux).
A partir de la fin des années soixante-dix, début de la reconstruction de certains monastères.

1928 : Chiang Kai-shek est le maître de la Chine.

1934 : Début de la Longue Marche.

1949 – RÉPUBLIQUE POPULAIRE

1949 : les communistes occupent toute la Chine du Nord. La République populaire de Chine est proclamée le 1er octobre. Le gouvernement nationaliste se réfugie à Taiwan.

1958 : « Grand Bond en avant ».
Mise en place des communes populaires : une grave famine s'ensuit pendant plusieurs années.

1962 : conflit entre la Chine et l'Inde à propos des frontières.

1966-1976 : Révolution culturelle.

1976 : mort de Mao Zedong.

	1978 : Deng Xiaoping arrive au pouvoir. C'est le début d'une époque de relative libéralisation. Lancement des « Quatre Modernisations ».
1980 : visite de Hu Yaobang suivie de quelques réformes dont une certaine libéralisation religieuse.	
1987-1989 : émeutes à Lhasa et répression sévère. Loi martiale en 1989. 1989 : prix Nobel de la paix décerné au dalaï-lama et mort du Xe panchen-lama.	1989 : manifestation de la place Tiananmen. Politique de répression dans toute la Chine.
1995 : le dalaï-lama reconnaît comme le XIe panchen-lama un enfant qui est aussitôt enlevé par les autorités chinoises et remplacé par un autre de leur choix.	
1996 : émeutes à Lhasa.	1997 : mort de Deng Xiaoping.
2001 : début de la construction du chemin de fer reliant Golmud à Lhasa.	2001 : le Comité olympique choisit Pékin pour accueillir les jeux Olympiques de 2008. En décembre, la Chine adhère à l'OMC.

Carte du Tibet moderne

d'après S. D. Marshall, *Suppressing Dissent, Hostile Elements II - Political Emprisonment in Tibet : 1987-2000*, TIN, 2000.

Autorisation de reproduction

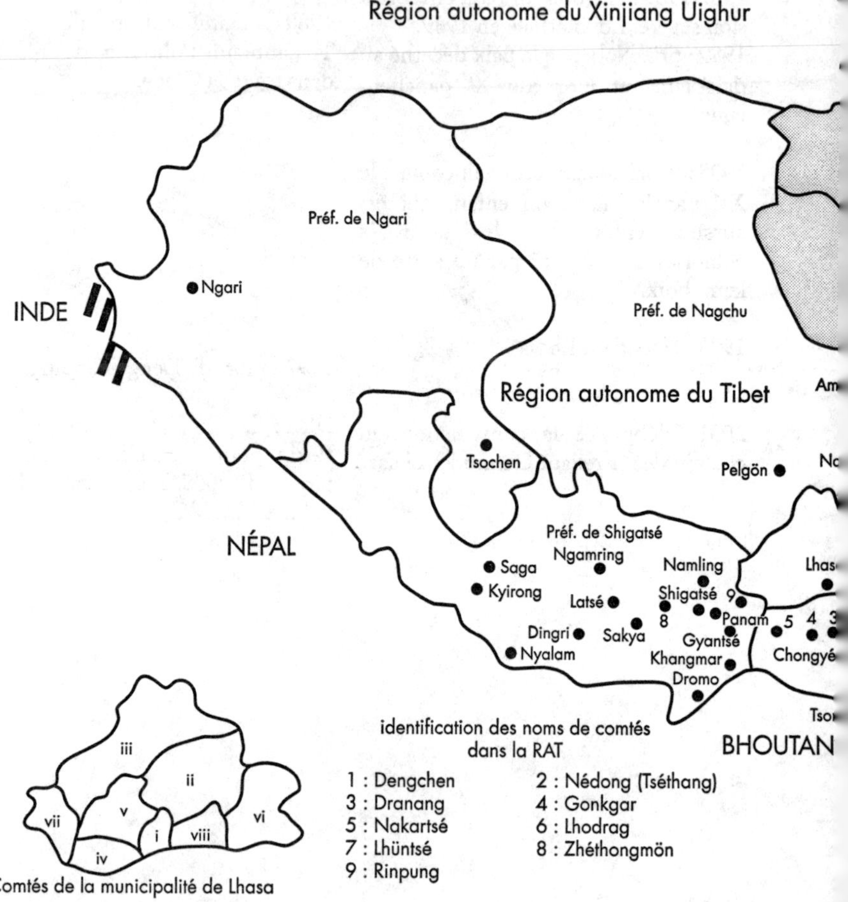

i. Lhasa chengguanqu
ii. Comté de Lhündrup
iii. Comté de Damshung
iv. Comté de Chushur
v. Comté de Tölung
vi. Meldro Gungkar
vii. Comté de Nyémo
viii. Comté de Tagtsé

TAP : Préfecture autonome tibétaine
T & QTAP : Préfecture autonome tibétaine et qian
M & TAP : Préfecture autonome tibétaine et mon
TAC : Comté autonome tibétain

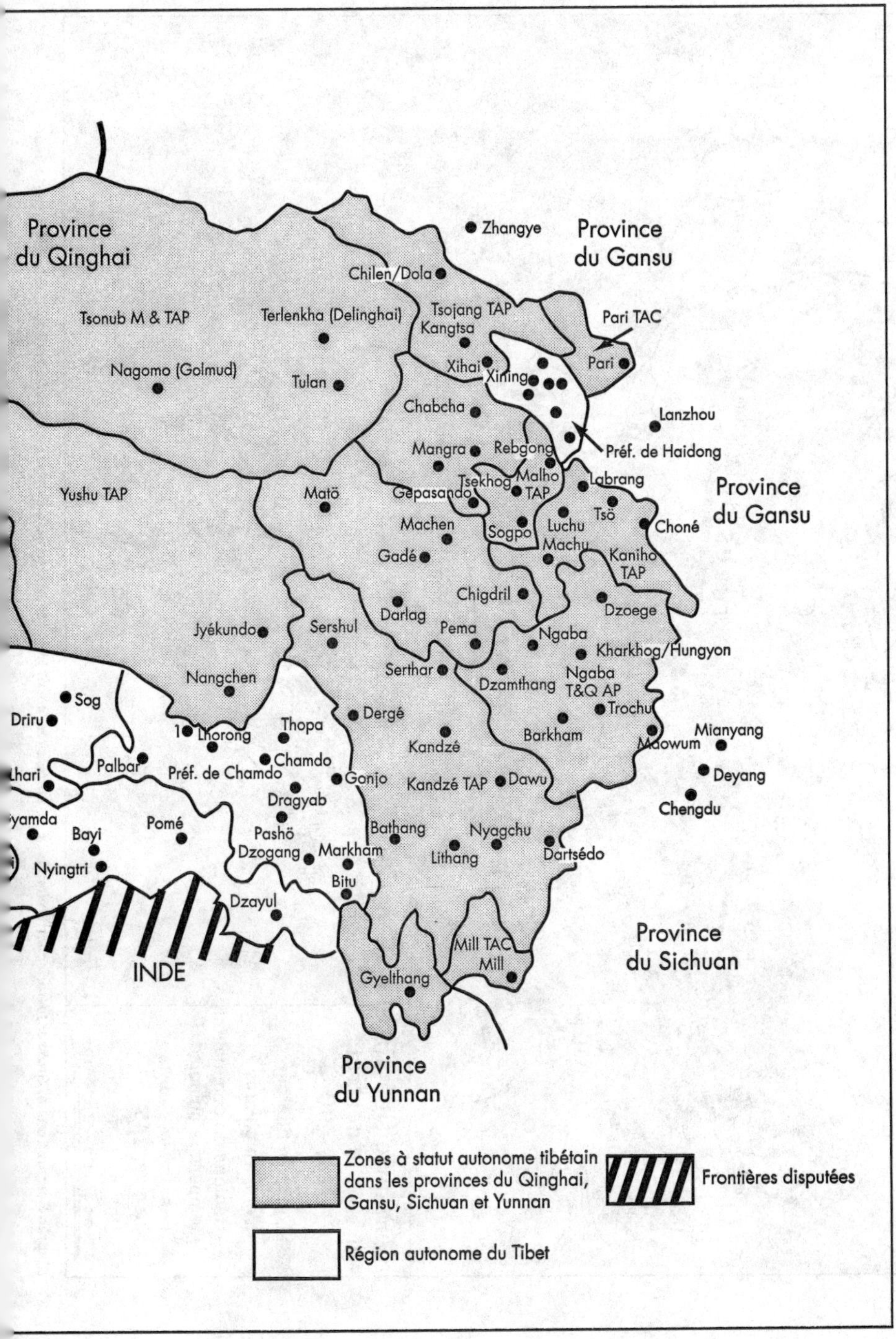

Province du Qinghai
Province du Gansu
Zhangye
Chilen/Dola
Tsonub M & TAP
Terlenkha (Delinghai)
Tsojang TAP
Kangtsa
Pari TAC
Pari
Nagomo (Golmud)
Tulan
Xihai
Xining
Chabcha
Lanzhou
Mangra
Rebgong
Préf. de Haidong
Yushu TAP
Matö
Gepasando
Tsekhog
Malho TAP
Labrang
Province du Gansu
Tsö
Machen
Sogpo
Luchu
Choné
Machu
Gadé
Kaniho TAP
Chigdril
Darlag
Dzoege
Jyékundo
Sershul
Pema
Ngaba
Kharkhog/Hungyon
Serthar
Dzamthang
Ngaba T&Q AP
Nangchen
Trochu
Sog
Dergé
Driru
Thopa
Barkham
Mianyang
1
Lhorong
Kandzé
Maowum
Chamdo
Palbar
Préf. de Chamdo
Gonjo
Kandzé TAP
Dawu
Deyang
Lhari
Dragyab
Chengdu
Nyamda
Pomé
Bayi
Pashö
Bathang
Nyagchu
Dzogang
Markham
Lithang
Dartsédo
Nyingtri
Bitu
Dzayul
Province du Sichuan
Mill TAC
Mill
INDE
Gyelthang
Province du Yunnan
Zones à statut autonome tibétain dans les provinces du Qinghai, Gansu, Sichuan et Yunnan
Frontières disputées
Région autonome du Tibet

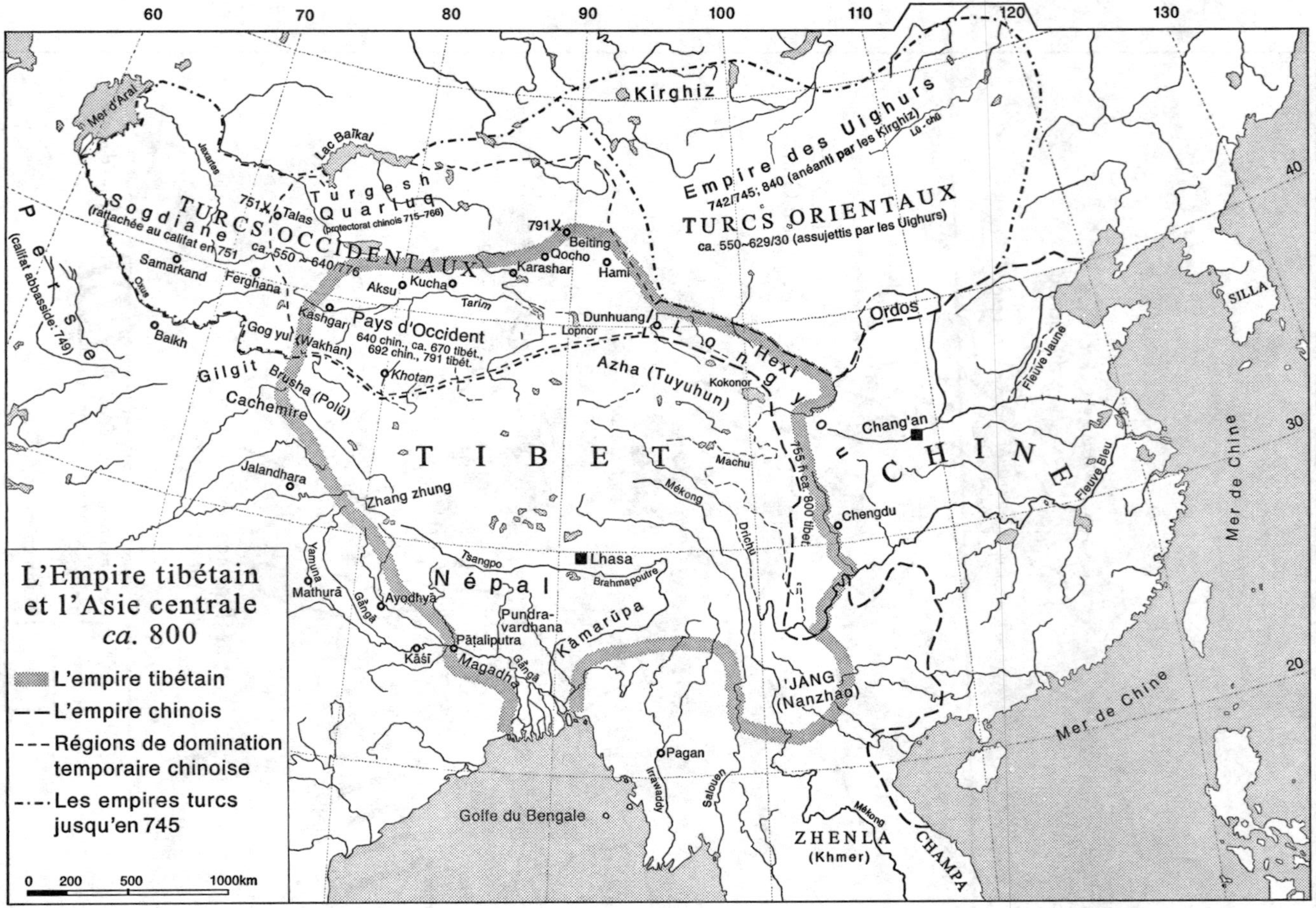

D'après Herbert Franke, *Grosser historischer Weltatlas*, t. II, *Mittelalter*, Josef Engel (éd.), Munich, Bayer. Schulbuch Verlag, 2ᵉ éd., 1979, carte 54c.

Notices biographiques

Robert BARNETT, spécialiste des questions tibétaines contemporaines et de la politique chinoise envers les minorités, est actuellement chercheur à la School of International and Public Affairs à l'université de Columbia (New York). Il a fondé à Londres, et dirigé durant de nombreuses années, Tibet Information Network (TIN), un organisme indépendant d'information et de recherche sur le Tibet actuel. Il est l'auteur ou l'éditeur de plusieurs livres, dont *Resistance and Reform in Tibet* et *Leaders in Tibet*.

Anne-Marie BLONDEAU, directeur d'études à l'École pratique des Hautes Études, poursuit des recherches d'histoire et de phénoménologie religieuses. Ses travaux concernent les vies légendaires de Padmasambhava dans les traditions bouddhiste et bönpo, les visionnaires à qui elles auraient été révélées, le théâtre, les rituels apotropaïques.

Katia BUFFETRILLE, ethnologue, travaille à l'École pratique des Hautes Études. Elle est l'auteur de nombreux articles, d'un livre sur les pèlerinages, *Pèlerins, lamas et visionnaires* et coéditeur avec C. Ramble de *Tibétains, quarante ans de colonisation*. Ses intérêts portent sur « la religion et les pratiques populaires », la géographie sacrée ainsi que sur les ethnies mongoles tibétanisées.

Terry CANNON, Reader in Development Studies à l'université de Greenwich (Londres), est un spécialiste des questions de développement régional en Chine. Il a écrit sur la politique envers les minorités nationales de Chine.

Anne CHAYET, directeur de recherche au CNRS, est spécialiste de l'histoire du Tibet, notamment de la période des Qing. Elle est l'auteur de *Les Temples de Jehol et leurs modèles tibétains* et de *Art et archéologie du Tibet.* Ses recherches actuelles portent sur l'histoire du Tibet aux XVIIe-XVIIIe siècles et les relations sino-tibétaines.

Janet GYATSO est professeur dans le Département des religions de l'université de Harvard (États-Unis). Spécialiste de la religion tibétaine, elle a centré ses recherches sur la littérature visionnaire, l'histoire culturelle et l'écriture des autobiographies religieuses. Elle est l'auteur de *Apparition of the Self. Autobiographies of a Tibetan Visionary.*

Amy HELLER, tibétologue et historienne d'art, est l'auteur de plusieurs articles sur d'anciens édits, des rituels, l'histoire de l'art, et d'un livre, *Arts et Sagesses du Tibet*, qui retrace l'art et l'histoire culturelle du Tibet de 700 à 2000 de notre ère. Elle a travaillé dans la Région autonome du Tibet sur des projets de conservation de l'art et de l'architecture en 1995 et en 2000-2001.

Vegard IVERSEN, docteur en sciences économiques de la Norwegian School of Economics and Business Administration, a poursuivi ses recherches sur « la pauvreté et les indicateurs de bien-être » à l'université de Cambridge (Angleterre). Il a étudié principalement l'économie et le développement au Tibet contemporain.

Samten G. KARMAY, directeur de recherche honoraire au CNRS, a fait ses études monastiques au Tibet. Spécialiste du bön et des manifestations religieuses populaires, il a publié de nombreux ouvrages et articles, dont *The Secret Visions of the Fifth Dalai Lama* et *The Treasury of Good Sayings : a Tibetan History of Bon.*

Per KVAERNE est professeur d'histoire des religions et d'études tibétaines à l'université d'Oslo (Norvège) depuis 1975. Son principal axe de recherche est la religion Bön : son histoire, ses rituels, son iconographie, sur laquelle il a publié *The Bon Religion of Tibet. The Iconography of a Living Tradition.* Il est membre de la Norwegian Academy of Science and Letters et directeur de l'Institute for Comparative Research in Human Culture (Oslo).

Fernand MEYER, directeur d'études à l'École pratique des Hautes Études, est responsable de l'équipe du CNRS « milieux, sociétés et cultures en Himalaya ». Anthropologue et tibétologue, il est spécialiste de la médecine tibétaine traditionnelle et de son histoire, sur lesquelles il a publié *gSo ba rig pa. Le système médical tibétain* et coédité *Tibetan Medical Paintings*. Ses recherches actuelles portent sur les thérapeutiques et sur les conceptions de la vie, du corps, des règnes de la nature dans la littérature tibétaine non médicale.

Jampa L. PANGLUNG a obtenu le plus haut degré de docteur en théologie *(dge bshes lha rams pa)* au monastère de Séra en 1959. Il est docteur en philosophie de l'université de Munich. Depuis 1960, il collabore au projet de *Dictionnaire de tibétain écrit* du Comité d'études centre-asiatiques de la Bavarian Academy of Sciences. Ses sujets de recherche sont la philologie tibétaine et la littérature bouddhique.

Tséring SHAKYA est chercheur à la School of Oriental and Asiatic Studies, université de Londres. Auteur d'une histoire du Tibet contemporain, *The Dragon and the Land of Snows*, il travaille actuellement sur les changements de la langue tibétaine et le développement de la littérature contemporaine au Tibet.

Elliot SPERLING, Associate Professor d'études tibétaines dans le Department of Central Eurasian Studies à l'université d'Indiana (États-Unis), est un historien spécialiste des relations sino-tibétaines, en particulier à l'époque des Yuan. Auteur de nombreux articles, il est aussi fin connaisseur de la politique chinoise contemporaine.

Helga UEBACH est docteur en philosophie de l'université de Munich (1966). Depuis 1964, elle participe au projet de *Dictionnaire de tibétain écrit* du Comité d'études centre-asiatiques de la Bavarian Academy of Sciences. Spécialiste des manuscrits de Dunhuang, ses intérêts portent sur la géographie historique et le Tibet ancien.

Table des matières

B. QUESTIONS DES DROITS DE L'HOMME, *R. Barnett*

E. Croyances religieuses, A.-M. Blondeau

F. Les droits autonomes,
A.-M. Blondeau et K. Buffetrille

G. Culture et éducation

H. DÉVELOPPEMENT ÉCONOMIQUE

I. Conditions de vie

J. Les émeutes de Lhasa, R. Barnett

Le flashage de cet ouvrage
*a été réalisé par l'**Imprimerie Bussière***
l'impression et le brochage ont été effectués
sur presse Cameron dans les ateliers
*de **Bussière Camedan Imprimeries***
à Saint-Amand-Montrond (Cher),
pour le compte des Éditions Albin Michel.

Achevé d'imprimer en août 2002.
N° d'édition : 20430. N° d'impression : 023240/4.
Dépôt légal : septembre 2002.
Imprimé en France